FORSCHUNGSBERICHTE DES LANDES NORDRHEIN-WESTFALEN

Nr. 1515

Herausgegeben
im Auftrage des Ministerpräsidenten Dr. Franz Meyers
vom Landesamt für Forschung, Düsseldorf

Prof. Dr. ir. Dr.-Ing. E. h. Edward de Beer, Gent
Dr.-Ing. Heinz Graßhoff, Wuppertal-Elberfeld
Dr.-Ing. Manfred Kany, Nürnberg

Die Berechnung elastischer Gründungsbalken auf nachgiebigem Untergrund

Vergleichende Untersuchungen über den Einfluß der Steifigkeit der Hochbaukonstruktion, der Plattensteifigkeit und einer Überkragung auf die inneren Beanspruchungen der Grundplatte

Springer Fachmedien Wiesbaden GmbH

ISBN 978-3-663-06070-3 ISBN 978-3-663-06983-6 (eBook)
DOI 10.1007/978-3-663-06983-6
Verlags-Nr. 011515

Ursprünglich erschienen bei Westdeutscher Verlag, Köln und Opladen 1966.

Vorbemerkung

Nach seiner Gründung im Jahre 1948 hat der Arbeitsausschuß Berechnungsverfahren u. a. die Normen DIN 4019, Blatt1 und 2, sowie DIN 4018 herausgebracht. Bei der Bearbeitung der letzteren, die sich mit Flächengründungen befaßt, indem Richtlinien für deren Berechnung gegeben werden, ergaben sich umfangreiche Diskussionen über das für die Praxis am besten geeignete Verfahren zur Ermittlung der Verteilung der Sohlpressungen unter biegsamen Balken und Platten in solchen Fällen, wo mit einfachen Annahmen keine wirtschaftliche Bemessung mehr zu erwarten ist. Die daraufhin entstandene Fassung der DIN 4018 empfiehlt für solche Fälle das Steifezahlverfahren. Da aber die verschiedenen Formen des Steifezahlverfahrens trotz der Erläuterungen, die in der Schrift »Flächengründungen und Fundamentsetzungen, Erläuterungen und Berechnungsbeispiele für die Anwendung der Normen DIN 4018 und DIN 4019, Blatt 1«, Beuth-Vertrieb, Berlin W 15 und Köln, sowie Verlag Wilhelm Ernst & Sohn, Berlin-Wilmersdorf, 1959, enthalten sind, in der Praxis immer noch wenig bekannt sind, wurde ein Unterausschuß gegründet, der sich im besonderen mit den genaueren Verfahren für die Berechnung von Gründungsbalken und Gründungsplatten befassen sollte. Dieser Unterausschuß, der aus den drei Verfassern des nachstehenden Berichtes besteht, hat in jahrelanger Arbeit die verwickelte Aufgabe gelöst, vergleichende Untersuchungen über die bei der verfeinerten Berechnung von biegsamen Gründungsbalken auf nachgiebigem Untergrund auftretenden Probleme durchzuführen und die einzelnen Einflüsse auf die Beanspruchung der Gründungsplatte herauszustellen.

Das Ergebnis dieser Untersuchungen liegt nunmehr vor. Es ist zu hoffen, daß die umfangreiche Arbeit, die in den Untersuchungen steckt, zu dem Erfolg führt, daß sich die genaueren Berechnungsverfahren in der Praxis immer mehr einbürgern und daß auch erkannt wird, welche Vorteile mit der Anwendung solcher Verfahren verbunden sind.

Ich möchte daher den Mitgliedern des Unterausschusses »Gründungsplatten« den besonderen Dank für ihre ehrenamtliche und mühevolle Arbeit aussprechen, die sie in vielen Sitzungen und zahllosen Arbeitsstunden zwischen den Sitzungen geleistet haben.

Professor Dr.-Ing. E. Schultze, Aachen

Inhalt

Vorwort

Während der regelmäßigen Sitzungen des Arbeitsausschusses »Berechnungsverfahren« (Obmann: Prof. Dr.-Ing. E. SCHULTZE, Aachen) des Fachnormenausschusses Bauwesen im Deutschen Normenausschuß trat bei den Beratungen über die neue DIN 4018, Flächengründungen, immer deutlicher die Notwendigkeit zutage, für die in der Grundbaustatik neuerdings häufiger benutzten Steifezahlverfahren zur Berechnung elastischer Flächengründungen eine einheitliche Vergleichsmöglichkeit hinsichtlich ihrer Brauchbarkeit für die Berechnungspraxis zu schaffen, da die verschiedenen Steifezahlverfahren wegen ihrer vielfach verflochtenen Formänderungsbedingungen und unterschiedlichen Ableitungsmethoden manchmal nur schwer miteinander zu vergleichen sind.
Auf Beschluß der Ausschußmitglieder wurde deshalb ein Unterausschuß »Gründungsplatten« gewählt (Obmann: Prof. Dr. ir. E. DE BEER, Gent), der sich aus den drei Verfassern dieses Berichtes zusammensetzt.
Der Unterausschuß trat am 3. Mai 1958 in Gent zu seiner ersten Arbeitssitzung zusammen und legte das Arbeitsprogramm fest, dessen Zielsetzung im Abschnitt 1 des vorliegenden Berichtes begründet und erläutert ist.
Für die umfangreiche Arbeit der einheitlichen Zusammenstellung und Auswertung der Untersuchungsergebnisse aus den Berechnungen der einzelnen Ausschußmitglieder stellte der Kultusminister des Landes Nordrhein-Westfalen die nötigen Mittel in Form eines Forschungsauftrages zur Verfügung.
Der Unterausschuß »Gründungsplatten« legt hiermit das Ergebnis seiner Untersuchungen vor.
Herr Professor Dr.-Ing. N. DIMITROV hat in entgegenkommender Weise einige nach seinem Verfahren berechnete Vergleichsbeispiele zur Verfügung gestellt. Die Berechnung der Beispiele nach dem Verfahren KANY wurde von Herrn Baurat Dipl.-Ing. STENZEL und nach dem Verfahren DE BEER–LOUSBERG von Herrn ir. LOUSBERG durchgeführt. Der mühevollen Aufgabe, die drei untersuchten Steifezahlverfahren und die berechneten Beispiele nach einem einheitlichen Schema darzustellen und zu vergleichen, hat sich Herr Dipl.-Ing. WABUSCHEG mit viel Einfühlungsvermögen und Verständnis unterzogen. Immer wieder befruchtet wurde die Arbeit des Unterausschusses durch Anregungen und Hinweise von Herrn Prof. Dr.-Ing. E. SCHULTZE.
Für Mitarbeit und Anregungen sei allen Beteiligten besonders gedankt.

Die Verfasser

1. Aufgabenstellung

In der Grundbaupraxis gewinnt in neuerer Zeit die Berechnung elastischer Flächengründungen immer mehr an Bedeutung. Die Gründe hierfür sind hauptsächlich in der ungestümen Entwicklung neuer Bauweisen des Stahlbetonbaues und des Stahlbaues zu suchen, deren Konstruktionen häufig gegen ungleichmäßige Setzungen empfindlicher sind als ältere Bauwerke. Der Entwurfsbearbeiter ist daher gezwungen, bei der Berechnung der Bodenreaktionen dem tatsächlichen Verhalten des Untergrundes weitgehend Rechnung zu tragen, damit die Formänderungen und Beanspruchungen des Bauwerkes nicht nur im Hinblick auf Sicherheit, sondern vor allen Dingen auch auf Wirtschaftlichkeit hinreichend genau ermittelt werden können.
Die im vorliegenden Bericht im Rahmen der Berechnung von Flächengründungen benutzten Begriffe sind in Abb. 1.1 genau festgelegt und gegeneinander abgegrenzt worden:

Das *Bauwerk* besteht aus dem *Hochbau* (Überbau) und der *Platte* (Grundbauwerk); es bildet mit dem *Baugrund* zusammen das *Gesamtsystem* (Bauwerk + Baugrund).

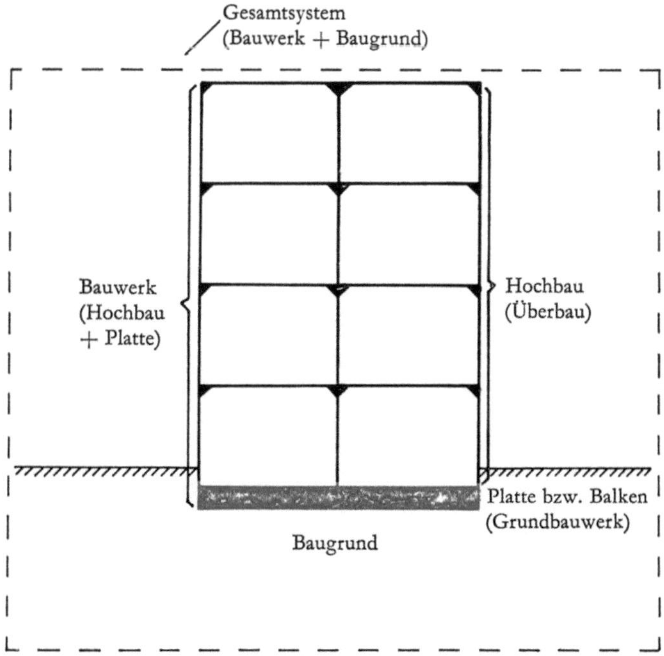

Abb. 1,1

In den neueren Methoden zur Berechnung der Sohldruckverteilung unter Grundbauwerken wird angestrebt, ein Baugrundmodell zu benutzen, das der Wirklichkeit möglichst nahe kommt. Deutlich ist eine zwangsläufige Entwicklung in Richtung der sogenannten »Steifezahlverfahren« zu beobachten, weil diese den Boden gegenüber Verfahren mit einfacheren Baugrundmodellen wirklichkeitsgetreuer als elastisch-isotropes Medium idealisieren. Modifizierungen zur Erfassung bestimmter Inhomogenitäten des Untergrundes sind möglich. Von dieser Erkenntnis ausgehend hat OHDE [1] als erster ein Berechnungsverfahren für elastische Gründungsbalken abgeleitet, in dem als Baugrundmodell ein elastisch-isotropes Medium mit konstanter Steifezahl E_s benutzt wird. Weitere, zum Teil verfeinerte oder vereinfachte Steifezahlverfahren sind seitdem von anderen Verfassern entwickelt worden [2–11].

Eine Beurteilung der unterschiedlichen Steifezahlmethoden, die im Schrifttum nur sehr verstreut zu finden sind, hinsichtlich ihrer Anwendbarkeit, ihres Arbeitsumfanges und ihrer Genauigkeit ist jedoch im allgemeinen nicht eindeutig möglich, weil die Verfasser voneinander abweichende Beispiele mit jeweils anderen Bedingungen berechnet haben.

Die nachstehenden Untersuchungen haben sich deshalb in erster Linie zum Ziel gesetzt, drei bekannte Steifezahlverfahren (DE BEER–LOUSBERG, KANY, GRASSHOFF) unter gleichartigen Bedingungen gegenüberzustellen. Der Vergleich erfolgt in der Weise, daß zunächst jedes Verfahren nach einem weitgehend einheitlichen Schema abgeleitet wird. Sodann werden besonders ausgewählte Beispiele in ihrem vollständigen Berechnungsgang – gleichfalls nach einheitlichem Schema – verglichen. Die folgenden Hauptvergleichspunkte wurden herausgestellt:

Handhabung
Berechnungsumfang
Genauigkeit

Darüber hinaus sind durch verhältnismäßig geringfügige Abänderungen der gewählten Beispiele Untersuchungen über den Einfluß der relativen Steifigkeit der Gründungsplatte zum Baugrund, der Hochbausteifigkeit und einer Plattenüberkragung auf die Sohldruckverteilung möglich gewesen.

Bewußt wurde eine einfache, leicht überschaubare Konstruktion gewählt, und zwar ein biegsamer Stahlbetonbalken, auf dem eine symmetrisch ausgebildete Hochbaukonstruktion von unterschiedlicher Steifigkeit auf drei Stützen steht (Abb. 1.2 und 1.3). Die voneinander abweichenden Steifigkeitsfälle werden durch jeweilige Veränderung der Eckverbindungen der als starr angenommenen Stiele und Riegel gemäß der Abb. 1.2 und 1.3 erzielt.

Die nachfolgenden Abmessungen und Steifigkeitsverhältnisse wurden den Beispielen zugrunde gelegt:

a) Biegsamer Gründungsbalken

Länge:	l	= 10,00 m
Breite:	b	= 1,00 m
Dicke:	d	= 0,50 m

$$\text{Trägheitsmoment:} \qquad I = \frac{b \cdot d^3}{12} = 0{,}0104\,\text{m}^4$$

Elastizitätsmodul
des Balkenmaterials E_b: $E_b = 210\,000\ \text{kg/cm}^2 = 2\,100\,000\ \text{t/m}^2$

b) Baugrund

Unendlich ausgedehnter, elastisch-isotroper Halbraum mit konstanter Steifezahl E_s (kg/cm² bzw. t/m²), jedoch wechselnd für verschiedene Beispiele. Diese Wahl wurde getroffen, weil sich nur bei einer unendlichen Ausdehnung des homogenen Untergrundes das Steifigkeitsverhältnis zwischen Gründungsbalken und Baugrund durch einen Steifigkeitsbeiwert ausdrücken läßt, der als einfache Funktion darstellbar ist [12].

Einteilung der Beispiele Nr. 1–16

Länge des Gründungsbalkens:	$l =$	10,00 m
Breite des Gründungsbalkens:	$b =$	1,00 m
Dicke des Gründungsbalkens:	$d =$	0,50 m
Elastizitätsmodul des Balkens:	$E_b =$	210 000 kg/cm²
Schichtdicke des Untergrundes:	$z =$	∞
Steifezahl des Untergrundes:	E_s [kg/cm²]	
Auflast:	$q =$	10,00 t/m · m
Mittlerer Sohldruck:	$p_{sm} =$	10,00 t/m² = q

$$N = \frac{E_s}{E_b} \cdot \left(\frac{l}{d}\right)^3$$

Steifigkeitsfall	Beispiel Nr.	N	E_s [kg/cm²]
(1) 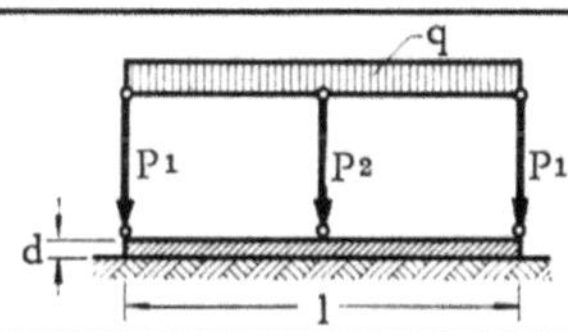	1	1	26,25
	2	10	262,5
	3	50	1312,5
	4	100	2625
(2) 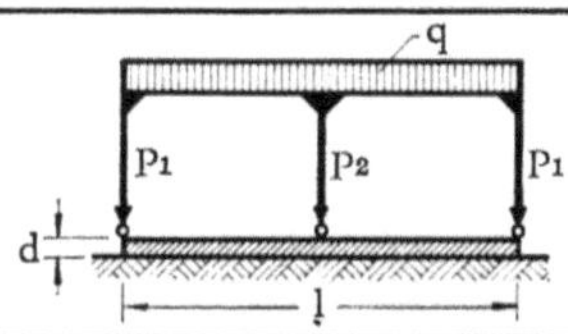	5	1	26,25
	6	10	262,5
	7	50	1312,5
	8	100	2625
(3) 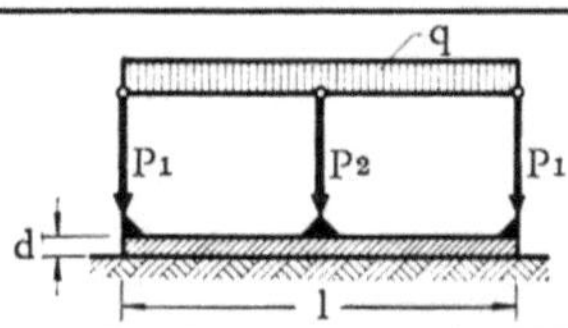	9	1	26,25
	10	10	262,5
	11	50	1312,5
	12	100	2625
(4) 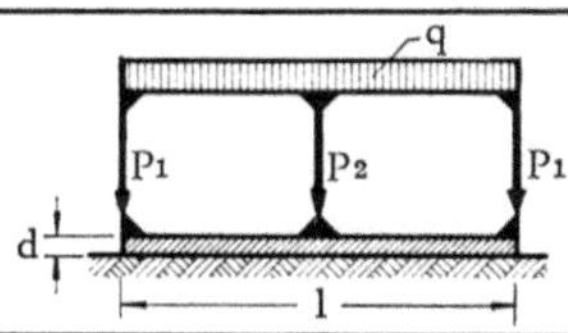	13	1	26,25
	14	10	262,5
	15	50	1312,5
	16	100	2625

Abb. 1,2 Einteilung der Beispiele Nr. 1–16

Einteilung der Beispiele Nr. 17–32

Länge des Gründungsbalkens:	l =	10,00 m
Breite des Gründungsbalkens:	b =	1,00 m
Dicke des Gründungsbalkens:	d =	0,50 m
Elastizitätsmodul des Balkens:	E_b =	210 000 kg/cm²
Schichtdicke des Untergrundes:	z =	∞
Steifezahl des Untergrundes:	E_s [kg/cm²]	
Auflast:	q =	10,00 t/m · m, $q' = \frac{15}{13} q$
Mittlerer Sohldruck:	p_{sm} =	10,00 t/m² = q

$$N = \frac{E_s}{E_b} \cdot \left(\frac{l}{d}\right)^3 ; \quad c = \frac{1}{15} l = 0{,}67 \text{ m}$$

Steifigkeitsfall	Beispiel Nr.	N	E_s [kg/cm²]
① 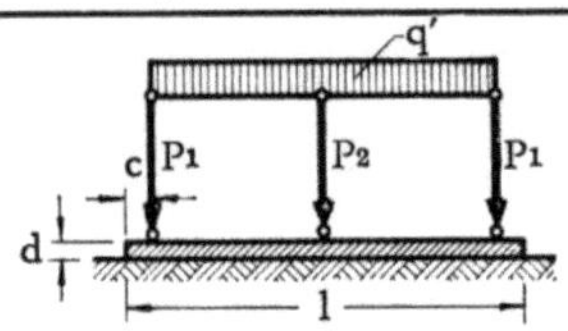	17	1	26,25
	18	10	262,5
	19	50	1312,5
	20	100	2625
② 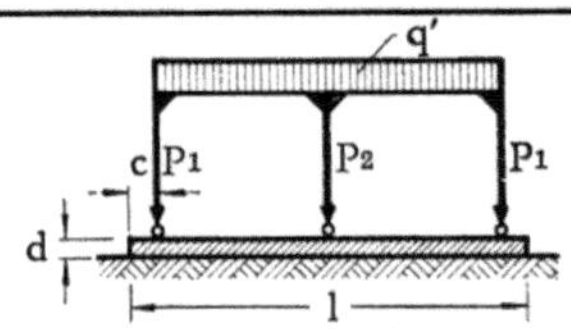	21	1	26,25
	22	10	262,5
	23	50	1312,5
	24	100	2625
③ 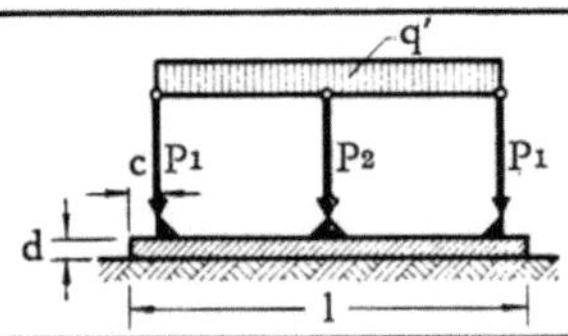	25	1	26,25
	26	10	262,5
	27	50	1312,5
	28	100	2625
④ 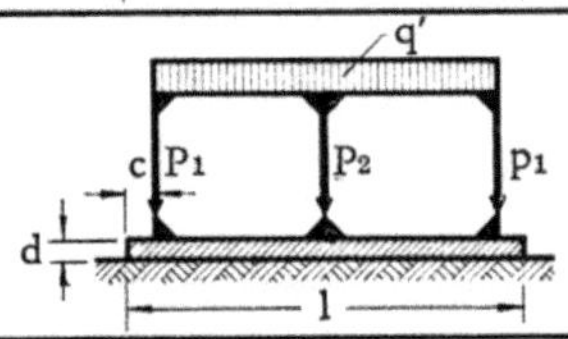	29	1	26,25
	30	10	262,5
	31	50	1312,5
	32	100	2625

Abb. 1,3 Einteilung der Beispiele Nr. 17–32

Gründungstiefe: $t = 0$

Diese Annahme brachte weitere Rechenvereinfachungen in den Beispielen mit sich, ohne daß dadurch die aus den Ergebnissen gezogenen Folgerungen im Grundsätzlichen beeinflußt wurden.

c) Relative Steifigkeit des Gründungsbalkens

In den Erläuterungen zu DIN 4018 [12] wird das Steifigkeitsverhältnis zwischen Gründungsbalken und Baugrund (relative Steifigkeit) durch den folgenden Steifigkeitsbeiwert K ausgedrückt:

$$K = \frac{E_b}{12 \cdot E_s} \cdot \left(\frac{d}{l}\right)^3 = \frac{E_b}{E_s} \cdot \frac{I}{l^3 \cdot b} \tag{1,1}$$

Bei den untersuchten Steifezahlverfahren erwies es sich als zweckmäßig, den nachstehenden, etwa abgeänderten und vereinfachten Steifigkeitsbeiwert N einzuführen:

$$N = \frac{E_s}{E_b} \cdot \left(\frac{l}{d}\right)^3 = \frac{1}{12} \cdot \frac{E_s}{E_b} \cdot \frac{l^3 \cdot b}{I} \tag{1,2}$$

Zwischen K und N besteht folgende Beziehung:

$$K = \frac{1}{12 \cdot N}; \qquad N = \frac{1}{12 \cdot K} \tag{1,3}$$

Die Berechnung wurde für die vier verschiedenen Steifigkeitsbeiwerte N = 1; N = 10; N = 50 und N = 100 durchgeführt.

Auf Grund der angenommenen Balkenabmessungen und des Elastizitätsmoduls des Balkenmaterials errechnen sich für die verschiedenen Werte von N und K die nachfolgenden Steifezahlen des Untergrundes:

N	K	E_s	
1	0,0833	26,25 kg/cm²	(etwa steifer Ton)
10	0,00833	262,5 kg/cm²	(etwa lockerer Sand)
50	0,00167	1312,5 kg/cm²	(etwa reiner Kies)
100	0,000835	2625,0 kg/cm²	(etwa Naturschotter, scharfkantig)

d) Hochbau (Überbau)

Der biegsame Gründungsbalken ist mit einer symmetrisch ausgebildeten, auf drei Stützen ruhenden Hochbaukonstruktion belastet, deren Gesamtgewicht wie folgt dargestellt wird (Abb. 1.2):

$$G = q \cdot l = 10{,}00 \cdot 10{,}00 = 100{,}00 \text{ t}$$

Die mittlere Sohlpressung p_{sm} ist demnach gleich q.

Die ersten vier Steifigkeitsfälle des Überbaues (Abb. 1.2) setzen voraus, daß die Last der Hochbaukonstruktion auf den Gründungsbalken durch drei Stützen, die in der Balkenmitte und an den Balkenenden angreifen, übertragen wird. In den folgenden vier Steifigkeitsfällen (Abb. 1.3) sind im Gegensatz zu dem vorher genannten Überbau die Außenstützen um das Maß $^1/_{15}$ l nach innen gerückt, so daß der Gründungsbalken beiderseits eine Überkragung erhält.

Die Steifigkeitsfälle sind wie folgt festgelegt worden:

Fall 1:

Schlaffer Überbau und gelenkige Lagerung der starren Stützen auf dem elastischen Gründungsbalken.

Fall 2:
Die starren Stützen sind am oberen Ende mit einem starren Balken biegungssteif verbunden und auf dem elastischen Gründungsbalken gelenkig gelagert.

Fall 3:
Die starren Stützen sind am oberen Ende gelenkig mit der als schlaff angenommenen Hochbaukonstruktion verbunden und auf dem elastischen Gründungsbalken biegungssteif befestigt.

Fall 4:
Die starren Stützen sind am oberen Ende biegungssteif mit einem starren Balken verbunden und auf dem elastischen Gründungsbalken biegungssteif befestigt.

Bei den Steifigkeitsfällen 1 und 3 haben die Randlasten P_1 die Größe $q \cdot l/4$ und die Mittellast P_2 hat die Größe $q \cdot l/2$. Bei den übrigen Steifigkeitsfällen ist die Größe der Rand- und Mittellasten von dem jeweiligen Steifigkeitsverhältnis zwischen Gründungsbalken und Untergrund abhängig.
Notgedrungen sind in den vorstehenden Beispielen nur schlaffe und starre Grenzfälle angenommen worden, weil die Berechnung dazwischenliegender Steifigkeitsfälle einen oft zu großen Arbeitsaufwand erfordern würde. Die Ergebnisse für Bauwerkssteifigkeiten, die zwischen den festgelegten Grenzfällen liegen – also für die meist vorkommenden Bauwerke – dürften sich zwischen den Ergebnissen der berechneten Grenzfälle bewegen.

2. Ausführliche Erläuterung der Berechnungsverfahren

2.1 Berechnungsmöglichkeiten elastischer Flächengründungen

Werden die Lasten eines Bauwerks durch eine Flächengründung in den Untergrund übertragen, so erleidet das Bauwerk infolge der Zusammendrückbarkeit des Bodens Setzungen, mit denen im allgemeinen Durchbiegungen des mehr oder weniger elastischen Grundbauwerkes und Verformungen des Überbaues verbunden sind. Bei der statischen Untersuchung des Grundbauwerkes und des Überbaues ist neben der Sohldruckverteilung vor allen Dingen die Kenntnis der Setzungsunterschiede von Wichtigkeit, weil diese zusätzliche Beanspruchungen im Bauwerk hervorrufen.

Die meisten Bauwerke, insofern sie überwiegend lotrechte Lasten auf die elastische Flächengründung übertragen, haben aus konstruktiven Gründen eine so große relative Steifigkeit gegenüber dem Baugrund, daß sich die Gründung nirgends von der Sohle abhebt. Für diesen Fall kann vorausgesetzt werden, daß sich die Biegelinie des Gründungsbalkens mit der Setzungsmulde des Baugrundes deckt. Alle Berechnungsmethoden für Flächengründungen können deshalb bei den meisten Bauwerken auf dieser grundlegenden Formänderungsbedingung aufbauen.

Die Beanspruchungen der Gründungsplatte sind berechenbar, wenn es gelingt, die an ihr wirkenden äußeren Kräfte, d. h. Auflast, Eigengewicht und Sohldruck zu bestimmen.

Die zu lösende Aufgabe ist demnach vielfach statisch unbestimmt. Es gelingt nicht, für den allgemeinen Fall alle Formänderungsbedingungen des Überbaues in strenger mathematischer Form darzustellen und erst recht nicht, sie derart miteinander zu verknüpfen, daß geschlossene Formeln zur Berechnung der unbekannten, an der Grundplatte wirkenden äußeren Kräfte entstehen. Alle Berechnungsverfahren müssen deshalb von mehr oder weniger großen Vereinfachungen ausgehen.

Die Wahl einer linearen Sohldruckverteilung (nach DIN 4018, Abschnitt 6.1), die sogenannte »*einfache Annahme*«, bedeutet eine sehr summarische Vereinfachung, die jedoch als Vorteil einen außerordentlich kurzen Berechnungsgang gewährleistet. Der Sohldruck wird als eben begrenzt angenommen und muß sich so verteilen, daß die Resultierende der Bauwerkslast mit der Resultierenden des Sohldruckkörpers in derselben Wirkungslinie liegt. Diese Berechnungsmethode geht von willkürlich gewählten, rein geometrischen Voraussetzungen aus, die die Formänderungsbedingungen des Bauwerks und des Untergrundes unberücksichtigt lassen.

Das *Bettungszahlverfahren* ist die älteste Berechnungsmethode elastischer Flächengründungen [13–15], die bereits bei der Ermittlung der Sohldruckverteilung Formänderungsbedingungen des Fundamentes und des Untergrundes berücksichtigt. Für die Untergrundverformungen wird allerdings ein sehr einfaches Gesetz angenommen. Man setzt die Senkung eines Punktes in der Gründungssohle dem hier wirkenden Sohldruck verhältnisgleich. Der Boden wird gewissermaßen als ein System frei beweglicher Federn, die sich unabhängig voneinander zusammendrücken können, betrachtet (Abb. 2.1,1). Die Einflüsse benachbarter Sohldrücke bleiben somit unberücksichtigt. Der auf einem solchen Boden ruhende Gründungsbalken kann als Grenzfall eines Trägers auf unendlich vielen, elastisch und voneinander unabhängig senkbaren Stützen angesehen werden. Entweder ruhen unter dem elastischen Fundament überall gleich starke Federn (konstante Bettungszahl) (Abb. 2.1,1 a) oder verschieden starke Federn (veränderliche Bettungszahl) (Abb. 2.1,1 b).

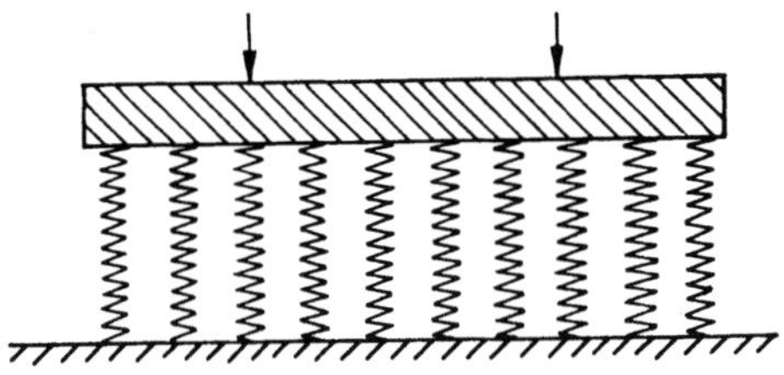

a) Baugrundmodell eines Bodens mit konstanter Bettungszahl

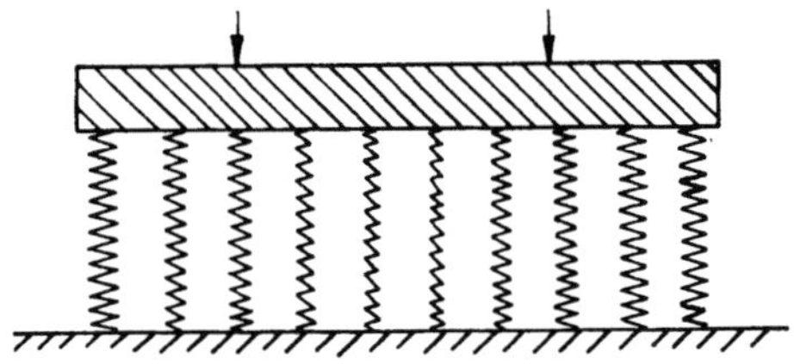

b) Baugrundmodell eines Bodens mit veränderlicher Bettungszahl
Abb. 2.1,1

Mit Hilfe des *Steifezahlverfahrens* [2–11] wird versucht, die Formänderungsbedingungen des Untergrundes wirklichkeitsgetreuer als mit einer Bettungszahl zu erfassen. Das Steifezahlverfahren berücksichtigt noch die Einflüsse benachbarter Sohldrücke auf die Setzungen eines beliebigen Punktes der Fundamentsohle. Das Baugrundmodell, z. B. der Abb. 2.1,1 a wäre also noch dahingehend zu ergänzen, daß die Federn miteinander verkoppelt werden (Abb. 2.1,2). Man kann den Untergrund statt dessen besser noch als einen elastisch-isotropen Halbraum betrachten. Ein solcher entsteht, wenn der dreidimensionale Raum durch eine gedachte, waagerechte und unendlich ausgedehnte Ebene in zwei Hälften geteilt wird, von denen die obere leer und die untere mit einem homogenen Stoff gefüllt ist, der sich nach allen Richtungen voll elastisch verhält. Die hierfür gültigen Formänderungs-

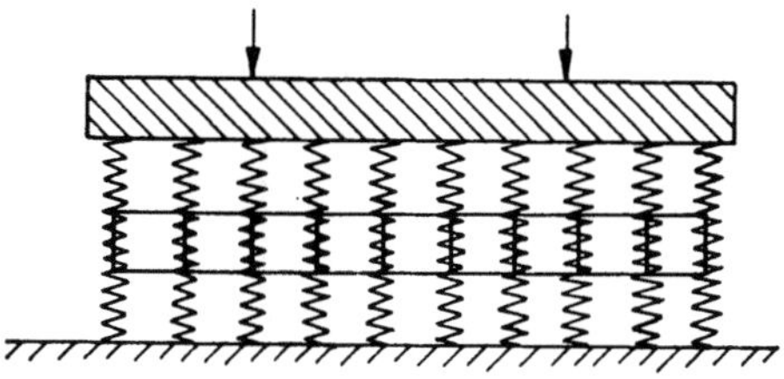

Abb. 2.1,2 Kopplung der Federn durch Scherkräfte

gleichungen sind bekannt [16–18]. Sie haben eine verhältnismäßig einfache Form, wenn für den Halbraum eine konstante Steifezahl angenommen wird. Verfeinerungen sind möglich durch Annahme einer mit der Tiefe zunehmenden Steifezahl, unterschiedlicher Steifezahlen in lotrechter und horizontaler Richtung und durch die Berücksichtigung von Fließbereichen [19, 20]. Im Falle starrer Fundamente liefern die Ableitungen von Boussinesq verhältnismäßig einfache Formeln für die unmittelbare Berechnung der Sohldruckverteilung. Da ein großer Teil unserer Grundbauwerke praktisch starr ist, kann unter diesen Voraussetzungen die Sohldruckverteilung nach Boussinesq gegenüber einem eben begrenzten Sohldruck bequem als verbesserte »einfache Annahme« benutzt werden.
Nach den bisherigen Erfahrungen bei Setzungs- und Sohldruckmessungen an ausgeführten Bauwerken kommt in Übereinstimmung mit den oben beschriebenen, grundlegenden Eigenschaften eines Bodens das auf dem Steifezahlverfahren beruhende Baugrundmodell der Wirklichkeit in den Grenzen, die das Steifezahlverfahren zwangsläufig zieht, noch am nächsten. In der Grundbaustatik ist deshalb eine deutliche Entwicklung in Richtung des Steifezahlverfahrens zu beobachten. Die nachfolgend beschriebenen Berechnungsmethoden gehen daher von dieser Theorie aus.
Für die Vergleichsberechnungen wurden die nachstehenden drei Steifezahlverfahren ausgewählt:

a) Verfahren de Beer–Lousberg (B)
b) Verfahren Kany (K)
c) Verfahren Grasshoff (G)

In den folgenden Abschnitten sind die Verfahren nach einem weitgehend einheitlichen Schema abgeleitet worden, damit die Ansätze der einzelnen Methoden genau miteinander verglichen werden können. Da Ohde [1] als erster ein praktisch brauchbares Steifezahlverfahren entwickelt hat, ist die Beschreibung dieser Methode nach dem gleichen einheitlichen Schema den Beschreibungen der übrigen Verfahren vorangesetzt worden.
Die Darstellung nach einem einheitlichen Schema brachte es mit sich, daß in den einzelnen Abschnitten – möglicherweise ermüdend wirkende – Textwiederholungen vorkommen. Trotzdem wurde diese Darstellungsweise im Hinblick auf eine klare Vergleichsmöglichkeit der Verfahren gewählt.

Es war praktisch nicht durchführbar und es erschien auch nicht zweckmäßig, für alle Verfahren einheitliche Bezeichnungen einzuführen. Benutzt wurden weitgehend die Bezeichnungen der Originalveröffentlichungen, di jeweils jedem Abschnitt in einer Zusammenstellung vorangesetzt sind.

2.2 Verfahren Ohde (Dreimomentenverfahren)

Bezeichnungen:

A	$=$	$n \cdot a =$ Länge des Gründungsbalkens in der Biegeebene	[m]
n	$=$	Anzahl der Berechnungsabschnitte	[1]
a	$=$	Abschnittslänge	[m]
B	$=$	Breite des Gründungsbalkens quer zur Biegeebene	[m]
J	$=$	Trägheitsmoment des Balkenquerschnittes	[m^4]
E	$=$	Elastizitätsmodul des Balkenmaterials	[t/m^2]
E'	$=$	Steifezahl des Baugrundes bei unbehinderter Seitendehnung	[t/m^2]
p_i	$=$	angreifende Auflast am Punkte i	[t/m^2]
q_i	$=$	Sohldruckordinate am Punkte i	[t/m^2]
M_i	$=$	Biegemoment des Gründungsbalkens am Punkte i	[$t \cdot m$]
y_i	$=$	Verschiebung und Durchbiegung des Gründungsbalkens am Punkte i	[m]
s_i	$=$	Setzung des Gründungsbalkens am Punkte i	[m]
c_0	$=$	Ordinate der Einflußlinie unter dem betrachteten Lastanteil	[1]
c_i	$=$	Ordinate der Einflußlinie am Punkte i neben dem betrachteten Lastanteil	[1]
Q_i	$=$	$q_i \cdot a \cdot B =$ Sohlkraft in der Mitte des Feldes i	[t]

2.21 System und Belastungen

Das gegebene Gesamtsystem, bestehend aus dem elastischen Überbau, dem Gründungsbalken mit dem Elastizitätsmodul E und dem elastischen Baugrund mit der Steifezahl E' wird beliebigen äußeren Belastungen ausgesetzt (Abb. 2.2,1 a). Die angreifenden Belastungen rufen als gleichgewichthaltende Gegenkräfte die Sohldrücke q_i hervor. Diese haben je nach ihrer Verteilung einerseits eine Verformung des elastischen Gründungsbalkens, also Durchbiegung y_i und damit auch Beanspruchung als Biegemoment M_i für jeden beliebigen Punkt i und weitergehend eine Verformung des elastischen Bauwerks und damit bestimmte unmittelbare Lasteintragung p_i in den Gründungsbalken, andererseits als Belastung des Baugrundes, dessen Verformung als Setzung s_i zur Folge (Abb. 2.2,1 und 2.2,2). Die unmittelbar am Gründungsbalken angreifenden Auflasten p_i und Sohldrücke q_i sollen nach Größe und Verteilung durch ein Näherungsverfahren mit Hilfe von Gleichgewichtsbedingungen und Formänderungsbedingungen bestimmt werden. Hierbei werden die Formänderung des Überbaues, des Gründungsbalkens und des Baugrundes in zweckmäßiger Weise so miteinander verknüpft, daß sich lösbare Bestimmungsgleichungen für die Auflast p_i und den Sohldruck q_i ergeben.

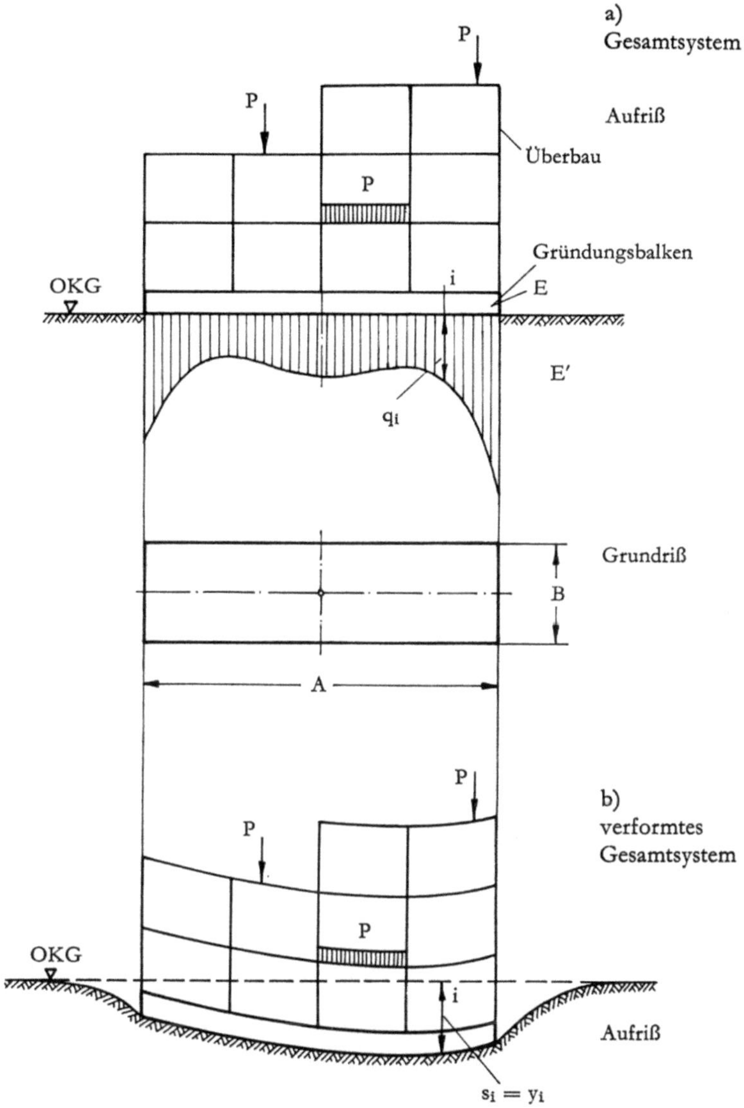
a)
Gesamtsystem
Aufriß
Überbau
P
P
P
Gründungsbalken
OKG
i
E
E'
q_i
Grundriß
B
A
b)
verformtes
Gesamtsystem
P
P
P
OKG
i
Aufriß
$s_i = y_i$

Abb. 2.2,1

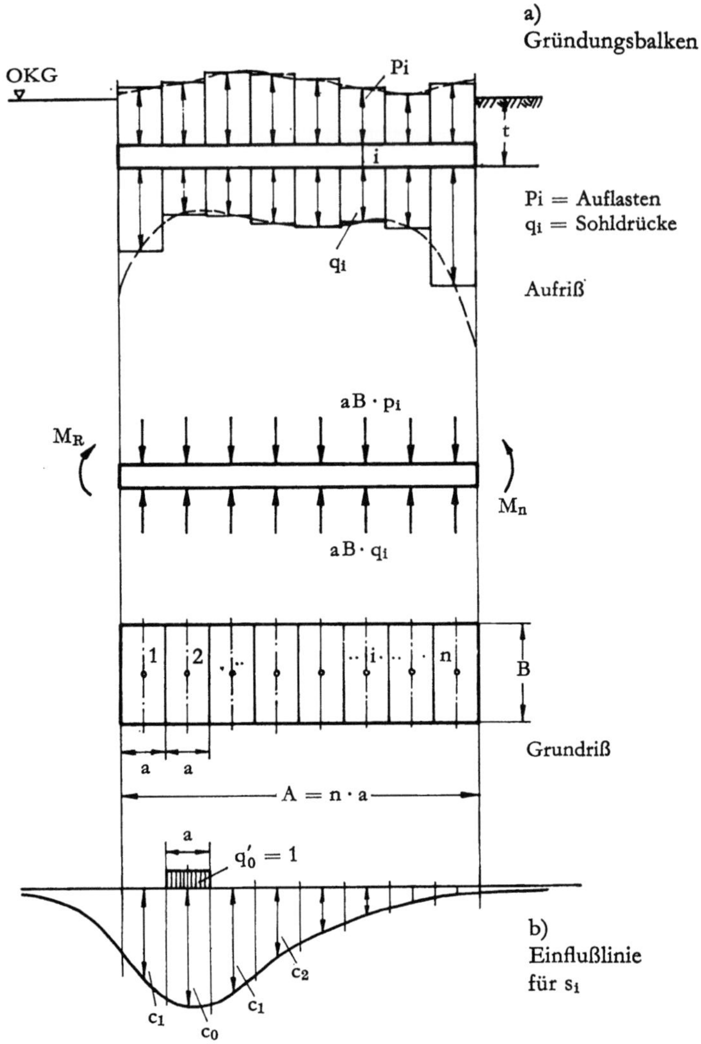

Abb. 2.2,2

2.22 Bestimmung der Auflasten p_i

Zur Vereinfachung wird vorausgesetzt, daß Größe und Verteilung der Belastungen aus dem Bauwerk und des Eigengewichtes des Gründungsbalkens im Hinblick auf eine gewisse Weichheit der meisten Hochbaukonstruktionen bekannt und somit statisch bestimmt als Auflasten p_i gegeben sind.

2.23 Bestimmung der Sohldrücke q_i

Zur Bestimmung der Sohldrücke q_i wird bei dem Näherungsverfahren OHDE [1] der lotrecht belastete, elastische Gründungsbalken von endlicher Länge A auf elastischem Baugrund in n gleiche Abschnitte a unterteilt (Abb. 2.2,2a). Hierbei wird die kontinuierlich gekrümmte, unbekannte Sohldruckverteilungskurve durch einen abgetreppten Linienzug aus n geraden Teilstücken ersetzt und das Sohldruckdiagramm in n rechteckförmige Belastungen aufgeteilt (Abb. 2.2,2a). Somit treten n unbekannte Sohldruckordinaten q_i in den n Berechnungspunkten auf. Diese n Unbekannten werden durch n Bestimmungsgleichungen ermittelt, die aus zwei Gleichgewichtsbedingungen und n — 2 Formänderungsbedingungen abgeleitet werden.

2.231 Gleichgewichtsbedingungen

Von den drei Gleichgewichtsbedingungen der Ebene stehen die zwei Bedingungen $\sum V = 0$ und $\sum M = 0$ zur Verfügung. Mit den am Gründungsbalken unmittelbar angreifenden Kräften, nämlich den Auflasten aus den Belastungsrechtecken mit den Ordinaten p_i und den Sohldruckkräften aus den Belastungsrechtecken mit den Ordinaten q_i, ergeben sich dann die nachstehenden zwei Bestimmungsgleichungen, und zwar durch die Gleichgewichtsbedingung $\sum V = 0$:

$$\sum Q = \sum P$$

oder

$$q_1 + q_2 + q_3 + \dots + q_n = p_1 + p_2 + p_3 + \dots + p_n \qquad [1] - (6a)$$

und durch die Gleichgewichtsbedingung $\sum M = 0$:

$$(n - 1) \cdot (q_1 - p_1 - q_n + p_n) + (n - 3) \cdot (q_2 - p_2 - q_{n-1} + p_{n-1}) + \dots$$

$$\dots + R = 0. \qquad [1] - (6b)$$

Hierin bedeutet für gerade Felderzahl n das letzte der n/2 Glieder:

$$R = 1 \cdot (q_{n/2} - p_{n/2} - q_{(n+1)/2} + p_{(n+1)/2}) \qquad [1] - (6b)$$

und für ungerade Felderzahl das letzte der (n–1)/2 Glieder:

$$R = 2 \cdot (q_{(n-1)/2} - p_{(n-1)/2} - q_{(n+3)/2} + p_{(n+3)/2}). \qquad [1] - (6b)$$

2.232 Formänderungsbedingungen

Die restlichen n — 2 Bestimmungsgleichungen werden aus den Formänderungsbedingungen bzw. den Biegemomenten des Gründungsbalkens und den damit verkoppelten Formänderungsbedingungen des Baugrundes abgeleitet. Dabei wird vorausgesetzt, daß sich die Biegelinie des Gründungsbalkens mit der Setzungsmulde des Baugrundes deckt.

Den Ausgangspunkt bildet die Dreimomentengleichung für den Durchlaufträger, und zwar für den Lastfall Stützensenkung s. Für Punkte i in gleichem Abstand a gilt dann entsprechend OHDE [1] Gl. (4):

$$M_{i-1} + 4\,M_i + M_{i+1} = (-\,s_{i-1} + 2\,s_i - s_{i+1}) \cdot \frac{6 \cdot E\,J}{a^2}. \qquad (2.2,1)$$

Durch Einsetzen sowohl der Biegemomente M_i als auch der Stützensenkungen s_i = Setzungen s_i als Funktion der unbekannten Sohldrücke q_i in die Dreimomentengleichungen des als durchlaufenden Träger gedachten Gründungsbalkens erhält man die gesuchten n — 2 Bestimmungsgleichungen.

2.232.1 *Biegemomente* M_i

Die Biegemomente M_i bezogen auf die Feldmitten i ergeben sich nach den Regeln der Statik als Funktion der unbekannten Sohldrücke q_i wie folgt:

$$\left.\begin{aligned}
M_2 &= M_1 + (q_1 - p_1) \cdot a^2 \cdot B \\
M_3 &= M_1 + (q_1 - p_1) \cdot 2\,a^2 \cdot B + (q_2 - p_2) \cdot a^2 \cdot B \\
M_4 &= M_1 + (q_1 - p_1) \cdot 3\,a^2 \cdot B + (q_2 - p_2) \cdot 2\,a^2 \cdot B \\
&\qquad + (q_3 - p_3) \cdot a^2 \cdot B \\
M_5 &= \cdots \text{usw.}
\end{aligned}\right\} \qquad [1]-(5)$$

bzw. in allgemeiner Form:

$$M_i = M_1 + a^2 \cdot B \cdot \sum_{v=1}^{i-1} (q_v - p_v) \cdot (i - v). \qquad (2.2,2)$$

Hierbei stellt M_1 das am linken Endpunkt des Gründungsbalkens angreifende Randmoment dar.

2.232.2 *Setzungen* s_i

Die Stützensenkungen s_i des Balkens = Setzungen s_i der Baugrundoberfläche erhält man jeweils durch eine Setzungsberechnung für die Belastung des elastischen Baugrundes in der Gründungssohle durch das unbekannte Sohldruckdiagramm, das in n gleiche Abschnitte a unterteilt, bei treppenförmiger Annäherung (Abb. 2.2,2a) wiederum die n unbekannten Sohldruckordinaten q_i aufweist.
Eine Setzungsberechnung zwingt dazu, notgedrungen für das Formänderungsverhalten des Baugrundes Vereinfachungen anzunehmen, und zwar hier nach dem Steifezahlverfahren. Der Baugrund unter dem Gründungsbalken wird dabei in Annäherung an die Wirklichkeit als elastisch-isotroper Halbraum mit der konstanten Steifezahl E′ idealisiert. Bei dieser Betrachtungsweise ist die Setzung eines Punktes i nicht nur vom örtlichen Sohldruck q_i, sondern auch von allen übrigen benachbarten Sohldrücken abhängig und somit eine Funktion des gesamten Sohldruckdiagrammes.

Die Setzungsberechnung erfolgt nach der Formel von SCHLEICHER [17] für eine rechteckförmige, schlaffe Gleichlast auf dem unendlich ausgedehnten, elastisch-isotropen Halbraum mit konstanter Steifezahl E'. Bei der Unterteilung des Gründungsbalkens in n gleiche Abschnitte mit der Länge a und bei der Breite des Gründungsbalkens B ergeben sich n Lastabschnitte a · B. Auf einem dieser Abschnitte wird die Einheitslast »1« wirkend angenommen. Die hierdurch entstehende Setzungsmulde auf dem elastisch-isotropen Halbraum nach BOUSSINESQ stellt gleichzeitig die »Setzungseinflußlinie« mit den berechneten Ordinaten c_0 unter dem belasteten Punkt und den berechneten Ordinaten c_i unter benachbarten Punkten i dar (Abb. 2.2,2b).

Die Setzung s_i eines beliebigen Punktes i des Gründungsbalkens bei gleichzeitiger Wirkung sämtlicher Sohldrücke erhält man somit durch die Auswertung der Setzungseinflußlinie in Form von Summengleichungen:

$$\left.\begin{aligned} s_1 &= (c_0 \cdot q_1 + c_1 \cdot q_2 + \cdots + c_{n-1} \cdot q_n) \cdot \frac{a}{E'} \\ s_2 &= (c_1 \cdot q_1 + c_0 \cdot q_2 + \cdots + c_{n-2} \cdot q_n) \cdot \frac{a}{E'} \\ &\cdot \\ &\cdot \\ &\cdot \\ &\cdot \\ s_n &= (c_{n-1} \cdot q_1 + c_{n-2} \cdot q_2 + \cdots + c_0 \cdot q_n) \cdot \frac{a}{E'} \end{aligned}\right\} \qquad [1]-(3)$$

bzw. in allgemeiner Form:

$$s_i = \left(\sum_{v=1}^{i} c_{i-v} \cdot q_v + \sum_{v=i+1}^{n} c_{v-i} \cdot q_v\right) \cdot \frac{a}{E'}. \qquad (2.2,3)$$

2.232.3 Bestimmungsgleichungen

Auf der Grundlage der obigen Ableitungen erhält man durch Einsetzen der vorgenannten Gln. (2.2,2) und (2.2,3) in Gl. (2.2,1) nach Umformung die folgenden Gleichungen:

$$\left.\begin{aligned} &-(C_1 + \alpha) \cdot q_1 + \left(C_0 - \frac{\alpha}{6}\right) \cdot q_2 - C_1 \cdot q_3 - \cdots \\ &\qquad\qquad = -\alpha\left(p_1 + \frac{p_2}{6} - m_1\right) \\ &-(C_2 + 2\,\alpha) \cdot q_1 - (C_1 + \alpha) \cdot q_2 + \left(C_0 - \frac{\alpha}{6}\right) \cdot q_3 - \cdots \\ &\qquad\qquad = -\alpha\left(2\,p_1 + p_2 + \frac{p_3}{6} - m_1\right) \end{aligned}\right\} \qquad [1]-(9)$$

usw.

Hierin sind die Beiwerte C_i nach OHDE aus den Ordinaten c_i der Setzungseinflußlinie wie folgt zusammengesetzt:

$$\left.\begin{aligned} C_0 &= 2\,(c_0 - c_1) \\ C_1 &= c_0 - 2\,c_1 + c_2 \\ &\cdot \\ &\cdot \\ &\cdot \\ C_n &= c_{n-1} - 2\,c_n + c_{n+1}. \end{aligned}\right\} \qquad [1]-(8\,a)$$

Der von OHDE gewählte Beiwert α drückt die relative Steifigkeit zwischen dem Gründungsbalken und dem Baugrund aus:

$$\alpha = \frac{a^3 \cdot B}{J} \cdot \frac{E'}{E}. \qquad [1]-(9\,a)$$

Zwischen α und den Steifigkeitsbeiwerten N und K gemäß Abschnitt 1. bestehen folgende Beziehungen:

$$\alpha = \frac{1}{n^3 \cdot K} = \frac{12 \cdot N}{n^3}. \qquad (2.2,4)$$

Schließlich lautet der Beiwert m_1 nach OHDE wie folgt:

$$m_1 = \frac{M_R}{a^2 \cdot B}. \qquad [1]-(9\,a)$$

Die obigen Gln. (6a), (6b) und (9) nach OHDE [1] stellen die endgültigen n Bestimmungsgleichungen zur Berechnung der n unbekannten Sohldrücke q_i dar. Die Auflösung des Gleichungssystems kann nach einem der bekannten Verfahren erfolgen.

2.24 Bestimmung der Biegemomente M_i

Aus den nunmehr bekannten Sohldrücken q_i und den Auflasten p_i lassen sich mit Hilfe der obigen Gl. (2.2,2) die Biegemomente M_i bestimmen. Hierbei stellt M_1 das am linken Endpunkt des Gründungsbalkens angreifende Randmoment dar.

2.25 Bestimmung der Setzungen s_i

Aus den bekannten Sohldrücken q_i lassen sich mit Hilfe der obigen Gl. (2.2,3) die Setzungen s_i bestimmen. Hierin bedeuten die Beiwerte c_i die Ordinaten der Setzungseinflußlinie.

2.3 Verfahren DE BEER-LOUSBERG (Parabelverfahren)

Bezeichnungen:

l	=	$2 \cdot l'$ = Länge des Gründungsbalkens	[m]
b	=	$2 \cdot b'$ = Breite des Gründungsbalkens	[m]
t	=	Gründungstiefe	[m]
γ_d	=	Raumgewicht des Bodens oberhalb der Gründungssohle	[t/m³]
$p_{m,0}$	=	$\gamma_d \cdot t$ = Vorbelastung in der Gründungssohle	[t/m²]
p_m	=	mittlerer Sohldruck (spezifische Gebäudelast)	[t/m²]
$\rho_{m,0}$	=	$p_{m,0}/p_m$ = Sohldruckverhältnis	[1]
J	=	Trägheitsmoment des Balkenquerschnittes	[m⁴]
E_b	=	Elastizitätsmodul des Balkenmaterials	[t/m²]
E_s'	=	$E_s/(1 - \mu^2)$ = Steifezahl des Baugrundes	[t/m²]
N'	=	$1{,}5 \cdot N$ = abgewandelter Steifigkeitsbeiwert gemäß Abschnitt 1	[1]
P_α	=	angreifende, lotrechte Einzellast an der Oberkante des Gründungsbalkens	[t]
$\mathfrak{M}_\alpha$	=	angreifendes Moment an der Oberkante des Gründungsbalkens	[t · m]
$\mathfrak{T}_\alpha$	=	angreifende, horizontale Einzellast an der Oberkante des Gründungsbalkens	[t]
ε_α	=	e_α/l' = relative Exzentrizität	[1]
k	=	x/l' = relative Abszisse	[1]
p_k	=	Sohldruckordinate am Punkte k	[t/m²]
M_k	=	Biegemoment des Gründungsbalkens am Punkte k	[t · m]
Q_k	=	Querkraft des Gründungsbalkens am Punkte k	[t]
s_k	=	Setzung des Gründungsbalkens am Punkte k	[m]
s_k'	=	Verschiebung des nicht durchgebogenen Gründungsbalkens am Punkte k	[m]
y_k	=	Durchbiegung des Gründungsbalkens am Punkte k	[m]
α_k	=	Tangentendrehwinkel am Punkte k	[1]

Weitere Bezeichnungen werden im Text unmittelbar erläutert.

2.31 System und Belastungen

Das gegebene Gesamtsystem, bestehend aus dem elastischen Überbau, dem Gründungsbalken mit dem Elastizitätsmodul E_b in der Gründungstiefe t und dem elastischen Baugrund mit der Steifezahl E_s und dem Raumgewicht γ_d wird beliebigen äußeren Belastungen ausgesetzt (2.3,1 a).
Die Beanspruchungen, die vom Überbau auf den Gründungsbalken durch die Stützen übertragen werden, können ersatzweise durch senkrechte Lasten P_α, Momente $\mathfrak{M}_\beta$ und waagerechte Kräfte $\mathfrak{T}_\gamma$ dargestellt werden.
Der Einfluß der waagerechten Kräfte soll vernachlässigt werden, weil einerseits vorausgesetzt wird, daß in der Gründungssohle keine waagerechten Kräfte auf

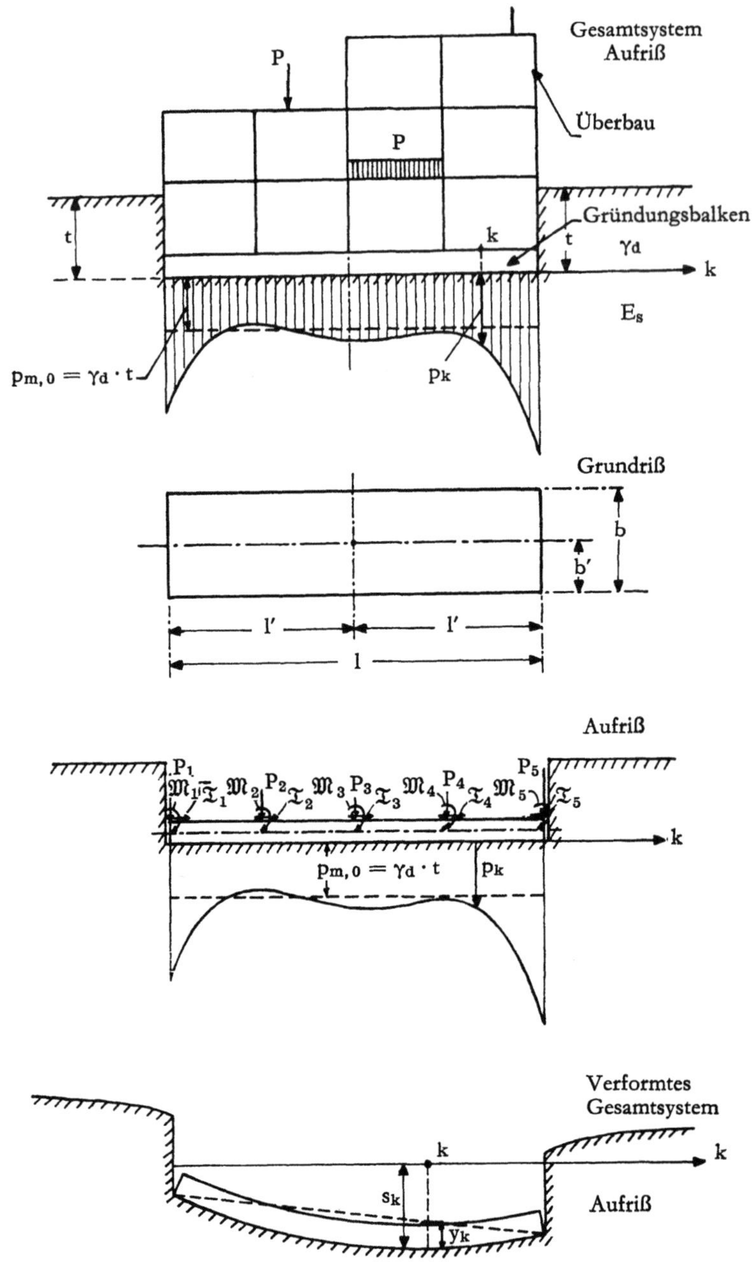

Abb. 2.3,1 Gesamtsystem (Aufriß)

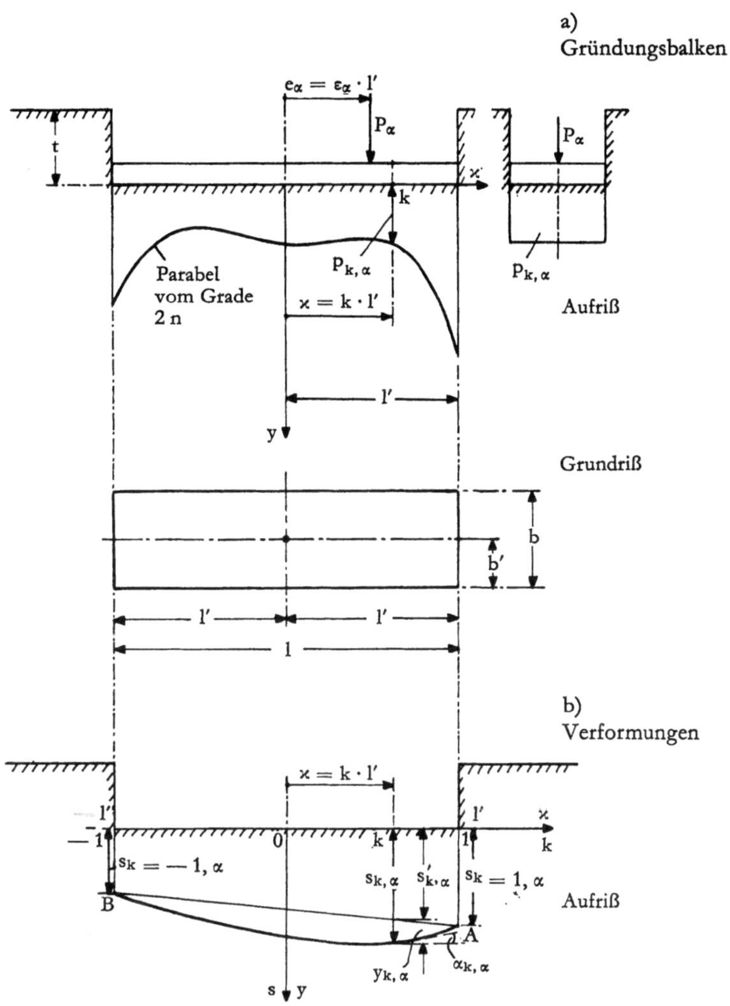

Abb. 2.3,2

den Boden übertragen werden ($\sum \mathfrak{T}_Y = 0$), und weil andererseits angenommen wird, daß diese Kräfte in der Balkenachse angreifen und infolgedessen nur eine Längsverformung des Gründungsbalkens verursachen. Da die Verformbarkeit des Balkens viel geringer ist, als diejenige des Bodens, können Tangentialspannungen in der Sohlfläche unberücksichtigt bleiben.

Die angreifenden Belastungen P_α und Momente $\mathfrak{M}_\beta$ rufen als gleichgewichthaltende Gegenkräfte die Sohldrücke p_k hervor (Abb. 2.3,1). Diese haben je nach ihrer Verteilung einerseits eine Verformung des elastischen Gründungsbalkens, also Durchbiegung y_k und damit auch Beanspruchung als Biegemoment M_k für jeden beliebigen Punkt k und weitergehend eine Verformung des elastischen Bau-

werks und damit bestimmte unmittelbare Lasteintragung P_α und Momenteneintragung $\mathfrak{M}_\beta$ in den Gründungsbalken, andererseits als Belastung des Baugrundes dessen Verformung als Setzung s_k zur Folge (Abb. 2.3,1 und 2.3,2).
Die unmittelbar am Gründungsbalken angreifenden Auflasten P_α, Momente $\mathfrak{M}_\beta$ und Sohldrücke p_k sollen nach Größe und Verteilung durch ein Näherungsverfahren mit mathematisch exakten Ableitungen mit Hilfe von Gleichgewichts- und Formänderungsbedingungen bestimmt werden. Hierbei sind die Formänderungen des Bauwerks, des Gründungsbalkens und des Baugrundes in zweckmäßiger Weise so miteinander zu verknüpfen, daß sich lösbare Bestimmungsgleichungen für die Auflasten P_α, Momente $\mathfrak{M}_\beta$ und Sohldrücke p_k ergeben.

2.32 *Bestimmung der Vorbelastung* $p_{m,0}$ *und der mittleren Gebäudelast* p_m

In der Gründungstiefe betrug die Erdauflast $p_{m,0}$ vor der Ausführung der Baugrube (Vorbelastung):

$$p_{m,0} = \gamma_d \cdot t \qquad (5) - [5]$$

Die mittlere Gebäudelast nach Ausführung des Bauwerkes beträgt:

$$p_m = \frac{\sum P_\alpha}{2 \cdot b \cdot l'} \qquad (7) - [5]$$

Das Verhältnis zwischen beiden Lasten soll wie folgt benannt werden:

$$\rho_{m,0} = \frac{p_{m,0}}{p_m} \qquad (10) - [5]$$

2.33 *Anwendung des Superpositionsprinzips*

Es läßt sich nachweisen [9], daß im allgemeinen Fall senkrechter Lasten P_α und Momente $\mathfrak{M}_\beta$ für das Gesamtsystem Bauwerk–Baugrund das Superpositionsprinzip gültig ist. Man kann also jeden allgemeinen Belastungsfall in Belastungen durch Einzellasten bzw. Einzelmomente zerlegen und die Ergebnisse algebraisch addieren.
Wenn $p_{k,\alpha}$, $M_{k,\alpha}$, $y_{k,\alpha}$ und $s_{k,\alpha}$ die Sohldruckverteilung, das Biegemoment, die Durchbiegung des Balkens und die Setzung des Bodens für eine beliebige senkrechte Belastung P_α bedeuten, und $p_{k,\beta}$, $M_{k,\beta}$, $y_{k,\beta}$ und $s_{k,\beta}$ dieselben Werte für ein beliebiges Moment $\mathfrak{M}_\beta$ ausdrücken, so erhält man durch Superposition:
– den Sohldruck:

$$p_k = \sum_\alpha p_{k,\alpha} + \sum_\beta p_{k,\beta} \qquad (58) - [5]$$

– das Biegemoment des Balkens:

$$M_k = \sum_\alpha M_{k,\alpha} + \sum_\beta M_{k,\beta} \qquad (150) - [5]$$

– die Biegelinie des Balkens:

$$y_k = \sum_\alpha y_{k,\alpha} + \sum_\beta y_{k,\beta} \qquad (152) – [5]$$

– die Setzung des Bodens:

$$s_k = \sum_\alpha s_{k,\alpha} + \sum_\beta s_{k,\beta} \qquad (148) – [5]$$

2.34 Der asymmetrische Fall

2.341 Lotrechte Einzellast P_α mit der relativen Ausmittigkeit ε_α

2.341.1 Bestimmung der Sohldrücke $p_{k,\alpha}$

Bei dem Verfahren DE BEER–LOUSBERG wird der durch die Auflast P_α lotrecht belastete, elastische Gründungsbalken von endlicher Länge $l = 2 \cdot l'$ betrachtet (Abb. 2.3,1). Der Sohldruck ist durch das Sohldruckdiagramm, begrenzt durch die kontinuierlich gekrümmte, unbekannte Sohldruckverteilungskurve dargestellt. An einer beliebigen Schnittstelle der relativen Abszisse $k = x/l'$ tritt der unbekannte Sohldruck $p_{k,\alpha}$ auf. Diese unbekannte Sohldruckordinate $p_{k,\alpha}$ wird durch mathematischen Ansatz als Parabel vom Grade $2 \cdot n$ (meist: $2 \cdot n = 8$) angeschrieben, und zwar allgemein gemäß Gleichung:

$$p_{k,\alpha} = p_{m,\alpha} \left[(1 - \rho_{m,0}) \sum_{i=0}^{2n} a_{i,\alpha} \cdot k^i + \rho_{m,0} \right] \qquad (71) – [5]$$

mit

$$p_{m,\alpha} = \frac{P_\alpha}{2 \cdot b \cdot l'} \qquad (54) – [5]$$

Zur Bestimmung einer unbekannten, beliebigen Sohldruckordinate $p_{k,\alpha}$ treten demnach die in obigem Parabelansatz enthaltenen $2n + 1$ unbekannten Koeffizienten $a_{i,\alpha}$ auf. Diese $2n + 1$ Unbekannten $a_{i,\alpha}$ werden durch $2n + 1$ Bestimmungsgleichungen ermittelt, die aus zwei Gleichgewichtsbedingungen und $2n - 1$ Formänderungsbedingungen abgeleitet werden.

2.341.11 Gleichgewichtsbedingungen

Von den drei Gleichgewichtsbedingungen der Ebene stehen die zwei Bedingungen $\sum V = 0$ und $\sum M = 0$ zur Verfügung. Zweckmäßig werden die Gleichgewichtsbedingung $\sum V = 0$ und die Gleichgewichtsbedingung $\sum M = 0$ um den Balkenmittelpunkt ($x = 0$) angesetzt (Abb. 2.3,2a). Mit den am Gründungsbalken unmittelbar angreifenden Kräften, den Auflasten P_α und dem Sohldruckdiagramm $p_{k,\alpha}$ ergeben sich die nachstehenden zwei Bestimmungsgleichungen:

$$\sum_{j=0}^{n} \frac{a_{2j,\alpha}}{2j+1} = 1 \tag{(80) - [5]}$$

$$\sum_{j=0}^{n-1} \frac{a_{2j+1,\alpha}}{2j+3} = \frac{\varepsilon_\alpha}{1 - \rho_{m,0}} \tag{(88) - [5]}$$

wobei $i = 2j$ bzw. $i = 2j + 1$ angesetzt ist, je nachdem i gerade oder ungerade ist und weiter $\varepsilon_\alpha = \frac{e_\alpha}{l'}$ die relative Exzentrizität der Auflast P_α bezeichnet.

2.341.12 Formänderungsbedingungen

Die restlichen $2n - 1$ Bestimmungsgleichungen werden aus den Formänderungsbedingungen des Gründungsbalkens und des Baugrundes abgeleitet. Wegen der Voraussetzung, daß sich die Biegelinie des Gründungsbalkens mit der Setzungsmulde des Baugrundes deckt, kann die Bedingung der Gleichheit der Setzungen des Bodens und der Durchbiegungen des Balkens angesetzt werden, und zwar in $2n - 1$ beliebig, aber zweckmäßig zu wählenden Punkten k der Balkenachse. Für einen Punkt k des Gründungsbalkens ergibt sich nach Abb. 2.3,2b die gesamte Setzung $s_{k,\alpha}$ des Bodens durch Überlagerung der folgenden zwei Teilwerte:

1. Setzung $s'_{k,\alpha}$ im Punkte der relativen Abszisse k der Geraden AB, die die beiden Endpunkte des Balkens verbindet.
2. Durchbiegung $y_{k,\alpha}$ im Punkte k relativ zur Geraden AB.

Demnach sieht die allgemeine Formänderungsbedingung für den Punkt k wie folgt aus:

$$s_{k,\alpha} = s'_{k,\alpha} + y_{k,\alpha}$$

$$s_{k,\alpha} - s'_{k,\alpha} = y_{k,\alpha} \tag{(22) - [5]}$$

Durch Einsetzen sowohl der Setzungen $s_{k,\alpha}$ und $s'_{k,\alpha}$ als auch der Durchbiegungen $y_{k,\alpha}$ als Funktion der unbekannten Koeffizienten $a_{i,k}$ erhält man nach Umformungen die gesuchten $2n - 1$ Bestimmungsgleichungen der unbekannten Koeffizienten $a_{i,k}$.

2.341.121 Setzungen $s_{k,\alpha}$

Die Setzungen $s_{k,\alpha}$ (Gesamtsetzungen des Bodens) erhält man jeweils durch eine Setzungsberechnung, und zwar aus den Spannungen σ, die im elastischen Baugrund durch den Sohlspannungskörper erzeugt werden.
Schon in einem unendlich ausgedehnten, homogenen Untergrund sind die Gesetzmäßigkeiten der Kraftausbreitung unbekannt und streng mathematisch nicht erfaßbar. Erst recht trifft diese Feststellung für einen Untergrund zu, der aus

Schichten verschiedener Bodenarten aufgebaut ist. Experimentell wurden bisher die Verformungsgesetze eines Bodens für den Sonderfall behinderter Seitenausdehnung bestimmt (Ödometerversuch). Für den Fall seitlicher Verformungsmöglichkeit – wie meist in der Wirklichkeit – sind die komplizierten Verformungsgesetze wiederum nicht genau bekannt.

Um jedoch dem Problem der Kraftausbreitung im Boden nahezukommen, kann der Untergrund als ein elastisch-isotroper Halbraum mit konstanter Steifezahl E_s idealisiert werden.

Diese Annahme liegt dem beschriebenen Verfahren zugrunde. Messungen an ausgeführten Bauten deuten darauf hin, daß die genannten Vereinfachungen in bestimmten Fällen Ergebnisse liefern, die der Wirklichkeit sehr nahe kommen. Es ist jedoch nötig, für jedes wirkliche Bauwerk vorher zu untersuchen, ob die Annahme eines Bodens mit konstanter Steifezahl nicht zu sehr von den Eigenschaften eines in Wirklichkeit vorhandenen, geschichteten Bodens abweicht.

Bei Annahme einer konstanten Steifezahl E_s können die durch einen Sohldruckkörper, der von einer Parabel 2. Grades begrenzt wird, hervorgerufenen Setzungen mit Hilfe einer geschlossenen Formel berechnet werden.

Die Setzungsberechnung beruht auf den grundlegenden, geschlossenen Gleichungen von BOUSSINESQ für den elastisch-isotropen Halbraum mit konstanter Steifezahl E_s. Ausgangspunkt ist die Spannungsgleichung von BOUSSINESQ für die Spannung σ in der Tiefe z infolge einer Einzellast:

$$\sigma_{M,z} = \frac{\nu \cdot P}{2\pi \cdot z^2} \cdot \cos^{\nu+2} \vartheta = \frac{3 \cdot P}{2\pi \cdot z^2} \cdot \cos^5 \vartheta$$

mit der Ordnungszahl $\nu = 3$ für konstante Steifezahl E_s. Für die auf der Halbraumoberfläche angreifende gesamte Flächenlast p folgt die Spannung in der Tiefe z durch zweimalige Integration zu:

$$\sigma_{M,z,m} = \frac{3\,p}{2\pi \cdot z^2} \cdot \int\int \cos^5 \vartheta \, dx\, dy \qquad (1) - [4]$$

Setzt man nach Ausführung der zweimaligen Integration diesen Ausdruck für die Spannung σ in die Grundgleichung VON HOOKE ein, so ergibt sich die allgemeine Gleichung für die Setzung durch einmalige Integration wie folgt:

$$s_{M,m} = \frac{1}{E_s} \cdot \int_0^\infty \sigma_{M,z,m} \cdot dz$$

wobei:

$$E_s = \frac{1}{1 - \mu^2} \cdot E_s \qquad (2) - [4]$$

Nach Ausführung der Integration unter der Voraussetzung, daß die Sohldruckverteilung einer Parabel 2. Grades gleichgesetzt werden kann, erhält man nach

Umformungen die gesuchte Setzung des Punktes der relativen Abszisse k der Balkenachse als Funktion der unbekannten Koeffizienten $a_{i,\alpha}$ zu[1]:

$$s_{k,\alpha} = p_{m,\alpha} (1 - \rho_{m,0}) \frac{1}{E'_s} \sum_{i=0}^{2n} a_{i,\alpha} f_s^{(i)} (k, \delta) \qquad (130) - [5]$$

Hierbei stellt die allgemeine Funktion:

$$f_s^{(i)} (k, \delta)$$

dimensionslose Beiwerte dar, die lediglich vom betrachteten Punkt der relativen Abszisse $k = x/l'$ und dem Formverhältnis $\delta = b/l$ des Balkens abhängig sind und für die ganzzahligen Werte von i ($i = 0$ bis $i = 2n = 8$) gemäß der Gl. (130) – [5] ein für allemal berechnet und tabelliert sind.

2.341.122 Setzungen $s'_{k,\alpha}$

Die Setzungen $s'_{k,\alpha}$ im Punkte der relativen Abszisse k der Geraden AB, die die beiden Endpunkte des Balkens verbindet (Abb. 2.3,2b), kann man leicht als Funktion der beiden Endpunktsetzungen $s_A = s_{k=1}$ und $s_B = s_{k=-1}$ ausdrücken. Unter Zugrundelegung der Ableitungen für die Setzung s_k erhält man nach Umformungen die gesuchten Setzungen s'_k des Punktes k der Balkenachse als Funktion der unbekannten Koeffizienten $a_{i,\alpha}$ entsprechend zu Gleichung:

$$s'_{k,\alpha} = p_{m,\alpha} (1 - \rho_{m,0}) \frac{1}{E'_s} \left[\sum_{j=0}^{n} a_{2j,\alpha} f_s^{(2j)} (k = 1, \delta) + k \sum_{j=0}^{n-1} a_{2j+1,\alpha} f_s^{(2j+1)} (k = 1, \delta) \right] \qquad (31) - [5]$$

und zwar ebenfalls wieder als Funktion der dimensionslosen Beiwerte $f_s^{(i)}(k, \delta)$, die Tabellen entnommen werden.

2.341.123 Setzungen $s_{k,\alpha} - s'_{k,\alpha}$

Die Differenz der Setzungen $s_{k,\alpha}$ und $s'_{k,\alpha}$ (Abb. 2.3,2b) wird durch Einführung der oben ermittelten Einzelwerte gebildet. Nach Umformungen ergibt sich der gesuchte Differenzwert $s_{k,\alpha} - s'_{k,\alpha}$ des Punktes der relativen Abszisse k der Balkenachse als Funktion der unbekannten Koeffizienten $a_{i,\alpha}$ zu:

$$s_{k,\alpha} - s'_{k,\alpha} = p_{m,\alpha} (1 - \rho_{m,0}) \frac{1}{E'_s} \sum_{i=0}^{2n} a_{i,\alpha} \cdot F_s^{(i)} (k, \delta) \qquad (33) - [5]$$

Hierbei stellt

$$F_s^{(i)}(k, \delta) \qquad (34) \text{ und } (35) - [5]$$

[1] Mehrere Formeln der Veröffentlichung [5] umfassen ein Glied, das von dem Schwellungsmodul $E'_{g,s}$ abhängig ist. Die in der vorliegenden Arbeit angegebenen Formeln können aus den Formeln der Veröffentlichung abgeleitet werden, wenn man $E'_{g,s} = \infty$ setzt.

dimensionslose Beiwerte dar, die durch Zusammenfassung der Differenzen der dimensionslosen Beiwerte $f_s^{(i)}(k, \delta)$ entstanden sind. Die neuen Beiwerte $F_s^{(i)}(k, \delta)$ setzen sich also aus den Beiwerten $f_s^{(i)}(k, \delta)$ zusammen und sind somit ebenso wie diese lediglich von k und δ abhängig und für die ganzzahligen Werte von i ($i = 0$ bis $i = 8$) ein für allemal berechnet und tabelliert.

2.341.124 Durchbiegungen $y_{k,\alpha}$

Die Durchbiegungen $y_{k,\alpha}$ im Punkte k relativ zur Balkenachse, also der Geraden AB (Abb. 2.3,2b) werden mit Hilfe der Formeln der klassischen Mechanik berechnet, und zwar durch Superposition der Anteile der am Balken unmittelbar angreifenden Kräfte, nämlich einerseits der Auflasten P_α und andererseits der Sohldrücke $p_{k,\alpha}$. Nach einigen Umformungen ergibt sich die Durchbiegung $y_{k,\alpha}$ des Punktes der relativen Abszisse k der Balkenachse als Funktion der unbekannten Koeffizienten $a_{i,\alpha}$ zu:

$$y_{k,\alpha} = \frac{2\,b \cdot l'^4}{E_b \cdot J} \cdot p_{m,\alpha} \cdot \left[F_y^{(P)}(k, \varepsilon_\alpha) + (1 - \rho_{m,0}) \sum_{i=0}^{2n} a_{i,\alpha} F_y^{(i)}(k) + \rho_{m,0} F_y^{(0)}(k)\right] \qquad (134) - [5]$$

Hierbei stellt die Funktion

$$F_y^{(i)}(k) \qquad (39) \text{ und } (40) - [5]$$

dimensionslose Beiwerte dar, die lediglich vom betrachteten Punkt der relativen Abszisse $k = x/l'$ abhängig sind und für die ganzzahligen Werte von i ($i = 0$ bis $i = 8$) ein für allemal berechnet und tabelliert sind.

Weiter stellt die Funktion

$$F_y^{(P)}(k, \varepsilon_\alpha) \qquad (102) \text{ und } (103) - [5]$$

dimensionslose Beiwerte dar, die vom betrachteten Punkt k und außerdem noch von der Stellung der betrachteten Last P_α, also der relativen Exzentrizität $\varepsilon_\alpha = \frac{e_\alpha}{l'}$ abhängig und für eine Reihe von Werten $-1 \leqq \varepsilon_\alpha \leqq 1$ ein für allemal berechnet und tabelliert sind.

2.341.125 Bestimmungsgleichungen

Auf der Grundlage der obigen Ableitungen erhält man durch Einsetzen der Gln. (33) – [5] und (134) – [5] in die Gl. (22) – [5] nach einigen Umformungen die Gleichung:

$$\sum_{i=0}^{2n} a_{i,\alpha}\left[F_s^{(i)}(k, \delta) - N' \cdot F_y^{(i)}(k)\right] = \frac{N'}{1 - \rho_{m,0}} \left[F_y^{(P)}(k, \varepsilon_\alpha) + \rho_{m,0} F_y^{(0)}(k)\right] \qquad (129) - [5]$$

Hierin sind die dimensionslosen Beiwerte $F_{s}^{(i)}(k, \delta)$, $F_{y}^{(i)}(k)$ und $F_{y}^{(P)}(k, \varepsilon_{\alpha})$ wie oben definiert und aus Tafeln zu entnehmen, während der dimensionslose Steifigkeitsbeiwert N' nach Gl. (42) – [5] ermittelt wird in Abhängigkeit von der Balkensteifigkeit, den Balkenabmessungen und der Bodensteifigkeit.
Die obigen Gln. (129) – [5] stellen die endgültigen 2 n — 1 Bestimmungsgleichungen zur Bestimmung der unbekannten Koeffizienten $a_{i,\alpha}$ dar.
Um nun die mühsame und zeitraubende Auflösung der Gleichungen zu vermeiden, ist die Ausarbeitung weiterer Tafeln geplant, die in Kürze erscheinen sollen. In diesen Tafeln ist die fertige Auflösung des Gleichungssystems für eine Einzellast P_{α} für jede beliebige Laststellung ε_{α} aufgetragen, so daß für einen praktischen Belastungsfall nur noch die fertigen Einzellösungen entnommen und superponiert zu werden brauchen.

2.341.2 Bestimmung der Biegemomente $M_{k,\alpha}$

Aus den Auflasten P_{α} und den nunmehr bekannten Sohldrücken $p_{k,\alpha}$ lassen sich die Biegemomente $M_{k,\alpha}$ nach den Formeln der Statik bestimmen, und zwar durch Superposition der Anteile der am Balken unmittelbar angreifenden Kräfte, nämlich einerseits der Auflasten P_{α} und andererseits der Sohldrücke $p_{k,\alpha}$. Nach einigen Umformungen ergibt sich das Biegemoment $M_{k,\alpha}$ des Punktes der relativen Abszisse k der Balkenachse als Funktion der nunmehr bekannten Koeffizienten $a_{i,\alpha}$ zu:

$$M_{k,\alpha} = 2\,b \cdot l'^{2} \cdot p_{m,\alpha} \left[F_{M}^{(P)}(k, \varepsilon_{\alpha}) + (1 - \rho_{m,0}) \sum_{i=0}^{2n} a_{i,\alpha} F_{M}^{(i)}(k) + \rho_{m,0} F_{M}^{(0)}(k) \right] \tag{132) – [5}$$

Hierbei stellt die Funktion

$$F_{M}^{(i)}(k) \qquad (48) – [5]$$

dimensionslose Beiwerte dar, die lediglich vom betrachteten Punkt k abhängig sind und für die ganzzahligen Werte von i (i = 0 bis i = 8) ein für allemal berechnet und tabelliert sind. Weiterhin stellt die Funktion

$$F_{M}^{(P)}(k, \varepsilon_{\alpha}) \qquad (98) \text{ und } (99) – [5]$$

dimensionslose Beiwerte dar, die außer vom betrachteten Punkt k auch von der Stellung der betrachteten Last P_{α}, also der relativen Exzentrizität $\varepsilon_{\alpha} = \frac{e_{\alpha}}{l'}$ abhängig sind und für eine Reihe von Werten $-1 \leqq \varepsilon_{\alpha} \leqq 1$ ein für allemal berechnet und tabelliert sind.

2.341.3 Bestimmung der Querkräfte $Q_{k,\alpha}$

Aus den Auflasten P_{α} und den bekannten Sohldrücken $p_{k,\alpha}$ lassen sich die Querkräfte $Q_{k,\alpha}$ nach den Formeln der Statik bestimmen und ergeben sich in der entsprechenden Art wie die Biegemomente zu:

$$Q_{k,\alpha} = 2\,b \cdot l' \cdot p_{m,\alpha} \left[F_T^{(P)}(\varepsilon_\alpha) + (1 - \rho_{m,0}) \sum_{i=0}^{2n} a_{i,\alpha} F_T^{(i)}(k) + \rho_{m,0} F_T^{(0)}(k) \right]$$

(131) - [5]

Hierbei stellt die Funktion

$$F_T^{(i)}(k) \qquad (47) - [5]$$

dimensionslose Beiwerte dar, die lediglich vom betrachteten Punkt k der Balkenachse abhängig sind und für die ganzzahligen Werte von i ein für allemal berechnet und tabelliert sind. Weiterhin stellt die Funktion[2]

$$F_T^{(P)}(\varepsilon_\alpha) \qquad (96) \text{ und } (97) - [5]$$

dimensionslose Beiwerte dar, die lediglich von der Stellung der betrachteten Auflast P_α, also der relativen Exzentrizität ε_α abhängig und für eine Reihe von Werten $-1 \leqq \varepsilon_\alpha \leqq -1$ ein für allemal berechnet und tabelliert sind.

2.341.4 Bestimmung der Setzungen $s_{k,\alpha}$

Aus den bekannten Sohldrücken $p_{k,\alpha}$ lassen sich mit Hilfe der obigen Gl. (130) - [5] die Setzungen $s_{k,\alpha}$ (Abb. 2.3,2b) als Funktion der bekannten Koeffizienten $a_{i,\alpha}$ bestimmen:

$$s_{k,\alpha} = p_{m,\alpha} (1 - \rho_{m,0}) \frac{1}{E_s'} \sum_{i=0}^{2n} a_{i,\alpha} f_s^{(i)}(k, \delta) \qquad (130) - [5]$$

Hierbei stellt die Funktion

$$f_s^{(i)}(k, \delta)$$

dimensionslose Beiwerte dar, die im Abschnitt 2.341.121 bereits erläutert worden sind.

2.341.5 Bestimmung der Durchbiegungen $y_{k,\alpha}$

Aus den Auflasten P_α und den bekannten Sohldrücken $p_{k,\alpha}$ lassen sich mit Hilfe der obigen Gl. (134) - [5] die Durchbiegungen $y_{k,\alpha}$ (Abb. 2.3,2b) als Funktion der bekannten Koeffizienten $a_{i,\alpha}$ bestimmen:

$$y_{k,\alpha} = \frac{2\,b \cdot l'^4}{E_b \cdot J} p_{m,\alpha} \left[F_y^{(P)}(k, \varepsilon_\alpha) + (1 - \rho_{m,0}) \sum_{i=0}^{2n} a_{i,\alpha} \cdot F_y^{(i)}(k) + \rho_{m,0} F_y^{(0)}(k) \right]$$

(134) - [5]

Hierbei stellen die Funktionen

$$F_y^{(i)}(k) \qquad (39) \text{ und } (40) - [5]$$

$$F_y^{(P)}(k, \varepsilon_\alpha) \qquad (102) \text{ und } (103) - [5]$$

dimensionslose Beiwerte dar, die im Abschnitt 2.341.124 bereits erläutert worden sind.

[2] In der Veröffentlichung [5] bezieht sich das Symbol T immer auf die Querkraft Q.

2.341.6 Bestimmung der Tangentendrehwinkel $\alpha_{k,\alpha}$

Aus den Auflasten P_α und den bekannten Sohldrücken $p_{k,\alpha}$ lassen sich die Tangentendrehwinkel $\alpha_{k,\alpha}$ (Abb. 2.3,2b) nach den Formeln der klassischen Mechanik bestimmen und sie ergeben sich in der entsprechenden Art wie die Durchbiegungen zu:

$$\alpha_{k,\alpha} = \frac{2\,b \cdot l'^3}{E_b \cdot J} \cdot p_{m,\alpha} \left[F_\alpha^{(P)}(k, \varepsilon_\alpha) + (1 - \rho_{m,0}) \sum_{i=0}^{2n} a_{i,\alpha} F_\alpha^{(i)}(k) + \rho_{m,0} F_\alpha^{(0)}(k) \right]$$

(133) – [5]

Hierbei stellt die Funktion

$$F^{(i)}(k) \qquad (49) \text{ und } (50) - [5]$$

dimensionslose Beiwerte dar, die lediglich vom betrachteten Punkt k der Balkenachse abhängig sind und für die ganzzahligen Werte von i ($i = 0$ bis $i = 8$) ein für allemal berechnet und tabelliert sind. Weiter stellt die Funktion

$$F_\alpha^{(P)}(k, \varepsilon_\alpha) \qquad (100) \text{ und } (101) - [5]$$

dimensionslose Beiwerte dar, die außer vom betrachteten Punkt k der Balkenachse auch von der Stellung der betrachteten Auflast P_α, also der relativen Exzentrizität ε_α abhängig und für eine Reihe von Werten $-1 \leqq \varepsilon_\alpha \leqq 1$ ein für allemal berechnet und tabelliert sind.

2.342 Drehmoment $\mathfrak{M}_\beta$ mit der relativen Ausmittigkeit ε_β

Die Ableitung des Berechnungsganges für diesen Fall ist die gleiche, wie für den vorstehend beschriebenen Fall einer lotrechten Einzellast P_α. Nachstehend werden deshalb nur die fertigen Gleichungen genannt, ohne sie abzuleiten.

Die Funktionswerte $F_s^{(i)}(k, \delta)$; $f_s^{(i)}(k, \delta)$; $F_T^{(i)}(k)$; $F_M^{(i)}(k)$; $F_\alpha^{(i)}(k)$; $F_y^{(i)}(k)$; $F_M^{(\mathfrak{M})}(\varepsilon_\beta)$; $F_\alpha^{(\mathfrak{M})}(k, \varepsilon_\beta)$; $F^{(\mathfrak{M})}(k, \varepsilon_\beta)$ sind ein für allemal in den Tabellen der Veröffentlichung [5] berechnet worden.

2.342.1 Bestimmung der Sohldrücke $p_{k,\beta}$

$$p_{k,\beta} = p_{\mathfrak{M},\beta} \sum_{i=0}^{2n} b_{i,\beta} \cdot k^i \qquad (73) - [5]$$

mit

$$p_{\mathfrak{M},\beta} = \frac{\mathfrak{M}_\beta}{2\,b \cdot l'^2} \qquad (57) - [5]$$

2.342.11 Gleichgewichtsbedingungen

$$\sum_{j=0}^{n} \frac{b_{2j,\beta}}{2j + 1} = 0 \qquad (82) - [5]$$

$$\sum_{j=0}^{n-1} \frac{b_{2j+1,\beta}}{2j + 3} = 1 \qquad (90) - [5]$$

2.342.12 Formänderungsbedingungen

$$\sum_{i=0}^{2n} b_{i,\beta} \left[F_s^{(i)}(k, \delta) - N' \cdot F_y^{(i)}(k)\right] = N' \cdot F_y^{(\mathfrak{M})}(k, \varepsilon_\beta) \qquad (136) - [5]$$

2.342.2 Bestimmung der Biegemomente $M_{k,\beta}$

$$M_{k,\beta} = 2\,b \cdot l'^2 \cdot p_{\mathfrak{M},\beta} \left[F_M^{(\mathfrak{M})}(\varepsilon_\beta) + \sum_{i=0}^{2n} b_{i,\beta} \cdot F_M^{(i)}(k)\right] \qquad (139) - [5]$$

2.342.3 Bestimmung der Querkräfte $Q_{k,\beta}$

$$Q_{k,\beta} = 2\,b \cdot l' \cdot p_{\mathfrak{M},\beta} \sum_{i=0}^{2n} b_{i,\beta} \cdot F_T^{(i)}(k) \qquad (138) - [5]$$

2.342.4 Bestimmung der Setzungen $s_{k,\beta}$

$$s_{k,\beta} = p_{\mathfrak{M},\beta} \frac{1}{E_s'} \sum_{i=0}^{2n} b_{i,\beta} \cdot f_s^{(i)}(k, \delta) \qquad (137) - [5]$$

2.342.5 Bestimmung der Durchbiegungen $y_{k,\beta}$

$$y_{k,\beta} = \frac{2 \cdot b \cdot l'^4}{E_b \cdot J} \cdot p_{\mathfrak{M},\beta} \left[F_y^{(\mathfrak{M})}(k, \varepsilon_\beta) + \sum_{i=0}^{2n} b_{i,\beta} F_y^{i)}(k)\right] \qquad (141) - [5]$$

2.342.6 Bestimmung der Tangentendrehwinkel $\alpha_{k,\beta}$

$$\alpha_{k,\beta} = \frac{2 \cdot b \cdot l'^3}{E_b \cdot J} \cdot p_{\mathfrak{M},\beta} \left[F_\alpha^{(\mathfrak{M})}(k, \varepsilon_\beta) + \sum_{i=0}^{2n} b_{i,\beta} F_y^{(i)}(k)\right] \qquad (140) - [5]$$

2.35 Der symmetrische Fall

Wenn alle am Gründungsbalken wirkenden Kräfte symmetrisch zur Mittelachse angreifen, können die im Abschnitt 2.34 abgeleiteten Gleichungen vereinfacht werden.

Die nachstehend genannten Gleichungen sind in der Veröffentlichung [5] abgeleitet und erklärt worden.

Die Funktionswerte $S_T^{(P)}(\varepsilon_\alpha)$; $S_M^{(P)}(k, \varepsilon_\alpha)$; $S_\alpha^{(P)}(k, \varepsilon_\alpha)$; $S_y^{(P)}(k, \varepsilon_\alpha)$; $S_M^{(\mathfrak{M})}(\varepsilon_\beta)$; $S_\alpha^{(\mathfrak{M})}(k, \varepsilon_\beta)$; $S_y^{(\mathfrak{M})}(k, \varepsilon_\beta)$

sind gleichfalls dort – ein für allemal berechnet – in Tabellen zu finden.

2.351 Zwei lotrechte Einzellasten P_α im beiderseitigen relativen Abstand ε_α von der Mittelachse

2.351.1 Bestimmung der Sohldrücke $p_{k,\alpha}$

$$p_{k,\alpha} = p_{m,\alpha}\left[(1 - \rho_{m,0}) \sum_{j=0}^{n} a_{2j,\alpha} \cdot k^{2j} + \rho_{m,0}\right] \tag{156) - [5]$$

mit

$$p_{m,\alpha} = \frac{2\,P_\alpha}{2\,b \cdot l'} \tag{155) - [5]$$

2.351.11 Gleichgewichtsbedingungen

$$\sum_{j=0}^{n} \frac{a_{2j,\alpha}}{2j+1} = 1 \tag{165) - [5]$$

2.351.12 Formänderungsbedingungen

$$\sum_{j=0}^{n} a_{2j,\alpha}\left[F_{s}^{(2j)}(k, \delta) - N' \cdot F_{y}^{(2j)}(k)\right] = \frac{N'}{1 - \rho_{m,0}}\left[S_{y}^{(P)}(k, \varepsilon_\alpha) + \rho_{m,0} \cdot F_{y}^{(0)}(k)\right] \tag{167) - [5]$$

2.351.2 Bestimmung der Biegemomente $M_{k,\alpha}$

$$M_{k,\alpha} = 2\,b \cdot l'^2 \cdot p_{m,\alpha}\left[S_{M}^{(P)}(k, \varepsilon_\alpha) + (1 - \rho_{m,0}) \sum_{j=0}^{n} a_{2j,\alpha} \cdot F_{M}^{(2j)}(k) + \rho_{m,0} \cdot F_{M}^{(0)}(k)\right] \tag{175) - [5]$$

2.351.3 Bestimmung der Querkräfte $Q_{k,\alpha}$

$$Q_{k,\alpha} = 2\,b \cdot l' \cdot p_{m,\alpha}\left[S_{T}^{(P)}(\varepsilon_\alpha) + (1 - \rho_{m,0}) \sum_{j=0}^{n} a_{2j,\alpha}\, F_{T}^{(2j)}(k) + \rho_{m,0} \cdot F_{T}^{(0}(k)\right] \tag{174) - [5]$$

2.351.4 Bestimmung der Setzungen $s_{k,\alpha}$

$$s_{k,\alpha} = p_{m,\alpha} \cdot \frac{1}{E_s'}(1 - \rho_{m,0}) \sum_{j=0}^{n} a_{2j,\alpha} \cdot f_{s}^{(2j)}(k, \delta) \tag{170) - [5]$$

2.351.5 Bestimmung der Durchbiegungen $y_{k,\alpha}$

$$y_{k,\alpha} = \frac{2\,b \cdot l'^4}{E_b \cdot J} \cdot p_{m,\alpha}\left[S_{y}^{(P)}(k, \varepsilon_\alpha) + (1 - \rho_{m,0}) \sum_{j=0}^{n} a_{2j,\alpha} \cdot F_{y}^{(2j)}(k) + \rho_{m,0} \cdot F_{y}^{(0}(k)\right] \tag{177) - [5]$$

2.351.6 Bestimmung der Tangentendrehwinkel $\alpha_{k,\alpha}$

$$\alpha_{k,\alpha} = \frac{2\,b \cdot l'^3}{E_b \cdot J} \cdot p_{m,\alpha} \left[S_\alpha^{(P)}(k, \varepsilon_\alpha) + (1 - \rho_{m,0}) \sum_{j=0}^{n} a_{2j,\alpha} \cdot F_\alpha^{(2j)}(k) + \rho_{m,0} \cdot F_\alpha^{(0)}(k) \right] \quad (176) - [5]$$

2.352 Zwei Drehmomente $\mathfrak{M}_\beta$ im beiderseitigen relativen Abstand ε_β von der Mittelachse

2.352.1 Bestimmung der Sohldrücke $p_{k,\beta}$

$$p_{k,\beta} = p_{\mathfrak{M},\beta} \sum_{j=0}^{n} \cdot b_{2j,\beta} \cdot k^{2j} \quad (201) - [5]$$

mit

$$p_{\mathfrak{M},\beta} = \frac{2\,\mathfrak{M}_\beta}{2\,b \cdot l'^2} \quad (192) - [5]$$

2.352.11 Gleichgewichtsbedingungen

$$\sum_{j=0}^{n} \frac{b_{2j,\beta}}{2j+1} = 0 \quad (202) - [5]$$

2.352.12 Formänderungsbedingungen

$$\sum_{j=0}^{n} b_{2j,\beta} \left[F_s^{(2j)}(k, \delta) - N' \cdot F_y^{(2j)}(k)\right] = N'\, S_y^{(\mathfrak{M})}(k, \varepsilon_\beta) \quad (203) - [5]$$

2.352.2 Bestimmung der Biegemomente $M_{k,\beta}$

$$M_{k,\beta} = 2\,b \cdot l'^2 \cdot p_{\mathfrak{M},\beta} \left[S_M^{(\mathfrak{M})}(\varepsilon_\beta) + \sum_{j=0}^{n} b_{2j,\beta} \cdot F_M^{(2j)}(k) \right] \quad (209) - [5]$$

2.352.3 Bestimmung der Querkräfte $Q_{k,\beta}$

$$Q_{k,\beta} = 2\,b \cdot l' \cdot p_{\mathfrak{M},\beta} \sum_{j=0}^{n} b_{2j,\beta} \cdot F_T^{(2j)}(k) \quad (208) - [5]$$

2.352.4 Bestimmung der Setzungen $s_{k,\beta}$

$$s_{k,\beta} = p_{\mathfrak{M},\beta} \cdot \frac{1}{E_s'} \sum_{j=0}^{n} b_{2j,\beta} \cdot f_s^{(2j)}(k, \delta) \quad (205) - [5]$$

2.352.5 Bestimmung der Durchbiegungen $y_{k,\beta}$

$$y_{k,\beta} = \frac{2\,b \cdot l'^4}{E_b \cdot J} \cdot p_{\mathfrak{M},\beta} \left[S_y^{(\mathfrak{M})}(k, \varepsilon_\beta) + \sum_{j=0}^{n} b_{2j,\beta} \cdot F_y^{(2j)}(k) \right] \quad (211) - [5]$$

2.352.6 Bestimmung der Tangentendrehwinkel $\alpha_{k,\beta}$

$$\alpha_{k,\beta} = \frac{2\,b \cdot l'^3}{E_b \cdot J} \cdot p_{\mathfrak{M},\beta} \left[S_\alpha^{(\mathfrak{M})}(k, \varepsilon_\beta) + \sum_{j=0}^{n} b_{2j,\beta} \cdot F_\alpha^{(2j)}(k) \right] \quad (210) - [5]$$

Anmerkung:

Ein vom Boden durchgehend gestützter Gründungsbalken kann drei verschiedene Belastungsarten erleiden:

> Einzellasten und Momente, die vom Überbau auf den Gründungsbalken übertragen werden, und zwischen den Stützen Streckenlasten $q_{n,n+1}$, die auf der gesamten Breite des Balkens wirken und in der Längsrichtung des Balkens zwischen den Abszissen $x_\eta = \varepsilon_\eta \cdot l'$ und $x_{\eta+1} = \varepsilon_{\eta+1} \cdot l'$ angreifen können.

Die Lösung eines derartigen, aus Streckenlasten bestehenden Belastungsfalles ist derjenigen der Einzellasten und Momente grundsätzlich gleich. Eine genaue Beschreibung findet sich in der Veröffentlichung [5].

2.36 Programmierung für elektronische Rechenmaschinen

Die Methode DE BEER–LOUSBERG ist für Rechenautomaten »Gamma-Bull« programmiert worden, und zwar für einen Hochbau, der derartig ausgebildet ist, daß als Unbekannte, die aus der statischen Unbestimmtheit des Überbaues herrühren, lediglich die lotrechten Lasten und Momente an den Stützenfüßen zu ermitteln sind. Das einsatzfähige Programm wurde vom »Centre Mécanique de Calcul – Institut National des Statistiques de Belgique« in Brüssel aufgestellt und ausgearbeitet.

Das Programm ist auf die folgenden Bedingungen zugeschnitten:

> Balken mit rechteckiger Grundrißfläche und konstanter Höhe.
>
> Beliebige Gründungstiefe in einem Boden mit konstanter Steifezahl, wobei die Sohlpressungen in allen Punkten größer oder kleiner als die ursprünglichen Bodenpressungen (Vorbelastung) sein dürfen.
>
> Ein Hochbau überträgt seine Lasten mittels höchstens sieben Stützen auf den Gründungsbalken, dessen Form und Steifigkeit so beschaffen sind, daß die einzigen Unbekannten, die aus der statischen Unbestimmtheit des Überbaues herrühren, die lotrechten Lasten und Momente an den Stützenfüßen sind.
>
> Die sieben Stützen dürfen an 41 beliebigen, jedoch auf konstanten Zwischenabständen liegenden Punkten des Gründungsbalkens stehen. Somit besteht eine verhältnismäßig weitreichende Variationsmöglichkeit, die Abstände zwischen den Stützen verschieden groß zu wählen.

Die Steifigkeit des Hochbaues ist in 14 Bedingungen festgelegt, die aus den lotrechten Stützenkräften und den Einspannmomenten an den Füßen der seiben Stützen A_1 bis A_7 bestehen (Abb. 2.3,3).
Die Sohldruckverteilung wird durch eine Parabel 16. Grades definiert, wodurch die Übereinstimmung zwischen den Verformungen des Balkens und des Bodens an 15 beliebig zwischen den 41 Punkten K_i (Abb. 2.3,3) ausgewählten Stellen erzielt werden kann.

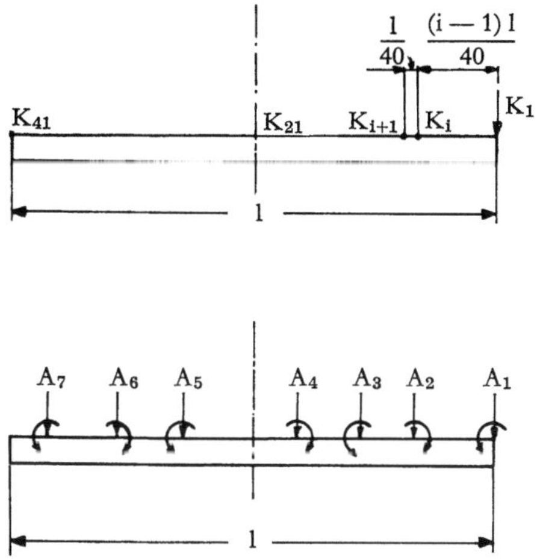

Abb. 2.3,3

Die Berechnung mit dem Rechenautomaten »Gamma-Bull« geschieht in zwei Arbeitsgängen:

1. Die Lösung eines Systems von 31 linearen Gleichungen mit 31 Unbekannten.
   Folgende 31 Unbekannte sind zu berechnen:

      17 Koeffizienten, welche die Parabel 16. Grades definieren.
      Sieben lotrechte Stützenkräfte und sieben Einspannmomente an den Stützenfüßen des Hochbaues.

   Die 31 Gleichungen sind folgendermaßen unterteilt:

      Zwei Gleichungen des lotrechten Gleichgewichtes und des Momentengleichgewichtes.
      15 Konkordanzbedingungen der Verformungen des Balkens und des Bodens.
      14 Steifigkeits- und Belastungsbedingungen aus dem Überbau.

   Bei einfachen Überbauverhältnissen (Anzahl der Stützen geringer als 7, gelenkige Verbindung der Stützenfüße mit dem Gründungsbalken usw.) kann der Fall eintreten, daß mehrere Unbekannte schon von vornherein entfallen.

2. Die Bestimmung der Sohldrücke, der Setzungen, der Querkräfte, Biegemomente, Verdrehungen und Durchbiegungen des Balkens in den 41 Punkten des Balkens mit konstanten Abständen.

Anmerkung:

Es ist auch möglich, die Lösung des allgemeinen Falles eines Hochbaues mit m Feldern und s Stockwerken, der auf einem Gründungsbalken steht, zu programmieren, obwohl jetzt die Einführung einer größeren Zahl von Unbekannten und Bedingungen nötig wird.

Die Anzahl der Unbekannten für die Berechnung des Überbaues beträgt 17 + 3 · s (Abb. 2.3,4), und zwar im einzelnen:

17 Unbekannte aus der Gleichung 16. Grades der Sohldruckverteilung,
drei Unbekannte (vertikale Last, Querkraft und Moment) am Fuß jeder der s · (m + 1) Stützen.

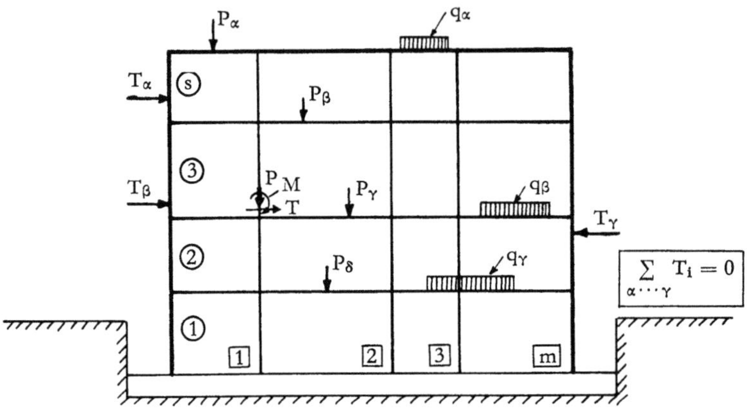

Abb. 2.3,4

Die Bedingungen sind:

15 Konkordanzbedingungen der Verformungen des Balkens und des Bodens,
zwei Gleichungen des lotrechten Gleichgewichtes und des Momentengleichgewichtes,
drei s Gleichungen des lotrechten, waagerechten und Momentengleichgewichtes an jedem Stockwerk,
drei s · m Verformungsbedingungen des Hochbaues.

2.4 Verfahren Kany (Dreimomentenverfahren)

Bezeichnungen:

A	=	n · a = Länge des Gründungsbalkens in der Biegeebene	[m]
n	=	Anzahl der Berechnungsabschnitte	[1]
a	=	Abschnittslänge	[m]
B	=	Breite des Gründungsbalkens quer zur Biegeebene	[m]
t	=	Gründungstiefe (Tiefe der Sohle unter Gelände)	[m]

γ	=	Raumgewicht des Bodens oberhalb der Gründungssohle	$[t/m^3]$
J	=	Trägheitsmoment des Balkenquerschnittes	$[m^4]$
E	=	Elastizitätsmodul des Balkenmaterials	$[t/m^2]$
E_s	=	Steifezahl des Baugrundes bei behinderter Seitendehnung	$[t/m^2]$
p_i	=	angreifende Auflast am Punkte i	$[t/m^2]$
q_i	=	Sohldruckordinate am Punkte i	$[t/m^2]$
M_i	=	Biegemoment des Gründungsbalkens am Punkte i	$[t \cdot m]$
y_i	=	Verschiebung und Durchbiegung des Gründungsbalkens am Punkte i	$[m]$
s_i	=	Setzung des Gründungsbalkens am Punkte i	$[m]$
s_m	=	mittlere Gesamtsetzung des Gründungsbalkens	$[m]$
c_0	=	Ordinate der Einflußlinie unter dem betrachteten Lastanteil	$[1]$
c_i	=	Ordinate der Einflußlinie am Punkte i neben dem betrachteten Lastanteil	$[1]$

Weitere Bezeichnungen werden im Text unmittelbar erläutert.

2.41 *System und Belastungen*

Das gegebene Gesamtsystem, bestehend aus dem elastischen Überbau, dem Gründungsbalken mit dem Elastizitätsmodul E und dem elastischen Baugrund mit der Steifezahl E_s wird beliebigen äußeren Belastungen ausgesetzt (Abb. 2.4,1 a).
Die angreifenden Belastungen rufen als gleichgewichtshaltende Gegenkräfte die Sohldrücke q_i hervor (Abb. 2.4,1 a). Diese haben je nach ihrer Verteilung einerseits eine Verformung des elastischen Gründungsbalkens, also Durchbiegung y_i und damit auch Beanspruchung als Biegemoment M_i für jeden beliebigen Punkt i und weitergehend eine Verformung des elastischen Bauwerks und damit bestimmte unmittelbare Lasteintragung p_i in den Gründungsbalken, andererseits als Belastung des Baugrundes dessen Verformung als Setzung s_i zur Folge (Abb. 2.4,1 und 2.4,2).
Die unmittelbar am Gründungsbalken angreifenden Auflasten p_i und Sohldrücke q_i sollen nach Größe und Verteilung durch ein Näherungsverfahren mit Hilfe von Gleichgewichtsbedingungen und Formänderungsbedingungen bestimmt werden. Hierbei werden die Formänderungen des Überbaues, des Gründungsbalkens und des Baugrundes in zweckmäßiger Weise so miteinander verknüpft, daß sich lösbare Bestimmungsgleichungen für die Auflast p_i und den Sohldruck q_i ergeben.

2.42 *Bestimmung der Auflasten* p_i

Im Hinblick auf eine gewisse Weichheit der meisten Hochbaukonstruktionen kann zur Vereinfachung vorausgesetzt werden, daß Größe und Verteilung der Belastungen aus dem Bauwerk und des Eigengewichtes des Gründungsbalkens bekannt sind und somit als Auflasten p_i gegeben sind (Abb. 2.4,2 a).

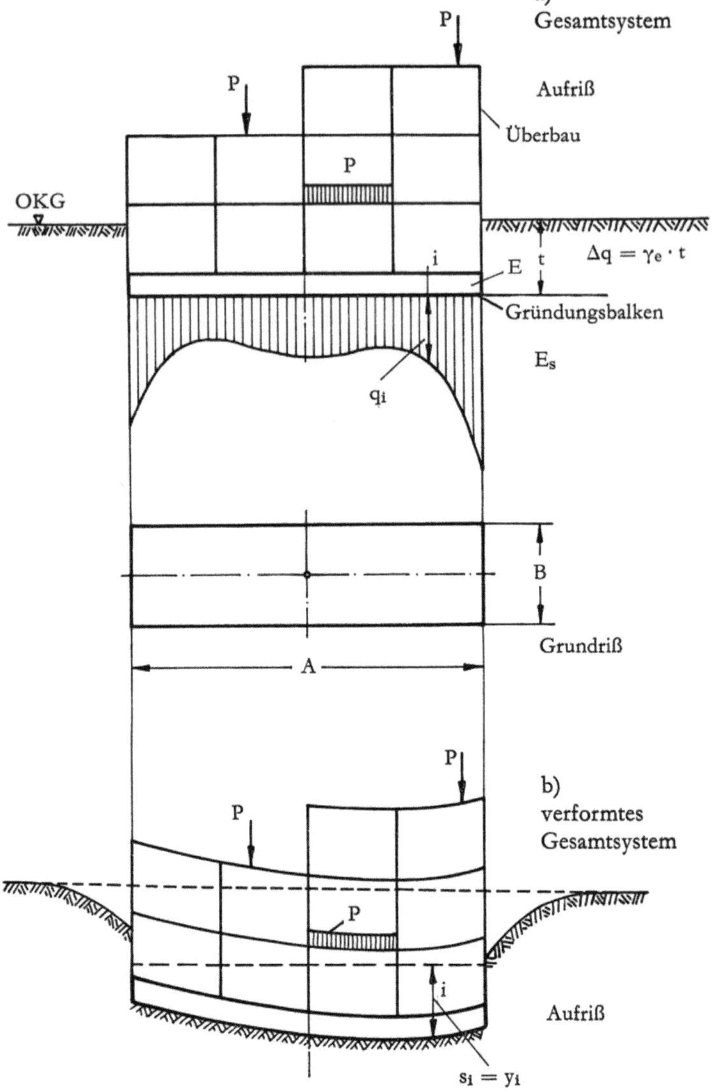

Abb. 2.4,1

Bei zunehmender Steifigkeit der Hochbaukonstruktion ist jedoch die unterschiedliche Abgabe der Bauwerkslasten auf den Gründungsbalken zu berücksichtigen, und es kann dann die Berechnung der Auflasten p_i mit Hilfe der Ansätze der statisch unbestimmten Systeme ebenfalls durchgeführt werden. Die Rechenmethode wird später an Zahlenbeispielen erläutert.

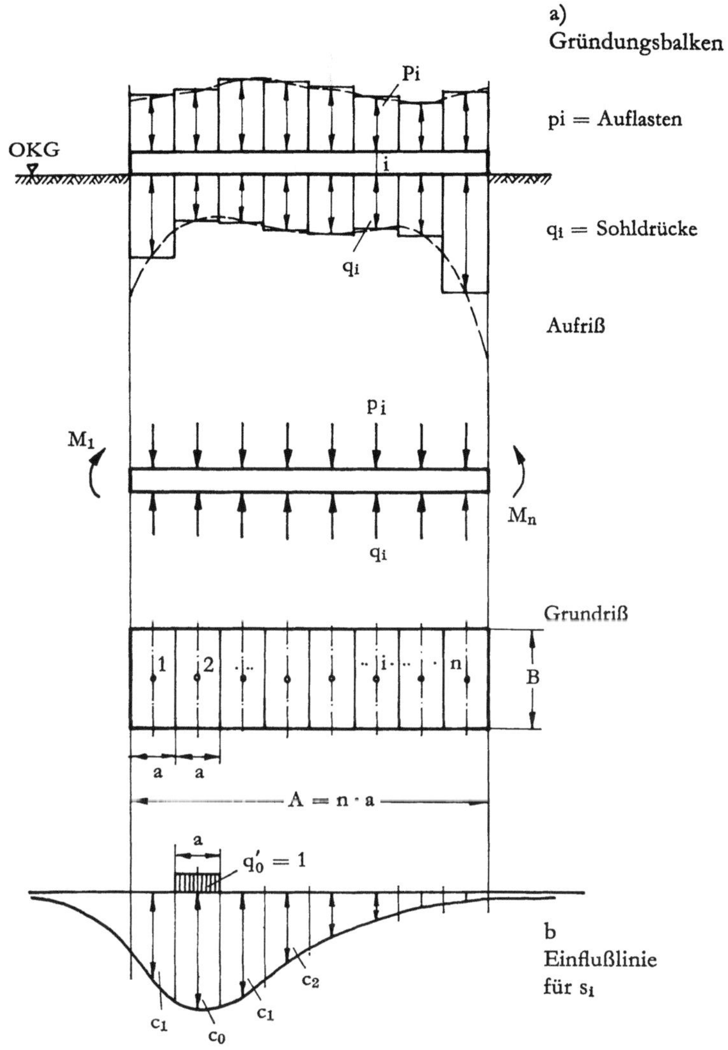

Abb. 2.4,2

2.43 Bestimmung der Sohldrücke q_i

Zur Bestimmung der Sohldrücke q_i wird bei dem Näherungsverfahren KANY der lotrecht belastete, elastische Gründungsbalken von endlicher Länge A auf elastischem Baugrund in n gleiche Abschnitte a unterteilt (Abb. 2.4,2). Hierbei wird die kontinuierlich gekrümmte, unbekannte Sohldruckverteilungskurve durch einen abgetreppten Linienzug aus n geraden Teilstücken ersetzt und das Sohldruckdiagramm in n rechteckförmige Belastungen aufgeteilt (Abb. 2.4,2a). Somit treten n unbekannte Sohldruckordinaten q_i in den n Berechnungspunkten auf.

Zur Ermittlung dieser n Unbekannten stehen n Bestimmungsgleichungen zur Verfügung, die aus zwei Gleichgewichtsbedingungen und n — 2 Formänderungsbedingungen abgeleitet werden können.
Die genannten Bestimmungsgleichungen werden nun verschieden angeschrieben und aufgelöst, und zwar gemäß den zwei verschiedenen Wegen, auf die die Ermittlung der Sohldrücke q_i nach dem Verfahren KANY ausgerichtet wird:

1. Ermittlung unter Ansatz von n = 10 Unbekannten mit Hilfe von Kurventafeln.
2. Ermittlung unter Ansatz von n = beliebig vielen Unbekannten mit Hilfe einer elektronischen Rechenanlage.

In diesem Abschnitt wird lediglich die Ableitung des unter 1. genannten Näherungsverfahrens KANY zur Aufstellung und Auswertung von Kurventafeln beschrieben. Die Ableitung des Verfahrens KANY zur elektronischen Rechnung wird im Abschnitt 2.46 erläutert.

2.431 Gleichgewichtsbedingungen

Die Gleichgewichtsbedingungen werden lediglich bei der Ableitung des Berechnungsverfahrens mit Hilfe der elektronischen Rechenanlage benötigt und in Ansatz gebracht.

2.432 Formänderungsbedingungen

Das Aufstellen der Formänderungsbedingungen und die Auflösung des daraus abgeleiteten Gleichungssystems der Bestimmungsgleichungen zur Ermittlung der unbekannten Sohldrücke q_i wäre nach OHDE für jede einzelne konkrete Aufgabenstellung wieder erneut durchzuführen. Die jedesmalige Neuaufstellung und Auflösung des Gleichungssystems der Bestimmungsgleichungen wird jedoch bei dem in Fortentwicklung des Verfahrens OHDE aufgestellten Berechnungsverfahren KANY vermieden, und zwar durch systematische Aufstellung und Auflösung einer Reihe von Gleichungssystemen in allgemeiner Form und durch anschließende Darstellung der Ergebnisse in Kurventafeln und Tabellen.

Der Kernpunkt des Verfahrens KANY stellt sich demnach folgendermaßen dar:

1. Es wird die gemäß dem Verfahren OHDE mühevoll zu errechnende Setzungsmulde bei dem Näherungsverfahren KANY durch eine empirische Funktion, eine geschlossene Gleichung ersetzt.
2. Es werden die den speziellen Belastungen entsprechenden speziellen rechten Seiten des Gleichungssystems durch Einheitsbelastungen p_i und somit durch allgemeine rechte Seiten ersetzt.

Durch Einführung dieser Einheitsbelastungen und von Einheitsabmessungen werden dimensionslose Größen erzielt und nach Auflösung der Gleichungssysteme der Bestimmungsgleichungen können dann die Einflußlinien der unbekannten Sohldrücke q_i dargestellt werden. Im einzelnen wird folgendermaßen vorgegangen:

Die Bestimmungsgleichungen werden aus den Formänderungsbedingungen bzw. aus den Biegemomenten des Gründungsbalkens und den damit verkoppelten Formänderungsbedingungen des Baugrundes abgeleitet. Dabei wird vorausgesetzt, daß sich die Biegelinie y_i des Gründungsbalkens mit der Setzungsmulde s_i des Baugrundes deckt. Den Ausgangspunkt bildet die Dreimomentengleichung des Durchlaufträgers, und zwar für den Lastfall Stützensenkung s. Für im gleichen Abstand a liegende Punkte i (Abb. 2.4,2) gilt entsprechend OHDE [1] Gl. (4) und KANY [10] Gl. (6):

$$(M_{i-1} + 4\,M_i + M_{i+1})\,\frac{a^2}{6\,E \cdot J} = -\,s_{i-1} + 2\,s_i - s_{i+1}\,. \qquad (2.4,1)$$

Durch Einsetzen sowohl der Biegemomente M_i als auch der Stützensenkungen s_i = Setzungen s_i als Funktion der unbekannten Sohldrücke q_i in die Dreimomentengleichungen des als durchlaufenden Träger gedachten Gründungsbalkens erhält man die gesuchten Bestimmungsgleichungen.

2.432.1 *Biegemomente* M_i

Die Biegemomente M_i bezogen auf die Feldmitten i ergeben sich nach der üblichen Definition der Statik als Funktion der unbekannten Sohldrücke q_i wie folgt:

$$\left.\begin{aligned} M_2 &= M_R + (q_1 - p_1) \cdot a^2 \cdot B \\ M_3 &= M_R + (q_1 - p_1) \cdot 2\,a^2 \cdot B + (q_2 - p_2) \cdot a^2 \cdot B \\ M_4 &= M_R + (q_1 - p_1) \cdot 3\,a^2 \cdot B + (q_2 - p_2) \cdot 2\,a^2 \cdot B \\ \cdot\ \ & \qquad + (q_3 - p_3) \cdot a^2 \cdot B \\ \cdot\ \ & \\ \cdot\ \ & \end{aligned}\right\} \qquad (10) - [10]$$

bzw. in allgemeiner Form:

$$M_i = M_R + a^2 \cdot B \cdot \sum_{v=1}^{i-1} (q_v - p_v)\,(i - v)\,. \qquad (2.4,2)$$

Hierbei stellt M_R das am linken Endpunkt des Gründungsbalkens angreifende Randmoment dar.

2.432.2 *Setzungen* s_i

Die Stützensenkungen s_i des Balkens = Setzungen s_i der Baugrundoberfläche erhält man jeweils durch eine Setzungsberechnung für die Belastung des nachgiebigen Baugrundes in der Gründungssohle entsprechend dem noch unbekannten Sohldruckdiagramm, das in n gleiche Abschnitte a unterteilt, bei treppenförmiger Annäherung (Abb. 2.4,2a) wiederum die n unbekannten Sohldruckordinaten q_i aufweist.

Eine Setzungsberechnung zwingt dazu, notgedrungen für das Formänderungsverhalten des Baugrundes Vereinfachungen anzunehmen, und zwar hier nach dem Steifezahlverfahren. Der Baugrund unter dem Gründungsbalken wird dabei in Annäherung an die Wirklichkeit als elastisch-isotroper Halbraum mit festzulegenden Steifezahlen E_s idealisiert. Bei dieser allen Steifezahlverfahren eigenen Betrachtungsweise ist die Setzung s_i eines Punktes i nicht nur vom örtlichen Sohldruck q_i, sondern auch von allen übrigen benachbarten Sohldrücken abhängig und somit eine Funktion des gesamten Sohldruckdiagrammes.

Die Setzungsberechnung läßt sich nach KANY in der Weise durchführen, daß auf einen Abschnitt a · B des in n gleiche Abschnitte unterteilten Gründungsbalkens die Belastung $q_0' = »1«$ aufgebracht wird (Abb. 2.4,2b). Die hierdurch entstehende Setzungsmulde stellt die »Setzungseinflußlinie« dar mit den Ordinaten c_0 unter dem belasteten Punkt bzw. c_i unter benachbarten Punkten i (Abb. 2.4,2b).

Die nach OHDE noch einzeln zu errechnenden Ordinaten der Setzungsmulde (c_0 nach SCHLEICHER [17], c_i nach BOUSSINESQ [16]), die wegen der im allgemeinen nach der Tiefe zu veränderlichen Steifezahl E_s des Bodens sowieso lediglich näherungsweise zutreffen und somit nur unter Vorbehalt anwendbar sind, werden hier nach KANY durch eine einzige, geschlossene empirische Funktion ersetzt. Die beiden Festwerte dieser Funktion lassen sich nach zwei ordnungsgemäßen Setzungsberechnungen für jede konkrete Aufgabenstellung bestimmen. Es wird also hier die von OHDE nach mühevollen Rechnungen erhaltene Setzungsmulde durch eine einzige, geschlossene Näherungsformel erfaßt, die durch zwei Parameter festgelegt wird, und zwar durch die mit Hilfe von Setzungsberechnungen an ausgewählten Punkten bestimmbaren Setzungswerte s_0 und s_2.

Aus diesen Setzungen s_0 und s_2 wird als Eingangswert des Verfahrens KANY die Formzahl k_1 der Setzungsmulde wie folgt ermittelt:

$$k_1 = \left(\frac{s_0}{s_2} - 1\right) \cdot \frac{1}{2^{1,5}}. \qquad (8a) - [10]$$

Die Setzungsmulde (Abb. 2.4,2b) folgt mit $c_0 = s_0/q_0'$ und $c_1 = s_1/q_0'$ usw. sodann zu:

$$c_i = \frac{c_0}{1 + k_1 \cdot i^{1,5}}. \qquad (8) - [10]$$

Hierbei stellt c_0 den Größtwert der Setzungsmulde und damit einen weiteren Eingangswert des Verfahrens KANY dar.

Die Setzung s_i eines beliebigen Feldmittelpunktes i des Gründungsbalkens bei gleichzeitiger Wirkung sämtlicher Sohldrücke erhält man dann durch die Auswertung der Setzungseinflußlinie c_i zu:

$$\left.\begin{aligned} s_1 &= c_0 \cdot q_1 + c_1 \cdot q_2 + \cdots + c_{n-1} \cdot q_n \\ s_2 &= c_1 \cdot q_1 + c_0 \cdot q_2 + \cdots + c_{n-2} \cdot q_n \\ &\;\vdots \\ s_n &= c_{n-1} \cdot q_1 + c_{n-2} \cdot q_2 + \cdots + c_0 \cdot q_n \end{aligned}\right\} \qquad (7a) - [10]$$

bzw. in allgemeiner Form:

$$s_i = \sum_{v=1}^{i} c_{i-v} \cdot q_v + \sum_{v=i+1}^{n} c_{v-i} \cdot q_v. \qquad (2.4,3)$$

2.432.3 Bestimmungsgleichungen

Auf der Grundlage der obigen Ableitungen erhält man durch Einsetzen der Gln. (2.4,2) und (2.4,3) in Gl. (2.4,1) nach Umformung die Gln. (13) nach KANY [10], deren jede die n = 10 unbekannten Sohldrücke q_1 bis q_{10} enthält:

$$\left.\begin{aligned} &(C_1 + \alpha) \cdot q_1 + \left(C_0 + \frac{\alpha}{6}\right) \cdot q_2 + C_1 \cdot q_3 + \cdots \\ &\qquad = \alpha \cdot \left(p_1 + \frac{p_2}{6} + m_r\right) \\ &(C_2 + 2\,\alpha) \cdot q_1 + (C_1 + \alpha) \cdot q_2 + \left(C_0 + \frac{\alpha}{6}\right) \cdot q_3 + \cdots \\ &\qquad = \alpha \cdot \left(2\,p_1 + p_2 + \frac{p_3}{6} + m_r\right) \end{aligned}\right\} \quad (13)-[10]$$

usw.

Zur Erleichterung der Zahlenrechnung für die Aufstellung der Kurventafeln des Berechnungsverfahrens KANY wurden zur Reduktion des Grades des Gleichungssystems mit Hilfe des Belastungs-Umformungsverfahrens fünf Gleichungen für das symmetrische Lastpaar p = 1 und fünf Gleichungen für das antimetrische Lastpaar p = 1 aufgestellt, deren jede die n = 5 unbekannten Sohldrücke q_1 bis q_5 enthält:

$$\left.\begin{aligned} &(C_1 + C_8 + \alpha) \cdot q_1 + \left(C_0 + C_7 + \frac{\alpha}{6}\right) \cdot q_2 + (C_1 + C_6) \cdot q_3 + \cdots \\ &\qquad = \alpha \cdot \left(p_1 + \frac{p_2}{6} + m_r\right) \\ &(C_2 + C_7 + 2\,\alpha) \cdot q_1 + (C_1 + C_6 + \alpha) \cdot q_2 + \left(C_0 + C_5 + \frac{\alpha}{6}\right) \\ &\qquad \cdot q_3 + \cdots = \alpha \cdot \left(2\,p_1 + p_2 + \frac{p_3}{6} + m_r\right) \end{aligned}\right\} \quad (14)-[10]$$

usw. bei Symmetrie

und

$$\left.\begin{aligned}&(C_1 - C_8 + \alpha)\cdot q_1 + \left(C_0 - C_7 + \frac{\alpha}{6}\right)\cdot q_2 + (C_1 - C_6)\cdot q_3 + \cdots\\&\qquad\qquad = \alpha\cdot\left(p_1 + \frac{p_2}{6} + m_r\right)\\&(C_2 - C_7 + 2\,\alpha)\cdot q_1 + (C_1 - C_6 + \alpha)\cdot q_2 + \left(C_0 - C_5 + \frac{\alpha}{6}\right)\\&\qquad\qquad \cdot q_3 + \cdots = \alpha\cdot\left(2\,p_1 + p_2 + \frac{p_3}{6} + m_r\right)\end{aligned}\right\}\quad (15)-[10]$$

usw. bei Antimetrie.

In diesen Gleichungen sind die Beiwerte c_i nach KANY aus den Ordinaten c_i der Setzungseinflußlinie wie folgt zusammengesetzt:

$$\left.\begin{aligned}C_0 &= 2\,(c_1 - c_0)\\C_1 &= c_0 - 2\,c_1 + c_2\\&\cdot\\&\cdot\\&\cdot\\C_8 &= c_7 - 2\,c_8 + c_9\,.\end{aligned}\right\}\quad (11)-[10]$$

Weiter stellt der Beiwert Balkensteifigkeit α den Einfluß der Biegefestigkeit des Gründungsbalkens dar und ergibt sich als Eingangswert des Verfahrens KANY zu:

$$\alpha = \frac{a^4\cdot B}{E\cdot J}\,.\quad (11)-[10]$$

Schließlich stellt der Beiwert m_r den Einfluß des Randmomentes M_R dar und ergibt sich nach KANY zu:

$$m_r = -\frac{M_R}{a^2\cdot B}\,.\quad (12)-[10]$$

Die obigen Gln. (14) und (15) nach KANY [10] stellen die $2\cdot 5 = 10$ Bestimmungsgleichungen zur Berechnung der $n = 10$ unbekannten Sohldrücke q_i dar. Die endgültigen Sohldrücke q_1 bis q_{10} wurden durch entsprechende Superposition der Teilwerte q_1 bis q_5 für den symmetrischen und antimetrischen Fall erhalten.
Da jedoch, wie bereits erläutert, für die Berechnung der Kurventafeln die Aufstellung des Gleichungssystems unter Einführung von Einheitsbelastungen und Einheitsabmessungen erfolgt, ergibt die Auflösung des obigen Gleichungssystems statt der unbekannten Sohldrücke q_i sofort die in den Kurventafeln des Berechnungsverfahrens aufgetragenen Einzelwerte der Einflußlinien y_{q_i}.

2.432.4 Kurventafeln

Die auf Grund der obigen Bestimmungsgleichungen erhaltenen Sohldruck-Einflußwerte y_{q_i} sind in KANY [10] als Kurventafeln 8, 10, 12, 14 und 16 aufgetragen. Hierbei sind die ursprünglichen Eingangswerte c_0 (Steifigkeit des Untergrundes) und α (Balkensteifigkeit) zusammengefaßt zu einem gemeinsamen Eingangswert, nämlich der dimensionslosen Systemsteifigkeit η.
Diese ergibt sich nach KANY zu:

$$\eta = \frac{c_0}{\alpha}. \qquad (18) - [10]$$

Somit sind statt der drei ursprünglichen Eingangswerte c_0, α und k_1 endgültig lediglich noch zwei Eingangswerte, nämlich Systemsteifigkeit η nach Gl. (18) KANY [10] und Formzahl k_1 nach Gl. (8a) KANY [10] zur Kennzeichnung eines konkreten Berechnungsfalles und zum Eingang in die Kurventafeln des Berechnungsverfahrens KANY erforderlich.
Es ist jedoch zu beachten, daß die Beiwerte α und η – im Gegensatz zu den Steifigkeitsbeiwerten K und N (siehe Abschnitt 1) – keine absoluten Vergleichswerte sind. Vielmehr hängt α von der angenommenen Unterteilung des Gründungsbalkens in Berechnungsabschnitte ab, während η außerdem noch über den Wert c_0 von der Schichtdicke beeinflußt wird. Die Definitionen von α und η nach KANY [10] haben jedoch gegenüber K und N den Vorzug, daß sie auch bei beliebig horizontal geschichtetem Baugrund verwendbar sind.

Zwischen η und K bzw. N bestehen folgende Beziehungen:

$$\eta = n^3 \cdot K \cdot f \cdot B/a = \frac{n^3 \cdot f \cdot B}{12 \cdot N \cdot a}$$

f = Setzungsbeiwert aus Setzungstafel 4 nach KANY [10].

2.433 Berechnung der Sohldrücke q_i

Zur Bestimmung der Sohldrücke q_i werden gemäß den obigen Ableitungen zuerst die zwei Setzungen s_0 und s_2 ermittelt, und zwar mit Hilfe von zwei Setzungsberechnungen[3].

Aus der Setzung s_0 ergibt sich der Größtwert der Setzungsmulde, der Eingangswert c_0 zu:

$$c_0 = \frac{s_0}{q_0'}. \qquad (9) - [10]$$

[3] Über die einfache Annahme eines unendlich ausgedehnten, elastisch-isotropen Halbraumes hinausgehend kann das Verfahren KANY ohne besonderen Rechenaufwand durch entsprechende Modifikation der Setzungsberechnung auch auf geschichtete Böden, auf Böden mit einer nach der Tiefe veränderlichen Steifezahl und auf Fälle beliebiger Gründungstiefe erweitert werden.

Hierin bedeutet q_0' die um die geologische Vorbelastung $\triangle q = \gamma \cdot t$ reduzierte mittlere Bodenpressung:

$$q_0' = \frac{\Sigma P}{A \cdot B} - \gamma \cdot t = q_0 - \Delta q. \qquad (9b) - [10]$$

Aus den Eingangswerten c_0 und α und den obigen Setzungen s_0 und s_2 ergeben sich nach den Gln. (18) und (8a) KANY [10] schließlich die Eingangswerte η und k_1. Die Formzahl k_1 kann jedoch für zwei Sonderfälle auch näherungsweise in Abhängigkeit von Systemabmessungen unmittelbar aus KANY [10] Tafel 6 entnommen werden.
Mit diesen zwei Eingangswerten η und k_1 geht man in die Kurventafeln des Berechnungsverfahrens KANY ein und entnimmt jeweils für die einzelnen Punkte i getrennt bei Einwirkung von Einzelbelastung P_k, gleichförmiger Belastung p und Randmoment M_R die entsprechenden Sohldruck-Einflußzahlen y_q. Durch Multiplikation mit bestimmten »Maßstabsfaktoren«, die von der betreffenden Belastung und den Systemabmessungen abhängen und im Kopf der Tafeln in besonderen »Maßstabsformeln« angegeben sind, und durch Superposition der Einzelwerte für die einzelnen Belastungsfälle erhält man die endgültigen Sohldrücke q_1 bis q_{10}.

2.44 Bestimmung der Biegemomente M_i

2.441 Bestimmung der Biegemomente M_i aus den Sohldrücken q_i

Aus den nunmehr bekannten Sohldrücken q_i und den Auflasten p_i lassen sich mit Hilfe der obigen Gl. (2.4,2) die Biegemomente M_i bestimmen.

Für die Feldmittelpunkte i lauten sie:

$$M_i = M_R + a^2 \cdot B \cdot \sum_{v=1}^{i-1} (q_v - p_v) \cdot (i - v) \qquad (2.4,2)$$

Hierbei stellt M_R das am linken Endpunkt des Gründungsbalkens angreifende Randmoment dar.
Für den Fall beliebiger Auflasten (Einzellasten P_k bzw. Streckenlasten p) und weiter für den Fall beliebiger Schnittstellen x_i, besonders auch der Laststellen x_k, können die Biegemomente M_i ebenfalls entsprechend nach den elementaren Regeln der Statik bestimmt werden.
Die Zahlenrechnung zur Ermittlung von Biegemomenten M_i wird in jedem Falle zweckmäßig in Tabellenform vorgenommen.

2.442 Bestimmung der Biegemomente M_i aus Kurventafeln

In manchen Fällen lassen sich zur Beschleunigung der Zahlenrechnung und für Vergleichsrechnungen zur Ermittlung der wirtschaftlichsten Abmessungen des Gründungskörpers die Biegemomente M_i bezogen auf die Feldendpunkte i schneller aus den Kurventafeln des Berechnungsverfahrens Kany entnehmen. Allerdings ist diese Bestimmung nicht so genau wie die Berechnung aus den Sohldrücken.

Mit den Eingangswerten η und k_1 geht man in die Kurventafeln 9a, 11, 13 und 15 nach Kany [10] ein und entnimmt jeweils getrennt nach Einzelbelastung P_k, gleichförmiger Belastung p und Einwirkung von Randmomenten M_R die entsprechenden Biegemomenten-Einflußzahlen y_{M_i}.

Durch Multiplikation mit bestimmten Maßstabsfaktoren, die von der betreffenden Belastung und den Systemabmessungen abhängen und im Kopf der Tafeln in besonderen Maßstabsformeln angegeben sind und durch Superposition der Einzelwerte für die einzelnen Belastungsfälle erhält man die endgültigen Biegemomente M_i bezogen auf die Feldendpunkte i. Außerdem ergibt Tafelgruppe 9b Kany [10] die Biegemomente M_i unter den Lasten selbst und somit die Spitzen der Momentenfläche.

2.45 Bestimmung der Setzungen s_i

2.451 Bestimmung der Setzungen s_i aus den Sohldrücken q_i

Aus den bekannten Sohldrücken q_i lassen sich mit Hilfe der obigen Summengleichung (2.4,3) die Setzungen s_i bezogen auf die Feldmittelpunkte i bestimmen:

$$s_i = \sum_{v=1}^{i} c_{i-v} \cdot q'_v + \sum_{v=i+1}^{n} c_{v-i} \cdot q'_v \qquad (2.4,3)$$

Hierin bedeuten q'_v die Sohldrücke in den Feldern v nach Abzug der geologischen Vorbelastung $\triangle q = \gamma \cdot t$ (soweit vorhanden) und die Beiwerte c_i wieder die Ordinaten der Setzungseinflußlinie. Diese Ordinaten c_i werden entweder nach der obigen Gl. (8) Kany [10] berechnet oder aber unmittelbar aus Tafel 7 Kany [10] für $c_0 = 1$ entnommen.

2.452 Bestimmung der Setzungen s_i aus Kurventafeln

Die mittlere Gesamtsetzung s_m des Balkens kann näherungsweise, wie bereits erwähnt, für konstante Steifezahl E_s auch durch Einsetzen des in Abhängigkeit von den Systemabmessungen aus Tafel 4 Kany [10] zu entnehmenden Setzungsbeiwertes $f_{s,0}$ für den kennzeichnenden Punkt in die dort angegebene Formel einfach und schnell berechnet werden zu:

$$s_m = \frac{q'_0 \cdot B}{E_s} f_{s,0} \qquad \text{Tafel 4 – [10]}$$

wobei $f_{s,0}$ für A/B und z/B zu bestimmen ist.

Die genauen Setzungen s_i bzw. Setzungs-Einflußzahlen y_{si} können in zwei Sonderfällen für konstante Steifezahl E_s ebenfalls Tafeln entnommen werden, und zwar für den Sonderfall starres Fundament ($\eta = \infty$) die Randsetzung s_R aus

Tafel 17 KANY [10] in Abhängigkeit von k_1 und für den Sonderfall starres bzw. schlaffes Fundament ($\eta = \infty$ bzw. $\eta = 0$) die Setzungen s_i aus Tafel 18 KANY [10] in Abhängigkeit von k_1.

Anmerkung:

Für alle im Verfahren KANY vorkommenden Berechnungsvorgänge sind Berechnungsvordrucke entwickelt worden, die eine einfache und schnelle Durchführung jeder Zahlenrechnung in Tabellenform erlauben. Im Anschluß an den Abschnitt 2.4 sind die Berechnungsvordrucke wiedergegeben.

2.46 Programmierung für elektronische Rechenmaschinen

Das Steifezahlverfahren von KANY ist gut geeignet für die Programmierung auf einem Elektronen-Rechner. Ein vollständiges Programm liegt vor für die Digital-Rechenanlage ZUSE Z 23. Es soll nachfolgend kurz erläutert werden:
Das Programmsystem ist so umfangreich, daß die Rechenarbeit wegen der begrenzten Speicherzahl des Elektronenrechners nicht in einem Gang durchgeführt werden kann. Aus diesen Gründen besteht es aus sieben Teilen, A–G, von denen allerdings meist nur die Programme A und B oder C verwendet werden. Dieses System hat auch den Vorteil, daß die Zwischenergebnisse überprüft und gegebenenfalls die Eingabedaten geändert werden können, bevor ein neuer Rechengang eingeleitet wird.
In dem Programmsystem ist die Felderzahl des Balkens bis zur Größe von $n = 46$ gleichgroßen Feldern frei wählbar, also nicht auf zehn Felder beschränkt. Wenn bei schlaffen Gründungen eine zu kleine Felderzahl gewählt wird, so vergrößert die Rechenanlage automatisch die Felderanzahl so lange, bis gut verwendbare Rechenergebnisse zu erwarten sind ($\eta \geqq 0{,}1$).
Im Programmteil »Flächengründungen A« werden die Eingabewerte für Programm B, insbesondere die Werte s_0, s_2, c_0 und k_1 durch Setzungsberechnungen bestimmt, und zwar für eine horizontale Baugrundschichtung, die aus bis zu 20 Einzelschichten bestehen kann. Das Programm A kann über die Bedingungstaste auch so geschaltet werden, daß die Ergebnisse ohne Änderung als Eingabedaten für das Programm Flächengründungen C verwendbar sind. Bei den programmierten Berechnungen werden abweichend zu dem in [10] geschilderten Verfahren die Setzungsanteile mit Steifezahlen für Erstbelastung und die Anteile infolge Wiederbelastung des Baugrundes bestimmt und schichtweise addiert. Außerdem wird in dem Programm der Einfluß eines etwaigen Grundwasserüberdruckes auf den Baugrund und auf die Sohle und der Einfluß der Vorbelastung des Baugrundes (Gründungstiefe) berücksichtigt und der Steifigkeitsbeiwert $E \cdot J$ aus der Plattendicke d und Fundamentbreite B berechnet. Die Maschine druckt auch die Balkensteifigkeit α und die Systemsteifigkeit $\eta = c_0/\alpha$ und schließlich die zu erwartende mittlere Gesamtsetzung s_m der Sohlplatte aus. Schließlich werden die Schnittstellen für die Berechnung der Biegemomente an den Feldrändern, den Laststellen sowie an weiteren frei wählbaren Punkten festgelegt.

Mit dem Programm A kann man also alle notwendigen Kennwerte aus den durch Bohrungen und Laborversuchen festgestellten Schichtverhältnissen und aus den Abmessungen und Belastungen der Gründungsplatte berechnen.

Das von Programm A ausgeworfene Rechenergebnis kann unverändert nach Einlesen des Programmes »Flächengründungen B« als Datenstreifen verwendet werden. Letzteres Programm gestattet die elektronische Berechnung der Sohldrücke q_i und der Biegemomente M_i von Gründungskörpern für die gewählte Felderzahl n. Das Programm B ist auch allein, also ohne Programm A anwendbar, sofern der Wert c_0 und k_1 von anderen Berechnungen her bekannt ist. Vom Programm B werden, falls das gewünscht wird, auch die Zwischenwerte C_i, c_i sowie die Koeffizienten und rechten Seiten des Gleichungssystems ausgedruckt. Man erhält also mit dem Programm B unmittelbar die für beliebige Belastung sich ergebenden Sohldrücke und die Biegemomente an beliebig vielen frei wählbaren Schnittstellen.

Das Programm »Flächengründungen C« dient zur Ermittlung der Einflußlinien für Sohldrücke unter Einzellasten (Tafelgruppe 8 in [10]). Das Programm wird nur dann gebraucht, wenn man Sohldrücke und Biegemomente unter Wanderlasten bestimmen will. Das ist zum Beispiel der Fall, wenn ungünstige Laststellungen festgestellt werden sollen.

In dem Programm »Flächengründungen D« werden die vom Programm »Flächengründungen B« ausgeworfenen Rechenergebnisse überprüft, und zwar in der Weise, daß die Setzungen des Baugrundes mit den Durchbiegungen der Sohlplatte verglichen werden. Ausgedruckt werden sowohl die Setzungen als auch die Verformungen und deren Abweichung. Das Programm kann also zur durchgreifenden Kontrolle der Ergebnisse des Programmes »Flächengründungen B« oder einer anderweitigen Berechnung nach einem beliebigen Verfahren verwendet werden. Man kann es aber auch zur Ermittlung der Verformungen des Gründungssystems für spätere Einrechnung des Einflusses eines auf die Platte aufgesetzten statisch unbestimmten Bauwerkes benutzen.

Ferner liegen Programme Flächengründungen E, F und G vor, die zur Ermittlung der Einflußlinien für Biegemomente und Setzungen dienen.

Das Verfahren Kany ist neuerdings für den allgemeinen Fall des feldweise unterschiedlich geschichteten Baugrundes mit feldweise verschiedener Balkensteifigkeit und Gründungstiefe unter Berücksichtigung durchgehender Trennfugen oder Gelenke in der Sohlplatte und der aussteifenden Wirkung von Stockwerkrahmen erweitert worden, wobei auch Maxima- und Minima-Momente aus nicht ständigen Belastungen berechnet werden können. Das Verfahren wird in der 2. Auflage des Buches Kany [10] erläutert und die Programmierung beschrieben. Die 2. Auflage enthält ferner u. a. neben den Kurventafeln die Werte auch in Tabellenform, außerdem neue Tafeln und Tabellen für die Setzungen.

Flächengründungen Ermittlung der Einflußlinien für Sohldrücke											Vordr. 1
Bauteil:						$\eta =$			$k_1 =$		
Laststelle $x_k =$	$i = 1$ 0,05	$i = 2$ 0,15	$i = 3$ 0,25	$i = 4$ 0,35	$i = 5$ 0,45	$i = 6$ 0,55	$i = 7$ 0,65	$i = 8$ 0,75	$i = 9$ 0,85	$i = 10$ 0,95	$= x_k$
aus Tafel / Schnittstelle $x_i = 0{,}05$	8/1	8/11	8/21	8/31	8/41	8/50	8/40	8/30	8/20	8/10	
$x_i = 0{,}15$	8/2	8/12	8/22	8/32	8/42	8/49	8/39	8/29	8/19	8/9	
$x_i = 0{,}25$	8/3	8/13	8/23	8/33	8/43	8/48	8/38	8/28	8/18	8/8	
$x_i = 0{,}35$	8/4	8/14	8/24	8/34	8/44	8/47	8/37	8/27	8/17	8/7	
$x_i = 0{,}45$	8/5	8/15	8/25	8/35	8/45	8/46	8/36	8/26	8/16	8/6	
Spalt.-Summe											
Kontrolle / Sollwerte 10,0	$\Sigma y_1 + \Sigma y_{10} =$		$\Sigma y_2 + \Sigma y_9 =$		$\Sigma y_3 + \Sigma y_8 =$		$\Sigma y_4 + \Sigma y_7 =$		$\Sigma y_5 + \Sigma y_6 =$		

Flächengründungen Ermittlung der Einflußlinien für Biegemomente											Vordr. 4
Bauteil:						$\eta =$			$k_1 =$		
Laststelle $x_k =$	Entnahme der $y_{M_{ik}}$-Werte aus den Tafeln 9a										aus Tafeln 9b
	0,05	0,15	0,25	0,35	0,45	0,55	0,65	0,75	0,85	0,95	$x_i = x_k$
aus Tafel / Schnittstelle $x_i = 0{,}10$	9a/1	9a/10	9a/19	9a/28	9a/32	9a/45	9a/36	9a/27	9a/18	9a/9	$x_k = 0{,}05$
$x_i = 0{,}20$	9a/2	9a/11	9a/20	9a/29	9a/38	9a/44	9a/35	9a/26	9a/17	9a/8	$x_k = 0{,}15$
$x_i = 0{,}30$	9a/3	9a/12	9a/21	9a/30	9a/39	9a/43	9a/34	9a/25	9a/16	9a/7	$x_k = 0{,}25$
$x_i = 0{,}40$	9a/4	9a/13	9a/22	9a/31	9a/40	9a/42	9a/33	9a/24	9a/15	9a/6	$x_k = 0{,}30$
$x_i = 0{,}50$	9a/5	9a/14	9a/23	9a/32	9a/41	9a/41	9a/32	9a/23	9a/14	9a/5	$x_k = 0{,}45$

Flächengründungen
Auswertung der Einflußlinien für q
(symmetrische Belastung)

Vordr. 2

Bauteil:	Pos.-Nr.

$A \cdot B =$ $=$ $[cm^2]$	$a^2 \cdot B =$ $^2 \cdot$ $=$ $[cm^3]$	$\eta =$	$k_1 =$

Einfluß →	Einzellasten P	Flächenlast p	Randmomente M_R	

Schnittstellen →				$x_i = 0{,}05$		$x_i = 0{,}15$		$x_i = 0{,}25$		$x_i = 0{,}35$		$x_i = 0{,}45$	
				Tafelwerte y_q und Sohldrücke q									
Belastungen	Maßstabsfaktoren		Zeile Nr.	Yq	q	Yq	q	Yq	q	Yq	q	Yq	q
$P_1 = \quad \cdot 10^3$ [kg]	$P_1/A \cdot B =$	$\left[\frac{kg}{cm^2}\right]$	1										
$P_2 = \quad \cdot 10^3$ [kg]	$P_2/A \cdot B =$	$\left[\frac{kg}{cm^2}\right]$	2										
$P_3 = \quad \cdot 10^3$ [kg]	$P_3/A \cdot B =$	$\left[\frac{kg}{cm^2}\right]$	3										
$P_4 = \quad \cdot 10^3$ [kg]	$P_4/A \cdot B =$	$\left[\frac{kg}{cm^2}\right]$	4										
$P_5 = \quad \cdot 10^3$ [kg]	$P_5/A \cdot B =$	$\left[\frac{kg}{cm^2}\right]$	5										
$P'_1 = P_1$	$P'_1/A \cdot B =$ (s. Zeile 5)	$\left[\frac{kg}{cm^2}\right]$	6										
$P'_2 = P_2$	$P'_2/A \cdot B =$ (s. Zeile 4)	$\left[\frac{kg}{cm^2}\right]$	7										
$P'_3 = P_3$	$P_3/A \cdot B =$ (s. Zeile 3)	$\left[\frac{kg}{cm^2}\right]$	8										
$P'_4 = P_4$	$P'_4/A \cdot B =$ (s. Zeile 2)	$\left[\frac{kg}{cm^2}\right]$	9										
$P'_5 = P_5$	$P'_5/A \cdot B =$ (s. Zeile 1)	$\left[\frac{kg}{cm^2}\right]$	10										
Spaltensumme der Zeilen 1–10	Sohldruck q (aus Einzellasten)	$\left[\frac{kg}{cm^2}\right]$	11	$q_{1k} =$		$q_{2k} =$		$q_{3k} =$		$q_{4k} =$		$q_{5k} =$	
Flächenbelastung p =		$\left[\frac{kg}{cm^2}\right]$	12										
$M_{R(1)} = M_{R(r)}$	$M_{R(1)}/a^2B = M_{R(r)}/a^2B$		13	$Yq_{1R} =$		$Yq_{2R} =$		$Yq_{3R} =$		$Yq_{4R} =$		$Yq_{5R} =$	
= [cm · kg]	=	$\left[\frac{kg}{cm^2}\right]$	14	$Yq_{10R} =$		$Yq_{9R} =$		$Yq_{8R} =$		$Yq_{7R} =$		$Yq_{6R} =$	
Spaltensumme der Zeilen 11 bis 14	Sohldruck q	$\left[\frac{kg}{cm^2}\right]$	15	$q_1 =$		$q_2 =$		$q_3 =$		$q_4 =$		$q_5 =$	

Flächengründungen
Berechnung der Biegemomente M_{ik}

Vordr. 3

$a^2 \cdot B$	=	·	=	cm^3	Belastungsfall:	
$P_1 \cdot a$	=	·	=	cm · kg		
$P_2 \cdot a$	=	·	=	cm · kg		
$P_3 \cdot a$	=	·	=	cm · kg	Eingangswerte:	Systemsteifigkeit η =
$P_4 \cdot a$	=	·	=	cm · kg		Formzahl k_1 =
$p \cdot a \cdot B/2$	=	·	/2 =	kg		

	Zeile Nr.	Lastschwerpunkte / Berechnungspunkte		Schnittstellen an den Feldrändern $x_i = 0,10$	$x_i = 0,20$	$x_i = 0,30$	$x_i = 0,40$	$x_i = 0,50$ Mittellinie	Schnittstellen an den Lastpunkten P_1 $x_i = x_{k \cdot 1} =$	P_2 $x_i = x_{k \cdot 2} =$	P_3 $x_i = x_{k \cdot 3} =$	P_4 $x_i = x_{k \cdot 4} =$	Dim.
		Spalte Nr.	1	2	3	4	5	6	7	8	9	10	
Sohldrücke	1	$q_1 =$	$(x_i - 0,05) \cdot 10 =$	· 0,5	· 1,5	· 2,5	· 3,5	· 4,5					1
		kg/cm²	$q_1 (x_i - 0,05) \cdot 10 =$	=	=	=	=	=					
	2	$q_2 =$	$(x_i - 0,15) \cdot 10 =$	–	· 0,5	· 1,5	· 2,5	· 3,5					1
		kg/cm²	$q_2 (x_i - 0,15) \cdot 10 =$	–	=	=	=	=					
	3	$q_3 =$	$(x_i - 0,25) \cdot 10 =$	–	–	· 0,5	· 1.5	· 2,5					1
		kg/cm²	$q_3 (x_i - 0,25) \cdot 10 =$	–	–	=	=	=					
	4	$q_4 =$	$(x_i - 0,35) \cdot 10 =$	–	–	–	· 0,5	· 1,5					1
		kg/cm²	$q_4 (x_i - 0,35) \cdot 10 =$	–	–	–	=	=					
	5	$q_5 =$	$(x_i - 0,45) \cdot 10 =$	–	–	–	–	· 0,5					1
		kg/cm²	$q_5 (x_i - 0,45) \cdot 10 =$	–	–	–	–	=					
	6	Summe (1) bis (5)											
	7	$M_q = a^2 \cdot B \cdot (6) =$											
äußere Belastungen (für $x_i < x_k$)	8		$(x_i - x_k) \cdot 10 =$	—	—	—	—	—	–				1
			$- P_1 \cdot a (x_i - x_k) \cdot 10 =$	=	=	=	=	=	–				
	9		$(x_i - x_k) \cdot 10 =$	—	—	—	—	—	–	–			1
			$- P_2 \cdot a (x_i - xz) \cdot 10 =$	=	=	=	=	=	–	–			
	10		$(x_i - x_k) \cdot 10 =$	—	—	—	—	—	–	–	–		1
			$- P_2 \cdot a (x_i - x_k) \cdot 10 =$	=	=	=	=	=	–	–	–		
	11		$(x_i - x_k) \cdot 10 =$	—	—	—	—	—	–	–	–	–	1
			$- P_4 \cdot a (x_i - x_k) \cdot 10 =$	=	=	=	=	=	–	–	–	–	
	12		$- 100 \cdot xl =$	· — 1	· — 4	· — 9	· — 16	· — 25					
			$- p \cdot \frac{a^2}{2} \cdot B \cdot 100\, x_i^2$	= —	= —	= —	= —	= —					
Biegemomente	13		$M_{ik} =$ Summe (7) bis (12)										· 10 cm · kg
	14		$M_{ki}^{(1)} = M_{ki}/B =$										$\cdot 10 \frac{cm \cdot kg}{cm}$

Flächengründungen Berechnung der Setzungsmulde	Vordr. 5

Bauteil:	Pos. Nr.

Eingangswerte:			Bemerkungen:
	$c_0 =$	cm^3/kg	
$q_0 =$ kg/cm^2	$c_2 =$	cm^3/kg	
$\Delta q =$ kg/cm^2	$k_1 =$	$\eta =$	

a) Berechnung der c_i-Werte (nach Gl. 8 oder Tafel 7)	c_0 = (s. oben)	c_1 =	c_2 = (s. oben)	c_3 =	c_4 =
$c_i = \frac{c_0}{1 + k_1 \cdot i^{1,5}}$	c_5 =	c_6 =	c_7 =	c_8 =	c_9 =

b) Berechnung der q'-Werte ($q' = q - \Delta q$) und Addition der c_i-Werte

Berechnungspunkte im Feld Nr. / Nr.		1 und 10	2 und 9	3 und 8	4 und 7	5 und 6
$q'_1 = q_1 - \Delta q$	$q_1 =$ $-\Delta q = -$ $q'_1 =$	$c_0 + c_9$ =	$c_1 + c_8$ =	$c_2 + c_7$ =	$c_3 + c_6$ =	$c_4 + c_5$ =
$q'_2 = q_2 - \Delta q$	$q_2 =$ $-\Delta q = -$ $q'_2 =$	$c_1 + c_8$ =	$c_0 + c_7$ =	$c_1 + c_6$ =	$c_2 + c_5$ =	$c_3 + c_4$ =
$q'_3 = q_3 - \Delta q$	$q_3 =$ $-\Delta q = -$ $q'_3 =$	$c_2 + c_7$ =	$c_1 + c_6$ =	$c_0 + c_5$ =	$c_1 + c_4$ =	$c_2 + c_3$ =
$q'_4 = q_4 - \Delta q$	$q_4 =$ $-\Delta q = -$ $q'_4 =$	$c_3 + c_6$ =	$c_2 + c_5$ =	$c_1 + c_4$ =	$c_0 + c_3$ =	$c_1 + c_2$ =
$q_5 = q_5 - \Delta q$	$q_5 =$ $-\Delta q = -$ $q'_5 =$	$c_4 + c_5$ =	$c_3 + c_4$ =	$c_2 + c_3$ =	$c_1 + c_2$ =	$c_0 + c_1$ =

c) Berechnung und Addition der Setzungseinflüsse

$q'_1 \cdot \Sigma c$					
$q'_2 \cdot \Sigma c$					
$q'_3 \cdot \Sigma c$					
$q'_4 \cdot \Sigma c$					
$q'_5 \cdot \Sigma c$					
Gesamtsetzungen (cm):	$s_1 = s_{10}$	$s_2 = s_9$	$s_3 = s_8$	$s_4 = s_7$	$s_5 = s_6$
(Addition der Spalte c)	= (cm)	= (cm)	= (cm)	= (cm)	= (cm)

2.5 Verfahren Grasshoff (Trapezverfahren)

Bezeichnungen:

l	=	Länge des Gründungsbalkens	[m]
b	=	Breite des Gründungsbalkens	[m]
d	=	Höhe (Dicke) des Gründungsbalkens	[m]
t	=	Gründungstiefe	[m]
γ	=	Raumgewicht des Bodens oberhalb der Gründungssohle	[t/m³]
p_0	=	$\gamma \cdot t$ = Vorbelastung in der Gründungssohle	[t/m²]
I	=	Trägheitsmoment des Balkenquerschnittes	[m⁴]
E_b	=	Elastizitätsmodul des Balkenmaterials	[t/m²]
E_s	=	Steifezahl des Baugrundes	[t/m²]
N	=	$\frac{E_s}{E_b} \cdot \left(\frac{l}{d}\right)^3$ = Steifigkeitsbeiwert	[1]
P_i	=	angreifende, lotrechte Einzellast an der Oberkante des Gründungsbalkens	[t bzw. t/m]
R_v	=	$\sum P_i$	[t bzw. t/m]
M_L	=	Moment der Auflasten P_i um den linken Endpunkt des Gründungsbalkens	[t · m bzw. t · m/m]
M_R	=	Moment der Auflasten P_i um den rechten Endpunkt des Gründungsbalkens	[t · m bzw. t · m/m]
p_L	=	M_L/l^2	[t/m²]
p_R	=	M_R/l^2	[t/m²]
M_i	=	Biegemoment des Gründungsbalkens am Punkte i	[t · m bzw. t · m/m]
p_i	=	Sohldruckordinate am Punkte i	[t/m²]
p_m	=	$R_v/l \cdot b$ = mittlerer Sohldruck	[t/m²]
s_i	=	Setzung des Gründungsbalkens am Punkte i	[m]
f_{ai}	=	Durchbiegung des elastischen Gründungsbalkens auf zwei unnachgiebig gedachten Endlauflagern infolge der Auflasten P_i	[m]
α	=	f_{ai}/l	[1]
f_{bi}	=	Durchbiegung des elastischen Gründungsbalkens auf zwei unnachgiebig gedachten Endlauflagern infolge der Belastung durch den gesamten Sohldruck p_i	[m]
ϑ	=	Durchbiegungsfaktoren	[1]
λ; ζ	=	Setzungseinflußbeiwerte	[1]
$\eta_{i,v}$	=	$\zeta_{i,v} - \left(\frac{n+1-i}{n}\right) \cdot \zeta_{1,v} - \left(\frac{i-1}{n}\right) \cdot \zeta_{n+1,v}$	[1]
$\varkappa_i$	=	$\zeta_i + \left(\frac{n+1-i}{n}\right) \cdot \zeta_1 + \left(\frac{i-1}{n}\right) \cdot \zeta_{n+1}$	[1]

Weitere Bezeichnungen werden im Text unmittelbar erläutert.

2.51 System und Belastungen

Das gegebene Gesamtsystem, bestehend aus dem elastischen Überbau, dem Gründungsbalken mit dem Elastizitätsmodul E_b und dem elastischen Baugrund mit der Steifezahl E_s wird beliebigen, äußeren Belastungen P ausgesetzt (Abb. 2.5,1 a).
Die angreifenden Belastungen rufen als gleichgewichtshaltende Gegenkräfte die Sohldrücke p_i hervor (Abb. 2.5,1 a). Diese haben je nach ihrer Verteilung einer-

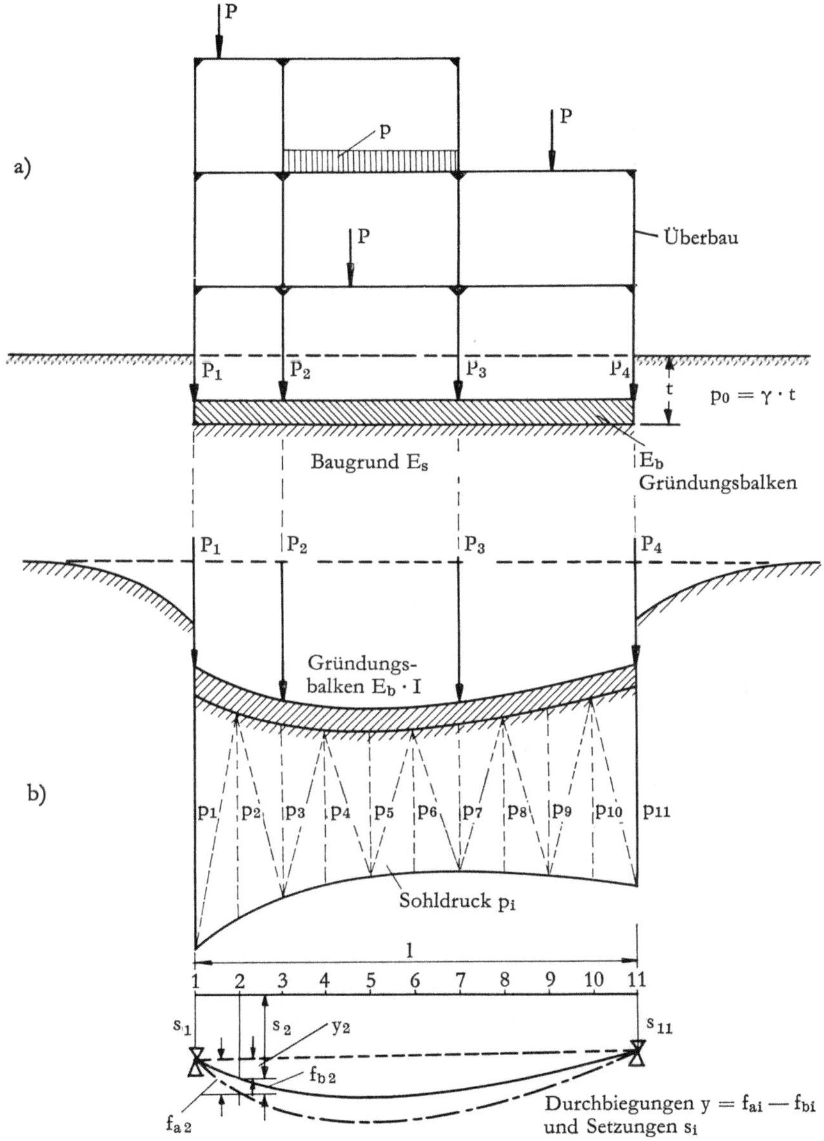

Abb. 2.5,1

seits eine Verformung des elastischen Gründungsbalkens, also Durchbiegung $y_i = f_{ai} - f_{bi}$ und damit auch Beanspruchung als Biegemoment M_i für jeden beliebigen Punkt i und weitergehend eine Verformung des elastischen Bauwerks und somit bestimmte unmittelbare Lasteintragungen als Auflasten P_i in den Gründungsbalken, andererseits als Belastung des Baugrundes dessen Verformung als Setzung s_i zur Folge (Abb. 2.5,1 b).
Die unmittelbar am Gründungsbalken angreifenden Auflasten P_i und Sohldrücke p_i sollen nach Größe und Verteilung durch ein Näherungsverfahren mit Hilfe von Gleichgewichts- und Formänderungsbedingungen bestimmt werden. Hierbei sind die Formänderungen des Bauwerks, des Gründungsbalkens und des Baugrundes in zweckmäßiger Weise so miteinander zu verknüpfen, daß sich Bestimmungsgleichungen für Auflast P_i und Sohldruck p_i ergeben.

2.52 *Bestimmung der Auflasten* P_i

Im Hinblick auf eine gewisse Weichheit der meisten Hochbaukonstruktionen kann zur Vereinfachung vorausgesetzt werden, daß Größe und Verteilung der Belastungen aus dem Bauwerk und des Eigengewichtes des Gründungsbalkens bekannt und somit als Auflasten P_i gegeben sind (Abb. 2.5,1).
Bei zunehmender Steifigkeit der Hochbaukonstruktion ist jedoch die unterschiedliche Abgabe der Bauwerkslasten auf den Gründungsbalken zu berücksichtigen, und es kann dann die Berechnung der Auflasten P_i mit Hilfe der Ansätze für statisch unbestimmte Systeme ebenfalls durchgeführt werden. In den Beispielen 14 und 30 im Abschnitt 3 ist eine derartige Berechnung für statisch unbestimmte Systeme durchgeführt worden.

2.53 *Bestimmung der Sohldrücke* p_i

Zur Bestimmung der Sohldrücke p_i wird bei dem Näherungsverfahren Grasshoff der lotrecht belastete, elastische Gründungsbalken von endlicher Länge l auf elastischem Baugrund in n gleiche Abschnitte unterteilt, z. B. $n = 10$ Abschnitte (Abb. 2.5,1). Hierbei wird die kontinuierlich gekrümmte, unbekannte Sohldruckverteilungskurve durch einen geknickten Linienzug aus n geraden Teilstücken ersetzt und das Sohldruckdiagramm in $n + 1$ dreieckförmige Belastungen aufgeteilt. Somit treten elf unbekannte Sohldruckordinaten p_i in den $n + 1 = 11$ Berechnungspunkten auf. Diese elf Unbekannten werden durch elf Bestimmungsgleichungen ermittelt, die aus zwei Gleichgewichtsbedingungen und neun Formänderungsbedingungen abgeleitet werden.

2.531 Gleichgewichtsbedingungen

Von den drei Gleichgewichtsbedingungen der Ebene stehen die zwei Bedingungen $\sum V = 0$ und $\sum M = 0$ zur Verfügung. Im allgemeinen, also unsymmetrischen Fall wird zweckmäßig zweimal die Gleichgewichtsbedingung $\sum M = 0$ angesetzt, und zwar um die Balkenendpunkte 1 und 11 (Abb. 2.5,1). Mit den am Gründungsbalken unmittelbar angreifenden Kräften, den Auflasten P_i und den Sohldruckkräften aus den Belastungsdreiecken mit den Ordinaten p_i, ergeben sich dann die nachstehenden zwei Bestimmungsgleichungen:

$$\begin{aligned} 0{,}001\bar{6} \cdot p_1 &+ 0{,}01 \cdot p_2 + 0{,}02 \cdot p_3 + 0{,}03 \cdot p_4 + 0{,}04 \cdot p_5 + 0{,}05 \cdot p_6 \\ &+ 0{,}06 \cdot p_7 + 0{,}07 \cdot p_8 + 0{,}08 \cdot p_9 + 0{,}09 \cdot p_{10} \\ &+ 0{,}048\bar{3} \cdot p_{11} = p_L \end{aligned} \tag{2.5,1}$$

$$\begin{aligned} 0{,}048\bar{3} \cdot p_1 &+ 0{,}09 \cdot p_2 + 0{,}08 \cdot p_3 + 0{,}07 \cdot p_4 + 0{,}06 \cdot p_5 + 0{,}05 \cdot p_6 \\ &+ 0{,}04 \cdot p_7 + 0{,}03 \cdot p_8 + 0{,}02 \cdot p_9 + 0{,}01 \cdot p_{10} \\ &+ 0{,}001\bar{6} \cdot p_{11} = p_R \end{aligned} \tag{2.5,2}$$

2.532 Formänderungsbedingungen

Die restlichen neun Bestimmungsgleichungen werden durch Verknüpfung der Formänderungsbedingungen des Gründungsbalkens mit denjenigen des Baugrundes abgeleitet. Hierzu wird in Anlehnung an Gedankengänge von LEVINTON [21] der nach Abb. 2.5,1 in zehn gleiche Abschnitte unterteilte Gründungsbalken als ein auf zwei lotrecht verschieblichen, frei drehbaren Endauflagern ruhender Balken betrachtet, der einerseits durch die Auflasten P_i und andererseits durch die Sohldruckdreiecke mit den Ordinaten p_i lotrecht belastet wird und lotrechte Verformungen erleidet (Darstellung in verzerrtem Maßstab in Abb. 2.5,1). Es wird vorausgesetzt, daß sich die Biegelinie des Gründungsbalkens mit der Setzungsmulde des Baugrundes deckt. Für einen Punkt i des Gründungsbalkens ergibt sich nun die Setzung s_i durch Überlagerung der folgenden drei Teilwerte:

1. Einsenkung des zunächst als starr angenommenen Balkens in den nachgiebigen Baugrund, ausgedrückt durch die Anteile der Setzungen s_1 und s_{11} der Endauflager 1 und 11.
2. Durchbiegung f_{ai} des elastischen Balkens auf zwei unnachgiebig gedachten Endauflagern infolge der Auflasten P_i.
3. Entgegengesetzte Durchbiegung f_{bi} mit denselben Voraussetzungen wie unter 2. infolge der Belastung durch den gesamten Sohldruck p_i.

Demnach ergibt sich – z. B. für den Punkt 2 – die nachstehende Formänderungsgleichung (Abb. 2.5,1b):

$$s_2 = 0{,}9\, s_1 + 0{,}1\, s_{11} + f_{a2} - f_{b2} \tag{2.5,3}$$

Hieraus leitet sich die Bestimmungsgleichung für den Punkt 2 ab:

$$f_{b2} + s_2 - 0{,}9\, s_1 - 0{,}1\, s_{11} = f_{a2} \tag{2.5,4}$$

Für einen beliebigen Punkt lautet die allgemeine Bestimmungsgleichung wie folgt:

$$f_{bi} + s_i - \left(\frac{n+1-i}{n}\right) \cdot s_1 - \left(\frac{i-1}{n}\right) \cdot s_{n+1} = f_{ai} \qquad (2.5,5)$$

2.532.1 Durchbiegungen f_{ai}

Die freien Durchbiegungen f_{a2} bis f_{a10} infolge der Auflasten P_i können für jede beliebige, als bekannt vorausgesetzte Größe und Verteilung der Auflast und des Balkengewichtes mit Hilfe bekannter Formeln der klassischen Statik verhältnismäßig einfach berechnet werden (Abb. 2.5,2).

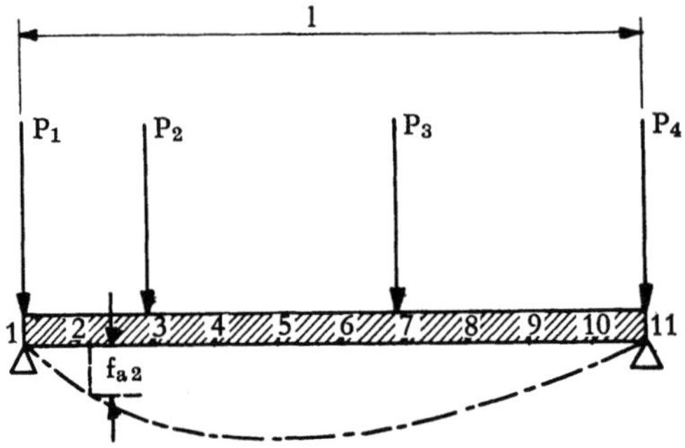

Abb. 2.5,2

2.532.2 Durchbiegungen f_{bi}

Die freien Durchbiegungen f_{b2} bis f_{b10} infolge des gesamten Sohldruckes p_i ergeben sich jeweils durch Überlagerung der Teildurchbiegungen infolge der elf Belastungsdreiecke mit den elf unbekannten Sohldruckordinaten p_i (Abb. 2.5,3). Die Gleichung für den Punkt i – bezogen auf eine Balkenbreite b, die gleich der gewählten Längeneinheit ist – lautet:

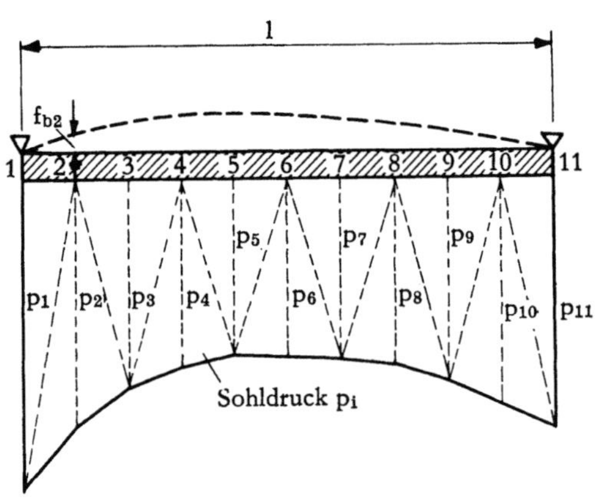

Abb. 2.5,3

$$f_{bi} = \frac{1}{E_b} \cdot \left(\frac{l}{d}\right)^3 \cdot (\vartheta_{i,1} \cdot p_1 + \vartheta_{i,2} \cdot p_2 + \vartheta_{i,3} \cdot p_3 + \vartheta_{i,4} \cdot p_4 + \vartheta_{i,5} \cdot p_5 + \vartheta_{i,6} \cdot p_6 + \vartheta_{i,7} \cdot p_7 + \vartheta_{i,8} \cdot p_8 + \vartheta_{i,9} \cdot p_9 + \vartheta_{i,10} \cdot p_{10} + \vartheta_{i,11} \cdot p_{11}) \qquad (2.5,6)$$

Die Durchbiegungsfaktoren ϑ können allgemeingültig nach der klassischen Biegetheorie berechnet und tabelliert werden. $\vartheta_{i,v}$ ist der Durchbiegungsfaktor für den Punkt i infolge des Belastungsdreieckes mit der Sohldruckordinate p_v. Im Abschnitt 2.56 sind die Durchbiegungsfaktoren ϑ für eine zehnfache und fünffache Unterteilung des Gründungsbalkens bei symmetrischer und unsymmetrischer Belastung in Tabellenform zusammengestellt.

2.532.3 Setzungen s_i

Die Setzungen s_1 bis s_{11} erhält man aus einer Setzungsberechnung für die Belastung des elastischen Baugrundes in der Gründungssohle durch das unbekannte, schlaffe Sohldruckdiagramm, das in zehn gleiche Abschnitte unterteilt, bei treppenförmiger Annäherung (Abb. 2.5,4) wiederum die elf unbekannten Sohldruckordinaten p_i aufweist. Der Baugrund unter dem Gründungsbalken wird als elastisch-isotroper Halbraum mit konstanter Steifezahl E_s idealisiert. Bei dieser Betrachtungsweise ist die Setzung s_i eines Punktes i von allen übrigen benachbarten Sohldrücken abhängig und somit eine Funktion des gesamten Sohldruckdiagrammes.

Für den vorliegenden ebenen Fall, bei dem Gründungsbalken und angreifende Kräfte in einer Ebene senkrecht zur Oberfläche des elastisch-isotropen Halbraumes liegen, darf man als gute Annäherung die Setzungen für den »kennzeichnenden Querschnitt« [22] berechnen, wodurch es ermöglicht wird, trotz der angenommenen Starrheit des elastischen Gründungsbalkens in Querrichtung den Sohldruck p_i als schlaffe Auflast auf die Gründungssohle zu setzen (Abb. 2.5,4) und die geschlossenen Formänderungsgleichungen von Boussinesq [16] für den elastisch-isotropen Halbraum mit konstanter Steifezahl E_s anzuwenden. Ausgangspunkt ist die bekannte Spannungsgleichung von Boussinesq für die Spannung σ in der Tiefe z infolge einer Einzellast:

$$\sigma_z = \frac{3 \cdot P}{2 \cdot \pi \cdot z^2} \cdot \cos^5 \vartheta \qquad (2.5,7)$$

Aus dieser Spannungsformel folgt durch dreimalige Integration auf dem Wege über die aus den Grundgleichungen der Elastizitätstheorie berechneten Verformungen die Setzung s für den Eckpunkt eines mit der schlaffen Gleichlast p belasteten Rechtecks. Die von Schleicher [17] abgeleitete Formel läßt sich in ihrer allgemeinsten Form wie folgt anschreiben.

$$s = p \cdot \frac{1}{E_s} \cdot \lambda \qquad (2.5,8)$$

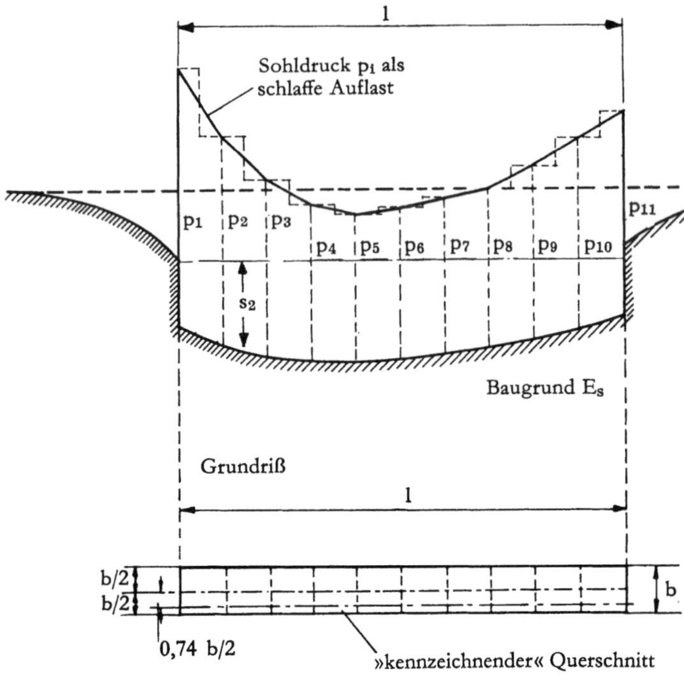

Abb. 2.5,4

Der Beiwert λ ist eine Funktion des Seitenverhältnisses l/b der Rechtecklast. Die Setzungsformel von SCHLEICHER, und damit auch die jeweiligen λ-Werte beziehen sich auf einen unendlich ausgedehnten Untergrund. STEINBRENNER [23] hat als Erweiterung der Ableitungen von SCHLEICHER entsprechende Näherungsformeln entwickelt, die noch den Einfluß des Verhältnisses zwischen einer endlichen Schichtdicke z und der Balkenlänge l erfassen. Diese Formeln lassen sich gleichfalls auf die allgemeine Form der Gl. (2.5,8) bringen. Der Beiwert λ ist hier nicht nur eine Funktion des Seitenverhältnisses l/b, sondern er ist zusätzlich noch vom Verhältnis z/l abhängig. Durch Überlagerung der λ-Werte für die entsprechenden Belastungsrechtecke für den jeweiligen Punkt i im »kennzeichnenden Querschnitt« (s. Abb. 2.5,4) ergeben sich neue Setzungseinflußbeiwerte ζ und somit die auf den »kennzeichnenden Querschnitt« bezogenen Setzungen s_1 bis s_{11} als Funktion des gesamten Sohldruckdiagrammes p_i wie folgt:

$$\begin{aligned} s_i = \frac{1}{E_s} \cdot (&p_1 \cdot \zeta_{i,1} + p_2 \cdot \zeta_{i,2} + p_3 \cdot \zeta_{i,3} + p_4 \cdot \zeta_{i,4} + p_5 \cdot \zeta_{i,5} \\ &+ p_6 \cdot \zeta_{i,6} + p_7 \cdot \zeta_{i,7} + p_8 \cdot \zeta_{i,8} + p_9 \cdot \zeta_{i,9} \\ &+ p_{10} \cdot \zeta_{i,10} + p_{11} \cdot \zeta_{i,11} - p_0 \cdot \zeta_i) \end{aligned} \quad (2.5,9)$$

Die Setzungseinflußbeiwerte ζ können für bestimmte Seitenverhältnisse der Rechtecklast und für verschiedene Schichtdicken z allgemeingültig in der oben

geschilderten Weise berechnet und tabelliert werden. $\zeta_{i,v}$ ist der Setzungseinflußbeiwert für den Punkt i infolge des Belastungsdreieckes mit der Sohldruckordinate p_v. Einige derartige Tabellen enthält der Abschnitt 2.56.
In der Gl. (2.5,9) wird der Einfluß einer beliebigen Gründungstiefe t auf die Sohldruckverteilung dadurch berücksichtigt, daß die bereits erfolgten Setzungen infolge der geologischen Vorbelastung von den gesuchten Setzungen abgezogen werden, und zwar durch den Ansatz des Gliedes $-p_0 \cdot \zeta_i$, worin $p_0 = \gamma \cdot t$ und $\zeta_i = \sum_{v=1}^{v=11} \zeta_{i,v}$ bedeuten.

2.532.4 Bestimmungsgleichungen

Aus den obigen Ableitungen ergeben sich neun endgültige Bestimmungsgleichungen zur Berechnung der unbekannten Sohldrücke p_i indem die Gln. (2.5,6) und (2.5,9) in die Gl. (2.5,5) eingesetzt werden. Für eine n-fache Unterteilung lautet die allgemeine Bestimmungsgleichung am Punkte i:

$$(\vartheta_{i,1} \cdot N + \eta_{i,1}) \cdot p_1 + (\vartheta_{i,2} \cdot N + \eta_{i,2}) \cdot p_2 + \cdots + (\vartheta_{i,n} \cdot N + \eta_{i,n}) \cdot p_n + (\vartheta_{i,n+1} \cdot N + \eta_{i,n+1}) \cdot p_{n+1} = \alpha_i \cdot E_s + \varkappa_i \cdot p_0 \tag{2.5,10}$$

Hierin sind $\eta_{i,v}$ und $\varkappa_i$ für bestimmte Seitenverhältnisse des rechteckigen Fundamentes allgemeingültig aus den entsprechenden ζ-Werten berechnete Setzungseinflußbeiwerte. Sie werden mit dem Steifigkeitsbeiwert N und dem Verhältnis α_i als Eingangswerte in die Bestimmungsgleichungen hineingegeben. Die Bedeutung der einzelnen Beiwerte geht aus der Zusammenstellung am Anfang des Abschnittes 2.5 hervor. Tabellierte Werte enthält der Abschnitt 2.56.

2.54 Bestimmung der Setzungen s_i

Die Setzungen s_i der Punkte i des Gründungsbalkens ergeben sich aus der Gl. (2.5,9).

2.55 Bestimmung der Biegemomente M_i

Die Biegemomente M_i' des Gründungsbalkens infolge der berechneten Sohldrücke p_i errechnen sich nach folgender Gleichung:

$$M_i' = \frac{1}{2} \cdot p_1 \cdot \left(\frac{1}{n}\right)^2 \cdot \left(i - \frac{4}{3}\right) + 2 \cdot p_2 \cdot \left(\frac{1}{n}\right)^2 \cdot (i-2) + 2 \cdot p_3 \cdot \left(\frac{1}{n}\right)^2 \cdot (i-3) + \cdots + 4 \cdot p_{i-2} \cdot \left(\frac{1}{n}\right)^2 + 2 \cdot p_{i-1} \cdot \left(\frac{1}{n}\right)^2 + \frac{1}{6} \cdot p_i \left(\frac{1}{n}\right)^2 \tag{2.5,11}$$

Durch Superposition dieser Biegemomente M_i' mit den Biegemomenten M_i'' infolge der Auflasten ergeben sich die endgültigen Biegemomente M_i für die Punkte i des Gründungsbalkens:

$$M_i = M_i' + M_i'' \tag{2.5,12}$$

2.56 Programmierung für elektronische Rechenmaschinen

Das Verfahren Grasshoff bietet sich für die Programmierung auf elektronischen Rechenmaschinen besonders an, weil es als Differenzen-Methode auf ein lineares Gleichungssystem für die Berechnung der n unbekannten Sohldrücke hinausläuft, für deren Lösung im allgemeinen schon fertige Programme vorliegen.

Die Bestimmungsgleichungen (2.5,1; 2.5,2 und 2.5,10) enthalten verschiedene, vorher zu berechnende Parameter der Auflast, der Balkenabmessung, des Balkenmaterials und des Untergrundes. Die zahlenmäßige Ausrechnung dieser Parameter kann ohne Schwierigkeiten mit in das Programm hineingenommen werden.

Folgende Parameter ergeben sich:

$$p_L = \frac{M_L}{l^2} \qquad p_R = \frac{M_R}{l^2}$$

$$N = \frac{E_s}{E_b} \cdot \left(\frac{l}{d}\right)^3 \qquad \alpha = \frac{f_{ai}}{l} \qquad p_0 = \gamma \cdot t$$

Die Durchbiegungsfaktoren ϑ können in Abhängigkeit von der gewählten Unterteilung des Balkens in Berechnungsabschnitte als Tabelle für die Benutzung im Rechenprogramm gespeichert werden. Die Tab. 2.5,1 enthält die Durchbiegungsfaktoren ϑ für eine Unterteilung des Gründungsbalkens in fünf Abschnitte bei symmetrischer Belastung, so wie sie den Bedingungen der Vergleichsbeispiele entsprechen.

Tab. 2.5,1

Durchbiegungsfaktoren ϑ'
Unterteilung des Fundamentes:
fünf gleiche Abschnitte
Belastung: symmetrisch

Gl. (2)		Gl. (3)	
$\vartheta'_{2,1}$	0,006.240	$\vartheta'_{3,1}$	0,009.440
$\vartheta'_{2,2}$	0,033.760	$\vartheta'_{3,2}$	0,052.800
$\vartheta'_{2,3}$	0,052.800	$\vartheta'_{3,3}$	0,086.560

Die gleiche Möglichkeit besteht für die Setzungseinflußfaktoren ζ, η und $\varkappa$. Hier werden zweckmäßig häufig vorkommende Fälle für das Seitenverhältnis l/b des Gründungsbalkens und die Dicke z der zusammendrückungsfähigen Schicht tabelliert und nach »Setzungsfällen« numeriert gespeichert. Für den »Setzungsfall« der Vergleichsbeispiele sind in der Tab. 2.5,2 die Setzungseinflußfaktoren

Tab. 2.5,2

Setzungseinflußfaktoren ζ'					
l:a = 1:0,1			t = ∞		
Unterteilung: fünffach Druckverteilung: symmetrisch					
Punkt 1		Punkt 2		Punkt 3	
$\zeta'_{1,1}$	0,071.064	$\zeta'_{2,1}$	0,025.205	$\zeta'_{3,1}$	0,014.856
$\zeta'_{1,2}$	0,041.626	$\zeta'_{2,2}$	0,146.107	$\zeta'_{3,2}$	0,049.778
$\zeta'_{1,3}$	0,026.815	$\zeta'_{2,3}$	0,049.778	$\zeta'_{3,3}$	0,169.070
ζ'_{1}	0,139.505	ζ'_{2}	0,221.090	ζ'_{3}	0,233.704

Setzungseinflußfaktoren η' und $\varkappa'$			
l:a = 1:0,1		t = ∞	
Unterteilung: fünffach Druckverteilung: symmetrisch			
Gl. (2)		Gl. (3)	
$\eta'_{2,1}$	— 0,045.859	$\eta'_{3,1}$	— 0,056.208
$\eta'_{2,2}$	+ 0,104.481	$\eta'_{3,2}$	+ 0,008.152
$\eta'_{2,3}$	+ 0,022.963	$\eta'_{3,3}$	+ 0,142.255
$\varkappa'_{2}$	+ 0,360.595	$\varkappa'_{3}$	+ 0,373.209

zusammengestellt worden. Weitere Tabellen bringt die Veröffentlichung [9]. Diese Tabellen enthalten auch Fälle, bei denen die Breite b der Gründungsplatte größer ist als die Länge l. Obwohl bei der Ableitung des Berechnungsverfahrens vorausgesetzt ist, daß die Gründungsplatte in Querrichtung zur Länge l praktisch starr wirkt (ebener Fall), führt trotzdem die Annahme einer sehr großen Plattenbreite noch zu hinreichend genauen Lösungen, wenn nur angenommen werden kann, daß die belastenden Wände in Querrichtung praktisch starr wirken und nicht zu weit auseinander stehen (einachsig ausgesteiftes Bauwerk) [7].
Die Eingangswerte, die in die Rechenmaschinen gegeben werden müssen, beschränken sich auf folgende Angaben:

1. Größe und Verteilung der Auflast
2. Balkenabmessungen: l, b, d
3. Elastizitätsmodul des Balkenmaterials: E_b
4. Anzahl der Berechnungsabschnitte: n
5. Auflast vor Aushub der Baugrube: p_0
6. Steifezahl der zusammendrückungsfähigen Schicht: E_s
7. Nummer des »Setzungsfalles«

Mit Hilfe der berechneten n Sohldruckordinaten p_i können nach Gl. (2.5,9) die Setzungen s_i in den einzelnen Balkenabschnitten bestimmt werden.
Die Biegemomente M_i des Gründungsbalkens lassen sich mit Hilfe der Gln. (2.5,11) und (2.5,12) in jedem Balkenabschnitt mit Hilfe der gegebenen Auflast und der Sohldrücke p_i aus punktweise angesetzten Momentengleichungen errechnen.
Das Programm des Rechenautomaten kann ohne Schwierigkeiten um die beiden zuletzt genannten Rechenoperationen erweitert werden.

3. Vollständige Berechnung von vier ausgewählten Beispielen

3.1 Gesichtspunkte für die Auswahl der charakteristischen Beispiele

Mit der Gegenüberstellung von vier vollständig berechneten Beispielen nach den Steifezahlverfahren DE BEER–LOUSBERG, GRASSHOFF und KANY sollte die Möglichkeit geschaffen werden, die drei Methoden hinsichtlich ihres Lösungsweges, ihrer Anwendbarkeit und ihres Arbeitsumfanges zu vergleichen. Aus diesem Grunde war es in erster Linie notwendig, solche Beispiele zu wählen, die stellvertretend für die übrigen, alle vorkommenden, grundsätzlichen Berechnungsgänge enthalten.

Die vier angenommenen Steifigkeitsfälle sind so gestaltet worden, daß sich die Steifigkeit des Bauwerkes, bestehend aus Überbau und Gründungsbalken, von Steifigkeitsfall zu Steifigkeitsfall schrittweise steigert. Der Steifigkeitsfall 1 erfordert demnach die wenigsten und der Steifigkeitsfall 4 unter zwangsläufiger Einbeziehung der Fälle 2 und 3 die meisten Formänderungsberechnungen. Zusätzliche Formänderungsbetrachtungen sind für die angenommene Überkragung nötig.

Auf Grund dieser Überlegungen wurden für die beabsichtigten Vergleichszwecke die Beispiele 2 und 14 (Abb. 4,2 und 4,14) ohne Überkragung und 18 und 30 (Abb. 4,18 und 4,30) mit Überkragung ausgewählt. Sie enthalten alle Formänderungsberechnungen und sonstigen Ableitungen, die für die gewählten Beispiele überhaupt zu erwarten sind. Die Auswahl fiel auf Beispiele mit dem Steifigkeitsbeiwert $N = 10$ bzw. $K = 0{,}00833$. Dieser entspricht einer Steifezahl $E_s = 262{,}5\ \text{kg/cm}^2$, die als ein häufig vorkommender Wert für Bodenarten, auf denen flach gegründet wird, betrachtet werden kann.

Es ließ sich auch hier nicht vermeiden, im Verlaufe der schrittweisen Ableitung des Berechnungsganges für die einzelnen Beispiele Textwiederholungen bei den verschiedenen Verfahren zu bringen. Der Nachteil dieser – stellenweise ermüdend wirkenden Textpassagen – wird jedoch durch den Vorteil einer einwandfreien Vergleichsmöglichkeit ausgeglichen.

3.2 Beispiele des Verfahrens DE BEER-LOUSBERG

Vorbemerkung:

Im Gegensatz zu den Festsetzungen im Abschnitt 1 (Abb. 1.1 und 1.2) und den Bezeichnungen bei den Verfahren KANY (Abschnitt 3.3) und GRASSHOFF (Abschnitt 3.4) werden in diesem Abschnitt beim Verfahren DE BEER–LOUSBERG die Mittelstütze mit P_1 und die Außenstützen mit P_2 bezeichnet.

3.21 Beispiel 2

1) System und Belastungen

Statisches System, Abmessungen, Steifigkeitsverhältnisse, Belastungen s. Abb. 3.2,1

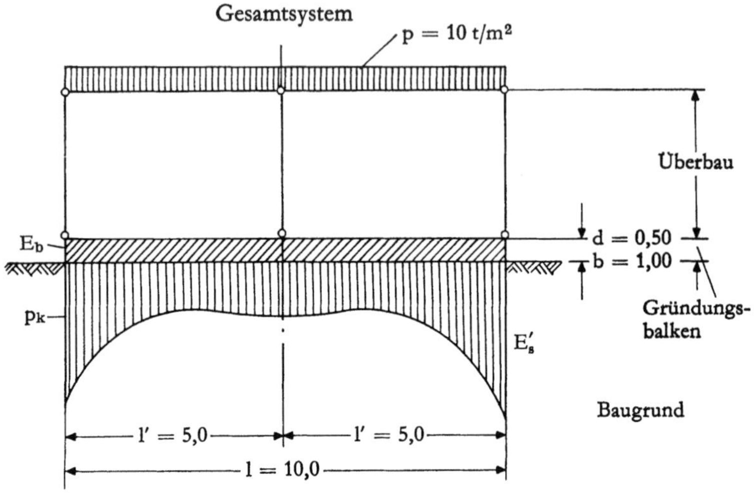

Abb. 3.2,1 Beispiel 2

1. Überbau

1.1 Statisches System und Abmessungen

Der Überbau des Gründungsbalkens stellt eine symmetrische, auf drei Stützen ruhende Hochbaukonstruktion dar (Abb. 3.2,1).

1.2 Steifigkeitsverhältnisse

Der Überbau ist schlaff.
Die drei Stützen sind oben und unten gelenkig angeschlossen.

1.3 Belastungen

Gleichförmige Belastung des Riegels:

$$p = 10 \text{ t/m}^2.$$

2. Gründungsbalken

2.1 Statisches System und Abmessungen

Elastischer Gründungsbalken auf nachgiebigem, als elastisch-isotroper Halbraum idealisiertem Baugrund.

Abmessungen (Abb. 3.2,1):

$l = 10{,}0$ m Länge $\qquad \delta = \frac{b}{l} = \frac{1{,}0}{10{,}0} = 0{,}10$ Formverhältnis

$l' = 5{,}0$ m

$b = 1{,}0$ m Breite $\qquad k = \frac{x}{l'}$ relative Abszisse

$d = 0{,}5$ m Dicke $\qquad \varepsilon = \frac{e}{l'}$ relative Exzentrizität

2.2 Steifigkeitsverhältnisse

Elastizitätsmodul des Balkenmaterials:

$$E_b = 210\,000 \text{ kg/cm}^2$$

3. Baugrund

3.2 Steifigkeitsverhältnisse

Steifezahl des Baugrundes: Konstant im Halbraum:

$$E'_s = \underline{\underline{262{,}5 \text{ kg/cm}^2;}} \quad \text{entsprechend:}$$

Steifigkeitsbeiwert (dimensionslos):

$$N = \frac{E'_s}{E_b} \cdot \left(\frac{l}{d}\right)^3 = \frac{262{,}5}{210\,000} \cdot \left(\frac{10{,}0}{0{,}50}\right)^3 = \underline{\underline{10}} \quad \text{bzw.:}$$

$$N' = \frac{3}{2} \cdot \frac{E'_s}{E_b} \cdot \left(\frac{l}{d}\right)^3 = \frac{3}{2} \cdot N = \frac{3}{2} \cdot 10 = \underline{15}$$

2) Bestimmung der Auflasten P_α

Das Gesamtsystem ist statisch bestimmt; daher:

Auflasten P_α auf Gründungsbalken gegeben gemäß Abb. 3.2,2:

$$p = 10 \text{ t/m}^2$$
$$\sum P = l \cdot b \cdot p = 10{,}0 \cdot 1{,}0 \cdot 10 = 100 \text{ t}$$
$$P_1 = 50 \text{ t}$$
$$P_2 = \tfrac{1}{2} \cdot P_1 = \tfrac{1}{2} \cdot 50 = 25 \text{ t}$$

3) Bestimmung der Sohldrücke p_k

Die am Gründungsbalken angreifenden Auflasten P_α rufen als gleichgewichtshaltende Gegenkräfte die unbekannten Sohldrücke p_k hervor.
Die Bestimmung der Sohldruckverteilungskurve p_k erfolgt durch mathematischen Parabelansatz nach dem Verfahren DE BEER–LOUSBERG.

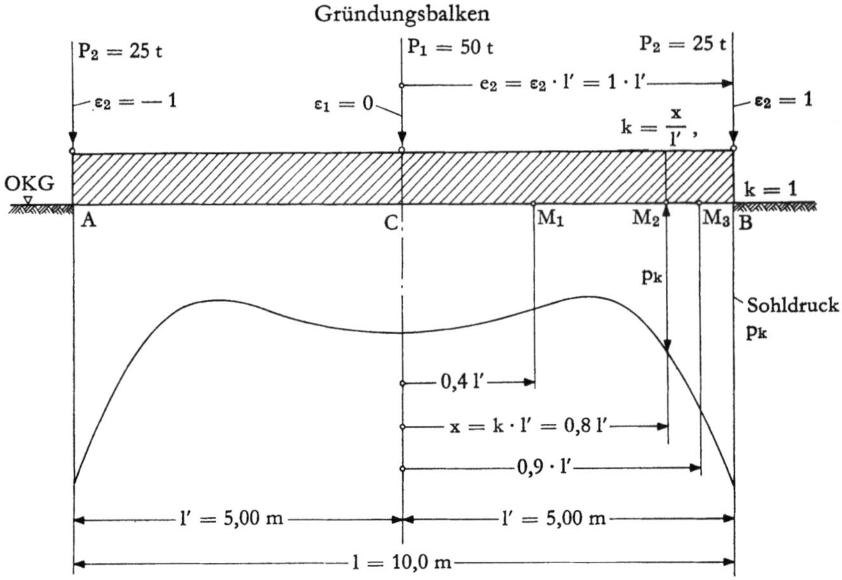

Abb. 3.2,2 Gründungsbalken

Die wegen der Symmetrie von Tragwerk und Belastung anzusetzende symmetrische Parabel weist fünf unbekannte Koeffizienten $a_{j,\alpha}$ auf, die für jeden Lastfall der Auflasten P_α getrennt jeweils durch fünf Bestimmungsgleichungen (eine aus Gleichgewichtsbedingung, vier aus Formänderungsbedingungen) bestimmt werden und deren Beiwerte den Tafeln DE BEER–LOUSBERG [5] entnommen werden. Die Superposition der daraus folgenden Sohldruck-Teilwerte ergibt die endgültigen Sohldrücke p_k.

1. Sohldrücke p_1 für mittige Einzellast P_1

Für die mittige Einzellast P_1, also im Balkenmittelpunkt mit $\varepsilon_1 = 0$ (Abb. 3.2,2) lautet die Sohldruckverteilungskurve p_1:

$$p_1 = p_{m,1} \cdot \sum_{j=0}^{4} a_{2j,1} \cdot k^{2j} \qquad [5]^4 - (164); \quad \text{hierbei:}$$

mittlere Belastung $p_{m,1}$:

$$p_{m,1} = \frac{P_1}{2\,bl'} = \frac{50}{2 \cdot 1{,}0 \cdot 5{,}0} = 5\ \text{t/m}^2 = \underline{0{,}5\ \text{kg/cm}^2}$$

Die Werte der fünf Koeffizienten $a_{0,1}$, $a_{2,1}$, $a_{4,1}$, $a_{6,1}$ und $a_{8,1}$ sind unbekannt. Die fünf Bestimmungsgleichungen zur Bestimmung der fünf Unbekannten $a_{2j,1}$ werden aus den folgenden fünf Bedingungsgleichungen erhalten.

[4] Die in dieser Veröffentlichung angegebenen Formeln sind für Gründungen unterhalb der Geländeoberfläche gültig. Für den Sonderfall einer auf der Geländeoberkante liegenden Gründung genügt es, in den allgemeinen Formeln $\rho_{m,0} = 0$ zu setzen.

1.1 Gleichgewichtsbedingung

Eine Bedingung des senkrechten Gleichgewichts: $\sum V = 0$; ergibt:

$$\sum_{j=0}^{4} \frac{a_{2j,1}}{2j+1} = 1 \quad \text{bzw.:}$$

$$\frac{a_{0,1}}{1} + \frac{a_{2,1}}{3} + \frac{a_{4,1}}{5} + \frac{a_{6,1}}{7} + \frac{a_{8,1}}{9} = 1; \quad \text{somit:}$$

Bestimmungsgleichung 1:

$$a_{0,1} + 0{,}\overline{3} \cdot a_{2,1} + 0{,}2 \cdot a_{4,1} + 0{,}142.857.1 \cdot a_{6,1} + 0{,}\overline{1} \cdot a_{8,1} = 1$$

1.2 Formänderungsbedingungen

Vier Bedingungen der Gleichheit der Verformung des Bodens und des Balkens in vier Punkten der Balkenlängsachse (Abb. 3.2,2), nämlich in den Punkten C mit der relativen Abszisse $k = 0$, M_1 mit $k = 0{,}4$, M_2 mit $k = 0{,}8$ und M_3 mit $k = 0{,}9$. Das ergibt die allgemeine Gleichung:

DE BEER [5] Gl. (167)

$$\sum_{j=0}^{4} a_{2j,1} \left[F_s^{(2j)}(k, \delta = 0{,}1) - N' \cdot F_y^{(2j)}(k)\right] = N' \cdot S_y^{(P)}(k, \varepsilon_1 = 0)$$

1.21 Formänderungsbedingung für Punkt C mit k = 0

a) Beiwerte:

Tafel XI [5] für $k = 0$, $\delta = 0{,}1$:

$$F_s^{(0)}(k, \delta) = 0{,}105.170.8$$
$$F_s^{(2)}(k, \delta) = -0{,}057.008.9$$
$$F_s^{(4)}(k, \delta) = -0{,}053.949.1$$
$$F_s^{(6)}(k, \delta) = -0{,}048.719.2$$
$$F_s^{(8)}(k, \delta) = -0{,}044.291.3$$

Tafel XXIV [5] für $k = 0$:

$$F_y^{(0)}(k) = 0{,}145.833.3$$
$$F_y^{(2)}(k) = 0{,}063.888.9$$
$$F_y^{(4)}(k) = 0{,}041.964.3$$
$$F_y^{(6)}(k) = 0{,}031.349.2$$
$$F_y^{(8)}(k) = 0{,}025.042.1$$

Tafel XXXIX [5] für $k = 0$, $\varepsilon_1 = 0$:

$$S_y^{(P)}(k, \varepsilon_1) = -0{,}083.333.3$$

b) Einführung der Beiwerte in die allgemeine Gleichung:

$$
\begin{aligned}
& a_{0,1} \cdot (\ \ 0{,}105.170.8 - 15 \cdot 0{,}145.833.3) \\
+ & a_{2,1} \cdot (-0{,}057.008.9 - 15 \cdot 0{,}063.888.9) \\
+ & a_{4,1} \cdot (-0{,}053.949.1 - 15 \cdot 0{,}041.964.3) \\
+ & a_{6,1} \cdot (-0{,}048.719.2 - 15 \cdot 0{,}031.349.2) \\
+ & a_{8,1} \cdot (-0{,}044.291.3 - 15 \cdot 0{,}025.042.1) = -15 \cdot 0{,}083.333.3
\end{aligned}
$$

c) Bestimmungsgleichung 2:

$$
\begin{aligned}
& 2{,}082.328.7 \cdot a_{0,1} \\
+ & 1{,}015.342.4 \cdot a_{2,1} \\
+ & 0{,}683.413.6 \cdot a_{4,1} \\
+ & 0{,}518.957.2 \cdot a_{6,1} \\
+ & 0{,}419.922.8 \cdot a_{8,1} = 1{,}25
\end{aligned}
$$

1.22 Formänderungsbedingung für Punkt M_1 mit $k = 0{,}4$

a) Beiwerte:

Tafel XI [5] für $k = 0{,}4$; $\delta = 0{,}1$:

$$
\begin{aligned}
F_s^{(0)}(k, \delta) &= \ \ 0{,}099.654.8 \\
F_s^{(2)}(k, \delta) &= -0{,}032.412.5 \\
F_s^{(4)}(k, \delta) &= -0{,}046.087.1 \\
F_s^{(6)}(k, \delta) &= -0{,}045.095.9 \\
F_s^{(8)}(k, \delta) &= -0{,}042.067.8
\end{aligned}
$$

Tafel XXIV [5] für $k = 0{,}4$:

$$
\begin{aligned}
F_y^{(0)}(k) &= 0{,}153.300.0 \\
F_y^{(2)}(k) &= 0{,}063.216.5 \\
F_y^{(4)}(k) &= 0{,}040.897.4 \\
F_y^{(6)}(k) &= 0{,}030.349.2 \\
F_y^{(8)}(k) &= 0{,}024.153.2
\end{aligned}
$$

Tafel XXXIX [5] für $k = 0{,}4$; $\varepsilon_1 = 0$:

$$S_y^{(P)}(k, \varepsilon_1) = -0{,}106.000.0$$

b) Einführung der Beiwerte in die allgemeine Gleichung:

$$
\begin{aligned}
& a_{0,1} \cdot (\ \ 0{,}099.654.8 - 15 \cdot 0{,}153.300.0) \\
+ & a_{2,1} \cdot (-0{,}032.412.5 - 15 \cdot 0{,}063.216.5) \\
+ & a_{4,1} \cdot (-0{,}046.087.1 - 15 \cdot 0{,}040.897.4) \\
+ & a_{6,1} \cdot (-0{,}045.095.9 - 15 \cdot 0{,}030.349.2) \\
+ & a_{8,1} \cdot (-0{,}042.067.8 - 15 \cdot 0{,}024.153.2) = -15 \cdot 0{,}106.000.0
\end{aligned}
$$

c) Bestimmungsgleichung 3:

$$\begin{aligned} &2{,}199.845.2 \cdot a_{0,1} \\ +\ &0{,}980.660.0 \cdot a_{2,1} \\ +\ &0{,}659.548.1 \cdot a_{4,1} \\ +\ &0{,}500.333.9 \cdot a_{6,1} \\ +\ &0{,}404.365.8 \cdot a_{8,1} = 1{,}59 \end{aligned}$$

1.23 Formänderungsbedingung für Punkt M_2 mit $k = 0{,}8$

a) Beiwerte:

Tafel XI [5] für $k = 0{,}8$; $\delta = 0{,}1$:

$$\begin{aligned} F_s^{(0)}(k, \delta) &= 0{,}073.234.9 \\ F_s^{(2)}(k, \delta) &= 0{,}024.685.4 \\ F_s^{(4)}(k, \delta) &= 0{,}002.973.6 \\ F_s^{(6)}(k, \delta) &= -\,0{,}008.729.1 \\ F_s^{(8)}(k, \delta) &= -\,0{,}015.271.3 \end{aligned}$$

Tafel XXIV [5] für $k = 0{,}8$:

$$\begin{aligned} F_y^{(0)}(k) &= 0{,}081.300.0 \\ F_y^{(2)}(k) &= 0{,}031.524.8 \\ F_y^{(4)}(k) &= 0{,}020.047.7 \\ F_y^{(6)}(k) &= 0{,}014.767.1 \\ F_y^{(8)}(k) &= 0{,}011.705.9 \end{aligned}$$

Tafel XXXIX [5] für $k = 0{,}8$; $\varepsilon_1 = 0$:

$$S_y^{(P)}(k, \varepsilon_1) = -\,0{,}064.666.7$$

b) Einführung der Beiwerte in die allgemeine Gleichung:

$$\begin{aligned} &a_{0,1} \cdot (\ \ 0{,}073.234.9 - 15 \cdot 0{,}081.300.0) \\ +\ &a_{2,1} \cdot (\ \ 0{,}024.685.4 - 15 \cdot 0{,}031.524.8) \\ +\ &a_{4,1} \cdot (\ \ 0{,}002.973.6 - 15 \cdot 0{,}020.047.7) \\ +\ &a_{6,1} \cdot (-\,0{,}008.729.1 - 15 \cdot 0{,}014.767.1) \\ +\ &a_{8,1} \cdot (-\,0{,}015.271.3 - 15 \cdot 0{,}011.705.9) = -\,15 \cdot 0{,}064.666.7 \end{aligned}$$

c) Bestimmungsgleichung 4:

$$\begin{aligned} &1{,}146.265.1 \cdot a_{0,1} \\ +\ &0{,}448.186.6 \cdot a_{2,1} \\ +\ &0{,}297.741.9 \cdot a_{4,1} \\ +\ &0{,}230.235.6 \cdot a_{6,1} \\ +\ &0{,}190.859.8 \cdot a_{8,1} = 0{,}97 \end{aligned}$$

1.24 Formänderungsbedingung für Punkt M_3 mit $k = 0{,}9$

a) Beiwerte:

Tafel XI [5] für $k = 0{,}9$; $\delta = 0{,}1$:

$$
\begin{aligned}
F_s^{(0)}(k, \delta) &= 0{,}054.477.6\\
F_s^{(2)}(k, \delta) &= 0{,}031.542.9\\
F_s^{(4)}(k, \delta) &= 0{,}018.991.5\\
F_s^{(6)}(k, \delta) &= 0{,}010.525.8\\
F_s^{(8)}(k, \delta) &= 0{,}004.411.0
\end{aligned}
$$

Tafel XXIV [5] für $k = 0{,}9$:

$$
\begin{aligned}
F_y^{(0)}(k) &= 0{,}045.164.6\\
F_y^{(2)}(k) &= 0{,}017.275.8\\
F_y^{(4)}(k) &= 0{,}010.936.2\\
F_y^{(6)}(k) &= 0{,}008.037.8\\
F_y^{(8)}(k) &= 0{,}006.363.5
\end{aligned}
$$

Tafel XXXIX [5] für $k = 0{,}9$; $\varepsilon_1 = 0$:

$$S_y^{(P)}(k, \varepsilon_1) = -\,0{,}036.833.3$$

b) Einführung der Beiwerte in die allgemeine Gleichung:

$$
\begin{aligned}
& a_{0,1} \cdot (0{,}054.477.6 - 15 \cdot 0{,}045.164.6)\\
+\; & a_{2,1} \cdot (0{,}031.542.9 - 15 \cdot 0{,}017.275.8)\\
+\; & a_{4,1} \cdot (0{,}018.991.5 - 15 \cdot 0{,}010.936.2)\\
+\; & a_{6,1} \cdot (0{,}010.525.8 - 15 \cdot 0{,}008.037.8)\\
+\; & a_{8,1} \cdot (0{,}004.411.0 - 15 \cdot 0{,}006.363.5) = -\,15 \cdot 0{,}036.833.3
\end{aligned}
$$

c) Bestimmungsgleichung 5:

$$
\begin{aligned}
& 0{,}622.991.4 \cdot a_{0,1}\\
+\; & 0{,}227.594.1 \cdot a_{2,1}\\
+\; & 0{,}145.051.5 \cdot a_{4,1}\\
+\; & 0{,}110.041.2 \cdot a_{6,1}\\
+\; & 0{,}091.041.5 \cdot a_{8,1} = 0{,}5525
\end{aligned}
$$

1.3 Gleichungssystem

Das Gleichungssystem der fünf Bestimmungsgleichungen (1 Belastungsglied = 1 rechte Seite) zur Bestimmung der fünf unbekannten Koeffizienten $a_{2j,1}$ für mittige Einzellast P_1 lautet demnach wie folgt:

Tab. 3.2,1 Gleichungssystem Lastfall P_1

	$a_{0,1}$	$a_{2,1}$	$a_{4,1}$	$a_{6,1}$	$a_{8,1}$	P_1
1	1	0,333.333.3	0,2	0,142.857.1	0,111.111.1	1
2	2,082.328.7	1,015.342.4	0,683.413.6	0,518.957.2	0,419.922.8	1,25
3	2,199.845.2	0,980.660.0	0,659.548.1	0,500.333.9	0,404.365.8	1,59
4	1,146.265.1	0,448.186.6	0,297.741.9	0,230.235.6	0,190.859.8	0,97
5	0,622.991.4	0,227.594.1	0,145.051.5	0,110.041.2	0,091.041.5	0,5525

1.4 Koeffizienten $a_{2j,1}$

Die Auflösung des Gleichungssystems (Tab. 3.2,1) liefert die Koeffizienten $a_{2j,1}$ für mittige Einzellast P_1 zu:

$$a_{0,1} = \underline{2{,}018}$$
$$a_{2,1} = -\underline{4{,}215}$$
$$a_{4,1} = -\underline{3{,}163}$$
$$a_{6,1} = \underline{17{,}407}$$
$$a_{8,1} = \underline{-13{,}202}$$

1.5 Sohldruckverteilung p_1

Mit den obigen Koeffizienten $a_{2j,1}$ (Absatz 1.4 dieses Abschnittes) lautet die Sohldruckverteilung p_1 für mittige Einzellast P_1 nach DE BEER–LOUSBERG [5] Gl. (164) wie folgt:

$$p_1 = p_{m,1}\,(2{,}018–4{,}215 \cdot k^2 - 3{,}163 \cdot k^4 + 17{,}407 \cdot k^6 - 13{,}202 \cdot k^8) \qquad (3.2,1)$$

2. Sohldrücke p_2 für symmetrische Einzellasten P_2

Für die symmetrischen Einzellasten P_2 an den Balkenendpunkten, also der relativen Abszisse $\varepsilon_2 = 1$ (Abb. 3.2,2) lautet die

Sohldruckverteilungskurve p_2:

$$p_2 = p_{m,2} \cdot \sum_{j=0}^{4} a_{2j} \cdot k^{2j}; \quad \text{hierbei} \qquad [5]-(164)$$

mittlere Belastung $p_{m,2}$:

$$p_{m,2} = \frac{2\,P_2}{2\,bl'} = \frac{2 \cdot 25}{2 \cdot 1{,}0 \cdot 5{,}0} = 5\ \text{t/m}^2 = \underline{0{,}5\ \text{kg/cm}^2}$$

Die Werte der fünf Koeffizienten $a_{0,2}$, $a_{2,2}$, $a_{4,2}$, $a_{6,2}$ und $a_{8,2}$ sind unbekannt. Die fünf Bestimmungsgleichungen zur Bestimmung der fünf unbekannten $a_{2j,2}$ werden wiederum aus den fünf Bedingungsgleichungen erhalten wie in Absatz 3.1 dieses Abschnittes.

2.1 Gleichgewichtsbedingung

Eine Bedingung des senkrechten Gleichgewichts:

$$\sum V = 0; \quad \text{ergibt:}$$

Bestimmungsgleichung 1:

Wie in Absatz 3.11 dieses Abschnittes.

2.2 Formänderungsbedingungen

Vier Bedingungen der Gleichheit der Verformung des Bodens und des Balkens in vier Punkten der Balkenlängsachse (Abb. 3.2,3), und zwar wiederum in den

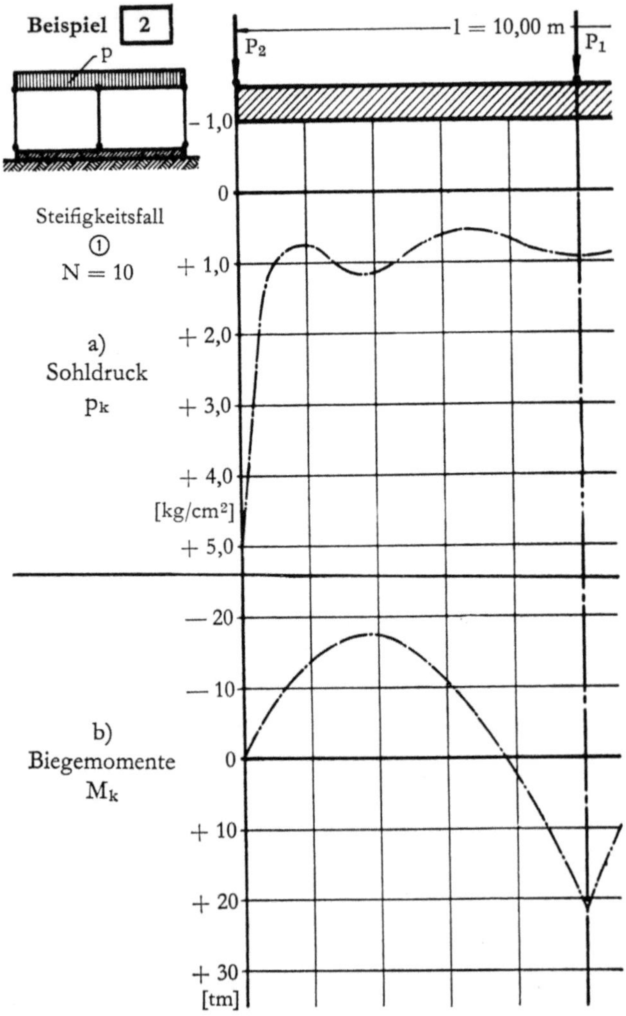

Abb. 3.2,3

Punkten C mit der relativen Abszisse k = 0, M_1 mit k = 0,4, M_2 mit k = 0,8 und M_3 mit k = 0,9.
Für die allgemeine Gleichung DE BEER–LOUSBERG [5] – (167) ergeben sich die gleichen Bestimmungsgleichungen wie im Absatz 1.2 dieses Abschnittes, lediglich die rechten Seiten (Belastungsglied, jetzt für Einzellasten P_2) ändern sich.
Im einzelnen ergibt sich:

2.21 Formänderungsbedingung für Punkt C mit k = 0

Beiwerte:
Sämtliche Werte wie Absatz 1.21 dieses Abschnittes, jedoch Tafel XXXIX [5] für k = 0, $\varepsilon_2 = 1$:

$$S_y^{(P)}(k, \varepsilon_2) = -0{,}25$$

Einführung der Beiwerte in die allgemeine Gleichung:
Wie Absatz 1.21 dieses Abschnittes, jedoch:

rechte Seite: $= -15 \cdot 0{,}25 = -3{,}75$

Bestimmungsgleichung 2:
Wie Absatz 1.21 dieses Abschnittes, jedoch:

rechte Seite: $= +3{,}75$

2.22 Formänderungsbedingung für Punkt M_1 mit k = 0,4

Beiwerte:
Sämtliche Werte wie Absatz 1.22 dieses Abschnittes, jedoch:

Tafel XXXIX [5] für k = 0,4, $\varepsilon_2 = 1$:

$$S_y^{(P)}(k, \varepsilon_2) = -0{,}238$$

Einführung der Beiwerte in die allgemeine Gleichung:
Wie Absatz 1.22 dieses Abschnittes, jedoch:

rechte Seite: $= -15 \cdot 0{,}238 = -3{,}57$

Bestimmungsgleichung 3:
Wie Absatz 1.22 dieses Abschnittes, jedoch:

rechte Seite: $= +3{,}57$

2.23 Formänderungsbedingung für Punkt M_2 mit k = 0,8

Beiwerte:
Sämtliche Werte wie Absatz 1.23 dieses Abschnittes, jedoch:

Tafel XXXIX [5] für k = 0,8, $\varepsilon_2 = 1$:

$$S_y^{(P)}(k, \varepsilon_2) = -0{,}114$$

Einführung der Beiwerte in die allgemeine Gleichung:
Wie Absatz 1.23 dieses Abschnittes, jedoch:

rechte Seite: $= - 15 \cdot 0{,}114 = - 1{,}71$

Bestimmungsgleichung 4:
Wie Absatz 1.23 dieses Abschnittes, jedoch:

rechte Seite: $= + 1{,}71$

2.24 Formänderungsbedingung für Punkt M_3 mit $k = 0{,}9$

Beiwerte:
Sämtliche Werte wie Absatz 1.24 dieses Abschnittes, jedoch:
Tafel XXXIX [5] für $k = 0{,}9$, $\varepsilon_2 = 1$:

$$S_y^{(P)}(k, \varepsilon_2) = - 0{,}061.750.0$$

Einführung der Beiwerte in die allgemeine Gleichung:
Wie Absatz 1.24 dieses Abschnittes, jedoch:

rechte Seite: $= - 15 \cdot 0{,}061.750.0$
$= - 0{,}926.250.0$

Bestimmungsgleichung 5:
Wie Absatz 1.24 dieses Abschnittes, jedoch:

rechte Seite: $= + 0{,}926.250.0$

2.3 Gleichungssystem

Nach obigem ergibt sich das Gleichungssystem der fünf Bestimmungsgleichungen (ein Belastungsglied = eine rechte Seite) zur Bestimmung der fünf unbekannten Koeffizienten $a_{2j,2}$ für symmetrische Einzellasten P_2
wie Absatz 1.3 dieses Abschnittes, lediglich die rechten Seiten sind geändert.

Tab. 3.2,2 Gleichungssystem Lastfall $2 \cdot P_2$ (rechte Seite)

	$2 \cdot P_2$
1	1
2	3,75
3	3,57
4	1,71
5	0,926.250.0

2.4 Koeffizienten $a_{2j,2}$

Die Auflösung des Gleichungssystems (Tab. 3.2,2) liefert die Koeffizienten $a_{2j,2}$ für symmetrische Einzellasten P_2 zu:

$$\begin{aligned}
a_{0,2} &= -\ \underline{0{,}142}\\
a_{2,2} &= -\ \underline{12{,}103}\\
a_{4,2} &= \underline{112{,}081}\\
a_{6,2} &= -\underline{233{,}545}\\
a_{8,2} &= \underline{145{,}144}
\end{aligned}$$

2.5 Sohldruckverteilung p_2

Mit den obigen Koeffizienten $a_{2j,2}$ lautet die Sohldruckverteilung p_2 für symmetrische Einzellasten P_2 nach DE BEER–LOUSBERG [5] Gl. (164) wie folgt:

$$p_2 = p_{m,2}\,(-\,0{,}142 - 12{,}103 \cdot k^2 + 112{,}081 \cdot k^4 - 233{,}545 \cdot k^6 + 145{,}144 \cdot k^8) \qquad (3.2,2)$$

3. Sohldrücke p_k

Durch Superposition der oben definierten zwei Belastungsfälle P_1 und $2\,P_2$ (Abb. 3.2,2) kann die Sohldruckverteilung p_k für die Gesamtbelastung mittels der Gln. (3.2,1) und (3.2,2) wie folgt geschrieben werden:
Sohldruckverteilung p_k, allgemeine Gleichung:

$$\begin{aligned}
p_k &= p_1 + p_2\\
p_k &= (\ \ 2{,}018 \cdot p_{m,1} - \ \ 0{,}142 \cdot p_{m,2})\\
&\quad + (-\ 4{,}215 \cdot p_{m,1} - \ 12{,}103 \cdot p_{m,2}) \cdot k^2\\
&\quad + (-\ 3{,}163 \cdot p_{m,1} + 112{,}081 \cdot p_{m,2}) \cdot k^4\\
&\quad + (\ \ 17{,}407 \cdot p_{m,1} - 233{,}545 \cdot p_{m,2}) \cdot k^6\\
&\quad + (-13{,}202 \cdot p_{m,1} + 145{,}144 \cdot p_{m,2}) \cdot k^8
\end{aligned}$$

Durch Einsetzen der Zahlenwerte für die mittleren Belastungen $p_{m,1}$ und $p_{m,2}$ ergibt sich:

$$\begin{aligned}
p_k &= (\ \ 2{,}018 \cdot 0{,}5 - \ \ 0{,}142 \cdot 0{,}5)\\
&\quad + (-\ 4{,}215 \cdot 0{,}5 - \ 12{,}103 \cdot 0{,}5) \cdot k^2\\
&\quad + (-\ 3{,}163 \cdot 0{,}5 + 112{,}081 \cdot 0{,}5) \cdot k^4\\
&\quad + (\ \ 17{,}407 \cdot 0{,}5 - 233{,}545 \cdot 0{,}5) \cdot k^6\\
&\quad + (-13{,}202 \cdot 0{,}5 + 145{,}144 \cdot 0{,}5) \cdot k^8
\end{aligned}$$

und damit endgültig die Sohldruckverteilung p_k in Abhängigkeit von k.
Sohldruck p_k:

$$p_k = 0{,}938 - 8{,}159 \cdot k^2 + 54{,}459 \cdot k^4 - 108{,}069 \cdot k^6 + 65{,}971 \cdot k^8 \qquad (3.2,3)$$

Auswertung in Tab. 3.2,3.
Darstellung in Abb. 3.2,3a.

Tab. 3.2,3

k	k^2	k^4	k^6	k^8	p_k Gl. (3.2,3)
1	2	3	4	5	6
0	0	0	0	0	0,938
0,1	0,01	0,000.1	0,000.001	0,000.000	0,861
0,2	0,04	0,001.6	0,000.064	0,000.003	0,688
0,3	0,09	0,008.1	0,000.729	0,000.066	0,576
0,4	0,16	0,025.6	0,004.096	0,000.655	0,630
0,5	0,25	0,062.5	0,015.625	0,003.906	0,873
0,6	0,36	0,129.6	0,046.656	0,016.796	1,120
0,7	0,49	0,240.1	0,117.649	0,057.648	1,107
0,8	0,64	0,409.6	0,262.144	0,167.772	0,760
0,9	0,81	0,656.1	0,531.441	0,430.467	0,926
1,0	1,00	1,000.0	1,000.000	1,000.000	5,140

4) Bestimmung der Biegemomente M_k

Aus den nunmehr bekannten Sohldrücken p_k und den Auflasten P_α lassen sich nach DE BEER–LOUSBERG [5] Gl. (175) die Biegemomente M_k des Punktes der relativen Abszisse k der Balkenachse als Funktion der nunmehr bekannten Koeffizienten $a_{2j,\alpha}$ bestimmen.

1. Biegemomente $M_{k,1}$ für mittige Einzellast P_1

Biegemomente $M_{k,1}$ allgemeine Gleichung:

$$M_{k,1} = 2\,b l'^2 \cdot p_{m,1} \left[S_M^{(P)}(k, \varepsilon_1 = 0) + \sum_{j=0}^{4} a_{2j,1} \cdot F_M^{(2j)}(k) \right]$$

Beiwerte:

Tafel XXXVII [5] für k, $\varepsilon_1 = 0$:

$$S_M^{(P)}(k = 0;\ \varepsilon_1) = 0$$
$$S_M^{(P)}(k = 0{,}1;\ \varepsilon_1) = -0{,}10$$
$$S_M^{(P)}(k = 0{,}2;\ \varepsilon_1) = -0{,}20$$
$$S_M^{(P)}(k = 0{,}3;\ \varepsilon_1) = -0{,}30$$
$$S_M^{(P)}(k = 0{,}4;\ \varepsilon_1) = -0{,}40$$
$$S_M^{(P)}(k = 0{,}5;\ \varepsilon_1) = -0{,}50$$
$$S_M^{(P)}(k = 0{,}6;\ \varepsilon_1) = -0{,}60$$
$$S_M^{(P)}(k = 0{,}7;\ \varepsilon_1) = -0{,}70$$
$$S_M^{(P)}(k = 0{,}8;\ \varepsilon_1) = -0{,}80$$
$$S_M^{(P)}(k = 0{,}9;\ \varepsilon_1) = -0{,}90$$
$$S_M^{(P)}(k = 1;\ \varepsilon_1) = -1$$

Tafel XXII [5] für k:

$F_M^{(2j)}(k)$: Zahlenwerte in Tab. 3.2,4.

Biegemomente $M_{k,1}$:

Mit den Koeffizienten $a_{2j,1}$ (Absatz 3.14 dieses Abschnittes) folgt:

$$M_{k,1} = 2\,bl'^2 \cdot p_{m,1}\,[S_M^{(P)}(k, \varepsilon_1 = 0) + 2{,}018 \cdot F_M^{(0)}(k) — 4{,}215 \cdot F_M^{(2)}(k) — 3{,}163 \cdot F_M^{(4)}(k) + 17{,}407 \cdot F_M^{(6)}(k) — 13{,}202 \cdot F_M^{(8)}(k)] \quad (3.2,4)$$

2. Biegemomente $M_{k,2}$ für symmetrische Einzellasten P_2

Biegemomente $M_{k,2}$ allgemeine Gleichung

$$M_{k,2} = 2\,bl'^2 \cdot p_{m,2}\left[S_M^{(P)}(k, \varepsilon_2 = 1) + \sum_{j=0}^{4} a_{2j,2} \cdot F_M^{(2j)}(k)\right]$$

Beiwerte:

Tafel XXXVII [5] für k, $\varepsilon_2 = 1$:

$$S_M^{(P)}(k = 0;\ \varepsilon_2) = — 0{,}500$$
$$S_M^{(P)}(k = 0{,}1;\ \varepsilon_2) = — 0{,}550$$
$$S_M^{(P)}(k = 0{,}2;\ \varepsilon_2) = — 0{,}600$$
$$S_M^{(P)}(k = 0{,}3;\ \varepsilon_2) = — 0{,}650$$
$$S_M^{(P)}(k = 0{,}4;\ \varepsilon_2) = — 0{,}700$$
$$S_M^{(P)}(k = 0{,}5;\ \varepsilon_2) = — 0{,}750$$
$$S_M^{(P)}(k = 0{,}6;\ \varepsilon_2) = — 0{,}800$$
$$S_M^{(P)}(k = 0{,}7;\ \varepsilon_2) = — 0{,}850$$
$$S_M^{(P)}(k = 0{,}8;\ \varepsilon_2) = — 0{,}900$$
$$S_M^{(P)}(k = 0{,}9;\ \varepsilon_2) = — 0{,}950$$
$$S_M^{(P)}(k = 1;\ \varepsilon_2) = — 1$$

Tafel XXII [5] für k:

$F_M^{(2j)}(k)$: Zahlenwerte in Tab. 3.2,4.

Biegemomente $M_{k,2}$:

Mit den Koeffizienten $a_{2j,2}$ (Absatz 2.4 dieses Abschnittes) folgt:

$$M_{k,2} = 2\,bl'^2 \cdot p_{m,2}\,[S_M^{(P)}(k, \varepsilon_2 = 1) — 0{,}142 \cdot F_M^{(0)}(k) — 12{,}103 \cdot F_M^{(2)}(k) + 112{,}081 \cdot F_M^{(4)}(k) — 233{,}545 \cdot F(_M^{(6)}(k) + 145{,}144 \cdot F_M^{(8)}(k)] \quad (3.2,5)$$

3. Biegemomente M_k

Durch Superposition der oben definierten zwei Belastungsfälle P_1 und $2\,P_2$ (Abb. 3.2,2) können die Biegemomente M_k für die Gesamtbelastung mittels der Gln. (3.2,4) und (3.2,5) wie folgt geschrieben werden:

Biegemomente M_k allgemeine Gleichung

$$M_k = M_{k,1} + M_{k,2}$$

$$\begin{aligned} M_k = 2\,bl'^2\,[&S_M^{(P)}(k, \varepsilon_1 = 0) \cdot p_{m,1} + S_M^{(P)}(k, \varepsilon_2 = 1) \cdot p_{m,2} \\ &+ F_M^{(0)}(k) \cdot (2{,}018 \cdot p_{m,1} - 0{,}142 \cdot p_{m,2}) \\ &+ F_M^{(2)}(k) \cdot (-4{,}215 \cdot p_{m,1} - 12{,}103 \cdot p_{m,2}) \\ &+ F_M^{(4)}(k) \cdot (-3{,}163 \cdot p_{m,1} + 112{,}081 \cdot p_{m,2}) \\ &+ F_M^{(6)}(k) \cdot (17{,}407 \cdot p_{m,1} - 233{,}545 \cdot p_{m,2}) \\ &+ F_M^{(8)}(k) \cdot (-13{,}202 \cdot p_{m,1} + 145{,}144 \cdot p_{m,2})] \end{aligned}$$

Durch Einsetzen der Zahlenwerte für b und l' und für die mittleren Belastungen $p_{m,1}$ und $p_{m,2}$ ergibt sich (bezogen auf ein Biegemoment in tm):

$$\begin{aligned} M_k = 2 \cdot 1{,}0 \cdot (5{,}0)^2\,[&S_M^{(P)}(k, \varepsilon_1 = 0) \cdot 5 + S_M^{(P)}(k, \varepsilon_2 = 1) \cdot 5 \\ &+ F_M^{(0)}(k) \cdot (2{,}018 \cdot 5 - 0{,}142 \cdot 5) \\ &+ F_M^{(2)}(k) \cdot (-4{,}215 \cdot 5 - 12{,}103 \cdot 5) \\ &+ F_M^{(4)}(k) \cdot (-3{,}163 \cdot 5 + 112{,}081 \cdot 5) \\ &+ F_M^{(6)}(k) \cdot (17{,}407 \cdot 5 - 233{,}545 \cdot 5) \\ &+ F_M^{(8)}(k) \cdot (-13{,}202 \cdot 5 + 145{,}144 \cdot 5)] \end{aligned}$$

und damit endgültig die Biegemomente M_k in Abhängigkeit von k:

Biegemomente M_k:

$$\begin{aligned} M_k = 50\,[&5 \cdot S_M^{(P)}(k, \varepsilon_1 = 0) + 5 \cdot S_M^{(P)}(k, \varepsilon_2 = 1) + 9{,}38\,F_M^{(0)}(k) - 81{,}59\,F_M^{(2)}(k) \\ &+ 544{,}59\,F_M^{(4)}(k) - 1080{,}69\,F_M^{(6)}(k) + 659{,}71\,F_M^{(8)}(k)] \end{aligned} \tag{3.2,6}$$

Auswertung in Tab. 3.2,4.
Darstellung in Abb. 3.2,3b.

Tab. 3.2,4

k	$F_M^{(0)}(k)$	$F_M^{(2)}(k)$	$F_M^{(4)}(k)$	$F_M^{(6)}(k)$	$F_M^{(8)}(k)$	$S_M^{(p)}(k, \varepsilon_1 = 0)$	$S_M^{(p)}(k, \varepsilon_2 = 1)$	M_k Gl. (3.2,6)
1	2	3	4	5	6	7	8	9
0	0,250.000.0	0,125.000.0	0,083.333.3	0,062.500.0	0,050.000.0	0	— 0,50	22,05
0,1	0,302.500.0	0,141.670.8	0,093.333.4	0,069.642.9	0,055.555.6	— 0,1	— 0,55	12,25
0,2	0,360.000.0	0,158.400.0	0,103.334.4	0,076.785.7	0,061.111.1	— 0,2	— 0,60	3,10
0,3	0,422.500.0	0,175.337.5	0,113.345.5	0,083.929.2	0,066.666.7	— 0,3	— 0,65	— 4,35
0,4	0,490.000.0	0,192.733.3	0,123.401.6	0,091.077.3	0,072.222.8	— 0,4	— 0,70	— 10,30
0,5	0,562.500.0	0,210.937.5	0,133.593.8	0,098.249.2	0,077.783.2	— 0,5	— 0,75	— 14,65
0,6	0,640.000.0	0,230.400.0	0,144.110.9	0,105.507.1	0,083.366.9	— 0,6	— 0,80	— 16,80
0,7	0,722.500.0	0,251.670.8	0,155.294.2	0,113.014.7	0,089.045.8	— 0,7	— 0,85	— 16,25
0,8	0,810.000.0	0,275.400.0	0,167.702.4	0,121.140.8	0,095.041.0	— 0,8	— 0,90	— 12,37
0,9	0,902.500.0	0,302.337.5	0,182.190.7	0,130.629.2	0,101.937.1	— 0,9	— 0,95	— 7,70
1,0	1,000.000.0	0,333.333.3	0,200.000.0	0,142.857.1	0,111.111.1	— 1,0	— 1,00	0

3.22 Beispiel 14

1) System und Belastungen

Statisches System, Abmessungen, Steifigkeitsverhältnisse, Belastungen, s. Abb. 3.2,4.

1. Überbau

1.1 Statisches System und Abmessungen

Der Überbau des Gründungsbalkens stellt eine symmetrische, auf drei Stützen ruhende Hochbaukonstruktion dar (Abb. 3.2,4).

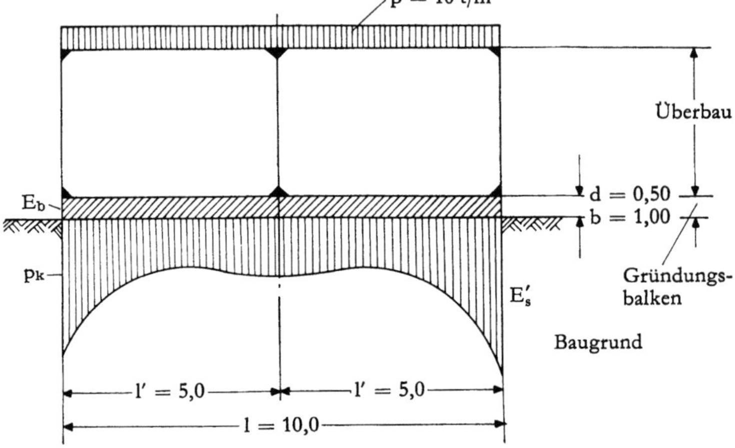

Abb. 3.2,4 Beispiel 14

1.2 Steifigkeitsverhältnisse

Der Überbau ist starr, denn Riegel und Stützen besitzen ein Trägheitsmoment $J = \infty$.
Die drei Stützen sind oben und unten starr angeschlossen.

1.3 Belastungen

Gleichförmige Belastung des Riegels:

$$p = 10 \text{ t/m}^2$$

2. Gründungsbalken

Wie Absatz 1, Abschnitt 3.21.

3. Baugrund

Wie Absatz 1, Abschnitt 3.2,1.

2) Bestimmung der Auflasten P_α

Die Auflasten P_α sind unbekannt, weil das gegebene Gesamtsystem statisch unbestimmt ist, und zwar im allgemeinen Fall n = 6fach statisch unbestimmt. Für den vorliegenden Fall der Symmetrie von Tragwerk und Belastung ist das System nur noch n = 2fach statisch unbestimmt.

Als zwei Unbekannte treten die zwei folgenden Auflasten auf:

1. Die voneinander abhängigen Einzellasten $P_\alpha(P_1$ und $2 \cdot P_2)$.
2. Das Randmoment $\mathfrak{M}_3$.

Zur Vereinfachung der Rechnung werden die drei Lastfälle mittige Einzellast P_1 (bzw. $p_{m,1}$), symmetrische Einzellasten P_2 (bzw. $p_{m,2}$) und symmetrische Randmomente $\mathfrak{M}_3$ (bzw. $p_{\mathfrak{M},3}$) angesetzt (Abb. 3.2,5), wobei dann eine zusätzliche Bedingung eingeführt wird.

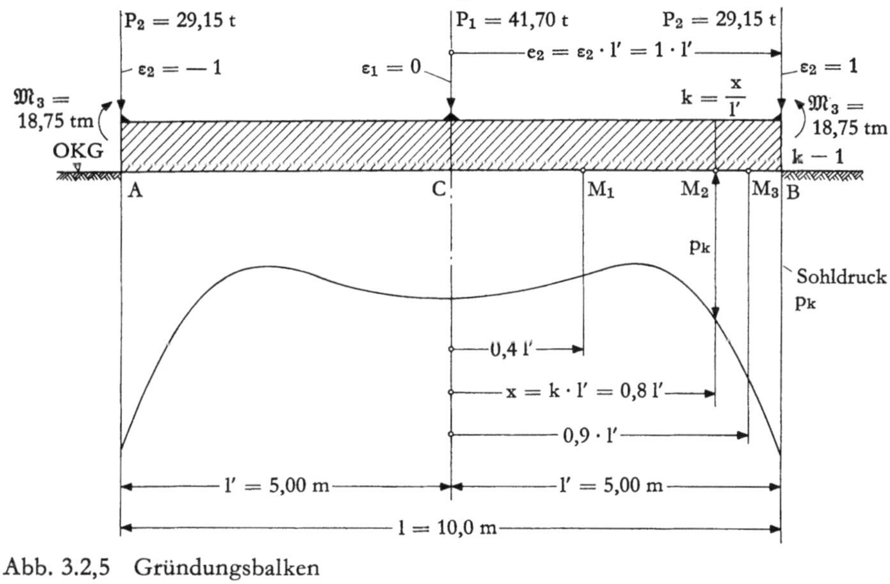

Abb. 3.2,5 Gründungsbalken

Die drei Unbekannten $p_{m,1}$, $p_{m,2}$ und $p_{\mathfrak{M},3}$ werden aus drei Bestimmungsgleichungen ermittelt. Diese ergeben sich aus dem Ansatz der drei für das vorliegende statische System mit dem starren Überbau ($J = \infty$) wie folgt angesetzten Bedingungen (Abb. 3.2,6):

1. Die drei Punkte des Gründungsbalkens, und zwar der Balkenmittelpunkt C ($k = 0$) und die beiden Balkenendpunkte B ($k = 1$) liegen gleich hoch; das bedeutet: Durchbiegung y_C für Balkenmitte gleich Null.
2. Die Biegelinie des Gründungsbalkens besitzt an den Balkenendpunkten B eine waagerechte Tangente; das bedeutet: Tangentenverrechnung α_B gleich Null.
3. Gleichgewichtsbedingung für senkrechte Kräfte (Zusatzbedingung); das bedeutet: Summe der senkrechten Kräfte gleich Null. – Es lauten somit die

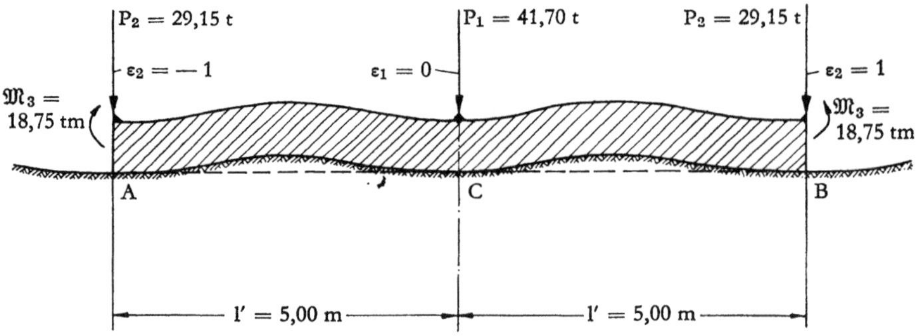

Abb. 3.2,6 Verformter Gründungsbalken

drei Bedingungen:

$y_C = 0$	Durchbiegung
$\alpha_B = 0$	Tangentenverdrehung
$\sum V = 0$	Gleichgewichtsbedingung (Zusatzbedingung)

1. Gleichgewichtsbedingung

Eine Bedingung des senkrechten Gleichgewichts:

$$\sum V = 0$$

ergibt:
$$P_1 + 2\,P_2 = 100 \text{ t}$$

bzw.
$$\frac{P_1}{2\,bl'} + \frac{2\,P_2}{2\,bl'} = \frac{100}{2\,bl'}$$

wegen DE BEER–LOUSBERG [5], Gl. (155):

$$p_{m,1} + p_{m,2} = \frac{100}{2 \cdot 1{,}0 \cdot 5{,}0}$$

somit:

Bestimmungsgleichung 1:
$$p_{m,1} + p_{m,2} = 1 \qquad \text{(in kg/cm}^2\text{)}$$

2. Formänderungsbedingungen

2.1 Formänderungsbedingung $y_C = 0$

a) Allgemeine Gleichung: DE BEER–LOUSBERG [5], Gl. (152)

$$y_C = y_{k=0} = 0$$
$$y_C = y_{C,1} + y_{C,2} + y_{C,3} = y_{k=0,1} + y_{k=0,2} + y_{k=0,3} = 0$$
$$\begin{aligned} y_C = \frac{2\,bl'^4}{E_b J} \Bigg\{ & p_{m,1} \left[S_y^{(P)}(k=0,\, \varepsilon_1 = 0) + \sum_{j=0}^{4} a_{2j,1}\, F_y^{(2j)}(k=0) \right] \\ & + p_{m,2} \left[S_y^{(P)}(k=0,\, \varepsilon_2 = 1) + \sum_{j=0}^{4} a_{2j,2}\, F_y^{(2j)}(k=0) \right] \\ & + p_{\mathfrak{M},3} \left[S_y^{(\mathfrak{M})}(k=0,\, \varepsilon_3 = 1) + \sum_{j=0}^{4} b_{2j,3}\, F_y^{(2j)}(k=0) \right] \Bigg\} = 0 \end{aligned}$$

b) Beiwerte:

Tafel XXIV [5] für k = 0:

$$F_y^{(0)}(k) = 0{,}145.833.3$$
$$F_y^{(2)}(k) = 0{,}063.888.9$$
$$F_y^{(4)}(k) = 0{,}041.964.3$$
$$F_y^{(6)}(k) = 0{,}031.349.2$$
$$F_y^{(8)}(k) = 0{,}025.042.1$$

Tafel XXXIX [5] für $k = 0$, $\varepsilon_1 = 0$:

$$S_y^{(P)}(k, \varepsilon) = -0{,}083.333.3$$

Tafel XXXIX [5] für $k = 0$, $\varepsilon_2 = 1$:

$$S_y^{(P)}(k, \varepsilon) = -0{,}25$$

Tafel XLII [5] für $k = 0$, $\varepsilon_3 = 1$:

$$S_y^{(\mathfrak{M})}(k, \varepsilon) = -0{,}25$$

c) Einführung der Beiwerte in die allgemeine Gleichung:

Mit den obigen Beiwerten und den Koeffizienten $a_{2j,1}$, $a_{2j,2}$ und $b_{2j,3}$ (s. Abschnitt 3.21) ergibt sich:

$$\begin{aligned} & p_{m,1} \cdot (-0{,}083.333.3 + 2{,}018 \cdot 0{,}145.833.3 - 4{,}215 \cdot 0{,}063.888.9 \\ & \quad - 3{,}163 \cdot 0{,}041.964.3 + 17{,}407 \cdot 0{,}031.349.2 - 13{,}202 \cdot 0{,}025.042.1) \\ & + p_{m,2} \cdot (-0{,}25 - 0{,}142 \cdot 0{,}145.833.3 - 12{,}103 \cdot 0{,}063.888.9 \\ & \quad + 112{,}081 \cdot 0{,}041.964.3 - 233{,}545 \cdot 0{,}031.349.2 + 145{,}144 \cdot 0{,}025.042.1) \\ & + p_{\mathfrak{M},3} \cdot (-0{,}25 - 2{,}182 \cdot 0{,}145.833.3 - 31{,}283 \cdot 0{,}063.888.9 \\ & \quad + 258{,}400 \cdot 0{,}041.964.3 - 531{,}029 \cdot 0{,}031.349.2 \\ & \quad + 331{,}116 \cdot 0{,}025.042.1) = 0 \end{aligned}$$

d) Bestimmungsgleichung 2:

$$24{,}023 \cdot p_{m,1} - 27{,}293 \cdot p_{m,2} - 78{,}764 \cdot p_{\mathfrak{M},3} = 0$$

2.2 Formänderungsbedingung $\alpha_B = 0$

a) Allgemeine Gleichung:

$$\alpha_B = \alpha_{k=1} = 0$$

$$\alpha_B = \alpha_{B,1} + \alpha_{B,2} + \alpha_{B,3} = \alpha_{k=1,1} + \alpha_{k=1,2} + \alpha_{k=1,3} = 0$$

$$\alpha_B = \frac{2\,b l'^3}{E_b J}\Bigg\{p_{m,1}\left[S_\alpha^{(P)}(k=1,\ \varepsilon_1=0) + \sum_{j=0}^{4} a_{2j,1} F_\alpha^{(2j)}(k=1)\right]$$
$$+ p_{m,2}\left[S_\alpha^{(P)}(k=1,\ \varepsilon_2=1) + \sum_{j=0}^{4} a_{2j,2} F_\alpha^{(2j)}(k=1)\right]$$
$$+ p_{\mathfrak{M},3}\left[S_\alpha^{(\mathfrak{M})}(k=1,\ \varepsilon_3=1) + \sum_{j=0}^{4} b_{2j,3} F_\alpha^{(2j)}(k=1)\right]\Bigg\} = 0$$

de Beer–Lousberg [5], Gl. (151).

b) Beiwerte:

Tafel XXXIII [5] für $k = 1$:

$$F_\alpha^{(0)}(k) = 0{,}5$$
$$F_\alpha^{(2)}(k) = 0{,}188.888.9$$
$$F_\alpha^{(4)}(k) = 0{,}119.047.6$$
$$F_\alpha^{(6)}(k) = 0{,}087.301.6$$
$$F_\alpha^{(8)}(k) = 0{,}069.023.6$$

Tafel XXXVIII [5] für $k = 1,\ \varepsilon_1 = 0$:

$$S_\alpha^{(P)}(k, \varepsilon) = -\,0{,}416.666.7$$

Tafel XXXVIII [5] für $k = 1,\ \varepsilon_2 = 1$:

$$S_\alpha^{(P)}(k, \varepsilon) = -\,0{,}666.666.7$$

Tafel XLI [5] für $k = 1,\ \varepsilon_3 = 1$:

$$S_\alpha^{(\mathfrak{M})}(k, \varepsilon) = -\,0{,}5$$

c) Einführung der Beiwerte in die allgemeine Gleichung:

Mit den obigen Beiwerten und den Koeffizienten $a_{2j,1}$, $a_{2j,2}$ (s. Abschnitt 3.21) und $b_{2j,3}$ (siehe weiter unten) ergibt sich:

$$p_{m,1}\cdot(-\,0{,}416.666.7 + 2{,}018\cdot 0{,}5 - 4{,}215\cdot 0{,}188.888.9$$
$$-\,3{,}163\cdot 0{,}119.047.6 + 17{,}407\cdot 0{,}087.301.6$$
$$-\,13{,}202\cdot 0{,}069.023.6)$$

$$+\,p_{m,2}\cdot(-\,0{,}666.666.7 - 0{,}142\cdot 0{,}5 - 12{,}103\cdot 0{,}188.888.9$$
$$+\,112{,}081\cdot 0{,}119.047.6 - 233{,}545\cdot 0{,}087.301.6$$
$$-\,145{,}144\cdot 0{,}069.023.6)$$

$$+\,p_{\mathfrak{M},3}\cdot(-\,0{,}5 - 2{,}182\cdot 0{,}5 - 31{,}283\cdot 0{,}188.888.9 + 258{,}400\cdot 0{,}119.047.6$$
$$-\,531{,}029\cdot 0{,}087.301.6 + 331{,}116\cdot 0{,}069.023.6) = 0$$

d) Bestimmungsgleichung 3:

$$28{,}028 \cdot p_{m,1} - 51{,}307 \cdot p_{m,2} - 242{,}975 \cdot p_{\mathfrak{M},3} = 0$$

3. Gleichungssystem

Das Gleichungssystem der drei Bestimmungsgleichungen (ein Belastungsglied = eine rechte Seite) zur Bestimmung der drei unbekannten mittleren Belastungen $p_{m,\alpha}$ lautet demnach wie folgt:

Tab. 3.2,5 Gleichungssystem $p_{m,\alpha}$

	$p_{m,1}$	$p_{m,2}$	$p_{\mathfrak{M},3}$	
1	1	1	–	1
2	24,023	— 27,293	— 78,764	0
3	28,028	— 51,307	— 242,975	0

4. Mittlere Belastungen $p_{m,\alpha}$

Die Auflösung des Gleichungssystems (Tab. 3.2,5) liefert die mittleren Belastungen $p_{m,\alpha}$ zu:

$$p_{m,1} = \underline{0{,}417\ \text{kg/cm}^2}$$

$$p_{m,2} = \underline{0{,}583\ \text{kg/cm}^2}$$

$$p_{\mathfrak{M},3} = -\underline{0{,}075\ \text{kg/cm}^2}$$

5. Auflasten P_α

Aus den nunmehr bekannten mittleren Belastungen $p_{m,\alpha}$ ergeben sich die Auflasten P_α nach DE BEER–LOUSBERG [5], Gln. (155) und (192) wie folgt:

5.1 Auflast P_1

$$p_{m,1} = \frac{P_1}{2\,bl'}$$

$$P_1 = p_{m,1} \cdot 2\,bl' = 4{,}17 \cdot 2 \cdot 1{,}0 \cdot 5{,}0$$

$$P_1 = \underline{\underline{41{,}70\ t}}$$

5.2 Auflast P_2

$$p_{m,2} = \frac{2\,P_2}{2\,bl'}$$

$$P_2 = p_{m,2} \cdot bl' = 5{,}83 \cdot 1{,}0 \cdot 5{,}0$$

$$P_2 = \underline{\underline{29{,}15\ t}}$$

5.3 Randmoment $\mathfrak{M}_3$

$$p_{\mathfrak{M},3} = \frac{2\,\mathfrak{M}_3}{2\,bl'^2}$$

$$\mathfrak{M}_3 = p_{\mathfrak{M},3} \cdot bl'^2 = -0{,}75 \cdot 1{,}0 \cdot (5{,}0)^2$$

$$\mathfrak{M}_3 = \underline{\underline{-18{,}75\ \text{tm}}}$$ [5]

3) Bestimmung der Sohldrücke p_k

Die am Gründungsbalken angreifenden Auflasten P_α rufen als gleichgewichtshaltende Gegenkräfte die unbekannten Sohldrücke p_k hervor (Abb. 3.2,5).

Die Bestimmung der Sohldruckverteilungskurve p_k erfolgt durch mathematischen Parabelansatz nach dem Verfahren DE BEER–LOUSBERG in der gleichen Weise wie im Abschnitt 3.21.

1. Sohldrücke p_1 für mittige Einzellast P_1

Wie Absatz 3, Abschnitt 3.21.

2. Sohldrücke p_2 für symmetrische Einzellasten P_2

Wie Absatz 3, Abschnitt 3.21.

3. Sohldrücke p_3 für symmetrische Randmomente $\mathfrak{M}_3$

Für die symmetrischen Randmomente $\mathfrak{M}_3$ an den Balkenendpunkten, also der relativen Abszisse $\varepsilon_3 = 1$ (Abb. 3.2,5) lautet die

Sohldruckverteilungskurve p_3:

$$p_3 = p_{\mathfrak{M},3} \cdot \sum_{j=0}^{4} b_{2j,3}\, k^{2j} \qquad [5]-(193)$$

hierin:

Mittlere Belastung $p_{\mathfrak{M},3}$:

$$p_{\mathfrak{M}3} = \frac{2\,\mathfrak{M}_3}{2\,bl'^2} = \underline{-0{,}075\ \text{kg/cm}^2}$$ (Absatz 4 dieses Abschnittes)

Die Werte der fünf Koeffizienten $b_{0,3}$, $b_{2,3}$, $b_{4,3}$, $b_{6,3}$ und $b_{8,3}$ sind unbekannt. Die fünf Bestimmungsgleichungen zur Bestimmung der fünf Unbekannten $b_{2j,3}$ werden wiederum aus den fünf Bedingungsgleichungen erhalten wie in Absatz 3, Abschnitt 3.21.

[5] Nach der allgemeinen Vorzeichenregelung für Drehmomente ist ein Moment positiv, wenn es im Uhrzeigersinn dreht. Diese Regelung weicht von der Vorzeichenregelung für Biegemomente ab. Biegemomente sind – unabhängig vom Drehsinn – positiv, wenn sie einen Balken derart krümmen, daß die obere Faser Druck erleidet.

3.1 Gleichgewichtsbedingung

Eine Bedingung des senkrechten Gleichgewichts:

$$\sum V = 0$$

ergibt:

Bestimmungsgleichung 1 entsprechend Absatz 3, Abschnitt 3.21:

$$b_{0,3} + 0{,}\overline{3} \cdot b_{2,3} + 0{,}2 \cdot b_{4,3} + 0{,}142.857 \cdot 1 \cdot b_{6,3} + 0{,}\overline{1} \cdot b_{8,3} = 0$$

3.2 Formänderungsbedingungen

Vier Bedingungen der Gleichheit der Verformung des Bodens und des Balkens in vier Punkten der Balkenlängsachse (Abb. 3.2,5), und zwar wiederum in den Punkten C mit der relativen Abszisse $k = 0$, M_1 mit $k = 0{,}4$, M_2 mit $k = 0{,}8$ und M_3 mit $k = 0{,}9$.
Für die allgemeine Gleichung DE BEER–LOUSBERG [5] – (167) ergeben sich die gleichen Bestimmungsgleichungen wie Absatz 3, Abschnitt 3.21; lediglich die rechten Seiten (Belastungsglied, jetzt für Randmomente $\mathfrak{M}_3$) ändern sich. Im einzelnen ergibt sich:

3.21 Formänderungsbedingung für Punkt C mit $k = 0$

Beiwerte:

Sämtliche Werte wie Absatz 3, Abschnitt 3.21, jedoch:

Tafel XLII [5] für $k = 0$, $\varepsilon_3 = 1$:

$$S_y^{(\mathfrak{M})}(k, \varepsilon_3) = -0{,}25$$

Einführung in die allgemeine Gleichung:
Wie Absatz 3, Abschnitt 3.21, jedoch:

rechte Seite: $= -15 \cdot 0{,}25 = -3{,}75$

Bestimmungsgleichung 2:
Wie Absatz 3, Abschnitt 3.21, jedoch:

rechte Seite: $= +3{,}75$

3.22 Formänderungsbedingungen für Punkt M_1 mit $k = 0{,}4$

Beiwerte:

Sämtliche Werte wie Absatz 3, Abschnitt 3.21, jedoch:
Tafel XLII [5] für $k = 0{,}4$; $\varepsilon_3 = 1$:

$$S_y^{(\mathfrak{M})}(k, \varepsilon_3) = -0{,}21$$

Einführung der Beiwerte in die allgemeine Gleichung:
Wie Absatz 3, Abschnitt 3.21, jedoch:

rechte Seite: $= -15 \cdot 0{,}21 = -3{,}15$

Bestimmungsgleichung 3:
Wie Absatz 3, Abschnitt 3.21, jedoch:

rechte Seite: $= + 3{,}15$

3.23 Formänderungsbedingung für Punkt M_2 mit $k = 0{,}8$

Beiwerte:

Sämtliche Werte wie Absatz 3, Abschnitt 3.21, jedoch:
Tafel XLII [5] für $k = 0{,}8$; $\varepsilon_3 = 1$:

$$S_y^{(\mathfrak{M})}(k, \varepsilon_3) = -0{,}09$$

Einführung der Beiwerte in die allgemeine Gleichung:
Wie Absatz 3, Abschnitt 3.21, jedoch:

rechte Seite: $= -15 \cdot 0{,}09 = -1{,}35$

Bestimmungsgleichung 4:
Wie Absatz 3, Abschnitt 3.21, jedoch:

rechte Seite: $= + 1{,}35$

3.24 Formänderungsbedingung für Punkt M_3 mit $k = 0{,}9$

Beiwerte:
Sämtliche Werte wie Absatz 3, Abschnitt 3.21, jedoch:
Tafel XLII [5] für $k = 0{,}9$; $\varepsilon_3 = 1$:

$$S_y^{(\mathfrak{M})}(k, \varepsilon_3) = -0{,}047.500$$

Einführung der Beiwerte in die allgemeine Gleichung:
Wie Absatz 3, Abschnitt 3.21, jedoch:

rechte Seite: $= -15 \cdot 0{,}047.500 = -0{,}712.500$

Bestimmungsgleichung 5:
Wie Absatz 3, Abschnitt 3.21, jedoch:

rechte Seite: $= + 0{,}712.500$

3.3 Gleichungssystem

Nach obigem ergibt sich das Gleichungssystem der fünf Bestimmungsgleichungen (ein Belastungsglied = eine rechte Seite) zur Bestimmung der fünf unbekannten Koeffizienten $b_{2j,3}$ für symmetrische Randmomente $\mathfrak{M}_3$ wie Absatz 3, Abschnitt 3.21; lediglich die rechten Seiten sind geändert.

Tab. 3.2,6 Gleichungssystem Lastfall 2 $\mathfrak{M}_3$ (rechte Seite)

	$2 \cdot \mathfrak{M}_3$
1	0
2	3,75
3	3,15
4	1,35
5	0,712.500.0

3.4 Koeffizienten $b_{2j,3}$

Die Auflösung des Gleichungssystems (Tab. 3.2,6) liefert die Koeffizienten für symmetrische Randmomente $\mathfrak{M}_3$ zu:

$$b_{0,3} = -\ \underline{2{,}182}$$
$$b_{2,3} = -\ \underline{31{,}283}$$
$$b_{4,3} = \underline{258{,}400}$$
$$b_{6,3} = -\ \underline{531{,}029}$$
$$b_{8,3} = \underline{331{,}116}$$

3.5 Sohldruckverteilung p_3

Mit den obigen Koeffizienten $b_{2j,3}$ lautet die Sohldruckverteilung p_3 für symmetrische Randmomente $\mathfrak{M}_3$ nach DE BEER–LOUSBERG [5], Gl. (167) wie folgt:

$$p_3 = p_{\mathfrak{M},3}(-2{,}182 - 31{,}283 \cdot k^2 + 258{,}400 \cdot k^4 - 531{,}029 \cdot k^6 + 331{,}116 \cdot k^8) \tag{3.2,7}$$

4. Sohldrücke p_k

Durch Superposition der oben definierten drei Belastungsfälle P_1, $2 \cdot P_2$ und $2\,\mathfrak{M}_3$ (Abb. 3.2,5) kann die Sohldruckverteilung p_k für die Gesamtbelastung mittels der Gln. (3.2,1), (3.2,2) und (3.2,7) wie folgt angeschrieben werden:

Sohldruckverteilung p_k allgemeine Gleichung:

$$p_k = p_1 + p_2 + p_3$$

$$\begin{aligned} p_k = &(\ 2{,}018 \cdot p_{m,1} - 0{,}142 \cdot p_{m,2} - 2{,}182 \cdot p_{\mathfrak{M},3}) \\ &+ (-4{,}215 \cdot p_{m,1} - 12{,}103 \cdot p_{m,2} - 31{,}283 \cdot p_{\mathfrak{M},3}) \cdot k^2 \\ &+ (-3{,}163 \cdot p_{m,1} + 112{,}081 \cdot p_{m,2} + 258{,}400 \cdot p_{\mathfrak{M},3}) \cdot k^4 \\ &+ (\ 17{,}407 \cdot p_{m,1} - 233{,}545 \cdot p_{m,2} - 531{,}029 \cdot p_{\mathfrak{M},3}) \cdot k^6 \\ &+ (-13{,}202 \cdot p_{m,1} + 145{,}144 \cdot p_{m,2} + 331{,}116 \cdot p_{\mathfrak{M},3}) \cdot k^8 \end{aligned}$$

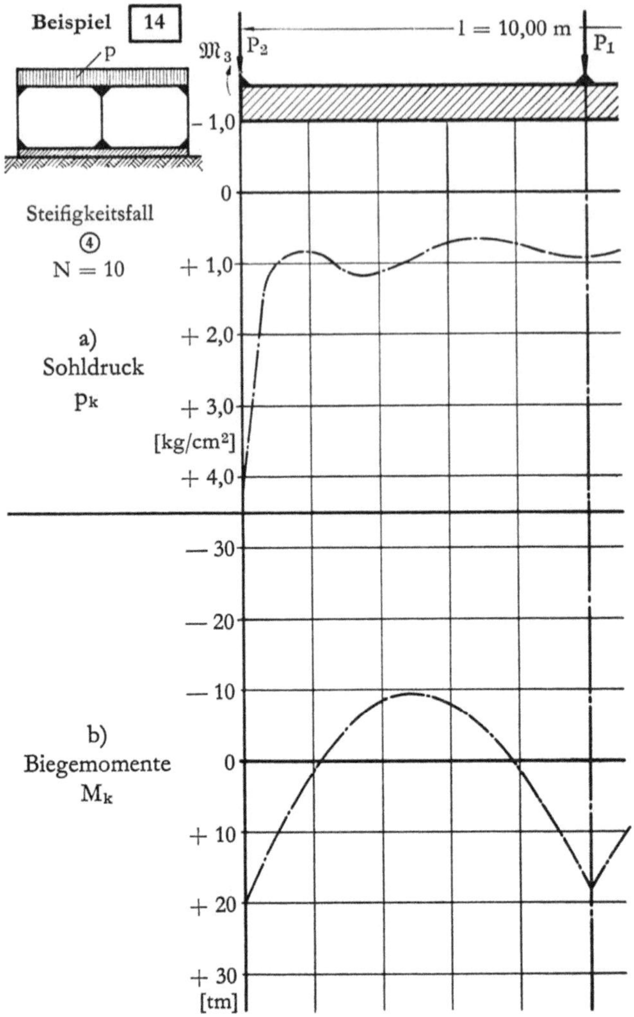

Abb. 3.2,7

Durch Einsetzen der Zahlenwerte für die mittleren Belastungen $p_{m,1}$, $p_{m,2}$ und $p_{\mathfrak{M},3}$ (Absatz 2, dieses Abschnittes) ergibt sich:

$$\begin{aligned} p_k = & (\ \ 2{,}018 \cdot 0{,}417 - 0{,}142 \cdot 0{,}583 + 2{,}182 \cdot 0{,}075) \\ & + (-4{,}215 \cdot 0{,}417 - 12{,}103 \cdot 0{,}583 + 31{,}283 \cdot 0{,}075)\,k^2 \\ & + (-3{,}163 \cdot 0{,}417 + 112{,}081 \cdot 0{,}583 - 258{,}400 \cdot 0{,}075)\,k^4 \\ & + (\ \ 17{,}407 \cdot 0{,}417 - 233{,}545 \cdot 0{,}583 + 531{,}029 \cdot 0{,}075)\,k^6 \\ & + (-13{,}202 \cdot 0{,}417 + 145{,}144 \cdot 0{,}583 - 331{,}116 \cdot 0{,}075)\,k^8 \end{aligned}$$

und damit endgültig die Sohldruckverteilung: p_k in Abhängigkeit von k:
Sohldruck p_k:

$$p_k = 0{,}922 - 6{,}467 \cdot k^2 + 44{,}644 \cdot k^4 - 89{,}071 \cdot k^6 + 54{,}280 \cdot k^8 \qquad (3.2,8)$$

Auswertung in Tab. 3.2,7.
Darstellung in Abb. 3.2,7a.

Tab. 3.2,7

k	k^2	k^4	k^6	k^8	p_k Gl. (3.2,8)
1	2	3	4	5	6
0	0	0	0	0	0,922
0,1	0,01	0,000.1	0,000.001	0,000.000	0,861
0,2	0,04	0,001.6	0,000.064	0,000.003	0,725
0,3	0,09	0,008.1	0,000.729	0,000.066	0,645
0,4	0,16	0,025.6	0,004.096	0,000.655	0,703
0,5	0,25	0,062.5	0,015.625	0,003.906	0,917
0,6	0,36	0,129.6	0,046.656	0,016.796	1,132
0,7	0,49	0,240.1	0,117.649	0,057.648	1,124
0,8	0,64	0,409.6	0,262.144	0,167.772	0,826
0,9	0,81	0,656.1	0,531.441	0,430.467	1,005
1,0	1,00	1,000.0	1,000.000	1,000.000	4,308

4) Bestimmung der Biegemomente M_k

Aus den nunmehr bekannten Sohldrücken p_k und den Auflasten P_α lassen sich nach DE BEER–LOUSBERG [5], Gl. (175) die Biegemomente M_k des Punktes der relativen Abszisse k der Balkenachse als Funktion der nunmehr bekannten Koeffizienten $a_{2j,\alpha}$ bzw. $b_{2j,\alpha}$ bestimmen.

1. Biegemomente $M_{k,1}$ für mittige Einzellast P_1

Wie Abschnitt 3.21, Gl. (3.2,4)

2. Biegemomente $M_{k,2}$ für symmetrische Einzellasten P_2

Wie Abschnitt 3.21, Gl. (3.2,5).

3. Biegemomente $M_{k,3}$ für symmetrische Randmomente $\mathfrak{M}_3$

a) Biegemomente $M_{k,3}$ allgemeine Gleichung:

$$M_{k,3} = 2\,b l'^2 \cdot p_{\mathfrak{M},3} \left[S_M^{(\mathfrak{M})}(\varepsilon_3 = 1) + \sum_{j=0}^{4} b_{2j,3}\, F_M^{(2j)}(k) \right]$$

b) Beiwerte:

Tafel XL [5] für $\varepsilon_3 = 1$:

$$S_M^{(\mathfrak{M})}(\varepsilon_3) = -0{,}5$$

Tafel XXII [5] für k:

$F_M^{(2j)}(k)$: Zahlenwerte in Tab. 3.2,8

c) Biegemomente $M_{k,3}$:

Mit den Koeffizienten $b_{2j,3}$ (Absatz 3.4 dieses Abschnittes) folgt:

$$\begin{aligned} M_{k,3} = 2\,bl'^2 \cdot p_{\mathfrak{M},3}\,[S_M^{(\mathfrak{M})}(\varepsilon_3 = 1) - 2{,}182 \cdot F_M^{(0)}(k) - 31{,}283 \cdot F_M^{(2)}(k) \\ + 258{,}400 \cdot F_M^{(4)}(k) - 531{,}029 \cdot F_M^{(6)}(k) \\ + 331{,}116 \cdot F_M^{(8)}(k)] \end{aligned} \tag{3.2,9}$$

4. Biegemomente M_k

Durch Superposition der oben definierten drei Belastungsfälle P_1, $2 \cdot P_2$ und $2 \cdot \mathfrak{M}_3$ (Abb. 3.2,5) können die Biegemomente M_k für die Gesamtbelastung mittels der Gln. (3.2,4), (3.2,5) und (3.2,9) wie folgt geschrieben werden:

Biegemomente M_k allgemeine Gleichung:

$$M_k = M_{k,1} + M_{k,2} + M_{k,3}$$

$$\begin{aligned} M_k = 2\,bl'^2\,[&S_M^{(P)}(k, \varepsilon_1 = 0) \cdot p_{m,1} + S_M^{(P)}(k, \varepsilon_2 = 1) \cdot p_{m,2} + S_M^{(\mathfrak{M})}(\varepsilon_3 = 1) \cdot p_{\mathfrak{M},3} \\ &+ F_M^{(0)}(k) \cdot (\ \ 2{,}018 \cdot p_{m,1} - 0{,}142 \cdot p_{m,2} - 2{,}182 \cdot p_{\mathfrak{M},3}) \\ &+ F_M^{(2)}(k) \cdot (-4{,}215 \cdot p_{m,1} - 12{,}103 \cdot p_{m,2} - 31{,}283 \cdot p_{\mathfrak{M},3}) \\ &+ F_M^{(4)}(k) \cdot (-3{,}163 \cdot p_{m,1} + 112{,}081 \cdot p_{m,2} + 258{,}400 \cdot p_{\mathfrak{M},3}) \\ &+ F_M^{(6)}(k) \cdot (\ \ 17{,}407 \cdot p_{m,1} - 233{,}545 \cdot p_{m,2} - 531{,}029 \cdot p_{\mathfrak{M},3}) \\ &+ F_M^{(8)}(k) \cdot (-13{,}202 \cdot p_{m,1} + 145{,}144 \cdot p_{m,2} + 331{,}116 \cdot p_{\mathfrak{M},3})] \end{aligned}$$

Durch Einsetzen der Zahlenwerte für b und l' und für die mittleren Belastungen $p_{m,1}$, $p_{m,2}$ und $P_{\mathfrak{M},3}$ (Absatz 2 dieses Abschnittes) ergibt sich (bezogen auf ein Biegemoment in tm):

$$\begin{aligned} M_k = 2 \cdot 1{,}0 \cdot (5{,}0)^2 [&S_M^{(P)}(k, \varepsilon_1 = 0) \cdot 4{,}17 + S_M^{(P)}(k, \varepsilon_2 = 1) \cdot 5{,}83 - S_M^{(\mathfrak{M})}(\varepsilon_3 = 1) \cdot 0{,}75 \\ &+ F_M^{(0)}(k) \cdot (\ \ 2{,}018 \cdot 4{,}17 - 0{,}142 \cdot 5{,}83 + 2{,}182 \cdot 0{,}75) \\ &+ F_M^{(2)}(k) \cdot (-4{,}215 \cdot 4{,}17 - 12{,}103 \cdot 5{,}83 + 31{,}283 \cdot 0{,}75) \\ &+ F_M^{(4)}(k) \cdot (-3{,}163 \cdot 4{,}17 + 112{,}081 \cdot 5{,}83 - 258{,}400 \cdot 0{,}75) \\ &+ F_M^{(6)}(k) \cdot (\ \ 17{,}407 \cdot 4{,}17 - 233{,}545 \cdot 5{,}83 + 531{,}029 \cdot 0{,}75) \\ &+ F_M^{(8)}(k) \cdot (-13{,}202 \cdot 4{,}17 - 145{,}144 \cdot 5{,}83 - 331{,}116 \cdot 0{,}75)] \end{aligned}$$

und damit endgültig die Biegemomente M_k in Abhängigkeit von k:

Biegemomente M_k:

$$\begin{aligned} M_k = 50\,[&4{,}17 \cdot S_M^{(P)}(k, \varepsilon_1 = 0) + 5{,}83 \cdot S_M^{(P)}(k, \varepsilon_2 = 1) - 0{,}75 \cdot S_M^{(\mathfrak{M})}(\varepsilon_3 = 1) \\ &+ 9{,}22 \cdot F_M^{(0)}(k) - 64{,}67 \cdot F_M^{(2)}(k) + 446{,}44 \cdot F_M^{(4)}(k) - 890{,}71 \cdot F_M^{(6)}(k) \\ &+ 542{,}80 \cdot F_M^{(8)}(k)] \end{aligned}$$

Auswertung in Tab. 3.2,8.

Darstellung in Abb. 3.2,7b.

3.23 Beispiel 18

1) System und Belastungen

Statisches System, Abmessungen, Steifigkeitsverhältnisse, Belastungen s. Abb. 3.2,8.

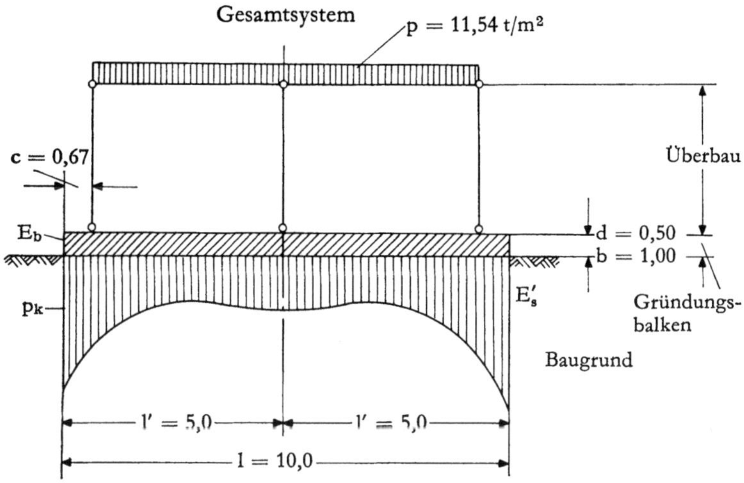

Abb. 3.2,8 Beispiel 18

1. Überbau

1.1 Statisches System und Abmessungen

Das Bauwerk entspricht dem Bauwerk in Beispiel 2 (Abschnitt 3.21). Es sind lediglich die Außenstützen des Überbaues um das Maß $c = \frac{1}{15} l = \frac{1}{15} \cdot 10{,}0 = 0{,}67$ m nach innen gerückt, so daß der Gründungsbalken beiderseits eine Auskragung erhält (Abb. 3.2,8 und 3.2,9).

1.2 Steifigkeitsverhältnisse

Wie Abschnitt 3.21.

1.3 Belastungen

Gleichförmige Belastungen des Riegels:

$$p = \frac{15}{13} \cdot 10 = 11{,}54 \text{ t/m}^2$$

2. Gründungsbalken

Wie Absatz 1, Abschnitt 3.21.

3. Baugrund

Wie Absatz 1, Abschnitt 3.21.

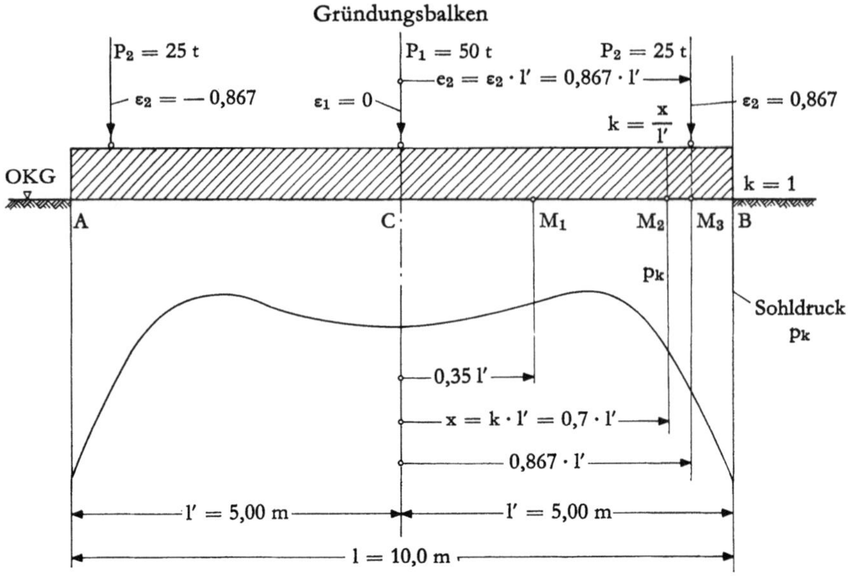

Abb. 3.2,9 Gründungsbalken

2) Bestimmung der Auflasten P_α

Es ergeben sich die gleichen Auflasten P_1 und 2 P_2 wie in Abschnitt 3.21 (Abb. 3.2,9).

3) Bestimmung der Sohldrücke p_k

Die am Gründungsbalken angreifenden Auflasten P_α rufen als gleichgewichtshaltende Gegenkräfte die unbekannten Sohldrücke p_k hervor.
Die Bestimmung der Sohldruckverteilungskurve p_k erfolgt durch mathematischen Parabelansatz nach dem Verfahren DE BEER–LOUSBERG in der gleichen Weise wie in Absatz 3, Abschnitt 3.21.

1. Sohldrücke p_1 für mittige Einzellast P_1

Für die Einzellast P_1 im Balkenmittelpunkt, also der relativen Abszisse $\varepsilon_1 = 0$ (Abb. 3.2,9) lautet die Sohldruckverteilungskurve p_1 und die mittlere Belastung $p_{m,1}$ wie in Absatz 3, Abschnitt 3.21.

1.1 Gleichgewichtsbedingung

Eine Bedingung des senkrechten Gleichgewichtes:

$$\sum V = 0$$

ergibt:

Bestimmungsgleichung 1:
Wie Absatz 3, Abschnitt 3.21.

Tab. 3.2,8

k	$F_M^{(0)}(k)$	$F_M^{(2)}(k)$	$F_M^{(4)}(k)$	$F_M^{(6)}(k)$	$F_M^{(8)}(k)$	$S_M^{(P)}(k, \varepsilon_1 = 0)$	$S_M^{(P)}(k, \varepsilon_2 = 1)$	$S_M^{(\mathfrak{M})}(\varepsilon_3 = 1)$	M_k Gl. (3.2,10)
1	2	3	4	5	6	7	8	9	10
0	0,250.000.0	0,125.000.0	0,083.333.3	0,062.500.0	0,050.000.0	0	— 0,50	— 0,5	17,75
0,1	0,302.500.0	0,141.670.8	0,093.333.4	0,069.642.9	0,055.555.6	— 0,1	— 0,55	— 0,5	8,50
0,2	0,360.000.0	0,158.400.0	0,103.334.4	0,076.785.7	0,061.111.1	— 0,2	— 0,60	— 0,5	1,40
0,3	0,422.500.0	0,175.337.5	0,113.345.5	0,083.929.2	0,066.666.7	— 0,3	— 0,65	— 0,5	— 3,85
0,4	0,490.000.0	0,192.733.3	0,123.401.6	0,091.077.3	0,072.222.8	— 0,4	— 0,70	— 0,5	— 7,50
0,5	0,562.500.0	0,210.937.5	0,133.593.8	0,098.249.2	0,077.783.2	— 0,5	— 0,75	— 0,5	— 9,35
0,6	0,640.000.0	0,230.400.0	0,144.110.9	0,105.507.1	0,083.366.9	— 0,6	— 0,80	— 0,5	— 8,90
0,7	0,722.500.0	0,251.670.8	0,155.294.2	0,113.014.7	0,089.045.8	— 0,7	— 0,85	— 0,5	— 5,65
0,8	0,810.000.0	0,275.400.0	0,167.702.4	0,121.140.8	0,095.041.0	— 0,8	— 0,90	— 0,5	0,30
0,9	0,902.500.0	0,302.337.5	0,182.190.7	0,130.629.2	0,101.937.1	— 0,9	— 0,95	— 0,5	8,40
1,0	1,000.000.0	0,333.333.3	0,200.000.0	0,142.857.1	0,111.111.1	— 1,0	— 1,00	— 0,5	19,65

1.2 Formänderungsbedingungen

Vier Bedingungen der Gleichheit der Verformung des Bodens und des Balkens in vier Punkten der Balkenlängsachse (Abb. 3.2,9), und zwar in den Punkten C mit der relativen Abszisse $k = 0$, M_1 mit $k = 0{,}35$, M_2 mit $k = 0{,}7$ und M_3 mit $k = 0{,}867$ (beliebig, aber zweckmäßig gewählte Punkte). Es gilt:
allgemeine Gleichung: DE BEER–LOUSBERG [5] - (167)

$$\sum_{j=0}^{4} a_{2j,1} \left[F_s^{(2j)}(k, \delta = 0{,}1) - N' F_y^{(2j)}(k)\right] = N' S_y^{(P)}(k, \varepsilon_1 = 0)$$

1.21 Formänderungsbedingung für Punkt C mit $k = 0$

Wie Absatz 3, Abschnitt 3.21.
Bestimmungsgleichung 2:
Wie Absatz 3, Abschnitt 3.21.

1.22 Formänderungsbedingung für Punkt M_1 mit $k = 0{,}35$

a) Beiwerte:

Tafel XI [5] für $k = 0{,}35$; $\delta = 0{,}1$:

$$\begin{aligned} F_s^{(0)}(k, \delta) &= 0{,}101.035.2 \\ F_s^{(2)}(k, \delta) &= -0{,}038.009.6 \\ F_s^{(4)}(k, \delta) &= -0{,}048.447.5 \\ F_s^{(6)}(k, \delta) &= -0{,}046.197.8 \\ F_s^{(8)}(k, \delta) &= -0{,}042.715.2 \end{aligned}$$

Tafel XXXIV [5] für $k = 0{,}35$:

$$\begin{aligned} F_y^{(0)}(k) &= 0{,}155.802.0 \\ F_y^{(2)}(k) &= 0{,}064.761.3 \\ F_y^{(4)}(k) &= 0{,}041.978.8 \\ F_y^{(6)}(k) &= 0{,}031.177.3 \\ F_y^{(8)}(k) &= 0{,}024.823.3 \end{aligned}$$

Tafel XXXIX [5] für $k = 0{,}35$; $\varepsilon_1 = 0$:

$$S_y^{(P)}(k, \varepsilon_1) = -0{,}105.354.2$$

b) Einführung der Beiwerte in die allgemeine Gleichung:

$$\begin{aligned} & a_{0,1}\,(0{,}101.035.3 - 15 \cdot 0{,}155.802.0) \\ + & a_{2,1}\,(-0{,}038.009.6 - 15 \cdot 0{,}064.761.3) \\ + & a_{4,1}\,(-0{,}048.447.5 - 15 \cdot 0{,}041.978.8) \\ + & a_{6,1}\,(-0{,}046.197.8 - 15 \cdot 0{,}031.177.3) \\ + & a_{8,1}\,(-0{,}042.715.2 - 15 \cdot 0{,}024.823.3) = -15 \cdot 0{,}105.354.2 \end{aligned}$$

c) Bestimmungsgleichung 3:

$$\begin{aligned} &2{,}235.994.8 \cdot a_{0,1} \\ +\ &1{,}009.429.1 \cdot a_{2,1} \\ +\ &0{,}678.129.5 \cdot a_{4,1} \\ +\ &0{,}513.857.3 \cdot a_{6,1} \\ +\ &0{,}415.064.7 \cdot a_{8,1} = 1{,}580.313.0 \end{aligned}$$

1.23 Formänderungsbedingungen für Punkt M_2 mit $k = 0{,}7$

a) Beiwerte:

Tafel XI [5] für $k = 0{,}7$; $\delta = 0{,}1$:

$$\begin{aligned} F_s^{(0)}(k, \delta) &= 0{,}083.981.5 \\ F_s^{(2)}(k, \delta) &= 0{,}010.721.6 \\ F_s^{(4)}(k, \delta) &= —0{,}014.600.8 \\ F_s^{(6)}(k, \delta) &= —0{,}024.791.6 \\ F_s^{(8)}(k, \delta) &= —0{,}028.671.5 \end{aligned}$$

Tafel XXIV [5] für $k = 0{,}7$:

$$\begin{aligned} F_y^{(0)}(k) &= 0{,}109.331.3 \\ F_y^{(2)}(k) &= 0{,}043.017.2 \\ F_y^{(4)}(k) &= 0{,}027.480.5 \\ F_y^{(6)}(k) &= 0{,}020.283.9 \\ F_y^{(8)}(k) &= 0{,}016.097.1 \end{aligned}$$

Tafel XXXIX [5] für $k = 0{,}7$; $\varepsilon_1 = 0$:

$$S_y^{(P)}(k, \varepsilon_1) = —0{,}084.500.0$$

b) Einführung der Beiwerte in die allgemeine Gleichung:

$$\begin{aligned} &a_{0,1} \cdot (0{,}083.981.5 — 15 \cdot 0{,}109.331.3) \\ +\ &a_{2,1} \cdot (0{,}010.721.6 — 15 \cdot 0{,}043.017.2) \\ +\ &a_{4,1} \cdot (—0{,}014.600.8 — 15 \cdot 0{,}027.480.5) \\ +\ &a_{6,1} \cdot (—0{,}024.791.6 — 15 \cdot 0{,}020.283.9) \\ +\ &a_{8,1} \cdot (—0{,}028.671.5 — 15 \cdot 0{,}016.097.1) = —15 \cdot 0{,}084.500.0 \end{aligned}$$

c) Bestimmungsgleichung 4:

$$\begin{aligned} &1{,}555.988.0 \cdot a_{0,1} \\ +\ &0{,}634.566.4 \cdot a_{2,1} \\ +\ &0{,}426.808.3 \cdot a_{4,1} \\ +\ &0{,}329.049.9 \cdot a_{6,1} \\ +\ &0{,}270.128.0 \cdot a_{8,1} = 1{,}267.500.0 \end{aligned}$$

1.24 Formänderungsbedingung für Punkt $M_3 = 0{,}867$

a) Beiwerte:

Tafel XI [5] für k = 0,867 (durch lineare Interpolation), $\delta = 0{,}1$:

	k = 0,85	k = 0,9	$\Delta F_s^{(2j)}$	k = 0,867
$F_s^{(0)}(k, \delta)$	0,065.398.3	0,054.477.6	— 0,003.713.0 =	0,061.685.3
$F_s^{(2)}(k, \delta)$	0,029.667.8	0,031.542.9	0,000.637.5 =	0,030.305.3
$F_s^{(4)}(k, \delta)$	0,011.850.9	0,018.991.5	0,002.427.8 =	0,014.278.7
$F_s^{(6)}(k, \delta)$	0,001.029.1	0,010.525.8	0,003.228.9 =	0,004.258.0
$F_s^{(8)}(k, \delta)$	— 0,005.899.1	0,004.411,0	0,003.505.4 =	— 0,002.393.7

Tafel XXIV [5] für k = 0,867 (durch lineare Interpolation):

	k = 0,85	k = 0,9	$\Delta F_y^{(2j)}$	k = 0,867
$F_y^{(0)}(k)$	0,064.302.0	0,045.164.6	— 0,006.506.7 =	0,057.795.3
$F_y^{(2)}(k)$	0,024.760.9	0,017.275.8	— 0,002.544.9 =	0,022.216.0
$F_y^{(4)}(k)$	0,015.710.3	0,010.936.2	— 0,001.623.2 =	0,014.087.1
$F_y^{(6)}(k)$	0,011.559.6	0,008.037.8	— 0,001.197.4 =	0,010.362.2
$F_y^{(8)}(k)$	0,009.157.6	0,006.363.5	— 0,000.950.0 =	0,008.207.6

Tafel XXXIX [5] für k = 0,867 (durch lineare Interpolation), $\varepsilon_1 = 0$:

	k = 0,85	k = 0,9	$\Delta S_y^{(P)}$	k = 0,867
$S_y^{(P)}(k, \varepsilon_1)$	— 0,051.812.5	— 0,036.833.3	0,005.092.9 =	— 0,046.719.6

b) Einführung der Beiwerte in die allgemeine Gleichung:

$$\begin{aligned} & a_{0,1}(\ 0{,}061.685.3 - 15 \cdot 0{,}057.795.3) \\ + & a_{2,1}(\ 0{,}030.305.3 - 15 \cdot 0{,}022.216.0) \\ + & a_{4,1}(\ 0{,}014.278.7 - 15 \cdot 0{,}014.087.1) \\ + & a_{6,1}(\ 0{,}004.258.0 - 15 \cdot 0{,}010.362.2) \\ + & a_{8,1}(-0{,}002.393.7 - 15 \cdot 0{,}008.207.6) = -15 \cdot 0{,}046.719.6 \end{aligned}$$

c) Bestimmungsgleichung 5:

$$\begin{aligned} & 0{,}805.244.2 \cdot a_{0,1} \\ + & 0{,}302.934.7 \cdot a_{2,1} \\ + & 0{,}197.027.8 \cdot a_{4,1} \\ + & 0{,}151.175.0 \cdot a_{6,1} \\ + & 0{,}125.507.7 \cdot a_{8,1} = 0{,}700.794.0 \end{aligned}$$

1.3 Gleichungssystem

Das Gleichungssystem der fünf Bestimmungsgleichungen (ein Belastungsglied = eine rechte Seite) zur Bestimmung der fünf unbekannten Koeffizienten $a_{2j,1}$ für mittige Einzellast P_1 lautet demnach wie folgt:

Tab. 3.2,9 Gleichungssystem Lastfall P_1

	$a_{0,1}$	$a_{2,1}$	$a_{4,1}$	$a_{6,1}$	$a_{8,1}$	P_1
1	1	0,333.333.3	0,2	0,142.857.1	0,111.111.1	1
2	2,082.328.7	1,015.342.4	0,683.413.6	0,518.957.2	0,419.922.8	1,25
3	2,235.994.8	1,009.429.1	0,678.129.5	0,513.857.3	0,415.064.7	1,580.313.0
4	1,555.998.0	0,634.563.4	0,426.808.3	0,329.049.9	0,270.028.0	1,267.500.0
5	0,805.244.2	0,302.934.7	0,197.027.8	0,151.175.0	0,125.507.7	0,700.794.0

1.4 Koeffizienten $a_{2j,1}$

Die Auflösung des Gleichungssystems (Tab. 3.2,9) liefert die Koeffizienten $a_{2j,1}$ für mittige Einzellast P_1 zu:

$$a_{0,1} = \underline{2{,}031}$$
$$a_{2,1} = \underline{-5{,}533}$$
$$a_{4,1} = \underline{5{,}436}$$
$$a_{6,1} = \underline{1{,}992}$$
$$a_{8,1} = \underline{-5{,}022}$$

1.5 Sohldruckverteilung p_1

Mit den obigen Koeffizienten $a_{2j,1}$ lautet die Sohldruckverteilung p_1 für mittige Einzellast P_1 nach DE BEER–LOUSBERG [5], Gl. (167) von S. 4 wie folgt:

$$p_1 = p_{m,1}\,(2{,}031 - 5{,}533 \cdot k^2 + 5{,}436 \cdot k^4 + 1{,}992 \cdot k^6 - 5{,}022 \cdot k^8) \qquad (3.2{,}11)$$

2. Sohldrücke p_2 für symmetrische Einzellasten P_2

Für die symmetrischen Einzellasten P_2 an den Balkenendpunkten, also der relativen Abszisse $\varepsilon_2 = 0{,}867$ (Abb. 3.2,9) lautet die Sohldruckverteilungskurve p_2 und die mittlere Belastung $p_{m,2}$ wie in Absatz 3, Abschnitt 3.21.

2.1 Gleichgewichtsbedingung

Eine Bedingung des senkrechten Gleichgewichtes:

$$\sum V = 0$$

ergibt:

Bestimmungsgleichung 1:
Wie Absatz 3, Abschnitt 3.21.

2.2 Formänderungsbedingungen

Vier Bedingungen der Gleichheit der Verformung des Bodens und des Balkens in vier Punkten der Balkenlängsachse (Abb. 3.2,9), und zwar wiederum in den Punk-

ten C mit der relativen Abszisse $k = 0$, M_1 mit $k = 0{,}35$, M_2 mit $k = 0{,}7$ und M_3 mit $k = 0{,}867$ (beliebig, aber zweckmäßig gewählte Punkte).
Für die allgemeine Gleichung DE BEER–LOUSBERG [5] – (167) ergeben sich die gleichen Bestimmungsgleichungen wie im Absatz 1.2 dieses Abschnittes lediglich die rechten Seiten (Belastungsglied, jetzt für Einzellasten P_2) ändern sich. Im einzelnen ergibt sich:

2.21 Formänderungsbedingung für Punkt C mit $k = 0$

Beiwerte:

Sämtliche Beiwerte wie im Absatz 1.21 dieses Abschnittes, jedoch:
Tafel XXXIX [5] für $k = 0$, $\varepsilon_2 = 0{,}867$ (durch lineare Interpolation):

	$\varepsilon_2 = 0{,}85$	$\varepsilon_2 = 0{,}9$	$\Delta S_y^{(P)}$		$\varepsilon_2 = 0{,}867$
$S_y^{(P)}(k, \varepsilon)$	— 0,212.781.3	— 0,225.083.3	— 0,004.182.7	=	— 0,216.964.0

Einführung der Beiwerte in die allgemeine Gleichung:
Wie Absatz 1.21 dieses Abschnittes, jedoch:

rechte Seite: $= -15 \cdot 0{,}216.964.0 = -3{,}254.460.0$

Bestimmungsgleichung 2:
Wie Absatz 1.21 dieses Abschnittes, jedoch:

rechte Seite: $= +3{,}254.460.0$

2.22 Formänderungsbedingung für Punkt M_1 mit $k = 0{,}35$

Beiwerte:

Sämtliche Beiwerte wie Absatz 1.22 dieses Abschnittes, jedoch:
Tafel XXXIX [5] für $k = 0{,}35$; $\varepsilon_2 = 0{,}867$ (durch lineare Interpolation).

	$\varepsilon_2 = 0{,}85$	$\varepsilon_2 = 0{,}9$	$\Delta S_y^{(P)}$		$\varepsilon_2 = 0{,}867$
$S_y^{(P)}(k, \varepsilon)$	— 0,212.343.7	— 0,223.114.6	— 0,003.662.1	=	— 0,216.005.8

Einführung der Beiwerte in die allgemeine Gleichung:
Wie Absatz 1.22 dieses Abschnittes, jedoch:

rechte Seite: $= -15 \cdot 0{,}216.005.8 = -3{,}240.087.0$

Bestimmungsgleichung 3:
Wie Absatz 1.22 dieses Abschnittes, jedoch:

rechte Seite: $= +3{,}240.087.0$

2.23 Formänderungsbedingung für Punkt M_2 mit $k = 0{,}7$

Beiwerte:

Sämtliche Beiwerte wie Absatz 1.23 dieses Abschnittes, jedoch:

Tafel XXXIX [5] für k = 0,7; ε_2 = 0,867 (durch lineare Interpolation):

	$\varepsilon_2 = 0{,}85$	$\varepsilon_2 = 0{,}9$	$\Delta S_y^{(P)}$		$\varepsilon_2 = 0{,}867$
$S_y^{(P)}(k, \varepsilon)$	— 0,138.406.2	— 0,144.583.3	— 0,002.100.2	=	— 0,140.506.4

Einführung der Beiwerte in die allgemeine Gleichung:
Wie Absatz 1.23 dieses Abschnittes, jedoch:

rechte Seite: = — 15 · 0,140.506.4 = — 2,107.596.0

Bestimmungsgleichung 4:
Wie Absatz 1.23 dieses Abschnittes, jedoch:

rechte Seite: = + 2,107.596.0

2.24 Formänderungsbedingung für Punkt M_3 mit k = 0,867

Beiwerte:

Sämtliche Beiwerte wie Absatz 1.24 dieses Abschnittes, jedoch:
Tafel XXXIX [5] für k = 0,867; ε_2 = 0,867
(durch zweifache lineare Interpolation):

$S_y^{(P)}(k, \varepsilon)$	$\varepsilon_2 = 0{,}85$	$\varepsilon_2 = 0{,}9$	$\Delta S_y^{(P)}$		$\varepsilon_2 = 0{,}867$
k = 0,85	— 0,078.906.2	— 0,082.177.1	-		-
k = 0,9	— 0,054.895.8	— 0,057.083.3	-		-
$\Delta S_y^{(P)}$	— 0,008.163.5	— 0,008.531.9	-		-
k = 0,867	— 0,070.742.7	— 0,073.645.2	— 0,000.986.9	=	— 0,071.729.6

Einführung der Beiwerte in die allgemeine Gleichung:
Wie Absatz 1.24 dieses Abschnittes, jedoch:

rechte Seite: = — 15 · 0,071.729.6 = — 1,075.944.0

Bestimmungsgleichung 5:
Wie Absatz 1.24 dieses Abschnittes, jedoch:

rechte Seite: = + 1,075.944.0

2.3 Gleichungssystem

Nach obigem ergibt sich das Gleichungssystem der fünf Bestimmungsgleichungen (ein Belastungsglied = eine rechte Seite) zur Bestimmung der fünf unbekannten Koeffizienten $a_{2j,2}$ für symmetrische Einzellasten P_2 wie Absatz 1.3 dieses Abschnittes; lediglich die rechten Seiten sind geändert:

Tab. 3.2,10 Gleichungssystem Lastfall 2 P_2 (rechte Seite)

	$2 \cdot P_2$
1	1
2	3,254.460.0
3	3,240.087.0
4	2,107.596.0
5	1,075.944.0

2.4 Koeffizienten $a_{2j,2}$

Die Auflösung des Gleichungssystems (Tab. 3.2,10) liefert die Koeffizienten $a_{2j,2}$ für symmetrische Einzellasten P_2 zu:

$$a_{0,2} = \underline{0{,}103}$$
$$a_{2,2} = -\underline{1{,}536}$$
$$a_{4,2} = \underline{34{,}482}$$
$$a_{6,2} = -\underline{84{,}667}$$
$$a_{8,2} = \underline{59{,}467}$$

2.5 Sohldruckverteilung p_2

Mit den obigen Koeffizienten $a_{2j,2}$ (Absatz 2.4 dieses Abschnittes) lautet die Sohldruckverteilung p_2 für symmetrische Einzellasten P_2 nach DE BEER–LOUSBERG [5], Gl. (167) wie folgt:

$$p_2 = p_{m,2}\,(0{,}103 - 1{,}536 \cdot k^2 + 34{,}482 \cdot k^4 - 84{,}667 \cdot k^6 + 59{,}467 \cdot k^8) \qquad (3.2{,}12)$$

3. Sohldrücke p_k

Durch Superposition der oben definierten zwei Belastungsfälle P_1 und 2 P_2 (Abb. 3.2,9) kann die Sohldruckverteilung p_k für die Gesamtbelastung mittels der Gln. (3.2,11) und (3.2,12) unter Einsetzen der Zahlenwerte für die mittleren Belastungen $p_{m,1}$ und $p_{m,2}$ in die allgemeine Gleichung entsprechend Absatz 3, Abschnitt 3.21 wie folgt geschrieben werden:

$$\begin{aligned} p_k = &(\;\;2{,}031 \cdot 0{,}5 + \;\;0{,}103 \cdot 0{,}5) \\ &+ (-5{,}533 \cdot 0{,}5 - \;\;1{,}536 \cdot 0{,}5)\,k^2 \\ &+ (\;\;5{,}436 \cdot 0{,}5 + 34{,}482 \cdot 0{,}5)\,k^4 \\ &+ (\;\;1{,}992 \cdot 0{,}5 - 84{,}667 \cdot 0{,}5)\,k^6 \\ &+ (-5{,}022 \cdot 0{,}5 + 59{,}467 \cdot 0{,}5)\,k^8 \end{aligned}$$

und damit endgültig die Sohldruckverteilung p_k in Abhängigkeit von k:

Tab. 3.2,11

k	k^2	k^4	k^6	k^8	p_k Gl. (3.2,13)
1	2	3	4	5	6
0	0	0	0	0	1,067
0,1	0,01	0,000.1	0,000.001	0,000.000	1,034
0,2	0,04	0,001.6	0,000.064	0,000.003	0,954
0,3	0,09	0,008.1	0,000.729	0,000.066	0,885
0,4	0,16	0,025.6	0,004.096	0,000.655	0,863
0,5	0,25	0,062.5	0,015.625	0,003.906	0,891
0,6	0,36	0,129.6	0,046.656	0,016.796	0,909
0,7	0,49	0,240.1	0,117.649	0,057.648	0,834
0,8	0,64	0,409.6	0,262.144	0,167.772	0,711
0,9	0,81	0,656.1	0,531.441	0,430.467	1,049
1,0	1,00	1,000.0	1,000.000	1,000.000	3,377

Sohldruck p_k:

$$p_k = 1{,}067 - 3{,}534 \cdot k^2 + 19{,}959 \cdot k^4 - 41{,}337 \cdot k^6 + 27{,}222 \cdot k^8 \qquad (3.2,13)$$

Auswertung in Tab. 3.2,11.
Darstellung in Abb. 3.2, 10a.

4) Bestimmung der Biegemomente M_k

Aus den nunmehr bekannten Sohldrücken p_k und den Auflasten P_α lassen sich nach DE BEER–LOUSBERG [5], Gl. (175) die Biegemomente M_k des Punktes der relativen Abszisse k der Balkenachse als Funktion der nunmehr bekannten Koeffizienten $a_{2j,\alpha}$ bestimmen.

1. Biegemomente $M_{k,1}$ für mittige Einzellast P_1

Unter Beachtung der allgemeinen Gleichung und für die gleichen Beiwerte wie Absatz 4, Abschnitt 3.21 erhält man mit den Koeffizienten $a_{2j,1}$ (Absatz 1.4 dieses Abschnittes):

Biegemoment $M_{k,1}$:

$$\begin{aligned} M_{k,1} = 2\,bl'^2 \cdot p_{m,1}\, [S_M^{(P)}(k, \varepsilon_1 = 0) &+ 2{,}031 \cdot F_M^{(0)}(k) - 5{,}533 \cdot F_M^{(2)}(k) \\ &+ 5{,}436 \cdot F_M^{(4)}(k) + 1{,}992 \cdot F_M^{(6)}(k) \\ &- 5{,}022 \cdot F_M^{(8)}(k)] \end{aligned} \qquad (3.2,14)$$

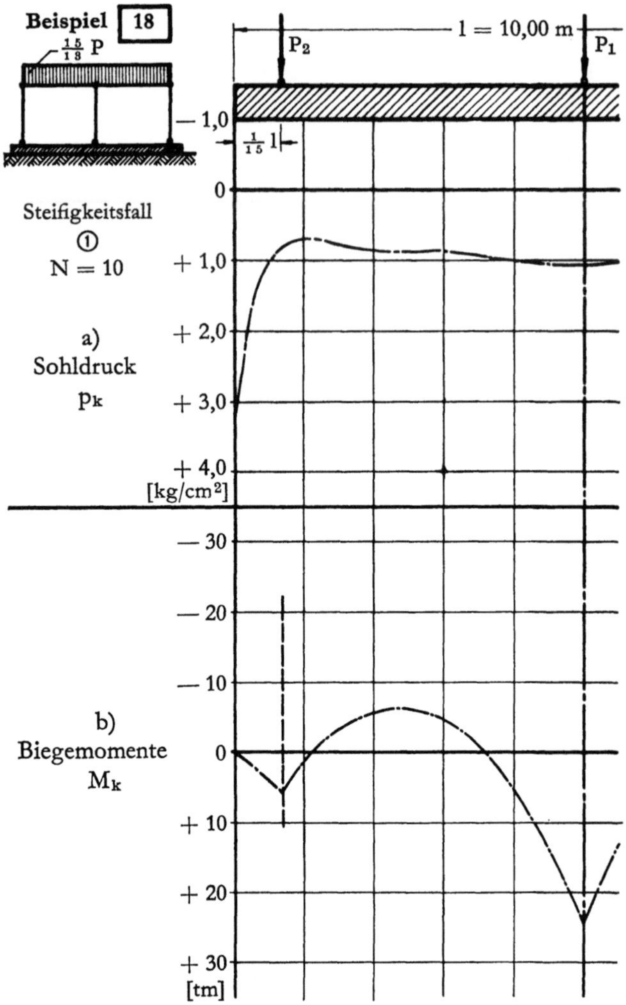

Abb. 3.2,10

2. Biegemomente $M_{k,2}$ für symmetrische Einzellasten P_2

Biegemomente $M_{k,2}$ allgemeine Gleichung:

$$M_{k,2} = 2\,b l'^2 \cdot p_{m,2} \left[S_M^{P)}(k, \varepsilon_2 = 0{,}867) + \sum_{j=0}^{4} a_{2j,2}\, F_M^{(2j)}(k) \right]$$

Beiwerte:

Tafel XXXVII [5] für k, $\varepsilon_2 = 0{,}867$ (durch lineare Interpolation):
$S_M^{(P)}(k, \varepsilon)$: Zahlenwerte in Tab. 3.2,12.

Tafel XXII [5] für k:
$F_M^{(2j)}(k)$: Zahlenwerte wie Tab. 3.2,4 in Tab. 3.2,12.

Biegemomente $M_{k,2}$:
Mit den Koeffizienten $a_{2j,2}$ (Absatz 2.4 dieses Abschnittes) folgt:

$$
\begin{aligned}
M_{k,2} = 2\,b l'^2 \cdot p_{m,2}\,[S_M^{(P)}(k, \varepsilon_2 = 0{,}867) &+ 0{,}103 \cdot F_M^{(0)}(k) \\
&- 1{,}536 \cdot F_M^{(2)}(k) \\
&+ 34{,}482 \cdot F_M^{(4)}(k) \\
&- 84{,}667 \cdot F_M^{(6)}(k) \\
&- 59{,}467 \cdot F_M^{(8)}(k)]
\end{aligned}
\qquad (3.2{,}15)
$$

3. Biegemomente M_k:

Durch Superposition der oben definierten zwei Belastungsfälle P_1 und $2\,P_2$ (Abb. 3.2,9) kann die Sohldruckverteilung p_k für die Gesamtbelastung mittels der Gln. (3.2,14) und (3.2,15) unter Einsetzen der Zahlenwerte für b und l' und für die mittleren Belastungen $p_{m,1}$ und $p_{m,2}$ in die allgemeine Gleichung entsprechend Absatz 4, Abschnitt 3.21 wie folgt geschrieben werden:

(bezogen auf ein Biegemoment in tm)

$$
\begin{aligned}
M_k = 2 \cdot 1{,}0 \cdot (5{,}0)^2\,[&S_M^{(P)}(k, \varepsilon_1 = 0) \cdot 5 + S_M^{(P)}(k, \varepsilon_2 = 0{,}867) \cdot 5 \\
&+ F_M^{(0)}(k) \cdot (\ \ 2{,}031 \cdot 5 + \ \ 0{,}103 \cdot 5) \\
&+ F_M^{(2)}(k) \cdot (- 5{,}533 \cdot 5 - \ \ 1{,}536 \cdot 5) \\
&+ F_M^{(4)}(k) \cdot (\ \ 5{,}436 \cdot 5 + 34{,}482 \cdot 5) \\
&+ F_M^{(6)}(k) \cdot (\ \ 1{,}992 \cdot 5 - 84{,}667 \cdot 5) \\
&+ F_M^{(8)}(k) \cdot (- 5{,}022 \cdot 5 + 59{,}467 \cdot 5)]
\end{aligned}
$$

und damit endgültig die Biegemomente M_k in Abhängigkeit von k:
Biegemomente M_k:

$$
\begin{aligned}
M_k = 50\,[5 \cdot S_M^{(P)}(k, \varepsilon_1 = 0) + 5 \cdot S_M^{(P)}(k, \varepsilon_2 = 0{,}867) &+ 10{,}67 \cdot F_M^{(0)}(k) \\
- 35{,}34 \cdot F_M^{(2)}(k) &+ 199{,}59 \cdot F_M^{(4)}(k) \\
- 413{,}38 \cdot F_M^{(6)}(k) &+ 272{,}22 \cdot F_M^{(8)}(k)]
\end{aligned}
\qquad (3.2{,}16)
$$

Auswertung in Tab. 3.2,12.
Darstellung in Abb. 3.2,10b.

Tab. 3.2,12

k	$F_M^{(0)}(k)$	$F_M^{(2)}(k)$	$F_M^{(4)}(k)$	$F_M^{(6)}(k)$	$F_M^{(8)}(k)$	$S_M^{(P)}(k, \varepsilon_1 = 0)$	$S_M^{(P)}(k, \varepsilon_2 = 0{,}867)$	M_k Gl. (3.2,16)
1	2	3	4	5	6	7	8	9
0	0,250.000.0	0,125.000.0	0,083.333.3	0,062.500.0	0,050.000.0	0	— 0,433.333.3	24,55
0,1	0,302.500.0	0,141.670.8	0,093.333.4	0,069.642.9	0,055.555.6	— 0,1	— 0,483.333.3	13,40
0,2	0,360.000.0	0,158.400.0	0,103.334.4	0,076.785.7	0,061.111.1	— 0,2	— 0,533.333.3	4,80
0,3	0,422.500.0	0,175.337.5	0,113.345.5	0,083.929.2	0,066.666.7	— 0,3	— 0,583.333.3	— 1,45
0,4	0,490.000.0	0,192.733.3	0,123.401.6	0,091.077.3	0,072.222.8	— 0,4	— 0,633.333.3	— 5,40
0,5	0,562.500.0	0,210.937.5	0,133.593.8	0,098.249.2	0,077.783.2	— 0,5	— 0,683.333.3	— 7,25
0,6	0,640.000.0	0,230.400.0	0,144.110.9	0,105.507.1	0,083.366.9	— 0,6	— 0,733.333.3	— 6,85
0,7	0,722.500.0	0,251.670.8	0,155.294.2	0,113.014.7	0,089.045.8	— 0,7	— 0,783.333.3	— 4,20
0,8	0,810.000.0	0,275.400.0	0,167.702.4	0,121.140.8	0,095.041.0	— 0,8	— 0,833.333.3	— 0,55
0,867	0,871.666.7	0,293.358.4	0,177.361.2	0,127.466.4	0,099.638.4	— 0,867	— 0,867	4,70
0,9	0,902.500.0	0,302.337.5	0,182.190.7	0,130.629.2	0,101.937.1	— 0,9	— 0,900.000.0	3,00
1,0	1,000.000.0	0,333.333.3	0,200.000.0	0,142.857.1	0,111.111.1	— 1,0	— 1,000.000.0	0,10

3.24 Beispiel 30

1) System und Belastungen

Statisches System und Abmessungen, Steifigkeitsverhältnisse, Belastungen s. Abb. 3.2,11.

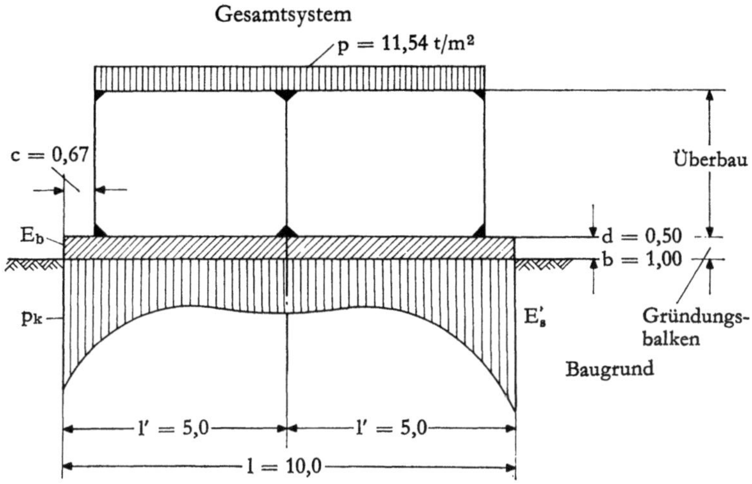

Abb. 3.2,11 Beispiel 30

1. Überbau

1.1 Statisches System und Abmessungen

Das Bauwerk entspricht dem Bauwerk in Beispiel 14 (Abschnitt 3.22). Es sind lediglich die Außenstützen des Überbaues um das Maß $c = \frac{1}{15} l = \frac{1}{15} 10{,}0 = 0{,}67$ m nach innen gerückt, so daß der Gründungsbalken beiderseits eine Auskragung erhält (Abb. 3.2,11).

1.2 Steifigkeitsverhältnisse

Wie Absatz 1, Abschnitt 3.22.

1.3 Belastungen

Gleichförmige Belastung des Riegels:

$$p = \frac{15}{13} \cdot 10 = 11{,}54 \text{ t/m}^2$$

2. Gründungsbalken

Wie Absatz 1, Abschnitt 3.22.

3. Baugrund

Wie Absatz 1, Abschnitt 3.22.

2) Bestimmung der Auflasten

Die Auflasten P_α sind unbekannt, weil das gegebene Gesamtsystem statisch unbestimmt ist, und zwar im allgemeinen Fall n = 6fach statisch unbestimmt. Für den vorliegenden Fall der Symmetrie von Tragwerk und Belastung ist das System wiederum nun noch n = 2fach statisch unbestimmt.

Als zwei Unbekannte treten die zwei folgenden Auflasten auf:

1. Die voneinander abhängigen Einzellasten $P_\alpha (P_1$ und $2\, P_2)$.
2. Das Rahmen-Einspannmoment $\mathfrak{M}_3$.

Zur Vereinfachung der Rechnung werden die drei Lastfälle mittige Einzellast P_1 (bzw. $p_{m,1}$), symmetrische Einzellasten P_2 (bzw. $p_{m,2}$) und symmetrische Einspannmomente $\mathfrak{M}_3$ (bzw. $p_{\mathfrak{M},3}$) angesetzt (Abb. 3.2,12), wobei dann eine zusätzliche Bedingung eingeführt wird.

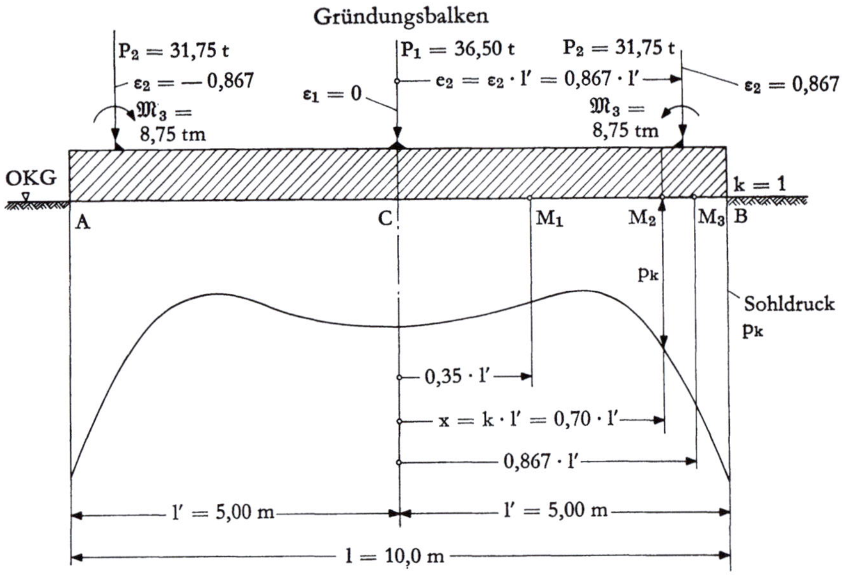

Abb. 3.2,12 Gründungsbalken

Die drei Unbekannten $p_{m,1}$, $p_{m,2}$ und $p_{\mathfrak{M},3}$ werden aus drei Bestimmungsgleichungen ermittelt. Diese ergeben sich aus dem Ansatz der drei für das vorliegende statische System mit dem starren Überbau ($J = \infty$) wie folgt angesetzten Bedingungen (Abb. 3.2,13):

1. Die drei Punkte des Gründungsbalkens, und zwar der Balkenmittelpunkt C ($k = 0$) und die beiden Rahmenendpunkte M_3 ($k = 0{,}867$) liegen gleich hoch; das bedeutet: der Unterschied zwischen der Durchbiegung y_C der Balkenmitte und der Durchbiegung y_{M_3} der beiden Rahmenendpunkte M_3 ist Null: $y_C - y_{M_3} = 0$.
2. Die Biegelinie des Gründungsbalkens besitzt an den Rahmenendpunkten M_3 eine waagerechte Tangente; das bedeutet: Tangentenverdrehung α_{M_3} gleich Null.

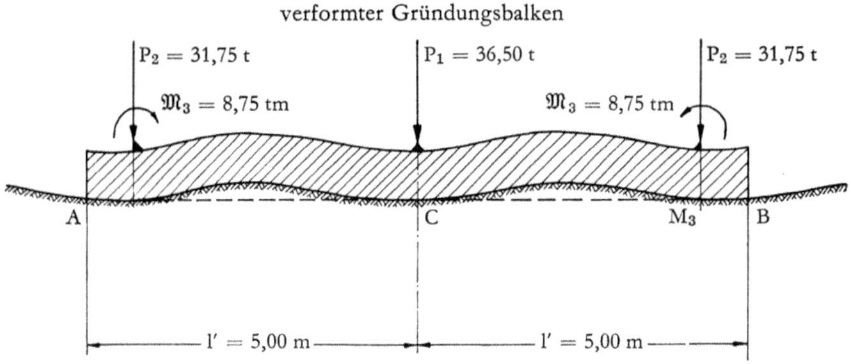

Abb. 3.2,13 Verformter Gründungsbalken

3. Gleichgewichtsbedingung für senkrechte Kräfte (Zusatzbedingung); das bedeutet: Summe der senkrechten Kräfte gleich Null. – Es lauten somit die drei Bedingungen:

$y_C - y_{M_3} = 0$ Durchbiegung

$\alpha_{M_3} = 0$ Tangentenverdrehung

$\sum V = 0$ Gleichgewichtsbedingung (Zusatzbedingung)

1. Gleichgewichtsbedingung

Eine Bedingung des senkrechten Gleichgewichtes:

$$\sum V = 0$$

ergibt:

$$P_1 + 2\,P_2 = 100\ \text{t}$$

bzw. wie Absatz 2, Abschnitt 3.22:

Bestimmungsgleichung 1:

$$p_{m,1} + p_{m,2} = 1 \qquad (\text{in kg/cm}^2)$$

2. Formänderungsbedingungen

2.1 Formänderungsbedingung $y_C = 0$

a) Allgemeine Gleichung DE BEER–LOUSBERG [5] – (152)

$$y_C - y_{M_3} = 0$$

$$y_C = y_{k=0} = 0 \qquad y_{M_3} = y_{k=0,867}$$

$$y_C = y_{C,1} + y_{C,2} + y_{C,3} = y_{k=0;1} + y_{k=0;2} + y_{k=0;3}$$

$$\begin{aligned} y_C = \frac{2\,b l'^4}{E_b J} \Bigg\{ & p_{m,1} \left[S_y^{(P)}(k=0,\ \varepsilon_1 = 0) + \sum_{j=0}^{4} a_{2j,1} F_y^{(2j)}(k=0) \right] \\ & + p_{m,2} \left[S_y^{(P)}(k=0,\ \varepsilon_2 = 0{,}867) + \sum_{j=0}^{4} a_{2j,2} F_y^{(2j)}(k=0) \right] \\ & + p_{\mathfrak{M},3} \left[S_y^{(\mathfrak{M})}(k=0,\ \varepsilon_3 = 0{,}867) + \sum_{j=0}^{4} b_{2j,3} F_y^{(2j)}(k=0) \right] \Bigg\} \end{aligned}$$

$$y_{M_3} = y_{M_{3,1}} + y_{M_{3,2}} + y_{M_{3,3}}$$
$$= y_{k=0,876;1} + y_{k=0,867;2} + y_{k=0,867;3}$$
$$y_{M_3} = \frac{2\,b \cdot l'^4}{E_b \cdot I} \left\{ p_{m,1} \left[S_y^{(P)}(k = 0{,}867;\ \varepsilon_1 = 0) \right.\right.$$
$$\left. + \sum_{j=0}^{4} a_{2j,1} F_y^{(2j)}(k = 0{,}867) \right] + p_{m,2} \left[S_y^{(P)}(k = 0{,}867;\ \varepsilon_2 = 0{,}867) \right.$$
$$\left. + \sum_{j=0}^{4} a_{2j,2} F_y^{(2j)}(k = 0{,}867) \right] + p_{m,3} \left[S_y^{(\mathfrak{M})}(k = 0{,}867;\ \varepsilon_3 = 0{,}867) \right.$$
$$\left.\left. + \sum_{j=0}^{4} b_{2j,3} F_y^{(2j)}(k = 0{,}867) \right] \right\}$$

b) Beiwerte:

Tafel XXIV für $k = 0$:

$$F_y^{(0)}(k) = 0{,}145.833.3$$
$$F_y^{(2)}(k) = 0{,}063.888.9$$
$$F_y^{(4)}(k) = 0{,}041.964.3$$
$$F_y^{(6)}(k) = 0{,}031.349.2$$
$$F_y^{(8)}(k) = 0{,}025.042.1$$

Tafel XXIV [5] für $k = 0{,}867$ (durch lineare Interpolation):

Wie Absatz 3, Abschnitt 3.23

$$F_y^{(0)}(k) = 0{,}057.795.3$$
$$F_y^{(2)}(k) = 0{,}022.216.0$$
$$F_y^{(4)}(k) = 0{,}014.087.1$$
$$F_y^{(6)}(k) = 0{,}010.362.2$$
$$F_y^{(8)}(k) = 0{,}008.207.6$$

Tafel XXXIX [5] für $k = 0$, $\varepsilon_1 = 0$:

$$S_y^{(P)}(k, \varepsilon) = -\,0{,}083.333.3$$

Tafel XXXIX [5] für $k = 0{,}867$, $\varepsilon_1 = 0$ (durch lineare Interpolation):
Wie Absatz 3, Abschnitt 3.23

$$S_y^{(P)}(k, \varepsilon) = -\,0{,}046.719.6$$

Tafel XXXIX [5] für $k = 0$, $\varepsilon_2 = 0{,}867$:
Wie Absatz 3, Abschnitt 3.23

$$S_y^{(P)}(k, \varepsilon) = -\,0{,}216.964.0$$

Tafel XXXIX [5] für $k = 0{,}867$, $\varepsilon_2 = 0{,}867$ (durch zweifache lineare Interpolation):
Wie Absatz 3, Abschnitt 3.23

$$S_y^{(P)}(k, \varepsilon) = -\,0{,}071.729.6$$

Tafel XLII [5] für $k = 0$, $\varepsilon_3 = 0{,}867$ (durch lineare Interpolation):

	$\varepsilon_3 = 0{,}85$	$\varepsilon_3 = 0{,}9$	$\Delta S_y^{(\mathfrak{M})}$	$\varepsilon_3 = 0{,}867$
$S_y^{(\mathfrak{M})}(k, \varepsilon)$	— 0,243.375.0	— 0,247.500.0	— 0,001.402.5	= — 0,244.777.5

Tafel XLII [5] für $k = 0{,}867$, $\varepsilon_3 = 0{,}867$ (durch zweifache lineare Interpolation):

$S_y^{(\mathfrak{M})}(k, \varepsilon)$	$\varepsilon_3 = 0{,}85$	$\varepsilon_3 = 0{,}9$	$\Delta S_y^{(\mathfrak{M})}$	$\varepsilon_3 = 0{,}867$
$k = 0{,}85$	— 0,063.75	— 0,066.875	–	–
$k = 0{,}9$	— 0,042.50	— 0,045.00	–	–
$\Delta S_y^{(\mathfrak{M})}$	— 0,021.25	— 0,021.875	–	–
$k = 0{,}867$	— 0,056.67	— 0,059.583	— 0,002.913	— 0,058.612

c) Einführung in die allgemeine Gleichung:

Mit den obigen Beiwerten und den Koeffizienten $a_{2j,1}$, $a_{2j,2}$ und $b_{2j,3}$ ergibt sich:

$$
\begin{aligned}
p_{m,1} [&- 0{,}083.333.3 + 0{,}046.719.6 \\
&+ 2{,}031 (0{,}145.833.3 - 0{,}057.795.3) \\
&- 5{,}533 (0{,}063.888.9 - 0{,}022.216.0) \\
&+ 5{,}436 (0{,}041.964.3 - 0{,}014.087.1) \\
&+ 1{,}992 (0{,}031.349.2 - 0{,}010.362.2) \\
&- 5{,}022 (0{,}025.042.1 - 0{,}008.207.6)] \\
+ p_{m,2} [&- 0{,}216.964.0 + 0{,}071.729.6 \\
&+ 0{,}103 (0{,}145.833.3 - 0{,}057.795.3) \\
&- 1{,}536 (0{,}063.888.9 - 0{,}022.216.0) \\
&+ 34.482 (0{,}041.964.3 - 0{,}014.087.1) \\
&- 84{,}667 (0{,}031.349.2 - 0{,}010.362.2) \\
&+ 59.467 (0{,}025.042.1 - 0{,}008.207.6)] \\
+ p_{\mathfrak{M},3} [&- 0{,}244.777.5 + 0{,}058.612.0 \\
&- 2.304 (0{,}145.833.3 - 0{,}057.795.3) \\
&- 9{,}435 (0{,}063.888.9 - 0{,}022.216.0) \\
&+ 103{,}389 (0{,}041.964.3 - 0{,}014.087.1) \\
&- 236{,}526 (0{,}031.349.2 - 0{,}010.362.2) \\
&+ 166{,}863 (0{,}025.042.1 - 0{,}008.207.6)]
\end{aligned}
$$

d) Bestimmungsgleichung 2:

$$20{,}419\, p_{m,1} - 14{,}724\, p_{m,2} - 54{,}909\, p_{\mathfrak{M},3} = 0$$

2.2 Formänderungsbedingung $a_{M_3} = 0$

a) Allgemeine Gleichung:

$$\alpha_{M3} = \alpha_{k=0,867} = 0$$

$$\alpha_{M3} = \alpha_{M3;1} + \alpha_{M3;2} + \alpha_{M3;3} = \alpha_{k=0,867;1} + \alpha_{k=0,867;2} + \alpha_{k=0,867;3} = 0$$

$$\alpha_{M3} = \frac{2\,b l'^3}{E_b J}\left\{p_{m,1}\left[S_\alpha^{(P)}(k=0{,}867;\ \varepsilon_1=0) + \sum_{j=0}^{4} a_{2j,1}F_\alpha^{(2j)}(k=0{,}867)\right]\right.$$
$$+ p_{m,2}\left[S_\alpha^{(P)}(k=0{,}867;\ \varepsilon_2=0{,}867) + \sum_{j=0}^{4} a_{2j,2}F_\alpha^{(2j)}(k=0{,}867)\right]$$
$$\left.+ p_{\mathfrak{M},3}\left[S_\alpha^{(\mathfrak{M})}(k=0{,}867;\ \varepsilon_3=0{,}867) + \sum_{j=0}^{4} b_{2j,3}F_\alpha^{(2j)}(k=0{,}867)\right]\right\} = 0$$

DE BEER–LOUSBERG [5], Gl. (151).

b) Beiwerte:

Tafel XXXIII [5] für k = 0,867 (durch lineare Interpolation):

	k = 0,85	k = 0,9	$\Delta F^{(2j)}$	k = 0,867
$F_\alpha^{(0)}(k)$	0,360.968.7	0,404.916.7	0,014.942.3 =	0,375.911.0
$F_\alpha^{(2)}(k)$	0,142.378.1	0,157.143.0	0,005.020.1 =	0,147.398.2
$F_\alpha^{(4)}(k)$	0,091.055.5	0,099.972.1	0,003.031.6 =	0,094.087.1
$F_\alpha^{(6)}(k)$	0,067.253.5	0,073.658.2	0,002.177.6 =	0,069.431.3
$F_\alpha^{(8)}(k)$	0,053.394.7	0,058.399.2	0,001.701.5 =	0,055.096.2

Tafel XXXVIII [5] für k = 0,867 (durch lineare Interpolation) $\varepsilon_1 = 0$:

	k = 0,85	k = 0,9	$\Delta S_\alpha^{(P)}$	k = 0,867
$S_\alpha^{(P)}(k, \varepsilon)$	— 0,277.916.7	— 0,321.666.7	— 0,014.875.0 =	— 0,292.791.7

Tafel XXXVIII für k = 0,867; $\varepsilon_2 = 0{,}867$ (durch zweifache lineare Interpolation):

$S_\alpha^{(P)}(k, \varepsilon)$	k = 0,85	k = 0,9	$\Delta S_\alpha^{(P)}$	k = 0,867
$\varepsilon_2 = 0{,}85$	— 0,458.541.7	— 0,502.291.7	— 0,014.875.0	— 0,473.416.7
$\varepsilon_2 = 0{,}9$	— 0,479.791.7	— 0,524.166.7	— 0,015.087.5	— 0,494.879.2
$\Delta S_\alpha^{(P)}$	–	–	–	— 0,007.097.2
$\varepsilon_2 = 0{,}867$	–	–	–	= — 0,480.713.9

Tafel XLI [5] für k = 0,867; $\varepsilon_3 = 0{,}867$:
nach DE BEER–LOUSBERG [5], Gl. (217):

$$S_\alpha^{(\mathfrak{M})}(k, \varepsilon) = -\frac{\varepsilon_\mu}{2}$$

somit:

$$S_\alpha^{(\mathfrak{M})}(k, \varepsilon) = -0{,}433.500.0$$

c) Einführung in die allgemeine Gleichung:

Mit den obigen Beiwerten und den Koeffizienten $a_{2j,1}$, $a_{2j,2}$ und $b_{2j,3}$ [6] ergibt sich:

$$p_{m,1}\,(-0{,}292.791.7 + 2{,}031 \cdot 0{,}375.911.0 - 5{,}533 \cdot 0{,}147.398.2 + 5{,}436 \cdot 0{,}094.087.1 + 1{,}992 \cdot 0{,}069.431.3 - 5{,}022 \cdot 0{,}055.096.2)$$

$$+\, p_{m,2}\,(-0{,}480.713.9 + 0{,}103 \cdot 0{,}375.911.0 - 1{,}536 \cdot 0{,}147.398.2 + 34{,}482 \cdot 0{,}094.087.1 - 84{,}667 \cdot 0{,}069.431.1 - 59{,}467 \cdot 0{,}055.096.2)$$

$$+\, p_{\mathfrak{M},3}\,(-0{,}433.500.0 - 2{,}304 \cdot 0{,}375.911.0 - 9{,}435 \cdot 0{,}147.398.2 + 103{,}489 \cdot 0{,}094.087.1 - 236{,}526 \cdot 0{,}069.431.3 + 166{,}863 \cdot 0{,}055.096.2) = 0$$

d) Bestimmungsgleichung 3:

$$28{,}200 \cdot p_{m,1} - 26{,}204 \cdot p_{m,2} - 182{,}064 \cdot p_{\mathfrak{M},3} = 0$$

3. Gleichungssystem

Das Gleichungssystem der drei Bestimmungsgleichungen (ein Belastungsglied = eine rechte Seite) zur Bestimmung der drei unbekannten mittleren Belastungen $p_{m,\alpha}$ lautet demnach wie folgt:

Tab. 3.2,13 Gleichungssystem $p_{m,\alpha}$

	$p_{m,1}$	$p_{m,2}$	$p_{\mathfrak{M},3}$	
1	1	1	–	1
2	20,419	— 14,724	— 54,909	0
3	28,200	— 26,204	— 182,064	0

4. Mittlere Belastungen $p_{m,\alpha}$

Die Auflösung des Gleichungssystems (Tab. 3.2,13) liefert die mittleren Belastungen $p_{m,\alpha}$ zu:

$$p_{m,1} = \underline{0{,}365 \text{ kg/cm}^2}$$
$$p_{m,2} = \underline{0{,}635 \text{ kg/cm}^2}$$
$$p_{\mathfrak{M},3} = -\underline{0{,}035 \text{ kg/cm}^2}$$

5. Auflasten P_α

Aus den nunmehr bekannten mittleren Belastungen $p_{m,\alpha}$ ergeben sich die Auflasten P_α nach DE BEER–LOUSBERG [5], Gln. (155) und (192) wie folgt:

[6] Die Werte $b_{2j,3}$ sind weiter unten berechnet worden. Sie sind von dem absoluten Wert des Momentes M_3 unabhängig. Sie können deshalb – ohne den Wert dieses Momentes und denjenigen von $p_{\mathfrak{M},3}$ zu erkennen – berechnet werden.

5.1 Auflast P_1

$$p_{m,1} = \frac{P_1}{2\,bl'}$$

$$P_1 = p_{m,1} \cdot 2\,bl' = 3{,}65 \cdot 2 \cdot 1{,}0 \cdot 5{,}0$$

$$P_1 = \underline{\underline{36{,}50\ t}}$$

5.2 Auflast P_2

$$p_{m,2} = \frac{2\,P_2}{2\,bl'}$$

$$P_2 = p_{m,2} \cdot bl' = 6{,}35 \cdot 1{,}0 \cdot 5{,}0$$

$$P_2 = \underline{\underline{31{,}75\ t}}$$

5.3 Rand-Einspannmoment

Rand-Einspannmoment $\mathfrak{M}_3$ = Stützmoment M_{St}

$$p_{\mathfrak{M},3} = \frac{2\,\mathfrak{M}_3}{2\,bl'^2}$$

$$\mathfrak{M}_3 = p_{\mathfrak{M},3} \cdot bl'^2 = -0{,}35 \cdot 1{,}0 \cdot 5{,}0^2$$

$$\mathfrak{M}_3 = \underline{\underline{-8{,}75\ tm}}$$

3) Bestimmung der Sohldrücke p_k

Die am Gründungsbalken angreifenden Auflasten P_α rufen als gleichgewichtshaltende Gegenkräfte die unbekannten Sohldrücke p_k hervor (Abb. 3.2,12). Die Bestimmung der Sohldruckverteilungskurven p_k erfolgt durch mathematischen Parabelansatz nach dem Verfahren DE BEER–LOUSBERG in der gleichen Weise wie Absatz 3, Abschnitt 3.23.

1. Sohldrücke p_1 für mittige Einzellast P_1
Wie Absatz 3, Abschnitt 3.23.

2. Sohldrücke p_2 für symmetrische Einzellasten P_2
Wie Absatz 3, Abschnitt 3.23.

3. Sohldrücke p_3 für symmetrische Stützmomente $\mathfrak{M}_3$

Für die symmetrischen Rand-Einspannmomente = Stützmomente $\mathfrak{M}_3$ an den Balkenpunkten, also der relativen Abszisse $\varepsilon_3 = 0{,}867$ (Abb. 3.2,12) lautet die Sohldruckverteilungskurve p_3:

$$p_3 = p_{\mathfrak{M},3} \sum_{j=0}^{4} b_{2j,3}\, k^{2j} \qquad \text{DE BEER–LOUSBERG [5], Gl. (192)}$$

hierin:

Mittlere Belastung $p_{\mathfrak{M},3}$:

$$p_{\mathfrak{M},3} = \frac{2\,\mathfrak{M}_3}{2\,bl'^2} = \underline{-0{,}035\ kg/cm^2} \qquad \text{(Absatz 2 dieses Abschnittes)}$$

Die Werte der fünf Koeffizienten $b_{0,3}$, $b_{2,3}$, $b_{4,3}$, $b_{6,3}$ und $b_{8,3}$ sind unbekannt. Die fünf Bestimmungsgleichungen zur Bestimmung der fünf Unbekannten $b_{2j,3}$ werden wiederum aus den fünf Bedingungsgleichungen erhalten wir in Absatz 3, Abschnitt 3.21.

3.1 Gleichgewichtsbedingung

Eine Bedingung des senkrechten Gleichgewichtes:

$$\sum V = 0$$

ergibt:

Bestimmungsgleichung 1:
Wie Absatz 3, Abschnitt 3.22:

$$b_{0,3} + 0,\overline{3} \cdot b_{2,3} + 0,2 \cdot b_{4,3} + 0,142.857.1 \cdot b_{6,3} + 0,\overline{1} \cdot b_{8,3} = 0$$

3.2 Formänderungsbedingungen

Vier Bedingungen der Gleichheit der Verformung des Bodens und des Balkens in vier Punkten der Balkenlängsachse (Abb. 3.2,12), und zwar wiederum in den Punkten C mit der relativen Abszisse $k = 0$. M_1 mit $k = 0,35$, M_2 mit $k = 0,7$ und M_3 mit $k = 0,867$ (beliebig, aber zweckmäßig gewählte Punkte).
Für die allgemeine Gleichung DE BEER–LOUSBERG [5] – (164) ergeben sich die gleichen Bestimmungsgleichungen wie Absatz 3, Abschnitt 3.23; lediglich die rechten Seiten (Belastungsglied, jetzt für Stützmomente $\mathfrak{M}_3$) ändern sich. Im einzelnen ergibt sich:

3.21 Formänderungsbedingung für Punkt C mit $k = 0$

Beiwerte:
Sämtliche Werte wie Absatz 3, Abschnitt 3.23, jedoch:

Tafel XLII [5] für $k = 0$, $\varepsilon_3 = 0,867$ (durch lineare Interpolation):

Wie Absatz 2 dieses Abschnittes:

$$S_y^{(\mathfrak{M})}(k, \varepsilon_3) = -0,244.777.5$$

Einführung der Beiwerte in die allgemeine Gleichung:
Wie Absatz 3, Abschnitt 3.23, jedoch:

rechte Seite: $= -15 \cdot 0,244.777.5 = -3,671.662.5$

Bestimmungsgleichung 2:
Wie Absatz 3, Abschnitt 3.23, jedoch:

rechte Seite: $= +3.671.662.5$

3.22 Formänderungsbedingung für Punkt M_1 mit $k = 0,35$

Beiwerte:

Sämtliche Beiwerte wie Absatz 3, Abschnitt 3.23, jedoch:

Tafel XLII [5] für $k = 0{,}35$, $\varepsilon_3 = 0{,}867$ (durch lineare Interpolation):

	$\varepsilon_3 = 0{,}85$	$\varepsilon_3 = 0{,}9$	$\Delta S_y^{(\mathfrak{M})}$	$\varepsilon_3 = 0{,}867$
$S_y^{(\mathfrak{M})}(k, \varepsilon_3)$	— 0,213.750.0	— 0,216.875,0	— 0,001.062.5	= — 0,214.812.5

Einführung der Beiwerte in die allgemeine Gleichung:
Wie Absatz 3, Abschnitt 3.23, jedoch:

rechte Seite: $= -15 \cdot 0{,}214.812.5 = -3{,}222.187.5$

Bestimmungsgleichung 3:
Wie Absatz 3, Abschnitt 3.23, jedoch:

rechte Seite: $= +3{,}222.187.5$

3.23 Formänderungsbedingung für Punkt M_2 mit $k = 0{,}7$

Beiwerte:

Sämtliche Beiwerte wie Absatz 3, Abschnitt 3.23, jedoch:

Tafel XLII [5] für $k = 0{,}7$; $\varepsilon_3 = 0{,}867$ (durch lineare Interpolation):

	$\varepsilon_3 = 0{,}85$	$\varepsilon_3 = 0{,}9$	$\Delta S_y^{(\mathfrak{M})}$	$\varepsilon_3 = 0{,}867$
$S_y^{(\mathfrak{M})}(k, \varepsilon_3)$	— 0,121.875.0	— 0,125.000.0	— 0,001.062.5	= — 0,122.937.5

Einführung der Beiwerte in die allgemeine Gleichung:
Wie Absatz 3, Abschnitt 3.23, jedoch:

rechte Seite: $= -15 \cdot 0{,}122.937.5 = -1{,}844.062.5$

Bestimmungsgleichung 4:
Wie Absatz 3, Abschnitt 3.23, jedoch:

rechte Seite: $= +1{,}844.062.5$

3.24 Formänderungsbedingung für Punkt M_3 mit $k = 0{,}867$

Beiwerte:

Sämtliche Beiwerte wie Absatz 3, Abschnitt 3.23, jedoch:

Tafel XLII [5] für $k = 0{,}867$; $\varepsilon_3 = 0{,}867$ (durch zweifache lineare Interpolation):

	$\varepsilon_3 = 0{,}85$	$\varepsilon_3 = 0{,}9$	$\Delta S_y^{(\mathfrak{M})}$	$\varepsilon_3 = 0{,}867$
$k = 0{,}85$	— 0,063.750.0	— 0,066.875.0	— 0,001.062.5	— 0,064.812.5
$k = 0{,}9$	— 0,042.500.0	— 0,045.000.0	— 0,000.850.0	— 0,043.350.0
$\Delta S_y^{(\mathfrak{M})}$	-	-	-	— 0,007.297.2
$k = 0{,}867$	-	-	-	= — 0,057.515.2

Einführung der Beiwerte in die allgemeine Gleichung:
Wie Absatz 3, Abschnitt 3.23, jedoch:

rechte Seite: $= -15 \cdot 0{,}057.515.2 = -0{,}862.728.8$

Bestimmungsgleichung 5:
Wie Absatz 3, Abschnitt 3.23, jedoch:

rechte Seite: $= + 0{,}862.728.8$

3.3 Gleichungssystem

Nach obigem ergibt sich das Gleichungssystem der fünf Bestimmungsgleichungen (ein Belastungsglied = eine rechte Seite) zur Bestimmung der fünf unbekannten Koeffizienten $b_{2j,3}$ für symmetrische Rand-Einspannmomente = Stützmomente $\mathfrak{M}_3$ wie Absatz 3, Abschnitt 3.23; lediglich die rechten Seiten sind geändert:

Tab. 3.2,14 Gleichungssystem Lastfall 2 $\mathfrak{M}_3$

	$2 \cdot \mathfrak{M}_3$
1	0
2	3,671.622.5
3	3,222.187.5
4	1,844.062.5
5	0,862.728.8

3.4 Koeffizienten $b_{2j,3}$

Die Auflösung des Gleichungssystems (Tab. 3.2,14) liefert die Koeffizienten $b_{2j,3}$ für symmetrische Stützmomente $\mathfrak{M}_3$ zu:

$$b_{0,3} = -\ 2{,}304$$
$$b_{2,3} = -\ 9{,}435$$
$$b_{4,3} = 103{,}489$$
$$b_{6,3} = -\ 236{,}526$$
$$b_{8,3} = 166{,}863$$

3.5 Sohldruckverteilung p_3

Mit den obigen Koeffizienten $b_{2j,3}$ (Abschnitt 3.4) lautet die Sohldruckverteilung p_3 für symmetrische Stützmomente $\mathfrak{M}_3$ nach DE BEER–LOUSBERG [5], Gl. (164) wie folgt:

$$p_3 = p_{\mathfrak{M},3} \cdot (-2{,}304 - 9{,}435 \cdot k^2 + 103{,}489 \cdot k^4 - 236{,}526 \cdot k^6 + 166{,}863 \cdot k_8) \quad (3.2,17)$$

4. Sohldrücke p_k

Durch Superposition der oben definierten drei Belastungsfälle P_1, 2 P_2 und 2 $\mathfrak{M}_3$ (Abb. 3.2,12) kann die Sohldruckverteilung p_k für die Gesamtbelastung mittels der Gln. (3.2,11), (3.2,12) und (3.2,17) unter Einsetzen der Zahlenwerte für die mittleren Belastungen $p_{m,\alpha}$ in die allgemeine Gleichung entsprechend Absatz 3, Abschnitt 3.22 wie folgt geschrieben werden:

$$
\begin{aligned}
p_k = {} & (2{,}031 \cdot 0{,}365 + 0{,}103 \cdot 0{,}635 + 2{,}304 \cdot 0{,}035) \\
& + (-5{,}533 \cdot 0{,}365 - 1{,}536 \cdot 0{,}635 + 9{,}435 \cdot 0{,}035)\, k^2 \\
& + (5{,}436 \cdot 0{,}365 + 34{,}482 \cdot 0{,}635 - 103{,}489 \cdot 0{,}035)\, k^4 \\
& + (1{,}992 \cdot 0{,}365 - 84{,}667 \cdot 0{,}635 + 236{,}526 \cdot 0{,}035)\, k^6 \\
& + (-5{,}022 \cdot 0{,}365 + 59{,}467 \cdot 0{,}635 - 166{,}863 \cdot 0{,}035)\, k^8
\end{aligned}
$$

und damit endgültig die Sohldruckverteilung p_k in Abhängigkeit von k:
Sohldruck p_k:

$$
p_k = 0{,}887 - 2{,}665 \cdot k^2 + 20{,}258 \cdot k^4 - 44{,}758 \cdot k^6 + 30{,}088 \cdot k^8 \qquad (3.2{,}18)
$$

Auswertung in Tab. 3.2,15.
Darstellung in Abb. 3.2,14a.

Tab. 3.2,15

k	k^2	k^4	k^6	k^8	p_k Gl. (3.2,18)
1	2	3	4	5	6
0	0	0	0	0	0,887
0,1	0,01	0,000.1	0,000.001	0,000.000	0,862
0,2	0,04	0,001.6	0,000.064	0,000.003	0,808
0,3	0,09	0,008.1	0,000.729	0,000.066	0,783
0,4	0,16	0,025.6	0,004.096	0,000.655	0,817
0,5	0,25	0,062.5	0,015.625	0,003.906	0,906
0,6	0,36	0,129.6	0,046.656	0,016.796	0,968
0,7	0,49	0,240.1	0,117.649	0,057.648	0,914
0,8	0,64	0,409.6	0,262.144	0,167.772	0,794
0,9	0,81	0,656.1	0,531.441	0,430.467	1,185
1,0	1,00	1,000.0	1,000.000	1,000.000	3,810

4) Bestimmung der Biegemomente M_k

Aus den nunmehr bekannten Sohldrücken p_k und Auflasten P_α lassen sich nach DE BEER–LOUSBERG [5], Gl. (175) die Biegemomente M_k des Punktes der relativen Abszisse k der Balkenachse als Funktion der nunmehr bekannten Koeffizienten $a_{2j,\alpha}$ bzw. $b_{2j,\alpha}$ bestimmen.

1. Biegemomente $M_{k,1}$ für mittige Einzellast P_1
Wie Absatz 4, Abschnitt 3.23, Gl. (3.2,14)

2. Biegemomente $M_{k,2}$ für symmetrische Einzellasten P_2
Wie Absatz 4, Abschnitt 3.23, Gl. (3.2,15)

3. Biegemomente $M_{k,3}$ für symmetrische Stützmomente $\mathfrak{M}_3$

a) Biegemomente $M_{k,3}$ allgemeine Gleichung

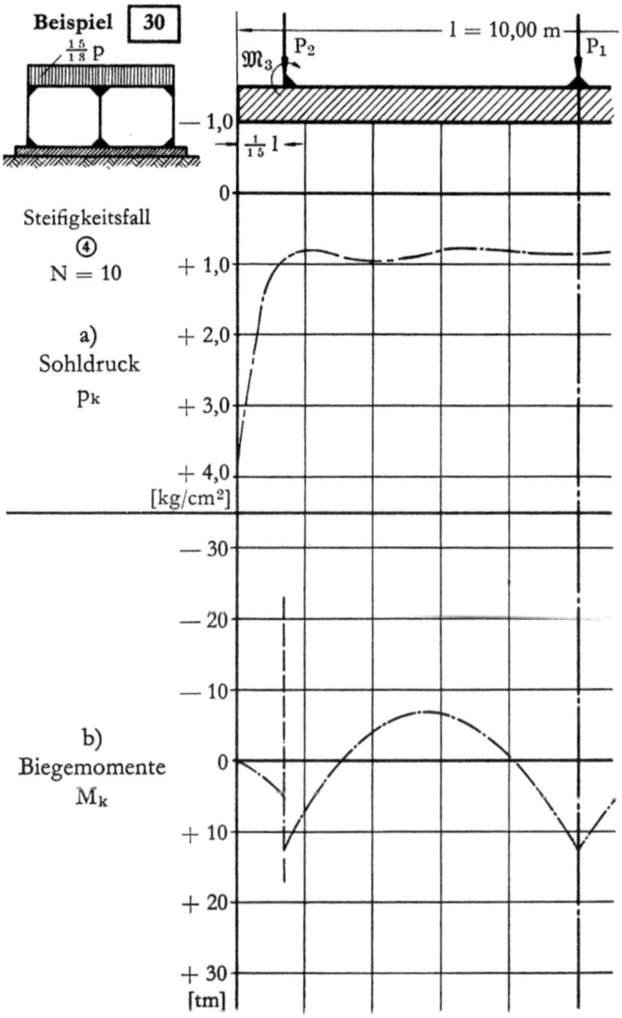

Abb. 3.2,14

$$M_{k,3} = 2\,b l'^2 \cdot p_{\mathfrak{M},3} \left[S_M^{(\mathfrak{M})}(\varepsilon_3 = 0{,}867) + \sum_{j=0}^{4} b_{2j,3} F_M^{(2j)}(k) \right]$$

b) Beiwerte:

Tafel XL [5] für $\varepsilon_3 = 0{,}867$ (durch lineare Interpolation):

$$S_M^{(\mathfrak{M})}(\varepsilon_3) = -0{,}50$$

Tafel XXII [5] für k:

$F_M^{(2j)}(k)$: Zahlenwerte wie Tab. 3.2,4, in Tab. 3.2,16.

c) Biegemomente $M_{k,3}$:

Mit den Koeffizienten $b_{2j,3}$ folgt:

$$M_{k,3} = 2\,b\,l'^2 \cdot p_{\mathfrak{M},3} \,[S_M^{(\mathfrak{M})}(\varepsilon_3 = 0{,}867) - 2{,}304 \cdot F_M^{(0)}(k) - 9{,}435 \cdot F_M^{(2)}(k) + 103{,}489 \cdot F_M^{(4)}(k) - 236{,}526 \cdot F_M^{(6)}(k) + 166{,}863 \cdot F_M^{(8)}(k)] \qquad (3.2,19)$$

4. Biegemomente M_k

Durch Superposition der oben definierten drei Belastungsfälle P_1, 2 P_2 und 2 $\mathfrak{M}_3$ (Abb. 3.2,12) kann die Sohldruckverteilung p_k für die Gesamtbelastung mittels der Gln. (3.2,14), (3.2,15) und (3.2,19) unter Einsetzen der Zahlenwerte für b und l' und für die mittleren Belastungen $p_{m,\alpha}$ in die allgemeine Gleichung entsprechend Absatz 4, Abschnitt 3.22, wie folgt geschrieben werden (bezogen auf Biegemomente in tm):

$$\begin{aligned} M_k = 2 \cdot 1{,}0 \cdot (5{,}0)^2 \,[& S_M^{(P)}(k, \varepsilon_1 = 0) \cdot 3{,}65 + S_M^{(P)}(k, \varepsilon_2 = 0{,}867) \cdot 6{,}35 - S_M^{(\mathfrak{M})}(\varepsilon_3 = 0{,}867) \cdot 0{,}35 \\ & + F_M^{(0)}(k) \cdot (2{,}031 \cdot 3{,}65 + 0{,}103 \cdot 6{,}35 + 2{,}304 \cdot 0{,}35) \\ & + F_M^{(2)}(k) \cdot (-5{,}533 \cdot 3{,}65 - 1{,}536 \cdot 6{,}35 + 9{,}435 \cdot 0{,}35) \\ & + F_M^{(4)}(k) \cdot (5{,}436 \cdot 3{,}65 + 34{,}482 \cdot 6{,}35 - 103{,}489 \cdot 0{,}35) \\ & + F_M^{(6)}(k) \cdot (1{,}992 \cdot 3{,}65 - 84{,}667 \cdot 6{,}35 + 236{,}526 \cdot 0{,}35) \\ & + F_M^{(8)}(k) \cdot (-5{,}022 \cdot 3{,}65 + 59{,}467 \cdot 6{,}35 - 166{,}863 \cdot 0{,}35)] \end{aligned}$$

und damit endgültig die Biegemomente M_k in Abhängigkeit von k:
Biegemoment M_k:

$$\begin{aligned} M_k = 50\,[& 3{,}65 \cdot S_M^{(P)}(k, \varepsilon_1 = 0) + 6{,}35 \cdot S_M^{(P)}(k, \varepsilon_2 = 0{,}867) \\ & - 0{,}35 \cdot S_M^{(\mathfrak{M})}(k, \varepsilon_3 = 0{,}867) + 8{,}87 \cdot F_M^{(0)}(k) \\ & - 26{,}65 \cdot F_M^{(2)}(k) + 202{,}58 \cdot F_M^{(4)}(k) \\ & - 447{,}58 \cdot F_M^{(6)}(k) + 300{,}88 \cdot F_M^{(8)}(k)] \end{aligned} \qquad (3.2,20)$$

Auswertung in Tab. 3.2,16.
Darstellung in Abb. 3.2,14b.

Tab. 3.2,16

k	$F_M^{(0)}(k)$	$F_M^{(2)}(k)$	$F_M^{(4)}(k)$	$F_M^{(6)}(k)$	$F_M^{(8)}(k)$	$S_M^{(P)}(k, \varepsilon_1 = 0)$	$S_M^{(P)}(k, \varepsilon_2 = 0{,}867)$	$S_M^{\mathfrak{M}}(k, \varepsilon_3 = 0{,}867)$	M_k Gl. (3.2,20)
1	2	3	4	5	6	7	8	9	10
0	0,250.000.0	0,125.000.0	0,083.333.3	0,062.500.0	0,050.000.0	0	— 0,433.333.3	— 0,5	13,05
0,1	0,302.500.0	0,141.670.8	0,093.333.4	0,069.642.9	0,055.555.6	— 0,1	— 0,483.333.3	— 0,5	5,05
0,2	0,360.000.0	0,158.400.0	0,103.334.4	0,076.785.7	0,061.111.1	— 0,2	— 0,533.333.3	— 0,5	— 0,85
0,3	0,422.500.0	0,175.337.5	0,113.345.5	0,083.929.2	0,066.666.7	— 0,3	— 0,583.333.3	— 0,5	— 4,70
0,4	0,490.000.0	0,192.733.3	0,123.401.6	0,091.077.3	0,072.222.8	— 0,4	— 0,633.333.3	— 0,5	— 6,60
0,5	0,562.500.0	0,210.937.5	0,133.593.8	0,098.249.2	0,077.783.2	— 0,5	— 0,683.333.3	— 0,5	— 6,15
0,6	0,640.000.0	0,230.400.0	0,144.110.9	0,105.507.1	0,083.366.9	— 0,6	— 0,733.333.3	— 0,5	— 4,05
0,7	0,722.500.0	0,251.670.8	0,155.294.2	0,113.014.7	0,089.045.8	— 0,7	— 0,783.333.3	— 0,5	0,80
0,8	0,810.000.0	0,275.400.0	0,167.702.4	0,121.140.8	0,095.041.0	— 0,8	— 0,833.333.3	— 0,5	7,85
								— 0,5	13,80
0,867	0,871.666.7	0,293.358.4	0,177.361.2	0,127.466.4	0,099.638.4	— 0,867	— 0,867	0	5,05
0,9	0,902.500.0	0,302.337.5	0,182.190.7	0,130.629.2	0,101.937.1	— 0,9	— 0,900.000.0	0	3,00
1,0	1,000.000.0	0,333.333.3	0,200.000.0	0,142.857.1	0,111.111.1	— 1,0	— 1,000.000.0	0	0

3.3 Beispiele des Verfahrens Kany

3.31 Beispiel 2

1) System und Belastungen

Statisches System, Abmessungen, Steifigkeitsverhältnisse, Belastungen s. Abb. 3.3,1.

1. Überbau

1.1 Statisches System und Abmessungen

Der Überbau des Gründungsbalkens stellt eine symmetrische, auf drei Stützen ruhende Hochbaukonstruktion (Abb. 3.3,1) dar.

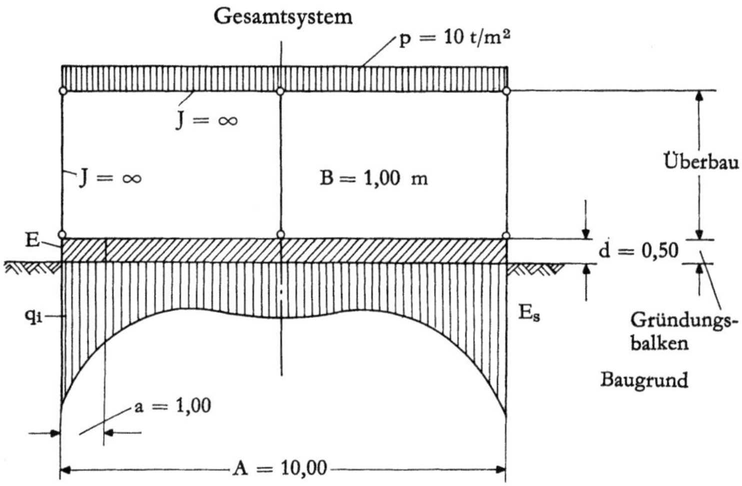

Abb. 3.3,1 Beispiel 2

1.2 Steifigkeitsverhältnisse

Der Überbau ist schlaff.
Die drei Stützen sind oben und unten gelenkig angeschlossen.

1.3 Belastungen

Gleichförmige Belastung des Riegels:

$$p = 10 \text{ t/m}^2$$

2. Gründungsbalken

2.1 Statisches System und Abmessungen

Elastischer Gründungsbalken auf als elastisch-isotropem Halbraum idealisiertem, elastischem Baugrund.

Abmessungen nach Abb. 3.3,1:

$$A = 10{,}00 \text{ m} = 1000 \text{ cm Länge}$$
$$B = 1{,}00 \text{ m} = 100 \text{ cm Breite}$$
$$d = 0{,}50 \text{ m} = 50 \text{ cm Dicke}$$
$$a = \frac{A}{10} = \frac{10{,}00}{10}$$
$$= 1{,}00 \text{ m} = 100 \text{ cm Feldlänge}$$

2.2 Steifigkeitsverhältnisse

Elastizitätsmodul des Balkenmaterials:

$$E = E_b = 210\,000 \text{ kg/cm}^2$$

3. Baugrund

3.2 Steifigkeitsverhältnisse:

Steifezahl des Baugrundes (konstant im Halbraum):

$$E_s = \underline{\underline{262{,}5 \text{ kg/cm}^2}}$$

entsprechend:

Steifigkeitsbeiwert (dimensionslos):

$$N = \frac{E_s}{E_b} \cdot \left(\frac{A}{d}\right)^3 = \frac{262{,}5}{210\,000} \cdot \left(\frac{1000}{50}\right)^3 = 10$$

2) Bestimmung der Auflasten P_i

Das Gesamtsystem ist statisch bestimmt; daher Auflasten p_i bzw. $P_i = a \cdot B \cdot p_i$ gegeben nach Abb. 3.3,2:

$$p = 10{,}0 \text{ t/m}^2$$
$$\sum P = A \cdot B \cdot p = 10{,}0 \cdot 1{,}0 \cdot 10 = 100 \text{ t}$$
$$P_2 = 50 \text{ t}$$
$$P_1 = P_3 = \tfrac{1}{2} P_2 = \tfrac{1}{2}\, 50 = 25 \text{ t}$$

3) Bestimmung der Sohldrücke q_i

Die am Gründungsbalken angreifenden Auflasten P_1 bis P_3 rufen als gleichgewichtshaltende Gegenkräfte die unbekannten Sohldrücke q_1 bis q_5 hervor.
Die Ermittlung dieser Sohldrücke q_1 bis q_5 erfolgt mit Hilfe der Kurventafeln des Berechnungsverfahrens Kany [10].

1. Bestimmung des Eingangswertes η

1.1 Größtwert der Setzungsmulde c_0

$$c_0 = \frac{s_0}{q_0'} \qquad (9) - [10]$$

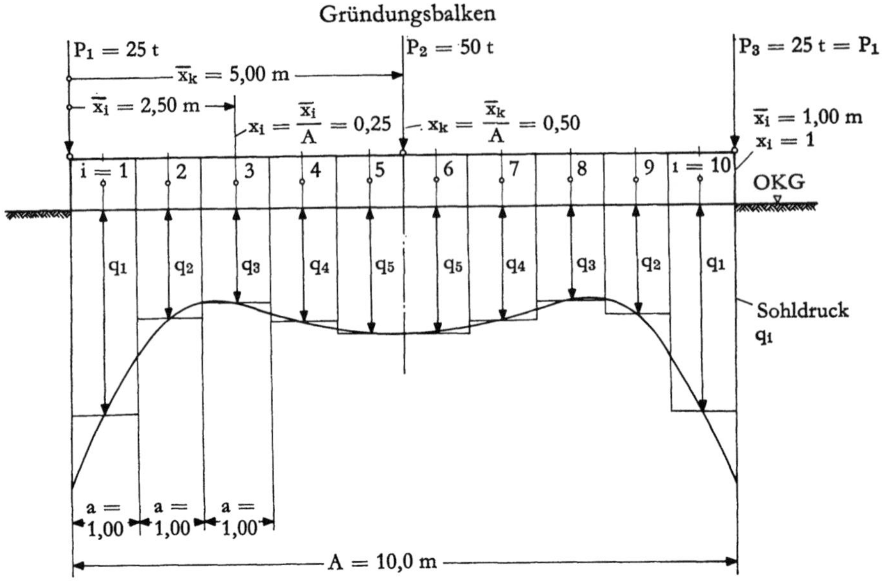

Abb. 3.3,2 Gründungsbalken

mit:

$$s_0 = \frac{q_0' \cdot b'}{E_s} \cdot f_{s,0} \qquad \text{(Tafel 4) – [10]}$$

folgt:

$$c_0 = \frac{q_0' \cdot b'}{E_s \cdot q_0'} \cdot f_{s,0}$$

somit:

Größtwert der Setzungsmulde c_0, allgemeine Gleichung:

$$c_0 = \frac{b'}{E_s} \cdot f_{s,0}$$

wobei $f_{s,0}$ für b' = kleinere Rechtecksseite aus Tafel 4 – [10] zu entnehmen ist. Aus Kany [10], Tafel 4 folgt für:

$$a'/b' = 100/100 = 1$$

und

$$z/b' = 100 \ (\rightarrow \infty)$$

also bis in sehr große Tiefe gleichmäßig zusammendrückbarer Baugrund:

$$f_{s,0} = 0{,}83$$

und somit:

Größtwert der Setzungsmulde c_0:

$$c_0 = \frac{100}{262} \cdot 0{,}83 = \underline{0{,}317} \ \text{cm}^3/\text{kg}$$

1.2 Balkensteifigkeit α

$$\alpha = \frac{a^4 \cdot B}{E J} = \frac{a^4 \cdot B \cdot 12}{E \cdot B d^3} = \frac{12\, a^4}{E d^3} = \frac{12 \cdot 100^4}{2{,}1 \cdot 10^5 \cdot 50^3} = \underline{0{,}0458} \;\; \text{cm}^3/\text{kg}$$

(11) – [10]

1.3 Systemsteifigkeit η

mit den obigen Zahlenwerten folgt:

Systemsteifigkeit η = erster Eingangswert des Verfahrens KANY:

$$\eta = \frac{c_0}{\alpha} = \frac{0{,}317}{0{,}0458} = \underline{\underline{6{,}92}} \qquad (18) – [10]$$

2. Bestimmung des Eingangswertes k_1

aus KANY [10] Tafel 6 wird für

$$\left. \begin{array}{r} a'/b' = 1 \\ z/b' = 100 \end{array} \right\}$$

entnommen:

Formzahl k_1 = zweiter Eingangswert des Verfahrens KANY:

$$k_1 = \underline{\underline{1{,}60}}$$

3. Bestimmung der Sohldruck-Einflußzahlen $y_{q_{ik}}$

Die Sohldruck-Einflußzahlen $y_{q_{ik}}$ stellen die Ordinaten der Einflußlinie y_q der Schnittstelle x_i für die Wanderlast in den Laststellen x_k dar und werden für die Eingangswerte $\eta = 6{,}92$ und $k_1 = 1{,}60$ KANY [10], Tafelgruppe 8, entnommen und in Tab. 3.3,1 eingetragen.

Die Auftragung der Werte der Tab. 3.3,1 für einzelne Schnittstellen $x_i = 0{,}05$, $x_i = 0{,}15$ bis $x_i = 0{,}95$ ergeben jeweils (Tab. 3.3,1) die in Abb. 3.3,3 dargestellten Einflußlinien EL »q«$_{0,05}$, EL »q«$_{0,15}$ bis EL »q«$_{0,95}$.

Tab. 3.3,1 Sohldruck-Einflußzahlen $y_{q\,k}$

	x_k = 0,05	0,15	0,25	0,35	0,45	0,55	0,65	0,75	0,85	0,95
x_i = 0,05	6,70	3,95	2,00	0,62	—0,15	—0,28	—0,35	—0,30	—0,30	—0,25
0,15	2,36	2,50	1,95	1,20	0,77	0,30	0,07	—0,02	—0,07	—0,12
0,25	1,22	1,85	2,25	1,85	1,30	0,70	0,35	0,10	—0,05	—0,12
0,35	0,30	1,12	1,80	2,30	1,82	1,26	0,75	0,30	0,00	—0,15
0,45	0,00	0,60	1,24	1,85	2,20	1,82	1,23	0,70	0,18	—0,15

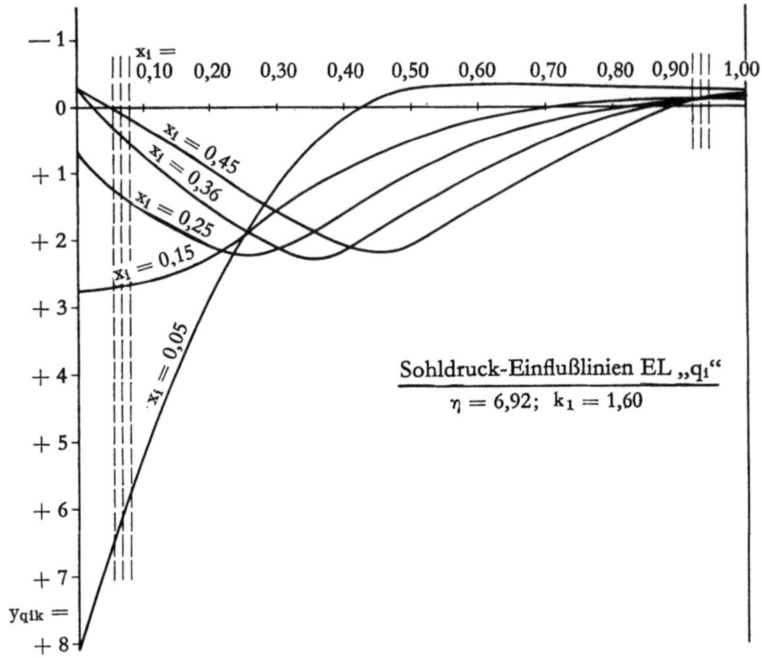

Abb. 3.3,3 Sohldruck-Einflußlinien EL »q_i« für $\eta = 6{,}92$; $k_1 = 1{,}60$

4. Bestimmung der Sohldrücke q_i

Die Sohldrücke q_i werden durch Auswertung der Sohldruck-Einflußzahlen $y_{q_{ik}}$ (Tab. 3.3,1) bzw. der damit in Abb. 3.3,3 aufgetragenen Sohldruck-Einflußlinien EL »q«$_i$ gemäß der elementaren Statik ermittelt, und zwar durch Multiplikation der unter den Einzellasten P_k entnommenen Einflußzahlen y_{qik} mit dem Maßstabsfaktor P_k/AB nach KANY [10], Gl. (22) zu:

$$q_i = y_{qik} \cdot \frac{P_K}{A \cdot B} \qquad \text{kg/cm}^2;$$

mit den Zahlenwerten:

$$P_1 = P_3 = 25 \text{ t}$$
$$P_2 = 50 \text{ t}$$
$$A = 10 \text{ m}$$
$$B = 1 \text{ m}$$

folgt dann:

Sohldruck q_{P_k} für die Einzellasten P_k:

$$q_{P_1} = y_{P_1} \cdot \frac{P_1}{A \cdot B} = y_{P_1} \cdot \frac{25}{10 \cdot 1} = y_{P_1} \cdot 2{,}5 \text{ t/m}^2 = y_{P_1} \cdot 0{,}25 \text{ kg/cm}^2 = q_{P_3}$$

$$q_{P_2} = y_{P_2} \cdot \frac{P_2}{A \cdot B} = y_{P_2} \cdot \frac{50}{10 \cdot 1} = y_{P_2} \cdot 5{,}0 \text{ t/m}^2 = y_{P_2} \cdot 0{,}50 \text{ kg/cm}^2$$

Auswertung in Tab. 3.3,2.

Durch Superposition sämtlicher Einzelwerte y_{qik} für jede Einzellast P_k erhält man die endgültigen Sohldrücke q_i jeder Schnittstelle i = Feldmittelpunkt i für die Gesamtbelastung. Auswertung in Tab. 3.3,2. Darstellung in Abb. 3.3,4a.

Tab. 3.3,2 Sohldrücke q_i

Schnittstelle x_i		0,05	0,15	0,25	0,35	0,45
y_{P1}	–	8,05	2,75	0,74	—0,30	—0,29
y_{P2}	–	—0,24	0,53	1,03	1,57	2,11
y_{P3}	–	—0,25	—0,14	—0,13	—0,18	—0,25
q_{P1}	kg/cm²	2,010	0,687	0,188	—0,075	—0,073
q_{P2}	kg/cm²	—0,120	0,265	0,515	0,785	1,055
q_{P3}	kg/cm²	—0,063	—0,035	—0,032	—0,045	—0,062
q_i	kg/cm²	1,827	0,917	0,671	0,665	0,920

4) *Bestimmung der Biegemomente* M_i

Aus den nunmehr bekannten Sohldrücken q_i bzw. den Auflasten P_i werden nach den elementaren Regeln der Statik die Biegemomente M_q bzw. M_P bestimmt, aus denen durch Superposition die endgültigen Biegemomente M_i bezogen auf die Feldendpunkte i folgen. Auswertung in Tab. 3.3,3. Darstellung in Abb. 3.3,4b.

Tab. 3.3,3 Biegemomente M_i

Schnittstelle x_i		0,10	0,20	0,30	0,40	0,50
q_1 = 18,27	t/m²	9,14	27,41	45,69	63,95	82,22
q_2 = 9,17	t/m²	–	4,58	13,75	22,92	32,09
q_3 = 6,71	t/m²	–	–	3,36	10,07	16,78
q_4 = 6,65	t/m²	–	–	–	3,32	9,97
q_5 = 9,20	t/m²	–	–	–	–	4,60
M_q	tm	9,14	31,99	62,79	100,26	145,66

Schnittstelle x_i		0,10	0,20	0,30	0,40	0,50
M_q	tm	9,14	31,99	62,79	100,26	145,66
M_P	tm	—25,00	—50,00	—75,00	—100,00	—125,00
M_i	tm	—15,86	—18,01	—12,21	+ 0,26	+ 20,66

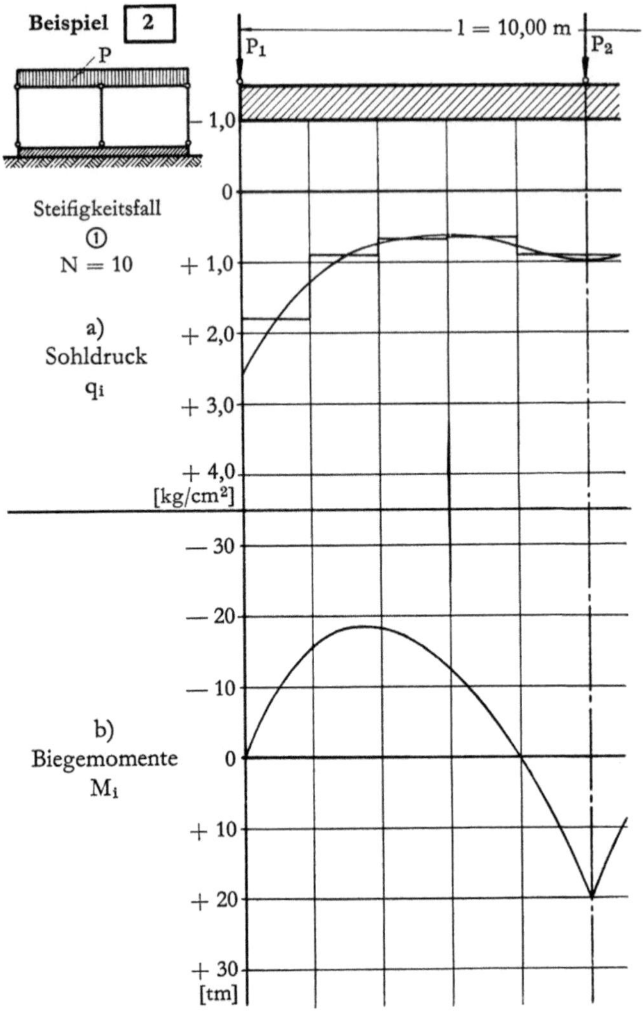

Abb. 3.3,4

5) Bestimmung der Setzungen s_i

Aus den bekannten Sohldrücken q_i lassen sich die Setzungen s_i bezogen auf die Feldmittelpunkte i durch Auswertung der Setzungs-Einflußlinie c_i nach Kany [10] Gl. (7a) bzw. Gl. (2.4,3), bestimmen.

1. Bestimmung der Setzungs-Einflußlinie c_i

Die Ordinaten der Setzungs-Einflußlinie c_i werden aus den nach Kany [10], Tafel 7, für $c_0 = 1$ entnommenen Werten durch Multiplikation mit $c_0 = 0{,}317$ in Tab. 3.3,4, ermittelt.

Tab. 3.3,4 Setzungs-Einflußlinie c_i

	c_0	c_1	c_2	c_3	c_4	c_5	c_6	c_7	c_8	c_9
c_i für $c_0 = 1$	1,000	0,383	0,183	0,107	0,072	0,053	0,040	0,032	0,026	0,0
c_i für $c_0 = 0{,}317$	0,3170	0,1212	0,0580	0,0339	0,0228	0,0168	0,0127	0,0101	0,082	0,0

Unter Beachtung der Symmetrie von Tragwerk und Belastung wird die spätere Auswertung der Setzungs-Einflußlinie durch entsprechende Summenbildung der Ordinaten c_i in Tab. 3.3,5 vereinfacht.

Tab. 3.3,5 Summen für die Setzungs-Einflußlinie c_i

Feld Nr.	1 + 10	2 + 9	3 + 8	4 + 7	5 + 6
q_1	$c_0 + c_9$	$c_1 + c_8$	$c_2 + c_7$	$c_3 + c_6$	$c_4 + c_5$
	0,3240	0,1294	0,0681	0,0466	0,0396
q_2	$c_1 + c_8$	$c_0 + c_7$	$c_1 + c_6$	$c_2 + c_5$	$c_3 + c_4$
	0,1294	0,3271	0,1339	0,0748	0,0567
q_3	$c_2 + c_7$	$c_1 + c_6$	$c_0 + c_5$	$c_1 + c_4$	$c_2 + c_3$
	0,0681	0,1339	0,3338	0,1440	0,0919
q_4	$c_3 + c_6$	$c_2 + c_5$	$c_1 + c_4$	$c_0 + c_3$	$c_1 + c_2$
	0,0466	0,0748	0,1440	0,3509	0,1792
q_5	$c_4 + c_5$	$c_3 + c_4$	$c_2 + c_3$	$c_1 + c_2$	$c_0 + c_1$
	0,0396	0,0567	0,0919	0,1792	0,4382

2. Bestimmung der Setzung s_i

Unter Beachtung der Symmetrie von Tragwerk und Belastung werden mit Hilfe der obigen Summen der Ordinaten c_i nach Tab. 3.3,5 die Setzungen s_i bezogen auf die Feldmittelpunkte i wie folgt in Tab. 3.3,6 bestimmt.

Tab. 3.3,6 Setzungen s_i

		$s_1 = s_{10}$	$s_2 = s_9$	$s_3 = s_8$	$s_4 = s_7$	$s_5 = s_6$
$q_1 = 1{,}827$	kg/cm²	0,592	0,236	0,124	0,085	0,072
$q_2 = 0{,}917$	kg/cm²	0,119	0,300	0,123	0,069	0,052
$q_3 = 0{,}671$	kg/cm²	0,046	0,090	0,224	0,097	0,062
$q_4 = 0{,}665$	kg/cm²	0,031	0,049	0,094	0,236	0,117
$q_5 = 0{,}920$	kg/cm²	0,036	0,052	0,084	0,165	0,404
s_i	cm	0,824	0,727	0,649	0,652	0,707

3.32 Beispiel 14

1) System und Belastungen

Statisches System, Abmessungen, Steifigkeitsverhältnisse, Belastungen s. Abb. 3.3,5.

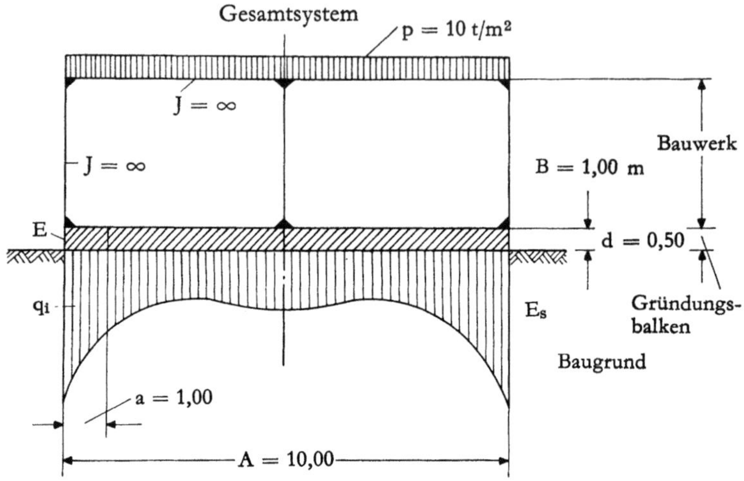

Abb. 3.3,5 Beispiel 14

1. Überbau

1.1 Statisches System und Abmessungen

Der Überbau der Gründungsplatte stellt eine symmetrische, auf drei Stützen ruhende Hochbaukonstruktion nach Abb. 3.3,5 dar.

1.2 Steifigkeitsverhältnisse

Der Überbau ist starr, denn Riegel und Stützen besitzen ein Trägheitsmoment $J = \infty$.
Die drei Stützen sind oben und unten starr angeschlossen.

1.3 Belastungen

Gleichförmige Belastung des Riegels:

$$p = 10\ t/m^2$$

2. Gründungsbalken
Wie Absatz 2, Abschnitt 3.31.

3. Baugrund
Wie Absatz 3, Abschnitt 3.31.

2) Bestimmung der Auflasten P_i

1. Bestimmung des Eingangswertes η
Wie Absatz 2, Abschnitt 3.31.

2. Bestimmung des Eingangswertes k_1
Wie Absatz 3, Abschnitt 3.31.

3. Aufstellung der Elastizitätsgleichungen

Die Auflasten P_i sind unbekannt, weil das gegebene Gesamtsystem statisch unbestimmt ist.
Das Gesamtsystem ist im allgemeinen Fall $n = 6$fach statisch unbestimmt. Für den vorliegenden Fall der Symmetrie von Tragwerk und Belastung ist das System nur noch $n = 2$fach statisch unbestimmt.
Die Ermittlung der statisch Unbestimmten erfolgt nach dem Kraftgrößenverfahren. Als statisch bestimmtes Grundsystem $n = 0$ wird nach Abb. 3.3,6a der Gründungsbalken gewählt. Als die zwei statisch Unbestimmten werden die Veränderung X_1 der Mittelstützkraft $\left(\text{anzusetzen als Gruppenlast } X_1, -\frac{X_1}{2}\right)$ (Abb. 3.3,6c) und die Veränderung X_2 der Randmomente jeweils am Fußpunkt der Außenstützen (Abb. 3.3,6d) angesetzt.
Aufstellung der Elastizitätsgleichungen:
Wegen der Starrheit des Überbaues müssen zwei Bedingungen erfüllt sein:

1. Die Setzungen in den drei Lastpunkten müssen gleich groß sein, folglich muß die relative Verschiebung δ_1 der Mittelstütze gegenüber den Randstützen gleich Null sein.
2. Die Biegelinie muß am Rand des Gründungsbalkens horizontale Tangenten aufweisen, folglich muß jeweils der Verdrehungswinkel δ_2 der Randstützen gleich Null sein.

Dieses findet seinen Ausdruck in den nachfolgenden Elastizitätsgleichungen:

$$\delta_1 = \delta_{10} + X_1\delta_{11} + X_2\delta_{12} = 0 \qquad \text{Verschiebung}$$
$$\delta_2 = \delta_{20} + X_1\delta_{21} + X_2\delta_{22} = 0 \qquad \text{Verdrehung}$$

Die hierin auftretenden Formänderungsgrößen δ_{ik} werden nach dem Verfahren von Mohr aus den entsprechenden Biegemomenten-Flächen M_{ik} ermittelt.

4. Bestimmung der Formänderungsgrößen δ_{ik}

4.1 Biegemomente M_{ik}

4.11 Biegemomente M_{i0}

Die Biegemomente M_{i0} bezogen auf die Feldendpunkte i für das statisch bestimmte Grundsystem infolge der Auflasten P_{i0} liegen bereits in Tab. 3.3,3 vor. Darstellung in Abb. 3.3,7.

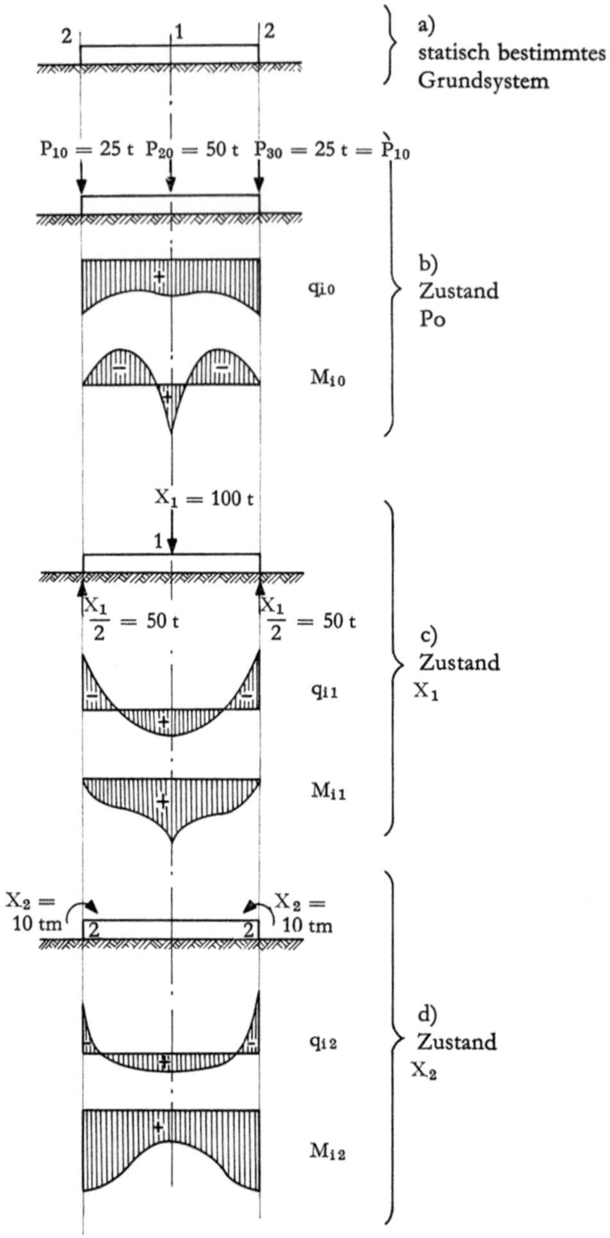

Abb. 3.3,6 Ermittlung der statisch Unbestimmten

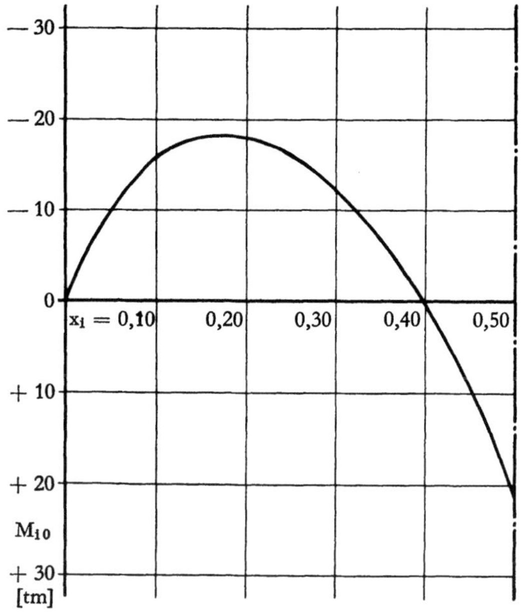

Abb. 3.3,7 Biegemomente M_{i0}

4.12 Biegemoment M_{i1}

Die Sohldrücke q_{i1} bezogen auf die Feldmittelpunkte i für das statisch bestimmte Grundsystem infolge der Auflasten X_1 werden durch Multiplikation der bereits für die betreffenden Lastpunkte ermittelten Sohldruck-Einflußzahlen y_q (Tab. 3.3,2) mit den entsprechenden Maßstabsfaktoren $\frac{X_1}{A \cdot B}$ bzw. $-\frac{X_1/2}{A \cdot B}$ in Tab. 3.3,7 bestimmt.

Tab. 3.3,7 Sohldrücke q_{i1}

Schnittstelle x_i		0,05	0,15	0,25	0,35	0,45
q_{i1}^1	kg/cm²	—4,025	—1,375	—0,370	0,150	0,145
q_{i1}^2	kg/cm²	—0,240	0,530	1,030	1,570	2,110
q_{i1}^3	kg/cm²	0,125	0,070	0,065	0,090	0,125
q_{i1}	kg/cm²	—4,140	—0,775	0,725	1,810	2,380

Die Biegemomente M_{i1} bezogen auf die Feldendpunkte i für das statisch bestimmte Grundsystem infolge der Auflasten X_1 werden aus den Sohldrücken q_{i1} (Tab. 3.3,7) und den Auflasten X_1 in Tab. 3.3,8 bestimmt. Darstellung in Abb. 3.3,8.

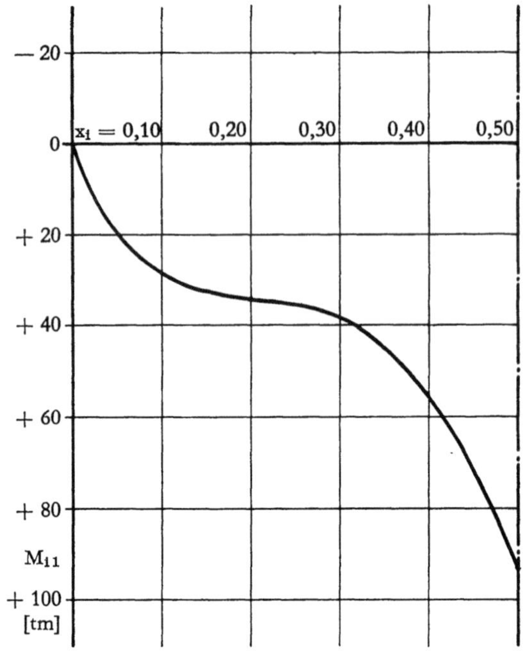

Abb. 3.3,8 Biegemomente M_{i1}
(Biegemomente für Zustand X_1)

Tab. 3.3,8 Biegemomente M_{i1}

Schnittstelle x_i		0,10	0,20	0,30	0,40	0,50
q_{11} = —41,40	t/m²	— 20,70	— 62,10	—103,50	—144,90	—186,30
q_{21} = — 7,75	t/m²	–	— 3,88	— 11,63	— 19,38	— 27,13
q_{31} = 7,25	t/m²	–	–	3,63	10,88	18,13
q_{41} = 18,10	t/m²	–	–	–	9,05	27,15
q_{51} = 23,80	t/m²	–	–	–	–	11,90
$M_{q_{i1}}$	tm	— 20,70	— 65,98	—111,50	—144,35	—156,25

Schnittstelle x_i		0,10	0,20	0,30	0,40	0,50
$M_{q_{i1}}$	tm	— 20,70	— 65,98	—111,50	—144,35	—156,25
M_{X_1}	tm	50,00	100,00	150,00	200,00	250,00
M_{i1}	tm	29,30	34,02	38,50	55,65	93,75

4.13 Biegemomente M_{i2}

Die Sohldrücke q_{i2} bezogen auf die Feldmittelpunkte i für das statisch bestimmte Grundsystem infolge der Auflasten X_2 werden durch Multiplikation der Kany [10],

Tafel 12, entnommenen Sohldruck-Einflußzahlen y_{qiR} mit dem Maßstabsfaktor bestimmt. Der Maßstabsfaktor ergibt sich mit

$$M_R = 10 \text{ tm} = 10^6 \text{ kg}\cdot\text{cm}$$

zu:

$$\frac{M_R}{a^2 \cdot B} = \frac{10^6}{100^2 \cdot 100} = 1$$

Somit stellen die KANY [10], Tafel 12, für die Eingangswerte $\eta = 6{,}92$ und $k_1 = 1{,}60$ entnommenen Sohldruck-Einflußzahlen y_{q_iR} unmittelbar die gesuchten Sohldrücke q_{i2} in Tab. 3.3,9 dar.

Tab. 3.3,9 Sohldrücke q_{i2}

Schnittstelle x_i			0,05	0,15	0,25	0,35	0,45
q_{i2}^1	↗ 1	kg/cm²	—0,072	0,025	0,060	0,065	0,051
q_{i2}^2	3 ↖	kg/cm²	0,001	0,005	0,010	0,020	0,035
q_{i2}		kg/cm²	—0,271	0,030	0,070	0,085	0,086

Die Biegemomente M_{i2} bezogen auf die Feldendpunkte i für das statisch bestimmte Grundsystem infolge der Auflasten X_2 werden aus den Sohldrücken q_{i2} (Tab. 3.3,9) und den Auflasten X_2 in Tab. 3.3,10 bestimmt. Darstellung in Abb. 3.3,9.

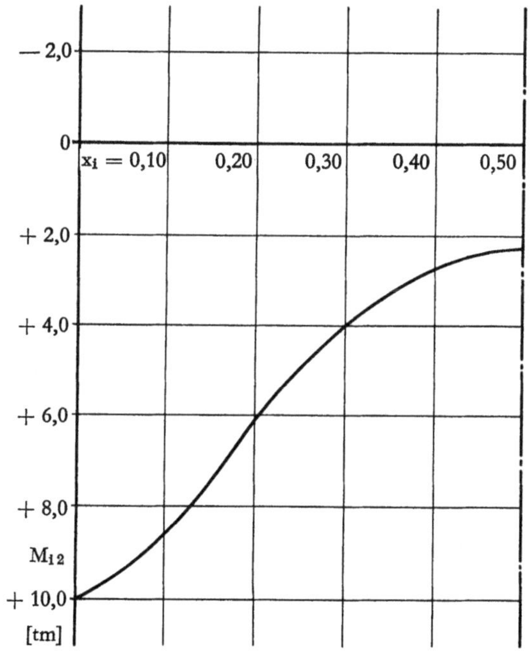

Abb. 3.3,9 Biegemomente M_{i2}
(Biegemomente für Zustand X_2)

Tab. 3.3,10 Biegemomente M_{i2}

Schnittstelle x_i		0,10	0,20	0,30	0,40	0,50
$q_{12} = -2{,}71$	t/m²	$-1{,}36$	$-4{,}07$	$-6{,}78$	$-9{,}49$	$-12{,}20$
$q_{22} = 0{,}30$	t/m²	–	0,15	0,45	0,75	1,05
$q_{32} = 0{,}70$	t/m²	–	–	0,35	1,05	1,75
$q_{42} = 0{,}85$	t/m²	–	–	–	0,43	1,28
$q_{52} = 0{,}86$	t/m²	–	–	–	–	0,43
M_{qi2}	tm	$-1{,}36$	$-3{,}92$	$-5{,}98$	$-7{,}26$	$-7{,}69$
M_{X_2}	tm	10,00	10,00	10,00	10,00	10,00
M_{i2}	tm	8,64	6,08	4,02	2,74	2,31

4.2 Formänderungsgrößen δ_{ik}

Riegel und Stützen besitzen das Trägheitsmoment $J = \infty$. Daher treten dort keine Formänderungen auf.

Somit stellen die Formänderungsgrößen δ_{ik} die Formänderungen lediglich des Gründungsbalkens dar, und zwar bezogen auf den Punkt i (1 = Mittelpunkt, 2 = Randpunkte) (Abb. 3.3,6), hervorgerufen durch den Zustand P_k (P_0; X_1 und X_2).

Die Formänderungsgrößen δ_{ik} werden durch numerische Integration der betreffenden Biegemomentenflächen M_{ik} (M_{i0}; M_{i1} und M_{i2}) nach dem Ansatz von Mohr ermittelt. Hierbei werden die Außenstützen als Auflager des Balkens auf zwei Stützen nach Mohr betrachtet. Die Formänderungsgrößen δ_{ik} ergeben sich dann wie folgt (Abb. 3.3,10).

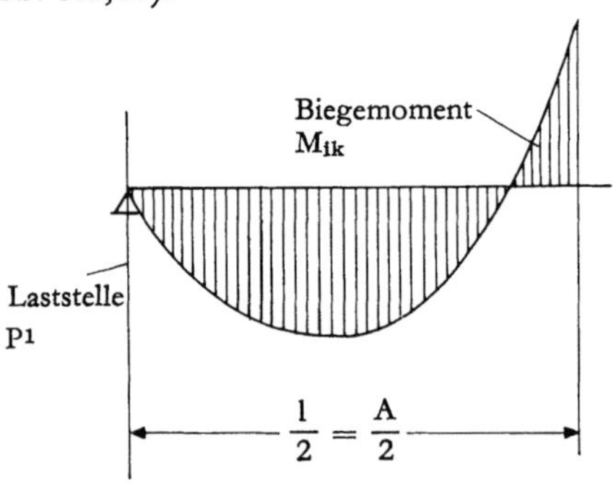

Abb. 3.3,10 Ermittlung der Formänderungsgrößen δ_{ik}

1. Verschiebung = Biegepfeil des Balkens

Bestimmung als Biegemoment $\mathfrak{M}$ des mit der Biegemomenten-Fläche M_{1k} (infolge X_1) belasteten Ersatzbalkens mit der Stützweite $l = A$:

$$\delta_{1k} = \frac{1}{EJ}\left(\sum_0^l F_i \frac{l}{2} - \sum_0^l F_i \bar{x}_i\right)$$

2. Verdrehung = Neigungswinkel am Auflager

Bestimmung als Lagerreaktion $\mathfrak{A}$ des mit der Biegemomenten-Fläche M_{2k} (infolge X_2) belasteten Ersatzbalkens mit der Stützweite $l = A$:

$$\delta_{2k} = \frac{1}{EJ} \cdot \sum_0^l F_i$$

worin mit

$$E = 2{,}1 \cdot 10^6 \text{ t/m}^2$$

$$J = \frac{B d^3}{12} = \frac{1{,}0 \cdot 0{,}50^3}{12} = 0{,}0104 = 1{,}04 \cdot 10^{-2} \text{ m}^4$$

folgt:

$$\frac{1}{EJ} = \frac{10^{-4}}{2{,}1 \cdot 1{,}04} = \frac{10^{-4}}{2{,}18}$$

4.21 Formänderungsgröße δ_{10}

Die Formänderungsgröße δ_{10} wird aus dem Biegemoment M_{i0} (Abb. 3.3,7) bestimmt. Zur genaueren Berechnung wird die Strecke $\frac{l}{2} = 5{,}0$ m in zehn gleiche Abschnitte $\Delta l = 0{,}5$ m geteilt. Auswertung in Tab. 3.3,11.

Tab. 3.3,11 Formänderungsgrößen δ_{10}

Streifen Nr.	$M_{i0}\Delta l$	F_i	$\bar{x}_i$	$F_i\bar{x}_i$
	tm²	tm²	m	tm³
1	$-0{,}5 \cdot 10 \cdot \frac{1}{2}$	$-2{,}50$	4,67	$-11{,}67$
2	$-0{,}5 \cdot 12{,}0$	$-6{,}00$	4,25	$-25{,}50$
3	$-0{,}5 \cdot 17{,}5$	$-8{,}75$	3,75	$-32{,}80$
4	$-0{,}5 \cdot 18{,}2$	$-9{,}10$	3,25	$-29{,}60$
5	$-0{,}5 \cdot 17{,}5$	$-8{,}75$	2,75	$-24{,}05$
6	$-0{,}5 \cdot 14{,}5$	$-7{,}25$	2,25	$-16{,}30$
7	$-0{,}5 \cdot 10{,}0$	$-5{,}00$	1,75	$-8{,}75$
8	$-0{,}5 \cdot 7{,}6 \cdot \frac{1}{2}$	$-1{,}90$	1,33	$-2{,}53$
9	$0{,}5 \cdot 9{,}0 \cdot \frac{1}{2}$	2,25	0,67	1,50
10	$0{,}5 \cdot 15{,}0$	7,50	0,25	1,88
Σ	-	$-39{,}50$	-	$-147{,}82$

Formänderungsgröße δ_{10}:

$$\delta_{10} = \frac{1}{EJ}\left(\sum F_i \frac{l}{2} - \sum F_i \bar{x}_i\right) = \frac{10^{-4}}{2{,}18}(-39{,}50 \cdot 5{,}0 + 147{,}82) = \underline{\underline{-0{,}00228 \text{ m}}}$$

4.22 Formänderungsgröße δ_{20}

Entsprechend Absatz 4.21 dieses Abschnittes und nach Tab. 3.3,11 ergibt sich: Formänderungsgröße δ_{20}:

$$\delta_{20} = \frac{1}{EJ} \sum F_i = -\frac{10^{-4}}{2,18} \cdot 39,50 = \underline{\underline{-0,00181}}$$

4.23 Formänderungsgröße δ_{11}:

Die Formänderungsgröße δ_{11} wird aus dem Biegemoment M_{i1} (Abb. 3.3,8) entsprechend Absatz 4.21 dieses Abschnittes bestimmt. Auswertung in Tab. 3.3,12.

Tab. 3.3,12 Formänderungsgrößen δ_{11}

Streifen Nr.	$M_{i1}\Delta l$	F_i	$\bar{x}_i$	$F_i\bar{x}_i$
	tm^2	tm^2	m	tm^3
1	$0,5 \cdot 2,0 \cdot \frac{1}{2}$	5,00	4,67	23,35
2	$0,5 \cdot 26,0$	13,00	4,25	55,25
3	$0,5 \cdot 31,8$	15,90	3,75	59,63
4	$0,5 \cdot 34,0$	17,00	3,25	55,25
5	$0,5 \cdot 34,9$	17,45	2,75	47,99
6	$0,5 \cdot 36,8$	18,40	2,25	41,90
7	$0,5 \cdot 41,7$	20,85	1,75	36,49
8	$0,5 \cdot 50,5$	25,25	1,25	31,56
9	$0,5 \cdot 63,0$	31,50	0,75	23,63
10	$0,5 \cdot 81,0$	40,50	0,25	10,13
$\sum$	–	204,85	–	384,68

Formänderungsgröße δ_{11}:

$$\delta_{11} = \frac{1}{EJ}\left(\sum F_i \frac{1}{2} - \sum F_i \bar{x}_i\right) = \frac{10^{-4}}{2,18}(204,85 \cdot 5,0 - 384,68) = \underline{\underline{0,02934\ m}}$$

4.24 Formänderungsgröße δ_{21}

Entsprechend Absatz 4.23 dieses Abschnittes und nach Tab. 3.3,12 ergibt sich die Formänderungsgröße δ_{21}:

$$\delta_{21} = \frac{1}{EJ} \sum F_i = \frac{10^{-4}}{2,18} \cdot 204,85 = \underline{\underline{0,00940}}$$

4.25 Formänderungsgröße δ_{12}

Die Formänderungsgröße δ_{12} wird aus dem Biegemoment M_{i2} (Abb. 3.3,9) entsprechend Absatz 4.21 dieses Abschnittes bestimmt. Auswertung in Tab. 3.3,13.

Tab. 3.3,13 Formänderungsgrößen δ_{i2}

Streifen Nr.	$M_{i2}\Delta l$	F_i	x_i	$F_i x_i$
	tm^2	tm^2	m	tm^3
1	0,5 · 9,78	4,89	4,75	23,23
2	0,5 · 9,11	4,56	4,25	19,38
3	0,5 · 8,10	4,05	3,75	15,19
4	0,5 · 6,76	3,38	3,25	9,85
5	0,5 · 5,55	2,78	2,75	7,65
6	0,5 · 4,50	2,25	2,25	5,06
7	0,5 · 3,62	1,81	1,75	3,17
8	0,5 · 2,98	1,49	1,25	1,86
9	0,5 · 2,50	1,25	0,75	0,94
10	0,5 · 2,31	1,16	0,25	0,29
$\sum$	–	27,62	–	86,62

Formänderungsgröße δ_{12}:

$$\delta_{12} = \frac{1}{EJ}\left(\sum F_i \frac{1}{2} - \sum F_i \bar{x}_i\right) = \frac{10^{-4}}{2{,}18}(27{,}62 \cdot 5{,}0 - 86{,}62) = \underline{\underline{0{,}00236 \text{ m}}}$$

4.26 Formänderungsgröße δ_{22}

Entsprechend Absatz 4.25 dieses Abschnittes und nach Tab. 3.3,13 ergibt sich: Formänderungsgröße δ_{22}:

$$\delta_{22} = \frac{1}{EJ}\sum F_i = \frac{10^{-4}}{2{,}18} \cdot 27{,}62 = \underline{\underline{0{,}00127}}$$

Anmerkung:

Das Vertauschungsgesetz von Maxwell gilt für den Gründungsbalken bzw. Baugrund nicht. Daher gilt:

$$\delta_{ik} \neq \delta_{ki}$$

5. Statisch Unbestimmte X_i

Die Auflösung der Elastizitätsgleichungen Absatz 2 dieses Abschnittes ergibt:

$$\left.\begin{aligned} X_1 &= \frac{-\delta_{10}\delta_{22} + \delta_{20}\delta_{12}}{\delta_{11}\delta_{22} - \delta_{21}\delta_{12}} \\ X_2 &= \frac{-\delta_{20}\delta_{11} + \delta_{10}\delta_{21}}{\delta_{11}\delta_{22} - \delta_{21}\delta_{12}} \end{aligned}\right\}$$

mit den Formänderungsgrößen δ_{ik} nach Absatz 4.2 dieses Abschnittes

$$\delta_{10} = -0{,}00228\ \text{m}; \quad \delta_{11} = 0{,}02934\ \text{m}; \quad \delta_{12} = 0{,}00236\ \text{m};$$

$$\delta_{20} = -0{,}00181; \quad \delta_{21} = 0{,}00940; \quad \delta_{22} = 0{,}00127;$$

folgt:

5.1 Statisch Unbestimmte X_1

$$X_1 = \frac{2{,}28 \cdot 1{,}27 - 1{,}81 \cdot 2{,}36}{29{,}34 \cdot 1{,}27 - 9{,}40 \cdot 2{,}36} = \frac{2{,}90 - 4{,}27}{37{,}26 - 22{,}18} = \frac{-1{,}37}{15{,}08} = -\underline{\underline{0{,}0908}}$$

5.2 Statisch Unbestimmte X_2

$$X_2 = \frac{1{,}81 \cdot 29{,}34 - 2{,}28 \cdot 9{,}40}{15{,}08} = \frac{53{,}11 - 21{,}43}{15{,}08} = \frac{31{,}68}{15{,}08} = \underline{\underline{2{,}100}}$$

6. Auflasten P_i

Die Auflasten P_i werden bestimmt gemäß der Gleichung:

$$P_i = P_{i0} + X_1 P_{i1} + X_2 P_{i2}$$

Mit den obigen Zahlenwerten folgt (Abb. 3.3,11)

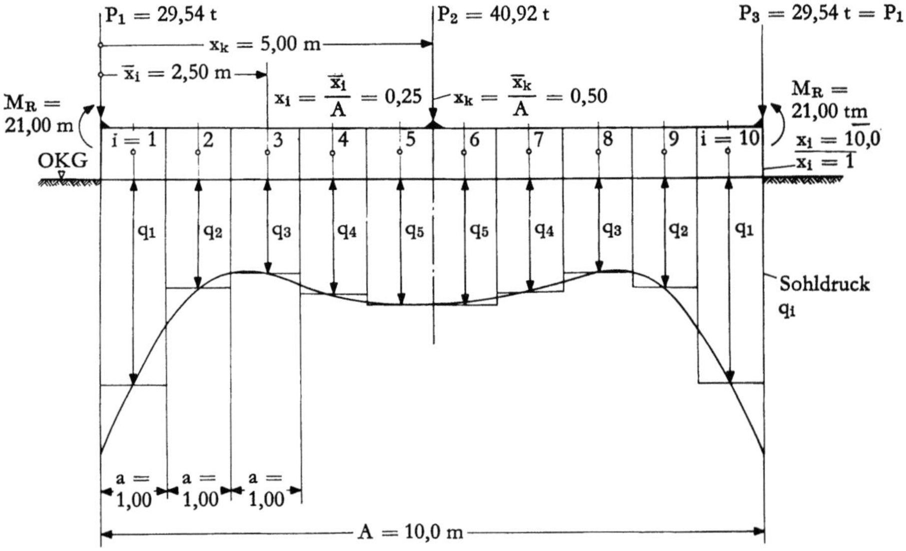

Abb. 3.3,11 Gründungsbalken

6.1 Auflast $P_1 = P_3$

$$P_1 = P_3 = 25 + 0{,}0908 \cdot 50 + 2{,}100 \cdot 0 = 25 + 4{,}54 = \underline{\underline{29{,}54\ \text{t}}}$$

6.2 Auflast P_2

$$P_2 = 50 - 0{,}0908 \cdot 100 + 2{,}100 \cdot 0 = 50 - 9{,}08 = \underline{\underline{40{,}92\ \text{t}}}$$

6.3 Auflast M_R

$$M_R = 0 + 0{,}0908 \cdot 0 + 2{,}100 \cdot 10{,}0 = \underline{\underline{21{,}00 \text{ tm}}}$$

3) Bestimmung der Sohldrücke q_i

Die Sohldrücke q_i werden bestimmt gemäß der Gleichung:

$$q_i = q_{i0} + X_1 q_{i1} + X_2 q_{i2}$$

Mit den Zahlenwerten aus den obigen Tab. 3.3,2, 3.3,7 und 3.3,9 folgt Tab. 3.3,14.

Tab. 3.3,14 Sohldrücke q_i

Schnittstelle x_i		0,05	0,15	0,25	0,35	0,45
q_{i1}	kg/cm²	— 4,140	— 0,775	0,725	1,810	2,380
q_{i2}	kg/cm²	— 0,271	0,030	0,070	0,085	0,086
q_{i0}	kg/cm²	1,827	0,917	0,671	0,665	0,920
$X_1 q_{i1}$	kg/cm²	0,376	0,070	— 0,066	— 0,164	— 0,216
$X_2 q_{i2}$	kg/cm²	— 0,569	0,063	0,147	0,178	0,181
q_i	kg/cm²	1,634	1,050	0,752	0,679	0,885

Darstellung in Abb. 3.3,12a.

4) Bestimmung der Biegemomente M_i

Aus den nunmehr bekannten Sohldrücken q_i bzw. Auflasten P_i werden die Biegemomente M_i entsprechend Absatz 4, Abschnitt 3.31, bestimmt. Auswertung in Tab. 3.3,15. Darstellung in Abb. 3.3,12b.

Tab. 3.3,15 Biegemomente M_i

Schnittstelle x_i		0,10	0,20	0,30	0,40	0,50
$q_1 = 16{,}34$	t/m²	8,17	24,51	40,85	57,19	73,53
$q_2 = 10{,}50$	t/m²	–	5,25	15,75	26,25	36,75
$q_3 = 7{,}52$	t/m²	–	–	3,76	11,28	18,80
$q_4 = 6{,}79$	t/m²	–	–	–	3,40	10,19
$q_5 = 8{,}85$	t/m²	–	–	–	–	4,43
M_q	tm	8,17	29,76	60,36	98,12	143,70

Schnittstelle x_i		0,10	0,20	0,30	0,40	0,50
M_q	tm	8,17	29,76	60,36	98,12	143,70
M_P	tm	— 29,54	— 59,08	— 88,62	—118,16	—147,70
M_R	tm	21,00	21,00	21,00	21,00	21,00
M_i	tm	— 0,37	— 8,32	— 7,26	0,96	17,00

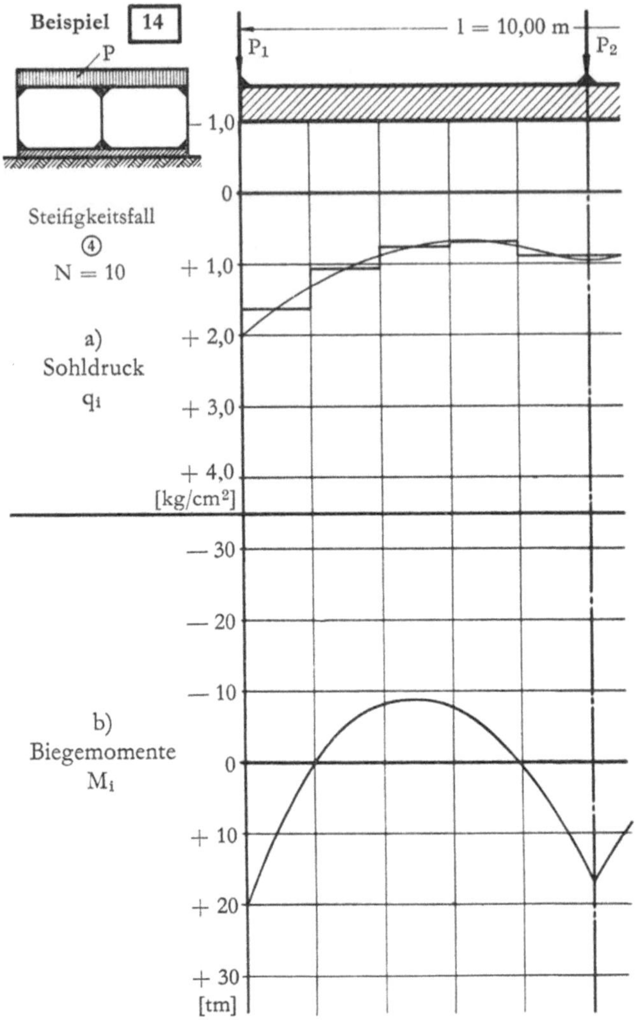

Abb. 3.3,12

Biegemoment

am Balkenrand (Punkt 1): wie Absatz 6.3 dieses Abschnittes:

$$M_1 = M_R = \underline{21{,}00 \text{ tm}}$$

3.33 Beispiel 18

1) System und Belastungen

Statisches System, Abmessungen, Steifigkeitsverhältnisse, Belastungen s. Abb. 3.3,13.

1. Überbau

1.1 Statisches System und Abmessungen

Das Bauwerk entspricht dem Bauwerk in Beispiel 2 (Abschnitt 3.31). Es sind lediglich die Außenstützen um das Maß $c = \frac{1}{15} A = \frac{1}{15} 10{,}0 = 0{,}67$ m nach innen gerückt, so daß der Gründungsbalken beiderseits eine Auskragung erhält (Abb. 3.3,13).

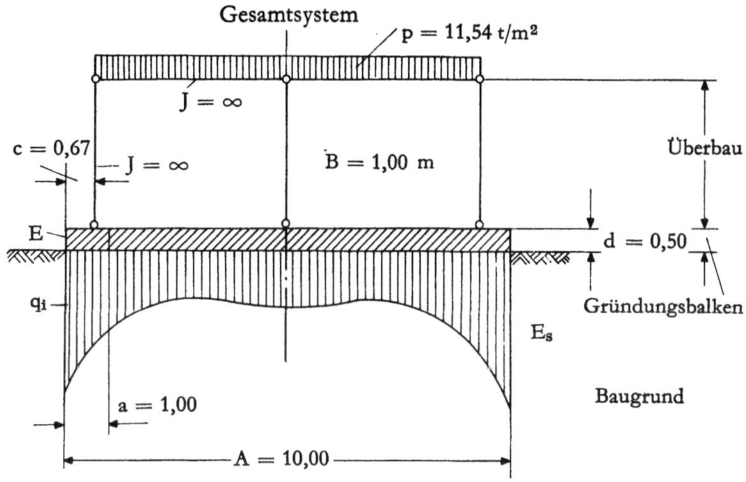

Abb. 3.3,13 Beispiel 18

1.2 Steifigkeitsverhältnisse

Wie Absatz 1, Abschnitt 3.31.

1.3 Belastungen

Gleichförmige Belastung des Riegels:

$$p = \tfrac{15}{13} \cdot 10 = 11{,}54 \text{ t/m}^2$$

2. Gründungsbalken

Wie Absatz 1, Abschnitt 3.31

3. Baugrund

Wie Absatz 1, Abschnitt 3.31

2) Bestimmung der Auflasten P_i

Es ergeben sich die gleichen Auflasten P_1 bis P_3 wie in Absatz 2, Abschnitt 3.31 (Abb. 3.3,14).

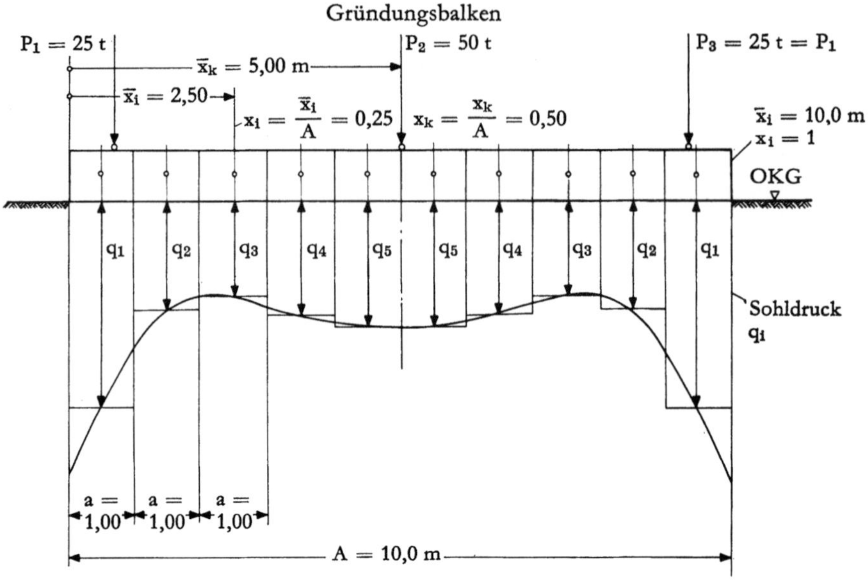

Abb. 3.3,14 Gründungsbalken

3) Bestimmung der Sohldrücke q_i

Die Ermittlung der unbekannten Sohldrücke q_1 bis q_{10} erfolgt entsprechend Absatz 3, Abschnitt 3.31.

1. Bestimmung des Eingangswertes η

Wie Absatz 3, Abschnitt 3.31:
Systemsteifigkeit $\eta = 6{,}92$.

2. Bestimmung des Eingangswertes k_1

Wie Absatz 3, Abschnitt 3.31:
Formzahl $k_1 = 1{,}60$.

3. Bestimmung der Sohldruck-Einflußzahlen $y_{q_{ik}}$
Wie Absatz 3, Abschnitt 3.31: Tab. 3.3,1.

4. Bestimmung der Sohldrücke q_i

Die Ermittlung der Sohldrücke q_i erfolgt entsprechend Absatz 3, Abschnitt 3.31, durch Multiplikation der betreffenden Sohldruck-Einflußzahlen y_q mit den gleichen Maßstabsfaktoren und anschließende Superposition der Einzelwerte q_{Pk}.

Auswertung in Tab. 3.3,16. Darstellung in Abb. 3.3,15a.

Tab. 3.3,16 Sohldrücke q_i

Schnittstelle x_i		0,05	0,15	0,25	0,35	0,45
y_{P1}	–	6,08	2,72	1,35	0,45	0,10
y_{P2}	–	— 0,24	0,53	1,03	1,57	2,11
y_{P3}	–	— 0,25	— 0,11	— 0,11	— 0,13	— 0,10
q_{P1}	kg/cm²	1,520	0,680	0,337	0,112	0,025
q_{P2}	kg/cm²	— 0,120	0,265	0,515	0,785	1,055
q_{P3}	kg/cm²	— 0,062	— 0,027	— 0,028	— 0,032	— 0,025
q_i	kg/cm²	1,338	0,918	0,824	0,865	1,055

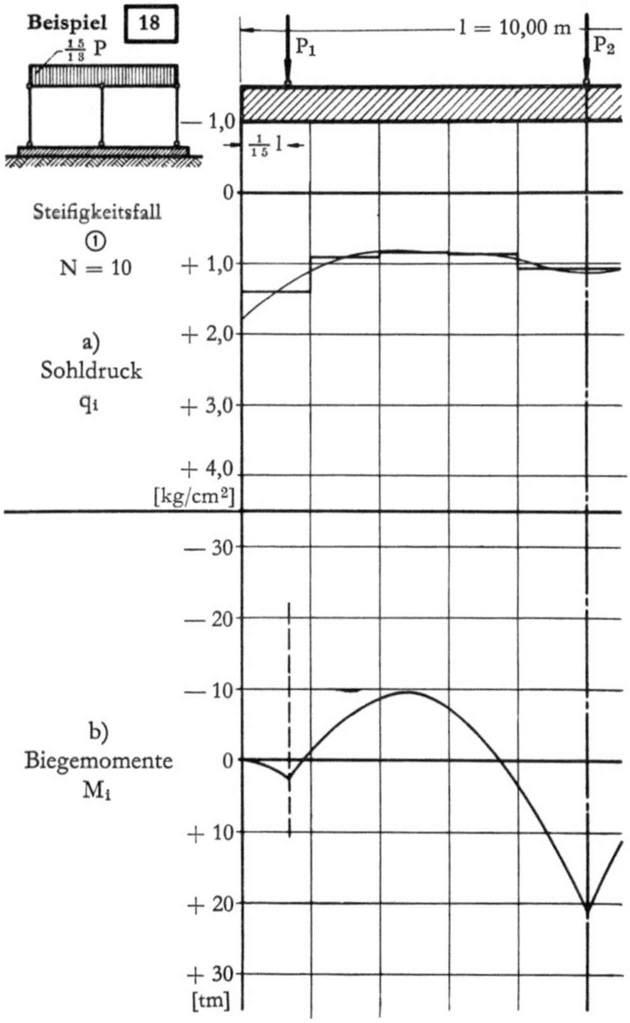

Abb. 3.3,15

4) Bestimmung der Biegemomente M_i

Aus den nunmehr bekannten Sohldrücken q_i und den Auflasten P_i werden die Biegemomente M_i bezogen auf die Feldendpunkte i entsprechend Absatz 4, Abschnitt 3.31, nach den Regeln der elementaren Statik bestimmt. Auswertung in Tab. 3.3,17. Darstellung in Abb. 3.3,15b.

Tab. 3.3,17 Biegemomente M_i

Schnittstelle x_i		0,10	0,20	0,30	0,40	0,50
$q_1 = 13{,}38$	t/m²	6,69	20,07	33,45	46,83	60,21
$q_2 = 9{,}18$	t/m²	–	4,59	13,77	22,95	32,13
$q_3 = 8{,}24$	t/m²	–	–	4,12	12,36	20,60
$q_4 = 8{,}65$	t/m²	–	–	–	4,32	12,97
$q_5 = 10{,}55$	t/m²	–	–	–	–	5,27
M_q	tm	6,69	24,66	51,34	86,46	131,18

Schnittstelle x_i		0,10	0,20	0,30	0,40	0,50
M_q	tm	6,69	24,66	51,34	86,46	131,18
M_P	tm	— 8,33	— 33,33	— 58,33	— 83,33	—108,33
M_i	tm	— 1,64	— 8,67	— 6,99	3,13	22,85

Stützmoment

an den Laststellen P_1 und P_3:

$$M_{St} = \frac{q_{0,05} \cdot l^2}{2} = \frac{13{,}38 \cdot 0{,}67^2}{2} = \underline{3{,}00 \text{ tm}}$$

5) Bestimmung der Setzungen s_i

Aus den bekannten Sohldrücken q_i lassen sich die Setzungen s_i bezogen auf die Feldmittelpunkte i entsprechend Absatz 5, Abschnitt 3.31, durch Auswertung der Setzungseinflußlinie c_i bestimmen.

1. Bestimmung der Setzungseinflußlinie c_i
Wie Abschnitt 3.31: Tab. 3.3,4 und 3.3,5.

2. Bestimmung der Setzungen s_i
Wie Absatz 5, Abschnitt 3.31. Auswertung in Tab. 3.3,18.

Tab. 3.3,18 Setzungen s_i

		$s_1 = s_{10}$	$s_2 = s_9$	$s_3 = s_8$	$s_4 = s_7$	$s_5 = s_6$
$q_1 = 1{,}338$	kg/cm²	0,434	0,173	0,091	0,062	0,053
$q_2 = 0{,}918$	kg/cm²	0,119	0,300	0,123	0,069	0,052
$q_3 = 0{,}824$	kg/cm²	0,056	0,110	0,275	0,119	0,075
$q_4 = 0{,}865$	kg/cm²	0,040	0,065	0,125	0,304	0,155
$q_5 = 1{,}055$	kg/cm²	0,042	0,060	0,097	0,189	0,462
s_i	cm	0,691	0,708	0,711	0,743	0,797

3.34 Beispiel 30

1) System und Belastungen

Statisches System, Abmessungen, Steifigkeitsverhältnisse, Belastungen s. Abb. 3.3,16.

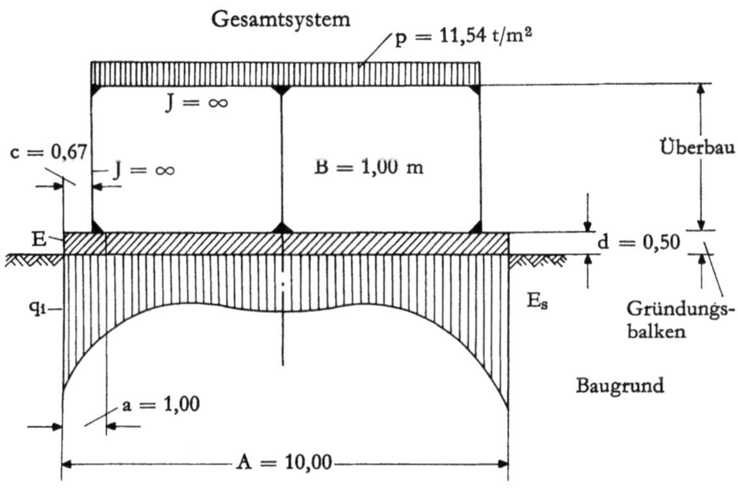

Abb. 3.3,16 Beispiel 30

1. Überbau

1.1 Statisches System und Abmessungen

Das Bauwerk entspricht dem Bauwerk in Beispiel 14 (Abschnitt 3.32). Es sind lediglich die Außenstützen um das Maß $c = \frac{1}{15} A = \frac{1}{15} \cdot 10{,}0 = 0{,}67$ m nach innen gerückt, so daß der Gründungsbalken beiderseits eine Auskragung erhält (Abb. 3.3,16).

1.2 Steifigkeitsverhältnisse
Wie Absatz 1, Abschnitt 3.32.

1.3 Belastungen
Gleichförmige Belastung des Riegels:

$$p = \frac{15}{13} \cdot 10 = 11{,}54 \text{ t/m}^2$$

2. Gründungsbalken
Wie Absatz 1, Abschnitt 3.31.

3. Baugrund
Wie Absatz 1, Abschnitt 3.31.

2) Bestimmung der Auflasten P_i

1. Bestimmung des Eingangswertes :
Wie Absatz 3, Abschnitt 3.31.

2. Bestimmung des Eingangswertes l
Wie Absatz 3, Abschnitt 3.31.

3. Aufstellung der Elastizitätsgleichungen
Die Auflasten P_i sind unbekannt, weil das gegebene Gesamtsystem statisch unbestimmt ist.
Das Gesamtsystem ist wie Beispiel 14 (Abschnitt 3.32) im allgemeinen Fall $n = 6$fach statisch unbestimmt und ist wiederum für den vorliegenden Fall der Symmetrie von Tragwerk und Belastung nur noch $n = 2$fach statisch unbestimmt (vgl. Abschnitt 3.32).
Die Ermittlung der statisch Unbestimmten erfolgt nach dem Kraftgrößenverfahren, und zwar in der gleichen Weise wie in Abschnitt 3.32 und entsprechend Abb. 3.3,6.
Aufstellung der Elastizitätsgleichungen:
Wie Absatz 2, Abschnitt 3.32.

4. Bestimmung der Formänderungsgrößen δ_{ik}

4.1 Biegemomente M_{ik}

4.11 Biegemoment M_{i0}
Das Biegemoment M_{i0} für das statisch bestimmte Grundsystem infolge der Auflasten P_{i0} liegt bereits in Tab. 3.3,17 vor. Darstellung in Abb. 3.3,17.

4.12 Biegemoment M_{i1}
Die Sohldrücke q_{i1} bezogen auf die Feldmittelpunkte i für das statisch bestimmte Grundsystem infolge der Auflasten X_1 werden durch Multiplikation der bereits für die betreffenden Lastpunkte ermittelten Sohldruck-Einflußzahlen y_q (Tab. 3.3,16) mit den entsprechenden Maßstabsfaktoren $\frac{X_1}{A \cdot B}$ bzw. $-\frac{X_1/2}{A \cdot B}$ in Tab. 3.3,19 bestimmt.

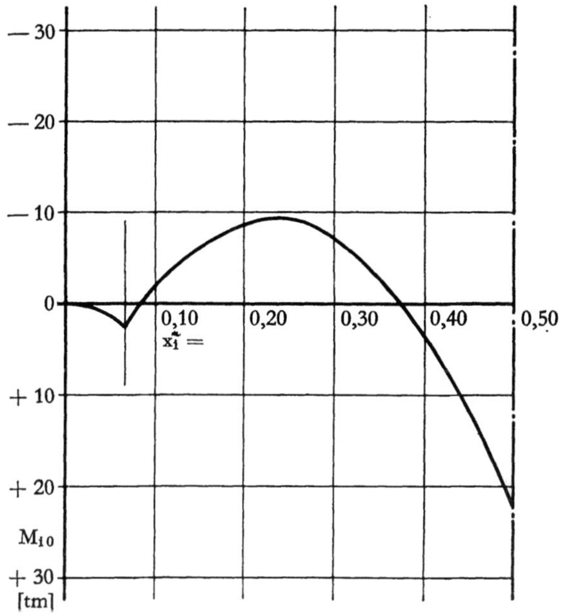

Abb. 3.3,17 Biegemomente M_{i0}

Tab. 3.3,19 Sohldrücke q_{i1}

Schnittstelle x_i		0,05	0,15	0,25	0,35	0,45
$q_{i_1}^1$	kg/cm²	— 3,040	— 1,360	— 0,675	— 0,225	— 0,050
$q_{i_1}^2$	kg/cm²	— 0,240	0,530	1,030	1,570	2,110
$q_{i_1}^3$	kg/cm²	0,125	0,055	0,055	0,055	0,050
q_{i_1}	kg/cm²	— 3,155	— 0,775	0,410	1,410	2,110

Die Biegemomente M_{i1} bezogen auf die Feldendpunkte i für das statisch bestimmte Grundsystem infolge der Auflasten X_1 werden aus den Sohldrücken q_{i1} (Tab. 3.3,19) und den Auflasten X_1 in Tab. 3.3,20 bestimmt. Darstellung in Abb. 3.3,18.

Tab. 3.3,20 Biegemomente M_{i1}

Schnittstelle x_i		0,10	0,20	0,30	0,40	0,50
$q_{11} = -31,55$	t/m²	— 15,78	— 47,33	— 78,88	—110,43	—141,98
$q_{21} = -\ 7,75$	t/m²	-	— 3,88	— 19,38	— 27,13	— 34,88
$q_{31} = \ 4,10$	t/m²	-	-	2,05	6,15	10,25
$q_{41} = \ 14,10$	t/m²	-	-	-	7,05	21,15
$q_{51} = \ 21,10$	t/m²	-	-	-	-	10,55
$M_{q_{i1}}$	tm	— 15,78	— 51,21	— 96,21	—124,36	—134,96

Tab. 3.3,20 (Fortsetzung)

Schnittstelle x_i		0,10	0,20	0,30	0,40	0,50
$M_{q_{i1}}$	tm	— 15,78	— 51,21	— 96,21	—124,36	—134,96
M_{X_1}	tm	16,65	66,65	116,65	166,65	216,65
M_{i1}	tm	0,87	15,44	20,44	42,29	81,69

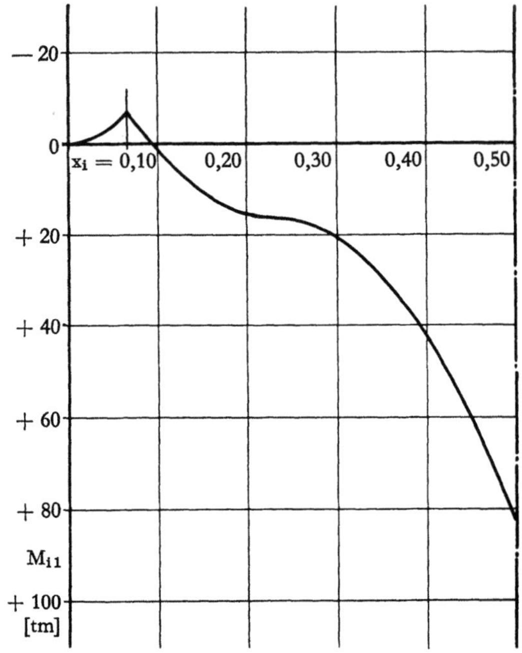

Abb. 3.3,18 Biegemomente M_{i1}
(Biegemomente für Zustand X_1)

Stützmoment

an den Laststellen P_1 und P_3:

$$M_{St} = -\frac{31{,}55 \cdot 0{,}67^2}{2} = -31{,}55 \cdot 0{,}224 = \underline{-7{,}06 \text{ tm}}$$

4.13 Biegemomente M_{i2}

Die Sohldrücke q_{i2} bezogen auf die Feldmittelpunkte i für das statisch bestimmte Grundsystem werden hervorgerufen durch die Auflasten X_2, also die an den Außenstützen angreifenden Momente X_2.
Da jedoch für einen Momentenangriff an beliebiger Stelle keine Tafeln vorhanden sind, wird das Moment X_2 jeweils durch ein an den zu untersuchenden Stellen anzubringendes Kräftepaar ersetzt (Abb. 3.3,19). Für den Abstand

$$e = 0{,}25 \text{ m}$$

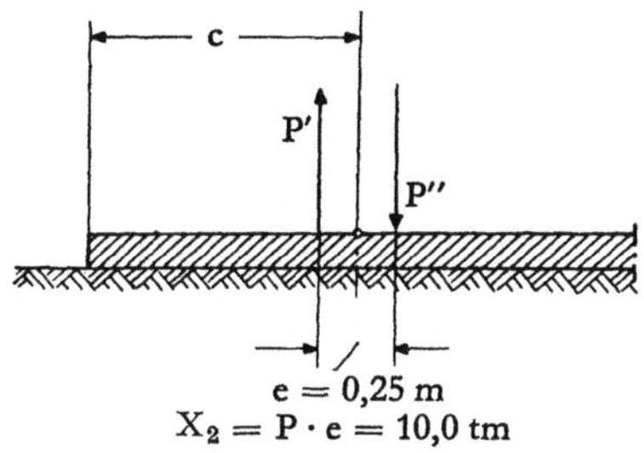

Abb. 3.3,19 Angriff statisch Unbestimmte X_2

folgt:

$$P' = P'' = \frac{X_2}{e} = \frac{10,0}{0,25} = 40,0 \text{ t}$$

Aus den für diese Laststellen aus Tab. 3.3,1 bzw. der Sohldruck-Einflußlinie entnommenen Sohldruck-Einflußzahlen $y_{q\,ik}$ werden durch Multiplikation mit dem Maßstabsfaktor

$$\frac{P'}{A \cdot B} = \frac{40,0}{10,0 \cdot 1,0} \cdot 0,10 = 0,40 \text{ kg/cm}^2$$

die Sohldrücke q_{i2} in Tab. 3.3,21 bestimmt.

Tab. 3.3,21 Sohldrücke q_{i2}

Schnittstelle x_i				0,05	0,15	0,25	0,35	0,45
Links	$y_{P'}$	P' ↑	–	— 6,50	— 2,70	— 1,23	— 0,34	— 0,00
	$y_{P''}$	↓ P''	–	5,77	2,67	1,44	0,59	0,18
Rechts	$y_{P'}$	P' ↓	–	— 0,25	— 0,11	— 0,11	— 0,11	— 0,07
	$y_{P''}$	↑ P''	–	0,25	0,12	0,12	0,14	0,14
L. + R.	Σ		–	— 0,73	— 0,02	0,22	0,28	0,25
	q_{i2}		kg/cm²	— 0,292	— 0,008	0,088	0,112	0,100

Die Biegemomente M_{i2} bezogen auf die Feldendpunkte i für das statisch bestimmte Grundsystem infolge der Auflasten X_2 werden aus den Sohldrücken q_{i2} (Tab. 3.3,21) und den Auflasten X_2 in Tab. 3.3,22 bestimmt. Darstellung in Abb. 3.3,20.

Tab. 3.3,22 Biegemomente M_{i2}

Schnittstelle x_i		0,10	0,20	0,30	0,40	0,50
$q_{12} = -2{,}92$	t/m²	— 1,46	— 4,38	— 7,30	—10,22	—13,14
$q_{22} = -0{,}08$	t/m²	–	— 0,04	— 0,12	— 0,20	— 0,28
$q_{32} = 0{,}88$	t/m²	–	–	0,44	1,32	2,20
$q_{42} = 1{,}12$	t/m²	–	–	–	0,56	1,68
$q_{52} = 1{,}00$	t/m²	–	–	–	–	0,50
$M_{q_i 2}$	tm	— 1,46	— 4,42	— 6,98	— 8,54	— 9,04

Schnittstelle x_i		0,10	0,20	0,30	0,40	0,50
$M_{q_i 2}$	tm	— 1,46	— 4,42	— 6,98	— 8,54	— 9,04
M_{X_2}	tm	10,00	10,00	10,00	10,00	10,00
M_{i2}	tm	8,54	5,58	3,02	1,46	0,96

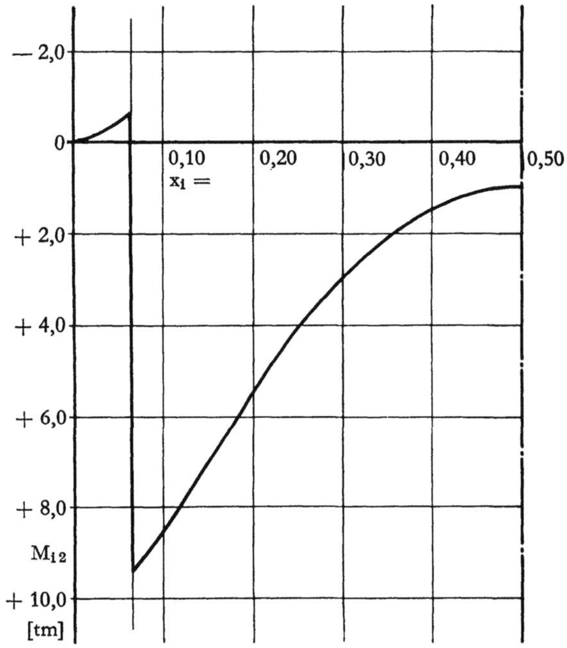

Abb. 3.3,20 Biegemomente M_{i2} (Biegemomente für Zustand X_2)

Stützmoment

an den Außenstützen

$$M_{St}^{l} = -\frac{2{,}92 \cdot 0{,}67^2}{2} = -2{,}92 \cdot 0{,}224 = \underline{-0{,}65 \text{ tm}}$$

$$M_{St}^{r} = M_{St}^{l} + M_R = -0{,}65 + 10{,}0 = \underline{9{,}35 \text{ tm}}$$

4.2 Formänderungsgrößen δ_{ik}

Entsprechend zu Absatz 4.2, Abschnitt 3.32, stellen die Formänderungsgrößen δ_{ik} die Formänderungen lediglich des Gründungsbalkens dar, und zwar bezogen auf den Punkt i (1 = Mittelstütze, 2 = Randstützen), hervorgerufen durch den Zustand P_k (P_0; X_1 und X_2).
Die Formänderungsgrößen δ_{ik} werden auch hier wiederum durch numerische Integration der betreffenden Biegemomentenflächen M_{ik} (M_{i0}; M_{i1} und M_{i2}) nach dem Ansatz von MOHR ermittelt. Hierbei werden die Außenstützen als Auflager des Balkens auf zwei Stützen nach MOHR betrachtet (Abb. 3.3,21). Die Formänderungsgrößen δ_{ik} ergeben sich dann wie folgt.

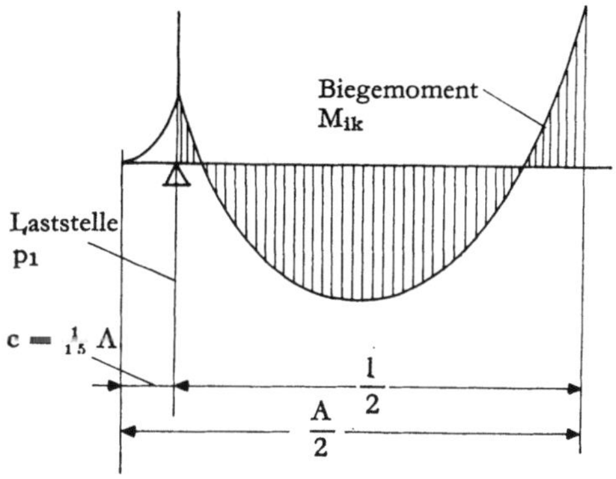

Abb. 3.3,21 Ermittlung der Formänderungsgrößen δ_{ik}

1. Verschiebung = Biegepfeil des Balkens:

   Bestimmung als Biegemoment $\mathfrak{M}$ des mit der Biegemomentenfläche M_{1k} (infolge X_1) belasteten Ersatzbalkens mit der Stützweite $l = A - 2\frac{1}{15}A$:

$$\delta_{1k} = \frac{1}{E \cdot J}\left(\sum_0^l F_i \frac{l}{2} - \sum_0^l F_i \bar{x}_i\right)$$

2. Verdrehung = Neigungswinkel am Auflager:

   Bestimmung als Lagerreaktion $\mathfrak{A}$ des mit der Biegemomenten-Fläche M_{2k} (infolge X_2) belasteten Ersatzbalkens mit der Stützweite $l = A - 2\frac{1}{15}A$:

$$\delta_{2k} = \frac{1}{E \cdot J}\sum_0^l F_i$$

Hierin bedeutet wie in Absatz 4.2, Abschnitt 3.32:

$$\frac{1}{E \cdot J} = \frac{10^{-4}}{2{,}18}$$

4.21 Formänderungsgröße δ_{10}

Die Formänderungsgröße wurde entsprechend Absatz 4.21, Abschnitt 3.32, aus dem Biegemoment M_{10} (Abb. 3.3,17) bestimmt. Auswertung in Tab. 3.3,23.

Tab. 3.3,23 Formänderungsgrößen δ_{10}

Streifen Nr.	$M_{10}\Delta l$	F_i	$\bar{x}_i$	$F_i\bar{x}_i$
	tm^2	tm^2	m	tm^3
1	0,33 · 0,25	0,08	4,17	0,33
2	— 0,5 · 4,0	— 2,00	3,75	— 7,50
3	— 0,5 · 7,4	— 3,70	3,25	—12,02
4	— 0,5 · 9,4	— 4,70	2,75	—12,93
5	— 0,5 · 8,6	— 4,30	2,25	— 9,68
6	— 0,5 · 5,0	— 2,50	1,75	— 4,38
7	0,5 · 0	0	1,25	0
8	0,5 · 7,3	3,65	0,75	2,74
9	0,5 · 17,0	8,50	0,25	2,12
$\sum$	-	— 4,97	-	—41,32

Formänderungsgröße δ_{10}:

$$\delta_{10} = \frac{1}{E \cdot J}\left(\sum_0 F_i \frac{1}{2} - \sum F_i \bar{x}_i\right) = \frac{10^{-4}}{2,18}(-4,97 \cdot 4,33 + 41,32) = \underline{\underline{0,000910 m}}$$

4.22 Formänderungsgröße δ_{20}

Entsprechend zu Absatz 4.21, Abschnitt 3.32, und nach Tab. 3.3,23 ergibt sich:
Formänderungsgröße δ_{20}:

$$\delta_{20} = \frac{1}{E \cdot J}\sum F_i = -\frac{10^{-4}}{2,18} \cdot 4,97 = -0,000228$$

4.23 Formänderungsgröße δ_{11}

Die Formänderungsgröße δ_{11} wird aus dem Biegemoment M_{11} (Abb. 3.3,18) entsprechend Absatz 4.21, Abschnitt 3.32, bestimmt. Auswertung in Tab. 3.3,24.

Tab. 3.3,24 Formänderungsgrößen δ_{11}

Streifen Nr.	$M_{11}\Delta l$	F_i	$\bar{x}_i$	$F_i\bar{x}_i$
	tm^2	tm^2	m	tm^3
1	— 0,25 · 7,06 · $\frac{1}{2}$	— 0,88	4,25	— 3,74
2	0,5 · 5,90	2,95	3,75	11,06
3	0,5 · 13,0	6,50	3,25	21,12
4	0,5 · 16,5	8,25	2,75	22,67
5	0,5 · 18,6	9,30	2,25	20,95
6	0,5 · 24,1	12,05	1,75	21,08
7	0,5 · 35,4	17,70	1,25	22,12
8	0,5 · 50,4	25,20	0,75	18,90
9	0,5 · 70,0	35,00	0,25	8,75
$\sum$	-	116,07	-	142,91

Formänderungsgröße δ_{11}:

$$\delta_{11} = \frac{1}{E \cdot J}\left(\sum F_i \frac{l}{2} - \sum F_i \bar{x}_i\right) = \frac{10^{-4}}{2,18}(116,07 \cdot 4,33 - 142,91) = \underline{\underline{0,016480\,m}}$$

4.24 Formänderungsgröße δ_{21}

Entsprechend zu Absatz 4.23 dieses Abschnittes nach Tab. 3.3,24 ergibt sich Formänderungsgröße δ_{21}:

$$\delta_{21} = \frac{1}{E \cdot J} \sum F_i = \frac{10^{-4}}{2,18} \cdot 116,07 = \underline{\underline{0,005330}}$$

4.25 Formänderungsgröße δ_{12}

Die Formänderungsgröße δ_{12} wird aus dem Biegemoment M_{12} (Abb. 3.3,20) entsprechend Absatz 4.21 dieses Abschnittes bestimmt. Auswertung in Tab. 3.3,25.

Tab. 3.3,25 Formänderungsgrößen δ_{12}

Streifen Nr.	$M_{12}\Delta l$	F_i	$\bar{x}_i$	$F_i\bar{x}_i$
	tm^2	tm^2	m	tm^3
1	0,33 · 8,90	2,94	4,17	12,25
2	0,5 · 7,84	3,92	3,75	14,70
3	0,5 · 6,36	3,18	3,25	10,32
4	0,5 · 4,90	2,45	2,75	6,74
5	0,5 · 3,64	1,82	2,25	4,10
6	0,5 · 2,58	1,29	1,75	2,26
7	0,5 · 1,72	0,86	1,25	1,08
8	0,5 · 1,18	0,59	0,75	0,44
9	0,5 · 0,94	0,47	0,25	0,12
Σ	–	17,52	–	52,01

Formänderungsgröße δ_{12}:

$$\delta_{12} = \frac{1}{E \cdot J}\left(\sum F_i \frac{l}{2} - \sum F_i \bar{x}_i\right) = \frac{10^{-4}}{2,18}(17,52 \cdot 4,33 - 52,01) = \underline{\underline{0,001079\ m}}$$

4.26 Formänderungsgröße δ_{22}

Entsprechend zu Absatz 4.25 dieses Abschnittes und nach Tab. 3.3,25 ergibt sich: Formänderungsgröße δ_{22}:

$$\delta_{22} = \frac{1}{E \cdot J} \sum F_i = \frac{10^{-4}}{2,18} \cdot 17,52 = \underline{\underline{0,000805}}$$

Anmerkung:

Das Vertauschungsgesetz von MAXWELL gilt für den Gründungsbalken bzw. Baugrund nicht. Daher gilt:

$$\delta_{ik} \neq \delta_{ki}$$

5. Statisch unbestimmte X_i

Die Auflösung der Elastizitätsgleichungen Absatz 2, Abschnitt 3.22, ergibt:

$$\left.\begin{aligned} X_1 &= \frac{-\delta_{10}\,\delta_{22} + \delta_{20}\,\delta_{12}}{\delta_{11}\,\delta_{22} - \delta_{21}\,\delta_{12}} \\ X_2 &= \frac{-\delta_{20}\,\delta_{11} + \delta_{10}\,\delta_{21}}{\delta_{11}\,\delta_{22} - \delta_{21}\,\delta_{12}} \end{aligned}\right\}$$

Mit den

Formänderungsgrößen δ_{ik} nach Absatz 2 dieses Abschnittes

$$\delta_{10} = 0{,}000910\text{ m};\quad \delta_{11} = 0{,}016480\text{ m};\quad \delta_{12} = 0{,}001097\text{ m}$$

$$\delta_{20} = -0{,}000228\text{ m};\quad \delta_{21} = 0{,}005330\text{ m};\quad \delta_{22} = 0{,}000805\text{ m}$$

folgt:

5.1 Statisch unbestimmte X_1

$$X_1 = \frac{-0{,}910 \cdot 0{,}805 - 0{,}228 \cdot 1{,}097}{16{,}48 \cdot 0{,}805 - 5{,}330 \cdot 1{,}097} = \frac{-0{,}733 - 0{,}250}{13{,}28 - 5{,}95} = \frac{-0{,}983}{7{,}33} = \underline{\underline{-0{,}1340}}$$

5.2 Statisch unbestimmte X_2

$$X_2 = \frac{0{,}228 \cdot 16{,}48 + 0{,}91 \cdot 5{,}33}{7{,}33} = \frac{3{,}755 + 3{,}905}{7{,}33} = \frac{7{,}660}{7{,}330} = \underline{\underline{1{,}043}}$$

6. Auflasten P_i

Die Auflasten P_i werden bestimmt gemäß der Gleichung:

$$P_i = P_{i0} + X_1 P_{i1} + X_2 P_{i2}$$

Mit den obigen Zahlenwerten folgt (Abb. 3.3,22)

6.1 Auflast $P_1 = P_3$:

$$P_1 = P_3 = 25 + 0{,}1340 \cdot 50 + 1{,}043 \cdot 0 = 25 + 6{,}70 = \underline{\underline{31{,}70\text{ t}}}$$

6.2 Auflast P_2:

$$P_2 = 50 - 0{,}1340 \cdot 100 + 1{,}043 \cdot 0 = 50 - 13{,}40 = \underline{\underline{36{,}60\text{ t}}}$$

6.3 Auflast M_R:

$$M_R = 0 + 0{,}1340 \cdot 0 + 1{,}043 \cdot 10{,}0 = \underline{\underline{10{,}43\text{ tm}}}$$

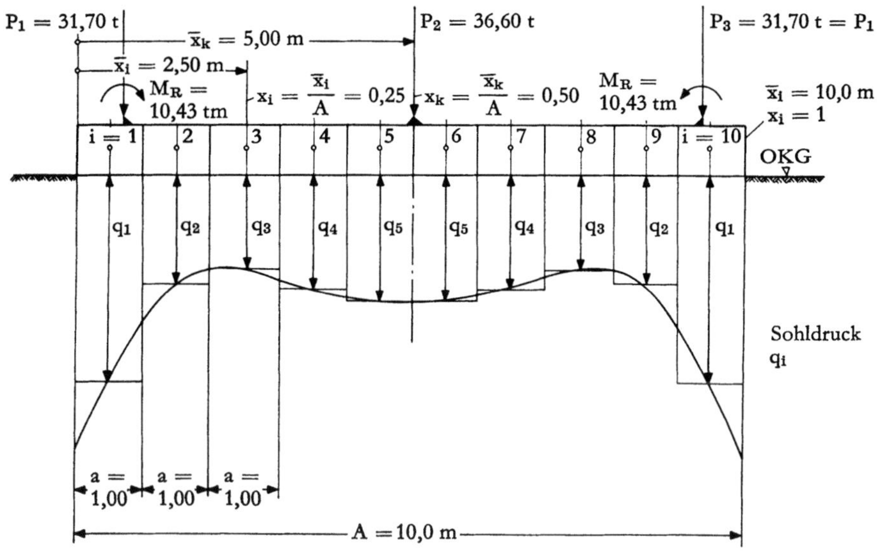

Abb. 3.3,22 Gründungsbalken

3) Bestimmung der Sohldrücke q_i

Die Sohldrücke q_i werden bestimmt gemäß der Gleichung:

$$q_i = q_{i0} + X_1 q_{i1} + X_2 q_{i2}$$

Mit den Zahlenwerten aus den obigen Tab. 3.3,16, 3.3,19 und 3.3,21 folgt Tab. 3.3,26.

Tab. 3.3,26 Sohldrücke q_i

Schnittstelle x_i		0,05	0,15	0,25	0,35	0,45
q_{i1}	kg/cm²	— 3,155	— 0,775	0,410	1,410	2,110
q_{i2}	kg/cm²	— 0,292	— 0,008	0,088	0,112	0,100
q_{i0}	kg/cm²	1,338	0,918	0,824	0,865	1,055
$X_1 q_{i1}$	kg/cm²	0,423	0,104	— 0,055	— 0,189	— 0,283
$X_2 q_{i2}$	kg/cm²	— 0,305	— 0,008	0,092	0,117	0,104
q_i	kg/cm²	1,456	1,014	0,861	0,793	0,876

Darstellung in Abb. 3.3,23a.

4) Bestimmung der Biegemomente M_i

Aus den nunmehr bekannten Sohldrücken q_i bzw. Auflasten P_i werden die Biegemomente M_i entsprechend Absatz 4, Abschnitt 3.31, bestimmt. Auswertung in Tab. 3.3,27. Darstellung in Abb. 3.3,23b.

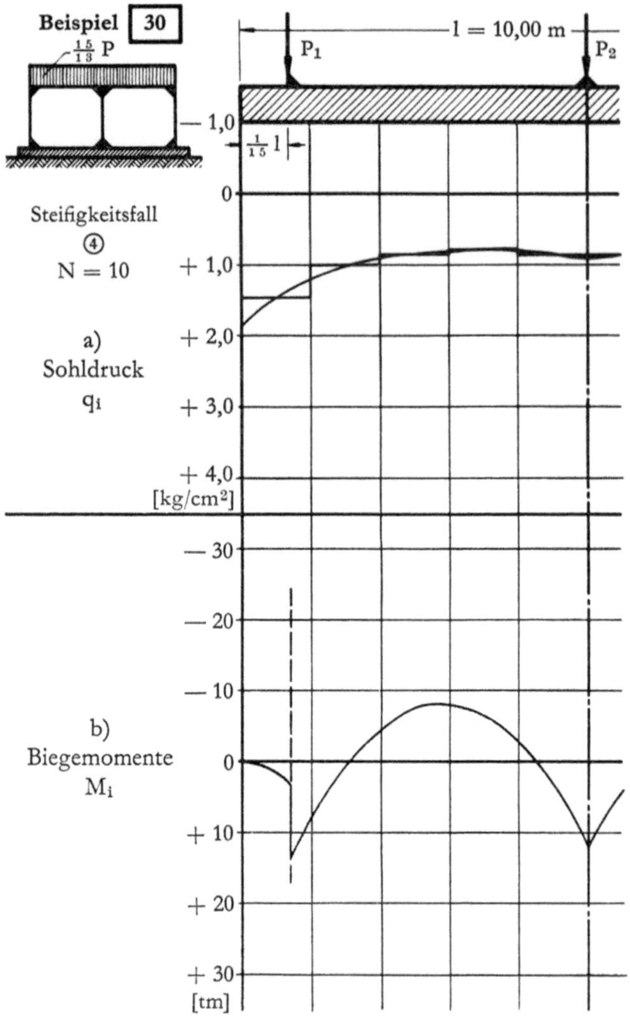

Abb. 3.3,23

Tab. 3.3,27 Biegemomente M_i

Schnittstelle x_i		0,10	0,20	0,30	0,40	0,50
$q_1 = 14,56$	t/m²	7,28	21,84	36,40	50,96	65,52
$q_2 = 10,14$	t/m²	–	5,07	15,21	25,35	35,49
$q_3 = 8,61$	t/m²	–	–	4,31	12,92	21,53
$q_4 = 7,93$	t/m²	–	–	–	3,97	11,90
$q_5 = 8,76$	t/m²	–	–	–	–	4,38
M_q	tm	7,28	26,91	55,92	93,20	138,82
M_P	tm	— 10,46	— 42,16	— 73,86	—105,56	—137,26
M_R	tm	10,43	10,43	10,43	10,43	10,43
M_i	tm	— 7,25	— 4,82	— 7,51	— 1,93	11,99

Stützmoment
an den Außenstützen:

$$M_{St}^{l} = \frac{14{,}56 \cdot 0{,}67^2}{2} = 14{,}56 \cdot 0{,}224 = 3{,}26 \text{ tm}$$

$$M_{St}^{r} = M_{St}^{l} + M_R = 3{,}26 + 10{,}43 = 13{,}69 \text{ tm}$$

3.4 Beispiele des Verfahrens Grasshoff

3.41 Beispiel 2

1) System und Belastungen

Statisches System, Abmessungen, Steifigkeitsverhältnisse, Belastungen s. Abb. 3.4,1.

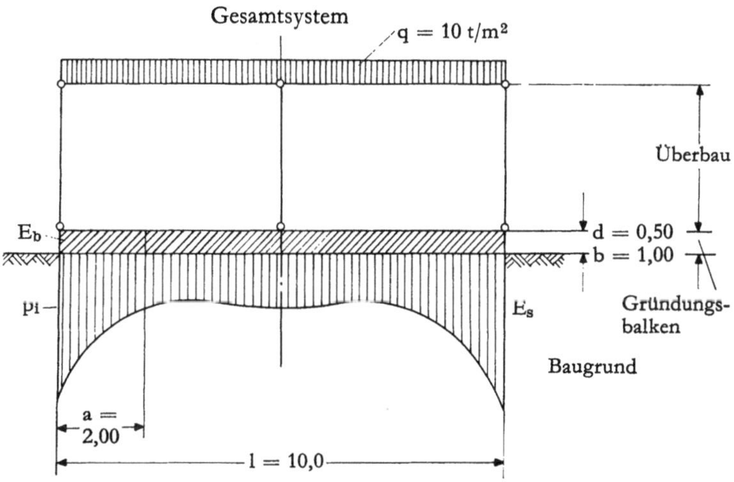

Abb. 3.4,1 Beispiel 2

1. Überbau

1.1 Statisches System und Abmessungen

Der Überbau des Gründungsbalkens stellt eine symmetrische, auf drei Stützen ruhende Hochbaukonstruktion dar (Abb. 3.4,1).

1.2 Steifigkeitsverhältnisse

Der Überbau ist schlaff.
Die drei Stützen sind oben und unten gelenkig angeschlossen.

1.3 Belastungen

Gleichförmige Belastung des Riegels:

$$q = 10 \text{ t/m}^2$$

2. Gründungsbalken

2.1 Statisches System und Abmessungen

Elastischer Gründungsbalken auf nachgiebigem, als elastisch-isotroper Halbraum idealisiertem Baugrund.

Abmessungen (Abb. 3.4,1):

$$\begin{aligned} l &= 10{,}00 \text{ m Länge} \\ b &= 1{,}00 \text{ m Breite} \\ d &= 0{,}50 \text{ m Dicke} \\ a &= \frac{l}{5} = \frac{10{,}0}{5} \\ &= 2{,}00 \text{ m Feldlänge (symmetrischer Fall!)} \\ \delta &= \frac{b}{l} = \frac{1{,}0}{10{,}0} = 0{,}1 \text{ Seitenverhältnis} \end{aligned}$$

2.2 Steifigkeitsverhältnisse

Elastizitätsmodul des Balkenmaterials:

$$E_b = 210\,000 \text{ kg/cm}^2$$

3. Baugrund

3.2 Steifigkeitsverhältnisse

Steifezahl des Baugrundes (konstant im Halbraum):

$$E_s = 262{,}5 \text{ kg/cm}^2$$

entsprechend

Steifigkeitsbeiwert (dimensionslos):

$$N = \frac{E_s}{E_b} \cdot \left(\frac{l}{d}\right)^3 = \frac{262{,}5}{210\,000} \cdot \left(\frac{10{,}0}{0{,}50}\right)^3 = 10$$

2) Bestimmung der Auflasten P_i

Das Gesamtsystem ist statisch bestimmt; daher:

Auflasten P_i auf Gründungsbalken gegeben gemäß Abb. 3.4,2:

$$\begin{aligned} q &= 10 \text{ t/m}^2 \\ \sum q &= l \cdot b \cdot q = 10{,}0 \cdot 1{,}0 \cdot 10 = 100 \text{ t} \\ P_2 &= 50 \text{ t} \\ P_1 &= \tfrac{1}{2} \cdot P_2 = \tfrac{1}{2} \cdot 50 = 25 \text{ t} = P_3 \end{aligned}$$

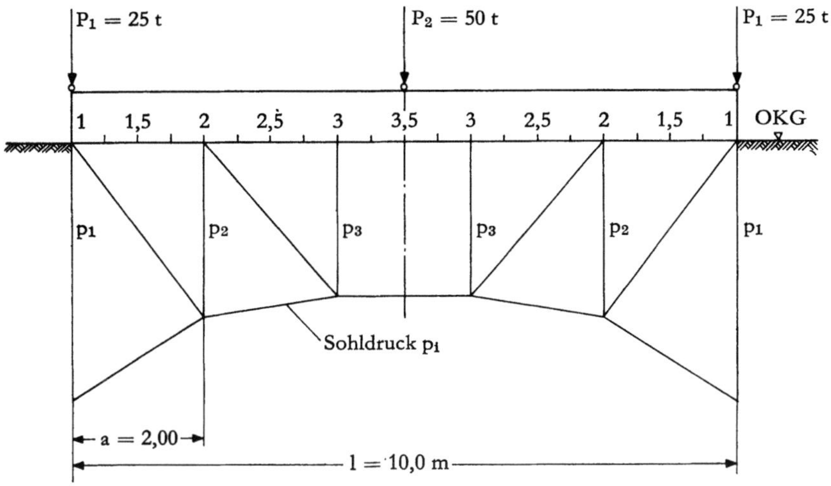

Abb. 3.4,2 Gründungsbalken

3) Bestimmung der Sohldrücke p_i

Die am Gründungsbalken angreifenden Auflasten P_i rufen als gleichgewichtshaltende Gegenkräfte die unbekannten Sohldrücke p_i hervor.
Im vorliegenden Fall der Symmetrie von Tragwerk und Belastung ergeben sich infolge der Auflasten P_1, P_2 und P_3 (Abb. 3.4,2) für eine Unterteilung in $n = 5$ Abschnitte die drei unbekannten Sohldrücke p_1, p_2 und p_3 (Abb. 3.4,2 und 3.4,3).

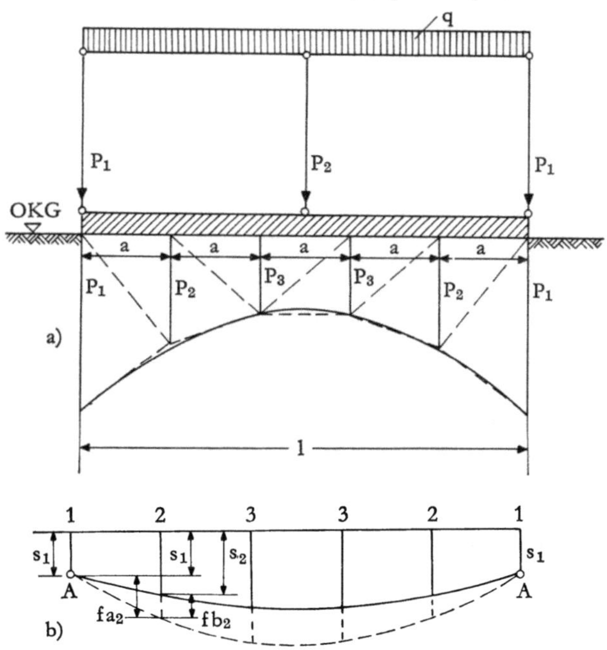

Abb. 3.4,3 Verformter Gründungsbalken

Die Ermittlung dieser drei unbekannten Sohldrücke p_1 bis p_3 erfolgt nach dem Verfahren von GRASSHOFF mit Hilfe von drei Bestimmungsgleichungen, deren Beiwerte den Tafeln GRASSHOFF (s. Abschnitt 2.56) entnommen werden.
Die genannten Bestimmungsgleichungen werden aus drei Bedingungsgleichungen erhalten, und zwar aus einer Gleichgewichtsbedingung und zwei Formänderungsbedingungen.

1. Gleichgewichtsbedingung

Eine Bedingung des senkrechten Gleichgewichts:

$$\sum V = 0$$

ergibt:

$$0{,}2 \cdot p_1 + 0{,}4 \cdot p_2 + 0{,}4 \cdot p_3 = p_m$$

mit

$$p_m = \frac{R_v}{lb} = \frac{100}{10{,}0 \cdot 1{,}0} = 10{,}0 \text{ t/m}^2 = 1 \text{ kg/cm}^2$$

folgt:

Bestimmungsgleichung 1:

$$0{,}2 \cdot p_1 + 0{,}4 \cdot p_2 + 0{,}4 \cdot p_3 = 1$$

2. Formänderungsbedingungen

Zwei Bedingungen für die Setzungen s_i des Gründungsbalkens nach GRASSHOFF in zwei Punkten der Balkenlängsachse, und zwar für die Punkte 2 und 3 (Abb. 3.4,3).

Bedingungsgleichungen:
Wegen der Symmetrie von Tragwerk und Belastung ist die Einsenkung des zunächst starr angenommenen Gründungsbalkens überall gleich groß, und zwar $s_1 = \text{const}$ (Abb. 3.4,3b). Somit lautet die Bedingungsgleichung:

$$s_i = s_1 + f_{ai} - f_{bi}$$

daraus folgen die

Bestimmungsgleichungen zu:
Bestimmungsgleichungen allgemein:

$$f_{bi} + s_i - s_1 = f_{ai}$$

bzw. nach Umformung fertig zum Einsetzen der Beiwerte aus den Tab. 2.5,4 und 2.5,17:[7]

$$\sum_{v=1}^{3} (\vartheta'_{i,v} \cdot N + \eta'_{i,v}) \cdot p_v = \alpha'_i E_s \qquad \text{GRASSHOFF, Gl. (2.5,10)}$$

[7] Bei Symmetrie von Bauwerk und Belastung sind die Beiwerte mit dem Zeichen ′ versehen.

Hierin bedeuten:

N = Steifigkeitsbeiwert nach Abschnitt 1

$\vartheta'_{i,v}$ = Durchbiegungsbeiwert
für Punkt i infolge Sohldruckdreieck mit Ordinate p_v

$\eta'_{i,v}$ = Setzungseinflußbeiwert
für Punkt i infolge Sohldruckdreieck mit Ordinate p_v

$\alpha'_i = \frac{f_{ai}}{l}$ Durchbiegungsbeiwert
für Durchbiegung f_{ai} im Punkt i infolge der gegebenen Auflasten P_i

– Bestimmungsgleichungen für die Punkte 2 und 3:

$$f_{b2} + s_2 - s_1 = f_{a2}$$

$$f_{b3} + s_3 - s_1 = f_{a3}$$

bzw. nach Umformung fertig zum Einsetzen der Beiwerte aus den Tab. 2.5,4 und 2.5,17:

$$(\vartheta'_{2,1} \cdot N + \eta'_{2,1}) \cdot p_1 + (\vartheta'_{2,2} \cdot N + \eta'_{2,2}) \cdot p_2 + (\vartheta'_{2,3} \cdot N + \eta'_{2,3}) \cdot p_3 = \alpha'_2 E_s$$

$$(\vartheta'_{3,1} \cdot N + \eta'_{3,1}) \cdot p_1 + (\vartheta'_{3,2} \cdot N + \eta'_{3,2}) \cdot p_2 + (\vartheta'_{3,3} \cdot N + \eta'_{3,3}) \cdot p_3 = \alpha'_3 E_s$$

2.1 Bestimmung der Durchbiegungen f_{ai}

Die freien Durchbiegungen f_{ai} der Punkte i des elastischen Gründungsbalkens auf zwei nachgiebig gedachten Endauflagern infolge der gegebenen Auflasten P_i sind mit Hilfe bekannter Formeln der klassischen Mechanik ein für allemal berechnet und werden Formelsammlungen entnommen.
Für den vorliegenden symmetrischen Fall ergeben sich für die mittige Einzellast $P_2 = 50$ t (die Einzellasten P_1 über den Auflagern ergeben keine Durchbiegungen) folgende (Abb. 3.4,4)

Durchbiegungen f_{ai}:

$$f_{a2} = 0{,}054.198.5 \cdot P_2 = 0{,}054.198.5 \cdot 50 = 2{,}709.925.0$$

$$f_{a3} = 0{,}090.076.3 \cdot P_2 = 0{,}090.076.3 \cdot 50 = 4{,}503.816.5$$

bzw. folgen damit

Beiwerte α'_i:

$$\alpha'_2 = \frac{f_{a2}}{l} = \frac{2{,}709.925.0}{1000} = 2{,}709.925.0 \cdot 10^{-3}$$

$$\alpha'_3 = \frac{f_{a3}}{l} = \frac{4{,}503.816.5}{1000} = 4{,}503.816.5 \cdot 10^{-3}$$

bzw. folgen damit die rechten Seiten der Gleichungen, also
Belastungsglieder $\alpha'_i E_s$

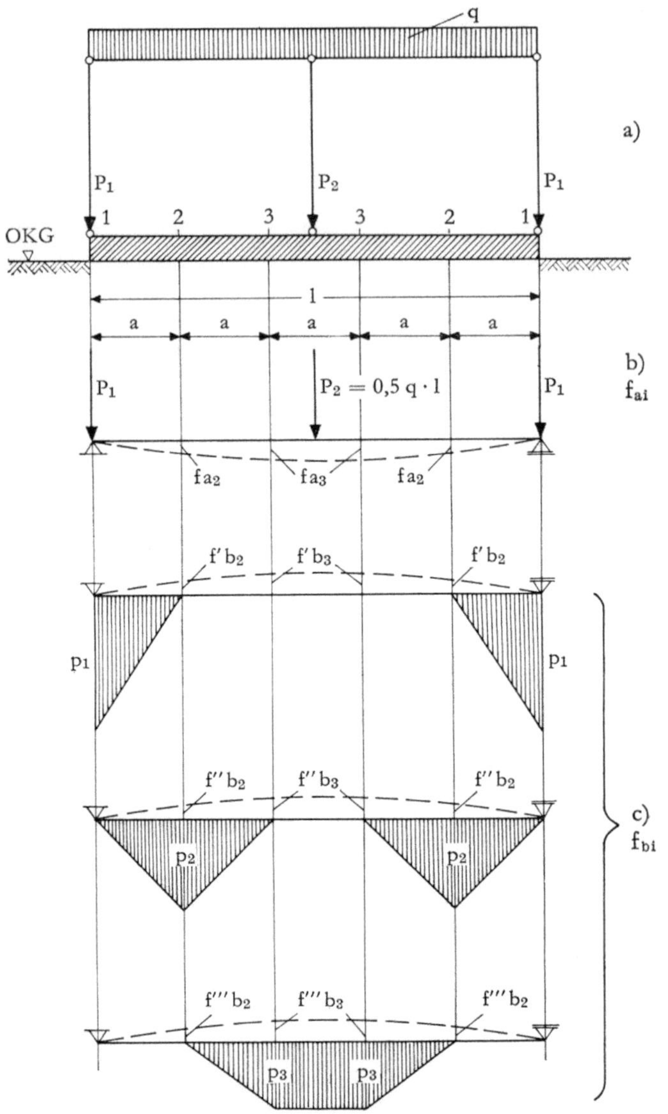

Abb. 3.4,4 Formänderungen f_{ai}, f_{bi}

mit $E_s = 262{,}5\ \text{kg/cm}^2$ zu:

$$\alpha_2' E_s = 2{,}709.925.0 \cdot 10^{-3} \cdot 262{,}5 = \underline{0{,}710.000}$$

$$\alpha_3' E_s = 4{,}503.816.5 \cdot 10^{-3} \cdot 262{,}5 = \underline{1{,}180.000}$$

2.2 Bestimmung der Durchbiegungen f_{bi}

Die freien Durchbiegungen f_{bi} der Punkte i des elastischen Gründungsbalkens auf zwei nachgiebig gedachten Endauflagern infolge des gesamten, unbekannten Sohldruckdiagrammes p_i ergeben sich jeweils durch Überlagerung der Teildurchbiegungen f'_{bi} bis f'''_{bi} infolge der 2 · 3 symmetrisch liegenden Belastungsdreiecke mit den jeweiligen drei unbekannten Sohldruckordinaten p_1 bis p_3 nach Abb. 3.4,4 z. B. für den Punkt 2 wie folgt:

Gesamtdurchbiegung f_{b2}:

$$f_{b2} = f'_{b2} + f''_{b2} + f'''_{b2}$$

Hierbei ergeben sich mit Hilfe bekannter Formeln der klassischen Mechanik folgende

Teildurchbiegungen f'_{b2} bis f'''_{b2}:

$$f'_{b2} = \frac{1}{E_b} \cdot \left(\frac{1}{d}\right)^3 \cdot \vartheta'_{2,1} \cdot p_1$$

$$f''_{b2} = \frac{1}{E_b} \cdot \left(\frac{1}{d}\right)^3 \cdot \vartheta'_{2,2} \cdot p_2$$

$$f'''_{b2} = \frac{1}{E_b} \cdot \left(\frac{1}{d}\right)^3 \cdot \vartheta'_{2,3} \cdot p_3$$

und somit

Gesamtdurchbiegung f_{b2}:

$$f_{b2} = \frac{1}{E_b} \cdot \left(\frac{1}{d}\right)^3 \cdot (\vartheta'_{2,1} \cdot p_1 + \vartheta'_{2,2} \cdot p_2 + \vartheta'_{2,3} \cdot p_3)$$

bzw.

Gesamtdurchbiegung f_{bi}, allgemeine Gleichung:

$$f_{bi} = \frac{1}{E_b}\left(\frac{1}{d}\right)^3 \cdot \sum_{v=1}^{3} \vartheta'_{i,v} \cdot p_v$$

Hierin bedeuten ϑ' die Durchbiegungsbeiwerte für den symmetrischen Fall, die ein für allemal mit Hilfe der klassischen Mechanik berechnet und tabelliert werden, wobei $\vartheta'_{i,v}$ = Durchbiegungsbeiwert für den Punkt i infolge des Belastungsdreieckes mit der Ordinate p_v.
Zur Aufstellung der endgültigen Bestimmungsgleichungen (2.5,10) werden aber lediglich noch die Durchbiegungsbeiwerte $\vartheta'_{i,v}$ benötigt.
Für den vorliegenden Fall der Symmetrie und für das Seitenverhältnis
$\delta = \frac{b}{l} = \frac{1{,}0}{10{,}0} = 0{,}1$ werden sie Tab. 2.5,4 entnommen:

Durchbiegungsbeiwerte $\vartheta'_{i,v}$:

$$\vartheta'_{2,1} = 0{,}006.240$$

$$\vartheta'_{2,2} = 0{,}033.760$$

$$\vartheta'_{2,3} = 0{,}052.800$$

$$\vartheta'_{3,1} = 0{,}009.440$$

$$\vartheta'_{3,2} = 0{,}052.800$$

$$\vartheta'_{3,3} = 0{,}086.560$$

2.3 Bestimmung der Setzungen s_i

Die Setzungen s_i der Punkte i des elastischen Gründungsbalkens infolge der Belastung des elastischen Baugrundes in der Gründungssohle durch das gesamte, unbekannte Sohldruckdiagramm p_i erhält man durch eine Setzungsberechnung nach dem Steifezahlverfahren.
Bei dem Steifezahlverfahren wird der Baugrund unter dem Gründungsbalken in größerer Annäherung an die Wirklichkeit als elastisch-isotroper Halbraum mit konstanter Steifezahl E_s idealisiert. Hierbei ist die Setzung s_i eines Punktes i nicht nur vom örtlichen Sohldruck, sondern auch von allen übrigen Sohldrücken abhängig, stellt also somit eine Funktion des gesamten, unbekannten Sohldruckdiagrammes p_i dar.
Die Setzungsberechnung wird für den »kennzeichnenden Querschnitt« durchgeführt. Hierdurch wird es ermöglicht, das abgetreppte Sohldruckdiagramm p_i nach Abb. 3.4,5 als schlaffe Auflast auf die Gründungssohle zu setzen und die aus

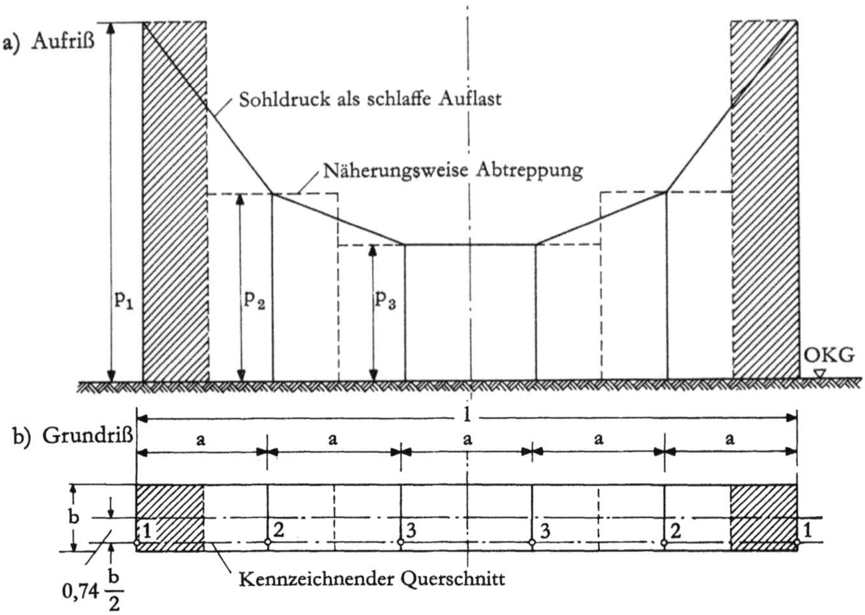

Abb. 3.4,5 Setzungen s_i

der grundlegenden Gleichung von BOUSSINESQ für die Spannung σ_z für den elastisch-isotropen Halbraum mit konstanter Steifezahl E_s abgeleiteten Setzungseinflußbeiwerte ζ' für den symmetrischen Fall z. B. für Punkt 2 wie folgt einzuführen:

Gesamtsetzung s_2:

$$s_2 = \frac{1}{E_s} (\zeta'_{2,1} \cdot p_1 + \zeta'_{2,2} \cdot p_2 + \zeta'_{2,3} \cdot p_3)$$

bzw.

Gesamtsetzung s_i allgemeine Gleichung:

$$s_i = \frac{1}{E_s} \sum_{v=1}^{3} \zeta'_{i,v} \cdot p_v$$ GRASSHOFF, Gl. (2.5,9)

Die Setzungseinflußbeiwerte ζ' für den symmetrischen Fall sind ein für allemal berechnet und tabelliert, wobei $\zeta'_{i,v}$ = Setzungseinflußbeiwert für den Punkt i infolge Belastungsrechteckes mit der Ordinate p_v.
Zur Aufstellung der endgültigen Bestimmungsgleichungen (2.5,10) werden aber lediglich noch folgende Differenzen η' der Beiwerte ζ' benötigt:
Setzungseinflußbeiwerte $\eta'_{i,v}$ allgemeine Gleichung:

$$\eta'_{2,1} = \zeta'_{2,1} - \zeta'_{1,1} \qquad \eta'_{3,1} = \zeta'_{3,1} - \zeta'_{1,1}$$

$$\eta'_{2,2} = \zeta'_{2,2} - \zeta'_{1,2} \qquad \eta'_{3,2} = \zeta'_{3,2} - \zeta'_{1,2}$$

$$\eta'_{2,3} = \zeta'_{2,3} - \zeta'_{1,3} \qquad \eta'_{3,3} = \zeta'_{3,3} - \zeta'_{1,3}$$

Für den vorliegenden Fall der Symmetrie und für das Seitenverhältnis $\delta = \frac{b}{l} = 0{,}1$ werden sie Tab. 2.5,17 entnommen:

Setzungseinflußbeiwerte $\eta'_{i,v}$:

$$\eta'_{2,1} = -0{,}045.859$$
$$\eta'_{2,2} = 0{,}104.481$$
$$\eta'_{2,3} = 0{,}022.963$$
$$\eta'_{3,1} = -0{,}056.208$$
$$\eta'_{3,2} = 0{,}008.152$$
$$\eta'_{3,3} = 0{,}142.255$$

2.4 Bestimmungsgleichungen

Für die Bestimmungsgleichungen

$$(\vartheta'_{2,1}N + \eta'_{2,1}) \cdot p_1 + (\vartheta'_{2,2}N + \eta'_{2,2}) \cdot p_2 + (\vartheta'_{2,3}N + \eta'_{2,3}) \cdot p_3 = \alpha'_2 E_s$$

$$(\vartheta'_{3,1}N + \eta'_{3,1}) \cdot p_1 + (\vartheta'_{3,2}N + \eta'_{3,2}) \cdot p_2 + (\vartheta'_{3,3}N + \eta'_{3,3}) \cdot p_3 = \alpha'_3 E_s$$

folgen unter Einsetzen der obigen Zahlenwerte für $\vartheta'_{i,v}$, N, $\eta'_{i,v}$ und $\alpha'_i E_s$ die Gleichungen:

$$(0{,}006.240 \cdot 10 - 0{,}045.859) \cdot p_1$$
$$+ (0{,}033.760 \cdot 10 + 0{,}104.481) \cdot p_2$$
$$+ (0{,}052.800 \cdot 10 + 0{,}022.963) \cdot p_3 = 0{,}710.000$$
$$(0{,}009.440 \cdot 10 - 0{,}056.208) \cdot p_1$$
$$+ (0{,}052.800 \cdot 10 + 0{,}008.152) \cdot p_2$$
$$+ (0{,}086.560 \cdot 10 + 0{,}142.255) \cdot p_3 = 1{,}180.000$$

Die endgültigen Bestimmungsgleichungen ergeben sich daraus wie folgt:
Bestimmungsgleichung 2:

$$0{,}016.541 \cdot p_1 + 0{,}442.081 \cdot p_2 + 0{,}550.963 \cdot p_3 = 0{,}710.000$$

Bestimmungsgleichung 3:

$$0{,}038.192 \cdot p_1 + 0{,}536.152 \cdot p_2 + 1{,}007.855 \cdot p_3 = 1{,}180.000$$

3. Gleichungssystem

Das Gleichungssystem der drei Bestimmungsgleichungen (ein Belastungsglied = eine rechte Seite) zur Bestimmung der drei unbekannten Sohldrücke p_1, p_2 und p_3 lautet demnach wie folgt:

Tab. 3.4,1 Gleichungssystem

	p_1	p_2	p_3	
1	0,200.000	0,400.000	0,400.000	1
2	0,016.541	0,442.081	0,550.936	0,710.000
3	0,038.192	0,536.152	1,007.855	1,180.000

4. Sohldrücke p_i

Die Auflösung des Gleichungssystems der drei Gleichungen mit drei Unbekannten (Tab. 3.4,1) ergibt die gesuchten Sohldrücke p_i:

$$p_1 = 2{,}36 \text{ kg/cm}^2$$
$$p_2 = 0{,}50 \text{ kg/cm}^2$$
$$p_3 = 0{,}81 \text{ kg/cm}^2$$

Darstellung in Abb. 3.4,6.

4) Bestimmung der Biegemomente M_i

Aus den nunmehr bekannten Sohldrücken p_i bzw. den Auflasten P_i werden nach den bekannten Regeln der Statik die Biegemomente M_i' bzw. M_i'' bestimmt, aus denen durch Superposition die endgültigen Biegemomente M_i bezogen auf die Punkte i folgen.

1. Biegemomente M_i'

Die Biegemomente M_i' infolge der Sohldrücke p_i ergeben sich aus den Belastungsdreiecken mit den Sohldruckordinaten p_i wie folgt (Abb. 3.4,2):

$$M_1' = 0$$
$$M_{1,25}' = (0{,}001.146 \cdot p_1 + 0{,}000.104 \cdot p_2) \cdot bl^2$$
$$M_{1,5}' = (0{,}004.167 \cdot p_1 + 0{,}000.833 \cdot p_2) \cdot bl^2$$

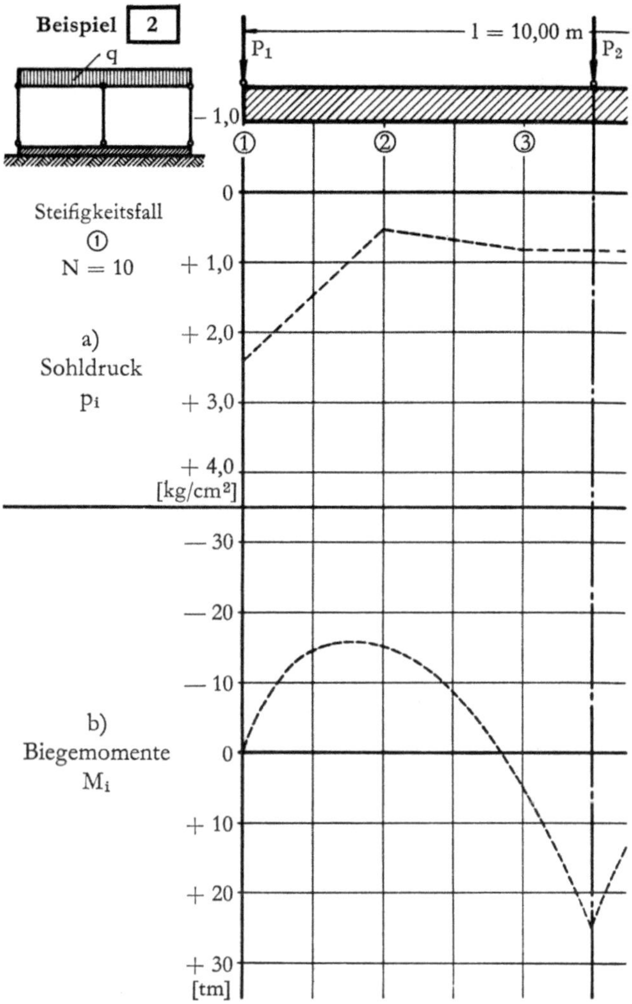

Abb. 3.4,6

$$M'_{1,75} = (0{,}008.437 \cdot p_1 + 0{,}002.812 \cdot p_2) \cdot bl^2$$
$$M'_2 = (0{,}013.333 \cdot p_1 + 0{,}006.667 \cdot p_2) \cdot bl^2$$
$$M'_{2,25} = (0{,}018.333 \cdot p_1 + 0{,}012.812 \cdot p_2 + 0{,}000.104 \cdot p_3) \cdot bl^2$$
$$M'_{2,5} = (0{,}023.333 \cdot p_1 + 0{,}020.833 \cdot p_2 + 0{,}000.833 \cdot p_3) \cdot bl^2$$
$$M'_{2,75} = (0{,}028.333 \cdot p_1 + 0{,}030.104 \cdot p_2 + 0{,}002.812 \cdot p_3) \cdot bl^2$$
$$M'_3 = (0{,}033.333 \cdot p_1 + 0{,}04 \cdot p_2 + 0{,}006.667 \cdot p_3) \cdot bl^2$$
$$M'_{3,25} = (0{,}038.333 \cdot p_1 + 0{,}05 \cdot p_2 + 0{,}012.917 \cdot p_3) \cdot bl^2$$
$$M'_{3,5} = (0{,}043.333 \cdot p_1 + 0{,}06 \cdot p_2 + 0{,}021.667 \cdot p_3) \cdot bl^2$$

unter Einsetzen der Zahlenwerte für p_i und $bl^2 = 1{,}0 \cdot 10{,}0^2 = 100$ erfolgt die Auswertung in Tab. 3.4,2.

Tab. 3.4,2 *Biegemomente* M_i

Punkt i		1,25	1,5	1,75	2	2,25	2,5	2,75	3	3,25	3,5
$p_1 = 23,65$	t/m²	2,71	9,85	19,95	31,53	43,36	55,18	67,01	78,83	90,66	102,48
$p_2 = 5,05$	t/m²	0,05	0,42	1,42	3,37	6,47	10,52	15,20	20,20	25,25	30,30
$p_3 = 8,13$	t/m²	–	–	–	–	0,08	0,68	2,29	5,42	10,50	17,62
M_i'	tm	2,76	10,27	21,37	34,90	49,91	66,38	84,50	104,45	126,41	150,40

Punkt i		1,25	1,5	1,75	2	2,25	2,5	2,75	3	3,25	3,5
M_i'	tm	2,76	10,27	21,37	34,90	49,91	66,38	84,50	104,45	126,41	150,40
M_i''	tm	—12,50	—25,00	—37,50	—50,00	—62,50	—75,00	—87,50	—100,00	—112,50	—125,00
M_i	tm	— 9,74	—14,73	—16,13	—15,10	—12,59	— 8,62	— 3,00	4,45	13,91	25,40

2. Biegemomente M_i''

Die Biegemomente M_i'' infolge der Auflasten P_i werden nach den bekannten Regeln der Statik bestimmt. Auswertung in Tab. 3.4,2.

3. Biegemomente M_i

Die endgültigen Biegemomente M_i bezogen auf die Punkte i werden durch Superposition der obigen Anteile M_i' und M_i'' bestimmt. Auswertung in Tab. 3.4,2.

5) Bestimmung der Setzungen s_i

Aus den bekannten Sohldrücken p_i lassen sich die Setzungen s_i bezogen auf die Punkte i mit Hilfe der Setzungseinflußbeiwerte $\zeta'_{i,v}$ bestimmen.

1. Setzungseinflußbeiwerte $\zeta'_{i,v}$

Für den vorliegenden Fall der Symmetrie und für das Seitenverhältnis
$\delta = \frac{b}{l} = 0{,}1$ werden sie Tab. 2.5,17 entnommen:

Setzungseinflußbeiwerte $\zeta'_{i,v}$:

$$
\begin{aligned}
\zeta'_{1,1} &= 0{,}071.064 \\
\zeta'_{1,2} &= 0{,}041.626 \\
\zeta'_{1,3} &= 0{,}026.815 \\
\zeta'_{2,1} &= 0{,}025.205 \\
\zeta'_{2,2} &= 0{,}146.107 \\
\zeta'_{2,3} &= 0{,}049.778 \\
\zeta'_{3,1} &= 0{,}014.856 \\
\zeta'_{3,2} &= 0{,}049.778 \\
\zeta'_{3,3} &= 0{,}169.070
\end{aligned}
$$

2. Setzungen s_i

Setzungen s_i allgemeine Gleichung:

$$s_i = \frac{1}{E_s} \cdot \sum_{v=1}^{3} \zeta'_{i,v} p_v \qquad \text{GRASSHOFF, Gl. (2.5,9)}$$

bzw. für die einzelnen Punkte i = 1, 2 und 3:
Setzungen s_i:

$$s_1 = \frac{1}{E_s} (\zeta'_{1,1} p_1 + \zeta'_{1,2} p_2 + \zeta'_{1,3} p_3)$$

$$s_2 = \frac{1}{E_s} (\zeta'_{2,1} p_1 + \zeta'_{2,2} p_2 + \zeta'_{2,3} p_3)$$

$$s_3 = \frac{1}{E_s} (\zeta'_{3,1} p_1 + \zeta'_{3,2} p_2 + \zeta'_{3,3} p_3)$$

Unter Einsetzen der obigen Zahlenwerte l und E_s, $\zeta'_{i,v}$ und p_i folgen die Setzungen s_i:

$$s_1 = \frac{1000}{262{,}5}(0{,}071.064 \cdot 2{,}365 + 0{,}041.626 \cdot 0{,}505 + 0{,}026.815 \cdot 0{,}813)$$

$$s_2 = \frac{1000}{262{,}5}(0{,}025.205 \cdot 2{,}365 + 0{,}146.107 \cdot 0{,}505 + 0{,}049.778 \cdot 0{,}813)$$

$$s_3 = \frac{1000}{262{,}5}(0{,}014.856 \cdot 2{,}365 + 0{,}049.778 \cdot 0{,}505 + 0{,}169.070 \cdot 0{,}813)$$

bzw. nach Ausrechnung die endgültigen
Setzungen s_i:

$$s_1 = 0{,}80 \text{ cm}$$

$$s_2 = 0{,}66 \text{ cm}$$

$$s_3 = 0{,}75 \text{ cm}$$

3.42 Beispiel 14

1) System und Belastungen

Statisches System und Abmessungen, Steifigkeitsverhältnisse, Belastungen s. Abb. 3.4,7.

1. Überbau

1.1 Statisches System und Abmessungen

Der Überbau der Gründungsplatte stellt eine symmetrische, auf drei Stützen ruhende Hochbaukonstruktion dar (Abb. 3.4,7).

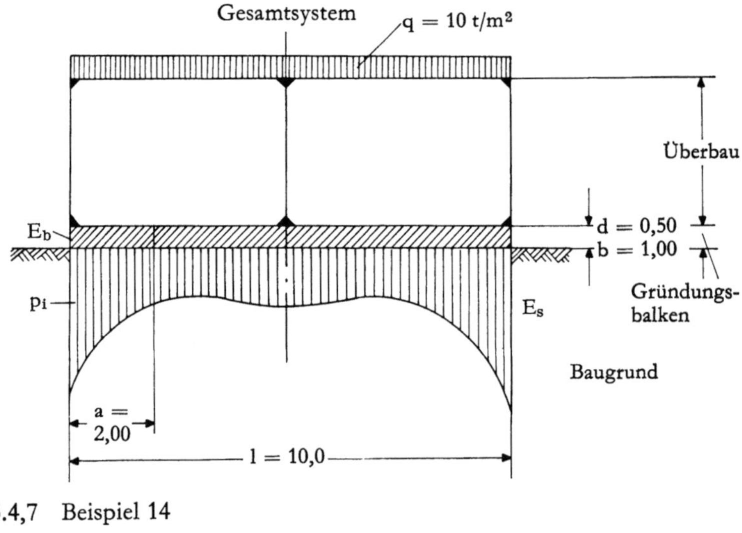

Abb. 3.4,7 Beispiel 14

1.2 Steifigkeitsverhältnisse

Der Überbau ist starr, denn Riegel und Stützen besitzen ein Trägheitsmoment $J = \infty$. Die drei Stützen sind oben und unten starr angeschlossen.

1.3 Belastungen

Gleichförmige Belastung des Riegels:

$$q = 10 \text{ t/m}^2$$

2. Gründungsbalken

Wie Abschnitt 3.41.

3. Baugrund

Wie Abschnitt 3.41.

2) Bestimmung der Auflasten P_i[8]

Die Auflasten P_i sind unbekannt, weil das gegebene Gesamtsystem statisch unbestimmt ist, und zwar im allgemeinen Fall $n = 6$fach statisch unbestimmt. Für den vorliegenden Fall der Symmetrie von Tragwerk und Belastung ist das System nur noch $n = 2$fach statisch unbestimmt.
Bei der Ermittlung der einzelnen statischen Größen für den statisch unbestimmten Fall werden bekannte Formeln der klassischen Mechanik benutzt, und zwar durch Ansatz von zwei Bedingungen gemäß Absatz 2.2 dieses Abschnittes.

1. Auflasten P_i

Die Auflasten P_i ergeben sich bei den oben genannten Ableitungen als Funktion der dort ermittelten Durchbiegungsbeiwerte $\vartheta'_{3,5;v}$ wie folgt:

Auflasten P_i, allgemeine Gleichung:

$$P_i = 192 \cdot bl \cdot \sum_{v=1}^{3} \vartheta'_{3,5;v} \cdot p_v$$

Für das vorliegende statische System, für den Fall der Symmetrie und für das Seitenverhältnis $\delta = \frac{b}{l} = 0{,}1$ werden die Durchbiegungsbeiwerte $\vartheta'_{3,5;v}$:

$$\vartheta'_{3,5;1} = 0{,}000.070.0$$

$$\vartheta'_{3,5;2} = 0{,}000.766.7$$

$$\vartheta'_{3,5;3} = 0{,}001.767.5$$

Mit diesen Durchbiegungsbeiwerten $\vartheta'_{3,5;v}$, den Absatz 4 dieses Abschnittes entnommenen Sohldrücken p_v und den Zahlenwerten

$$b = 100 \text{ cm}$$

$$l = 1000 \text{ cm}$$

[8] In diesem Absatz werden die Auflasten P_i und die Stützmomente M_{St} mit Hilfe der erst noch zu berechnenden Sohldruckordinaten p_i bestimmt. Dieses Vorgehen ist im vorliegenden Falle möglich, weil zur Berechnung der Sohldruckordinaten wegen der Starrheit des Überbaues die einzelnen Auflasten P_i und Stützmomente M_{St} nicht erforderlich sind.

ergeben sich somit die endgültigen
Auflasten P_i:

$$P_2 = 192 \cdot 100 \cdot 1000 \cdot (0{,}000.070.0 \cdot 2{,}171 + 0{,}000.766.7 \cdot 0{,}638 + 0{,}001.767.5 \cdot 0{,}777) = 0{,}3867 \cdot 10^5 \text{ kg}$$

$$P_2 = 38{,}67 \text{ t}$$

und aus der zur vereinfachten Berechnung zusätzlich herangezogenen Bedingung $\sum V = 0$:

$$P_1 = (100 - P_2) \cdot \tfrac{1}{2} = (100 - 38{,}67) \cdot \tfrac{1}{2} = 61{,}33 \cdot \tfrac{1}{2} = 30{,}66 \text{ t}$$

2. Stützmomente M_{St}

Die Stützmomente M_{St} für volle Einspannung der Rahmenstiele ergeben sich bei den oben genannten Ableitungen als Funktion von dort ermittelten Momentenbeiwerten $\vartheta'_{M,v}$ wie folgt:

Einspannmoment M_{St}, allgemeine Gleichung:

$$M_{St} = bl^2 \left(\sum_{v=1}^{3} \vartheta'_{M,v} p_v - 0{,}125 \cdot P_2 \right)$$

Für das vorliegende statische System, für den Fall der Symmetrie und für das Seitenverhältnis $\delta = \frac{b}{l} = 0{,}1$ werden die Momentenbeiwerte $\vartheta'_{M,v}$:

$$\vartheta'_{M,1} = 0{,}006.000$$
$$\vartheta'_{M,2} = 0{,}030.667$$
$$\vartheta'_{M,3} = 0{,}046.667$$

Mit diesen Momentenbeiwerten $\vartheta'_{M,v}$, den Absatz 4 dieses Abschnittes entnommenen Sohldrücken p_v, dem Wert P_2 und den Zahlenwerten

$$b = 100 \text{ cm}$$
$$l = 1000 \text{ cm}$$

ergibt sich somit das endgültige

Stützmoment M_{St}

$$M_{St} = 100 \cdot 1000^2 \cdot (0{,}006.000 \cdot 2{,}171 + 0{,}030.667 \cdot 0{,}638 + 0{,}046.667 \cdot 0{,}777 - 0{,}125 \cdot 0{,}3867) = 0{,}02050 \cdot 10^8 \text{ kg/cm}$$

$$M_{St} = 20{,}50 \text{ tm} = M_R$$

3) Bestimmung der Sohldrücke p_i

Das gegebene Gesamtsystem ist im allgemeinen Fall n = 6fach statisch unbestimmt. Für den vorliegenden Fall der Symmetrie von Tragwerk und Belastung ist das System nur noch n = 2fach statisch unbestimmt.

Für eine Unterteilung des Gründungsbalkens in n = 5 Abschnitte treten wie in Abschnitt 3.41 die drei unbekannten Sohldrücke p_1, p_2 und p_3 auf (Abb. 3.4,8 und 3.4,9).

Die Bestimmung dieser drei unbekannten Sohldrücke p_1 bis p_3 erfolgt nach dem Verfahren von GRASSHOFF auch hier wieder mit Hilfe von drei Bestimmungs-

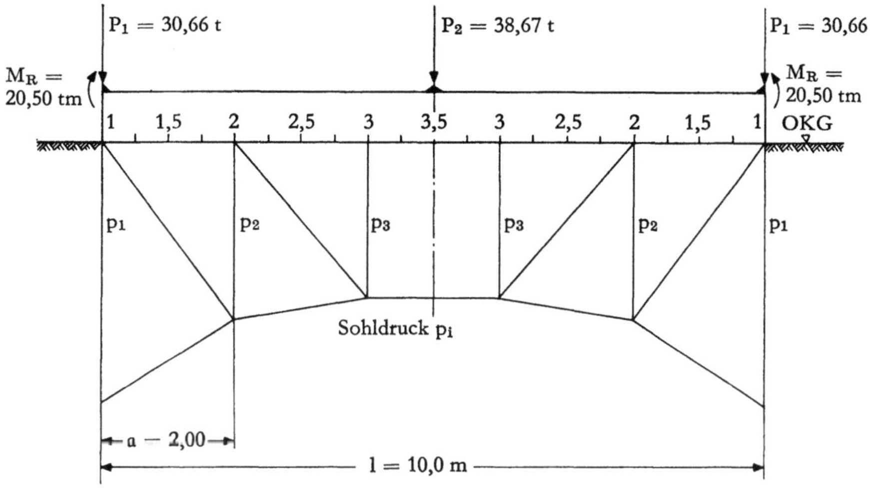

Abb. 3.4,8 Gründungsbalken

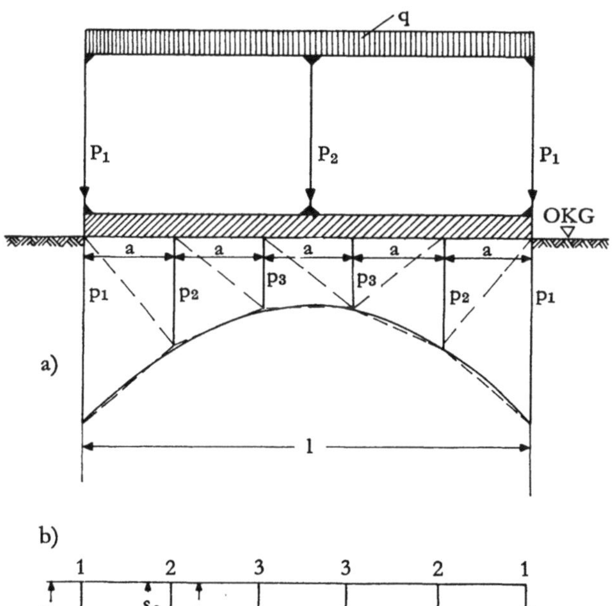

Abb. 3.4,9 Verformter Gründungsbalken

gleichungen, deren unter Beachtung der für den n = 2fach statisch unbestimmten Fall zusätzlich einzuhaltenden zwei Bedingungen abgeleiteten Beiwerte den Tabellen GRASSHOFF (s. Abschnitt 2.56) entnommen werden.
Die genannten Bestimmungsgleichungen werden aus drei Bedingungsgleichungen erhalten, und zwar aus einer Gleichgewichtsbedingung und zwei Formänderungsbedingungen.

1. Gleichgewichtsbedingung

Eine Bedingung des senkrechten Gleichgewichts

$$\sum V = 0$$

ergibt:

Wie Abschnitt 3.41,
Bestimmungsgleichung 1:

$$0{,}2 \cdot p_1 + 0{,}4 \cdot p_2 + 0{,}4 \cdot p_3 = 1$$

2. Formänderungsbedingungen
Zwei Bedingungen für die Setzungen s_i des Gründungsbalkens: nach GRASSHOFF, Gl. (2.5,3) in zwei Punkten der Balkenlängsachse, und zwar für die Punkte 2 und 3 (Abb. 3.4,9).

Bedingungsgleichungen:
Wegen der Symmetrie von Tragwerk und Belastung ist wiederum die Einsenkung des zunächst starr angenommenen Gründungsbalkens überall gleich groß, und zwar s_1 = const (Abb. 3.4,9b). Somit lautet die

Bedingungsgleichung:

$$s_i = s_1 + f_{ai} - f_{bi}$$

Daraus folgen wiederum wie in Abschnitt 3.41:

Bestimmungsgleichungen allgemein:

$$\sum_{v=1}^{3} (\vartheta'_{i,v} N + \eta'_{i,v}) \cdot p_v = \alpha'_i E_s \qquad \text{GRASSHOFF, Gl. (2.5,10)}$$

Hierin bedeuten wiederum:

N = Steifigkeitsbeiwert nach Abschnitt 1

$\vartheta'_{i,v}$ = Durchbiegungsbeiwert
für Punkt i infolge Sohldruckdreieck mit Ordinate p_v

$\eta'_{i,v}$ = Setzungseinflußbeiwert
für Punkt i infolge Sohldruckdreieck mit Ordinate p_v

$\alpha'_i = \frac{f_{ai}}{1}$ Durchbiegungsbeiwert
für Durchbiegung f_{ai} im Punkt i infolge der Auflasten P_i

Bestimmungsgleichungen für die Punkte 2 und 3 wiederum wie in Abschnitt 3.41: fertig zum Einsetzen der Beiwerte aus Absatz 2.2 dieses Abschnittes und der Tab. 2.5,17:

$$(\vartheta'_{2,1} N + \eta'_{2,1})\, p_1 + (\vartheta'_{2,2} N + \eta'_{2,2})\, p_2 + (\vartheta'_{2,3} N + \eta'_{2,3})\, p_3 = \alpha'_2 E_s$$

$$(\vartheta'_{3,1} N + \eta'_{3,1})\, p_1 + (\vartheta'_{3,2} N + \eta'_{3,2})\, p_2 + (\vartheta'_{3,3} N + \eta'_{3,3})\, p_3 = \alpha'_3 E_s$$

2.1 Bestimmung der Durchbiegungen f_{ai}

Die freien Durchbiegungen f_{ai} der Punkte i des elastischen Gründungsbalkens auf zwei nachgiebig gedachten Endauflagern infolge der Auflasten P_i werden Formelsammlungen entnommen.

Für das vorliegende statische System mit dem starren Überbau ($J = \infty$) und die vorliegenden Auflasten als Einzellasten P_1 und P_2 ergeben sich keine Durchbiegungen f_{ai} (Abb. 3.4,10b):

Durchbiegung f_{ai}:

$$f_{a2} = 0$$

$$f_{a3} = 0$$

Damit ergeben sich folgende rechte Seiten der Gleichungen, also Belastungsglieder $\alpha'_i E_s$:

$$\alpha'_2 E_s = 0$$

$$\alpha'_3 E_s = 0$$

2.2 Bestimmung der Durchbiegungen f_{bi}

Die freien Durchbiegungen f_{bi} der Punkte i des elastischen Gründungsbalkens auf zwei nachgiebig gedachten Endauflagern infolge des gesamten, unbekannten Sohldruckdiagrammes p_i ergeben sich wiederum jeweils durch Überlagerung der Teildurchbiegungen f'_{bi} bis f'''_{bi} infolge der 2.3 symmetrisch liegenden Belastungsdreiecke mit den jeweiligen drei unbekannten Sohldruckordinaten p_1 bis p_3 nach Abb. 3.4,10 z. B. für den Punkt 2 wie folgt:

Gesamtdurchbiegung f_{b2}:

$$f_{b2} = f'_{b2} + f''_{b2} + f'''_{b2}$$

Die bei der Ermittlung dieser Durchbiegungen wegen des $n = 2$fach statisch unbestimmten Systems zusätzlich zu erfüllenden zwei Bedingungen werden für das vorliegende statische System mit dem starren Überbau ($J = \infty$) wie folgt angesetzt:

1. Die Biegelinie des Gründungsbalkens besitzt an den Balkenendpunkten eine waagerechte Tangente; das bedeutet also: Tangentenverdrehung α_1 gleich Null.
2. Die drei Punkte des Gründungsbalkens, nämlich der Balkenmittelpunkt 3,5 und die beiden Balkenendpunkte 1, liegen gleich hoch; das bedeutet also: Durchbiegung $f_{b3,5}$ für Balkenmitte gleich Null. – Es lauten somit die

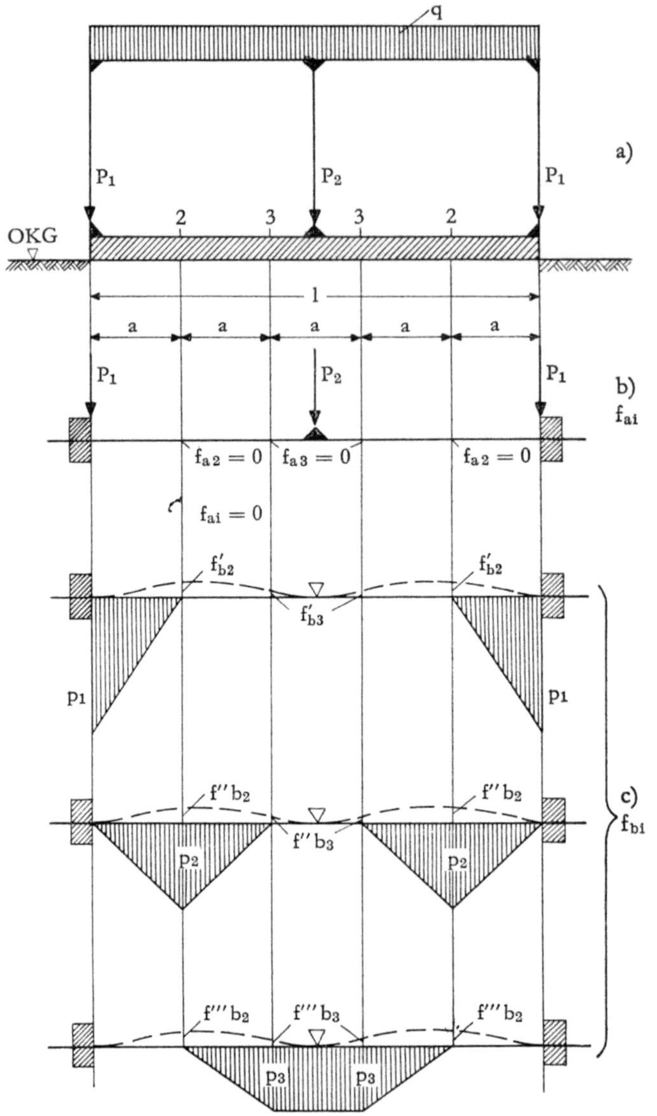

Abb. 3.4,10 Formänderungen f_{ai}, f_{bi}

zwei zusätzlichen Bedingungen:

$$\alpha_1 = 0 \qquad \text{Tangentenverdrehung}$$

$$f_{b3,5} = 0 \qquad \text{Durchbiegung}$$

Die Einhaltung dieser zwei Bedingungen wird erreicht durch die Superposition der folgenden zwei Berechnungsfälle:

1. Beiderseits eingespannter Balken (Abb. 3.4,11 a).
   Entspricht der Bedingung $\alpha_1 = 0$.

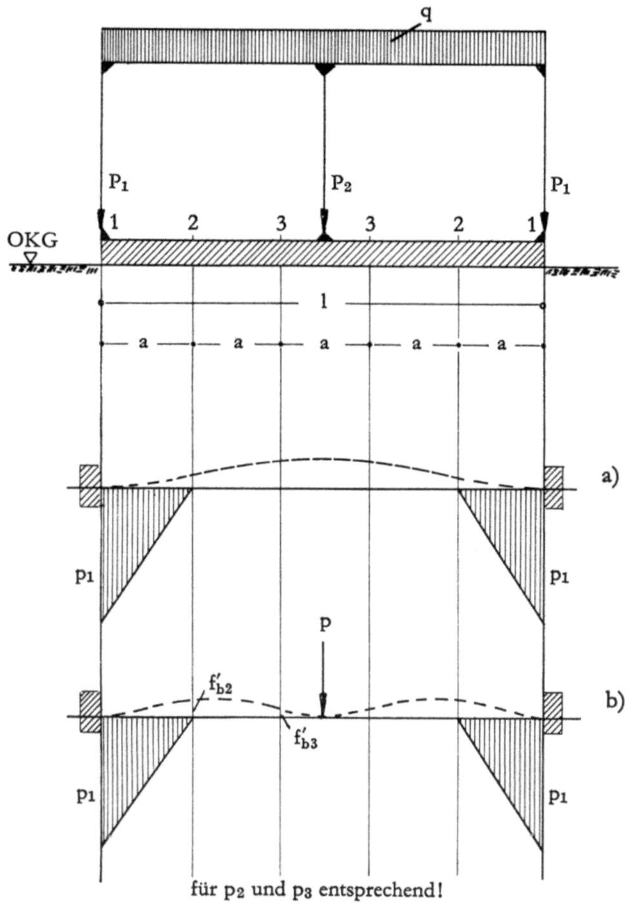

Abb. 3.4,11 Ableitung der Formänderungen f_{bi}

2. Rückbiegung des beiderseits eingespannten Balkens durch Kraft P so, daß die Durchbiegung in der Mitte Null wird (Abb. 3.4,11 b).
   Entspricht der Bedingung $f_{b3,5} = 0$.

Unter Ansatz der obigen zwei zusätzlichen Bedingungen ergeben sich mit Hilfe bekannter Formeln der klassischen Mechanik folgende

Teildurchbiegungen f'_{b2} bis f'''_{b2}:

$$f'_{b2} = \frac{1}{E_b} \cdot \left(\frac{l}{d}\right)^3 \cdot \vartheta'_{2,1} \cdot p_1$$

$$f''_{b2} = \frac{1}{E_b} \cdot \left(\frac{l}{d}\right)^3 \cdot \vartheta''_{2,2} \cdot p_2$$

$$f'''_{b2} = \frac{1}{E_b} \cdot \left(\frac{l}{d}\right)^3 \cdot \vartheta'''_{2,3} \cdot p_3$$

und somit:

Gesamtdurchbiegung f_{b2}:

$$f_{b2} = \frac{1}{E_b} \cdot \left(\frac{1}{d}\right)^3 \cdot (\vartheta'_{2,1} p_1 + \vartheta'_{2,2} p_2 + \vartheta'_{2,3} p_3)$$

bzw.

Gesamtdurchbiegung f_{bi}, allgemeine Gleichung:

$$f_{bi} = \frac{1}{E_b} \cdot \left(\frac{1}{d}\right)^3 \cdot \sum_{v=1}^{3} \vartheta'_{i,v} \cdot p_v$$

Hierin bedeuten ϑ' die Durchbiegungsbeiwerte für den symmetrischen Fall, die ein für allemal mit Hilfe der klassischen Mechanik berechnet und tabelliert werden, wobei $\vartheta'_{i,v}$ = Durchbiegungsbeiwert für den Punkt i infolge des Belastungsdreieckes mit der Ordinate p_v.
Zur Aufstellung der endgültigen Bestimmungsgleichungen (2.5,10) werden aber lediglich noch die Durchbiegungsbeiwerte $\vartheta'_{i,v}$ benötigt.

Für den vorliegenden Fall der Symmetrie und für das Seitenverhältnis $\delta = \frac{b}{l} = \frac{1{,}0}{10{,}0} = 0{,}1$ werden die

Durchbiegungsbeiwerte $\vartheta'_{,vi}$:

$$\vartheta'_{2,1} = 0{,}000.184.3$$
$$\vartheta'_{2,2} = 0{,}001.081.6$$
$$\vartheta'_{2,3} = 0{,}000.534.1$$
$$\vartheta'_{3,1} = 0{,}000.047.4$$
$$\vartheta'_{3,2} = 0{,}000.396.3$$
$$\vartheta'_{3,3} = 0{,}000.355.8$$

2.3 Bestimmung der Setzungen s_i

Die Setzungen s_i der Punkte i des elastischen Gründungsbalkens infolge der Belastung des elastischen Baugrundes in der Gründungssohle durch das gesamte, unbekannte Sohldruckdiagramm p_i erhält man durch eine Setzungsberechnung nach dem Steifezahlverfahren für den elastisch-isotropen Halbraum und für den »kennzeichnenden Querschnitt« in der gleichen Weise wie in Abschnitt 3.41 (Abb. 3.4,5).
Die zur Aufstellung der endgültigen Bestimmungsgleichungen benötigten Setzungseinflußbeiwerte η' ergeben sich wie in Absatz 2.3, Abschnitt 3.41, ebenfalls wieder zu:

Setzungseinflußbeiwerte $\eta'_{i,v}$:

$$\eta'_{2,1} = -0{,}045.859$$
$$\eta'_{2,2} = 0{,}104.481$$
$$\eta'_{2,3} = 0{,}022.963$$
$$\eta'_{3,1} = -0{,}056.208$$
$$\eta'_{3,2} = 0{,}008.152$$
$$\eta'_{3,3} = 0{,}142.255$$

2.4 Bestimmungsgleichungen

Für die Bestimmungsgleichungen

$$(\vartheta'_{2,1} N + \eta'_{2,1}) \cdot p_1 + (\vartheta'_{2,2} N + \eta'_{2,2}) \cdot p_2 + (\vartheta'_{2,3} N + \eta'_{2,3}) \cdot p_3 = \alpha'_2 E_s$$
$$(\vartheta'_{3,1} N + \eta'_{3,1}) \cdot p_1 + (\vartheta'_{3,2} N + \eta'_{3,2}) \cdot p_2 + (\vartheta'_{3,3} N + \eta'_{3,3}) \cdot p_3 = \alpha'_3 E_s$$

folgen unter Einsetzen der obigen Zahlenwerte für $\vartheta'_{i,v}$, N, $\eta'_{i,v}$ und $\alpha'_i E_s$ die Gleichungen:

$$(0{,}000.184.3 \cdot 10 - 0{,}045.859) \cdot p_1$$
$$+ (0{,}001.081.6 \cdot 10 + 0{,}104.481) \cdot p_2$$
$$+ (0{,}000.534.1 \cdot 10 + 0{,}022.963) \cdot p_3 = 0$$
$$(0{,}000.047.1 \cdot 10 - 0{,}056.208) \cdot p_1$$
$$+ (0{,}000.396.3 \cdot 10 + 0{,}008.182) \cdot p_2$$
$$+ (0{,}000.355.8 \cdot 10 + 0{,}142.255) \cdot p_3 = 0$$

Die endgültigen Bestimmungsgleichungen ergeben sich daraus wie folgt:
Bestimmungsgleichung 2:

$$-0{,}044.016 \cdot p_1 + 0{,}115.297 \cdot p_2 + 0{,}028.304 \cdot p_3 = 0$$

Bestimmungsgleichung 3:

$$-0{,}055.734 \cdot p_1 + 0{,}012.120 \cdot p_2 + 0{,}145.813 \cdot p_3 = 0$$

3. Gleichungssystem

Das Gleichungssystem der drei Bestimmungsgleichungen (ein Belastungsglied = eine rechte Seite) zur Bestimmung der drei unbekannten Sohldrücke p_1, p_2 und p_3 lautet demnach wie folgt:

Tab. 3.4,3 Gleichungssystem

	p_1	p_2	p_3	
1	0,200.000	0,400.000	0,400.000	1
2	— 0,044.016	0,115.297	0,028.304	0
3	— 0,055.734	0,012.120	0,145.813	0

4. Sohldrücke p_i

Die Auflösung des Gleichungssystems der drei Gleichungen mit drei Unbekannten (Tab. 3.4,3) ergibt die gesuchten

Sohldrücke p_i:

$$p_1 = 2{,}17 \text{ kg/cm}^2$$
$$p_2 = 0{,}64 \text{ kg/cm}^2$$
$$p_3 = 0{,}78 \text{ kg/cm}^2$$

Darstellung in Abb. 3.4,12a.

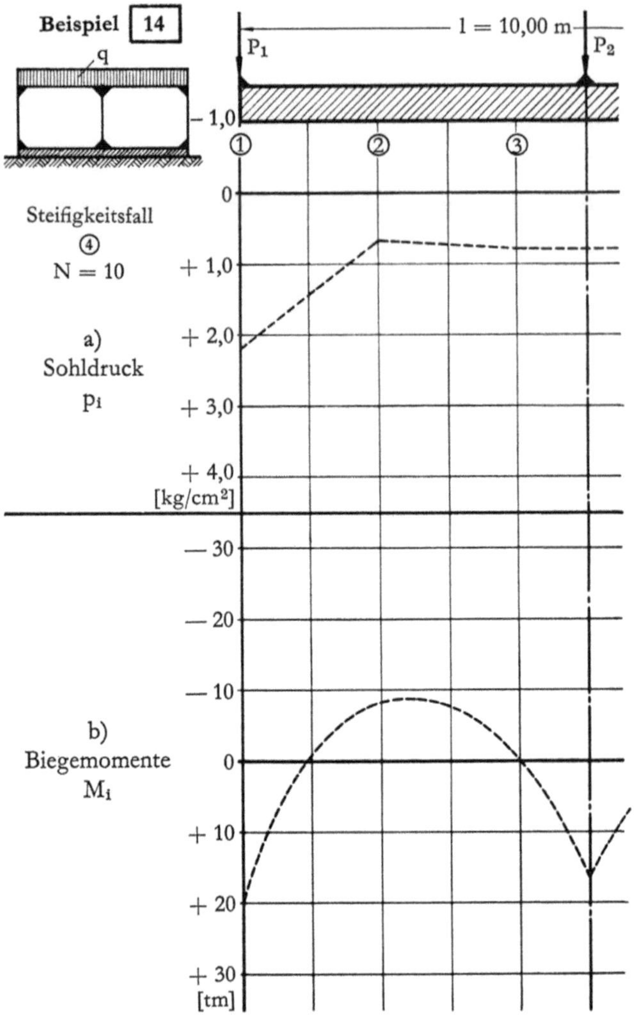

Abb. 3.4,12

4) Bestimmung der Biegemomente M_i

Aus den nunmehr bekannten Sohldrücken p_i bzw. den Auflasten P_i und Stützmomenten M_{St} werden nach den bekannten Regeln der Statik die Biegemomente M_i' bzw. M_i'' bestimmt, aus denen durch Superposition die endgültigen Biegemomente M_i bezogen auf die Punkte i folgen.

1. Biegemomente M_i'

Die Biegemomente M_i' infolge der Sohldrücke p_i ergeben sich aus den Belastungsdreiecken mit den Sohldruckordinaten p_i nach Abb. 3.4,8 wieder wie folgt:

$$M'_1 \;\; = 0$$
$$M'_{1,25} = (0{,}001.146 \cdot p_1 + 0{,}000.104 \cdot p_2) \cdot bl^2$$
$$M'_{1,5} \;\; = (0{,}004.167 \cdot p_1 + 0{,}000.833 \cdot p_2) \cdot bl^2$$
$$M'_{1,75} = (0{,}008.437 \cdot p_1 + 0{,}002.812 \cdot p_2) \cdot bl^2$$
$$M'_2 \;\; = (0{,}013.333 \cdot p_1 + 0{,}006.667 \cdot p_2) \cdot bl^2$$
$$M'_{2,25} = (0{,}018.333 \cdot p_1 + 0{,}012.812 \cdot p_2 + 0{,}000.104 \cdot p_3) \cdot bl^2$$
$$M'_{2,5} \;\; = (0{,}023.333 \cdot p_1 + 0{,}020.833 \cdot p_2 + 0{,}000.833 \cdot p_3) \cdot bl^2$$
$$M'_{2,75} = (0{,}028.333 \cdot p_1 + 0{,}030.104 \cdot p_2 + 0{,}002.812 \cdot p_3) \cdot bl^2$$
$$M'_3 \;\; = (0{,}033.333 \cdot p_1 + 0{,}04 \cdot p_2 + 0{,}006.667 \cdot p_3) \cdot bl^2$$
$$M'_{3,25} = (0{,}038.333 \cdot p_1 + 0{,}05 \cdot p_2 + 0{,}012.917 \cdot p_3) \cdot bl^2$$
$$M'_{3,5} \;\; = (0{,}043.333 \cdot p_1 + 0{,}06 \cdot p_2 + 0{,}021.667 \cdot p_3) \cdot bl^2$$

Unter Einsetzen der Zahlenwerte für p_i und $bl^2 = 1{,}0 \cdot 10{,}0^2 = 100$ erfolgt die Auswertung in Tab. 3.4,4.

2. Biegemomente M''_i

Die Biegemomente M''_i infolge der Auflasten P_i und Stützmomente M_{St} werden nach den bekannten Regeln der Statik bestimmt. Auswertung in Tab. 3.4,4.

3. Biegemomente M_i

Die endgültigen Biegemomente M_i bezogen auf die Punkte i werden durch Superposition der obigen Anteile M'_i und M''_i bestimmt. Auswertung in Tab. 3.4,4.

5) Bestimmung der Setzungen s_i

Aus den obigen Sohldrücken lassen sich die Setzungen s_i bezogen auf die Punkte i mit Hilfe der Setzungseinflußbeiwerte $\zeta'_{i,v}$ bestimmen.

1. Setzungseinflußbeiwerte $\zeta'_{i,v}$

Wie in Abschnitt 3.41 sind wiederum gültig die folgenden Setzungseinflußbeiwerte $\zeta'_{i,v}$:

$$\zeta'_{1,1} = 0{,}071.064$$
$$\zeta'_{1,2} = 0{,}041.626$$
$$\zeta'_{1,3} = 0{,}026.815$$
$$\zeta'_{2,1} = 0{,}025.205$$
$$\zeta'_{2,2} = 0{,}146.107$$
$$\zeta'_{2,3} = 0{,}049.778$$
$$\zeta'_{3,1} = 0{,}014.856$$
$$\zeta'_{3,2} = 0{,}049.778$$
$$\zeta'_{3,3} = 0{,}169.070$$

Tab. 3.4,4 Biegemomente M_i

Punkt i		1,25	1,5	1,75	2	2,25	2,5	2,75	3	3,25	3,5
$p_1 = 21{,}71$	t/m^2	2,49	9,05	18,32	28,95	39,80	50,66	61,51	72,37	83,22	94,08
$p_2 = 6{,}38$	t/m^2	0,07	0,53	1,79	4,25	8,17	13,29	19,21	25,52	31,90	38,28
$p_3 = 7{,}77$	t/m^2	–	–	–	–	0,08	0,65	2,18	5,18	10,04	16,84
M_i'	tm	2,56	9,58	20,11	33,20	48,05	64,60	82,90	103,07	125,16	149,20

Punkt i		1,25	1,5	1,75	2	2,25	2,5	2,75	3	3,25	3,5
M_i'	tm	2,56	9,58	20,11	33,20	48,05	64,60	82,90	103,07	125,16	149,20
$M_{i,\,p_i}''$	tm	—15,33	—30,66	—45,99	—61,32	—76,65	—91,98	—107,31	—122,64	—137,97	—153,30
$M_{i,\,M_{St}}''$	tm	20,50	20,50	20,50	20,50	20,50	20,50	20,50	20,50	20,50	20,50
M_i	tm	7,73	— 0,58	— 5,38	— 7,62	— 8,10	— 6,88	— 3,91	0,93	7,69	16,40

2. Setzungen s_i

Setzungen s_i allgemeine Gleichung:

$$s_i = \frac{1}{E_s} \cdot \sum_{v=1}^{3} \zeta'_{i,v} p_v \qquad \text{Grasshoff, Gl. (2.5,9)}$$

bzw. für die einzelnen Punkte i = 1, 2 und 3:

Setzungen s_i:

$$s_1 = \frac{1}{E_s} \cdot (\zeta'_{1,1} \cdot p_1 + \zeta'_{1,2} \cdot p_2 + \zeta'_{1,3} \cdot p_3)$$

$$s_2 = \frac{1}{E_s} \cdot (\zeta'_{2,1} \cdot p_1 + \zeta'_{2,2} \cdot p_2 + \zeta'_{2,3} \cdot p_3)$$

$$s_3 = \frac{1}{E_s} \cdot (\zeta'_{3,1} \cdot p_1 + \zeta'_{3,2} \cdot p_2 + \zeta'_{3,3} \cdot p_3)$$

Unter Einsetzen der obigen Zahlenwerte l und E_s, $\zeta'_{i,v}$ und p_i folgen die Setzungen s_i:

$$s_1 = \frac{1000}{262{,}5} (0{,}071.064 \cdot 2{,}171 + 0{,}041.626 \cdot 0{,}638 + 0{,}026.815 \cdot 0{,}777)$$

$$s_2 = \frac{1000}{262{,}5} (0{,}025.205 \cdot 2{,}171 + 0{,}146.507 \cdot 0{,}638 + 0{,}049.778 \cdot 0{,}777)$$

$$s_3 = \frac{1000}{262{,}5} (0{,}014.856 \cdot 2{,}171 + 0{,}049.778 \cdot 0{,}638 + 0{,}169.170 \cdot 0{,}777)$$

bzw. nach Ausrechnung die endgültigen

Setzungen s_i:

$$s_1 = 0{,}77 \text{ cm}$$

$$s_2 = 0{,}71 \text{ cm}$$

$$s_3 = 0{,}74 \text{ cm}$$

3.43 Beispiel 18

1) System und Belastungen

Statisches System, Abmessungen, Steifigkeitsverhältnisse, Belastungen s. Abb. 3.4,13.

1. Überbau

1.1 Statisches System und Abmessungen

Das Bauwerk entspricht dem Bauwerk in Beispiel 2 (Abschnitt 3.41). Es sind lediglich die Außenstützen des Überbaues um das Maß $c = \frac{1}{15}\, l = \frac{1}{15}\, 10{,}0 = 0{,}67$ m

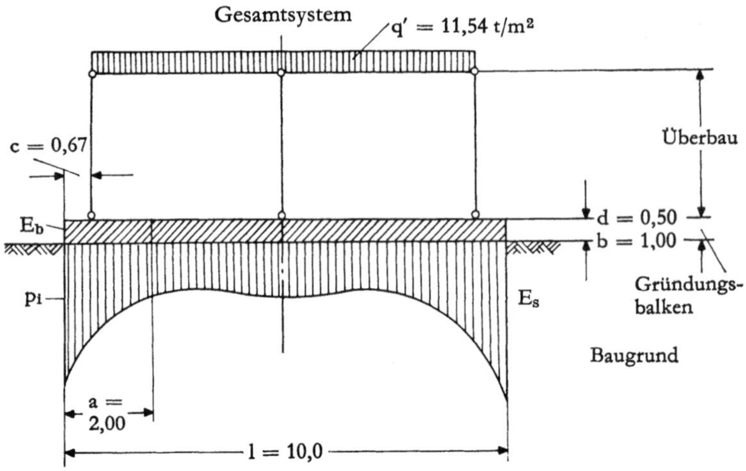

Abb. 3.4,13 Beispiel 18

nach innen gerückt, so daß der Gründungsbalken beiderseits eine Auskragung erhält (Abb. 3.4,13).

1.2 Steifigkeitsverhältnisse

Wie Abschnitt 3.41.

1.3 Belastungen

Gleichförmige Belastungen des Riegels:

$$q' = \tfrac{15}{13} \cdot 10 = 11{,}54 \text{ t/m}^2$$

2. Gründungsbalken

Wie Abschnitt 3.41.

3. Baugrund

Wie Abschnitt 3.41.

2) Bestimmung der Auflasten P_i

Es ergeben sich die gleichen Auflasten P_1 bis P_3 wie in Absatz 2, Abschnitt 3.41 (Abb. 3.4,14).

3) Bestimmung der Sohldrücke p_i

Die am Gründungsbalken angreifenden Auflasten P_i rufen als gleichgewichtshaltende Gegenkräfte die unbekannten Sohldrücke p_i hervor.

Im vorliegenden Fall der Symmetrie von Tragwerk und Belastung ergeben sich infolge der Auflasten P_1, P_2 und P_3 (Abb. 3.4,14) für eine Unterteilung in $n = 5$ Abschnitte die drei unbekannten Sohldrücke p_1, p_2 und p_3 (Abb. 3.4,14 und 3.4,15).

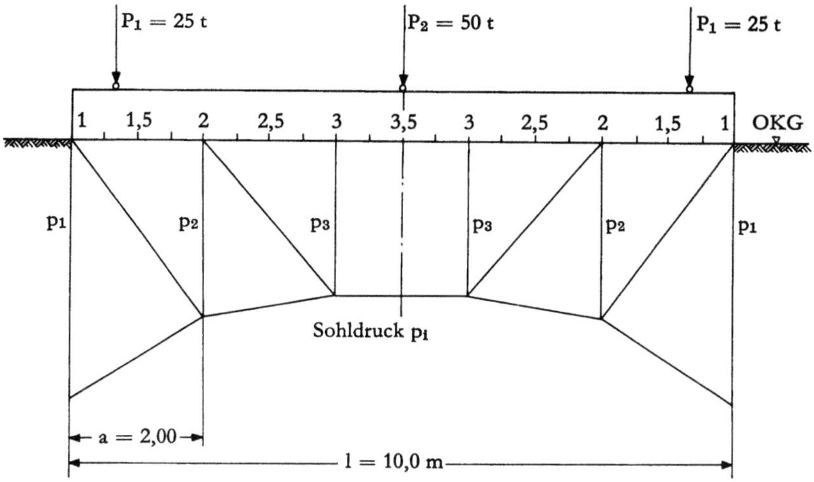

Abb. 3.4,14 Gründungsbalken

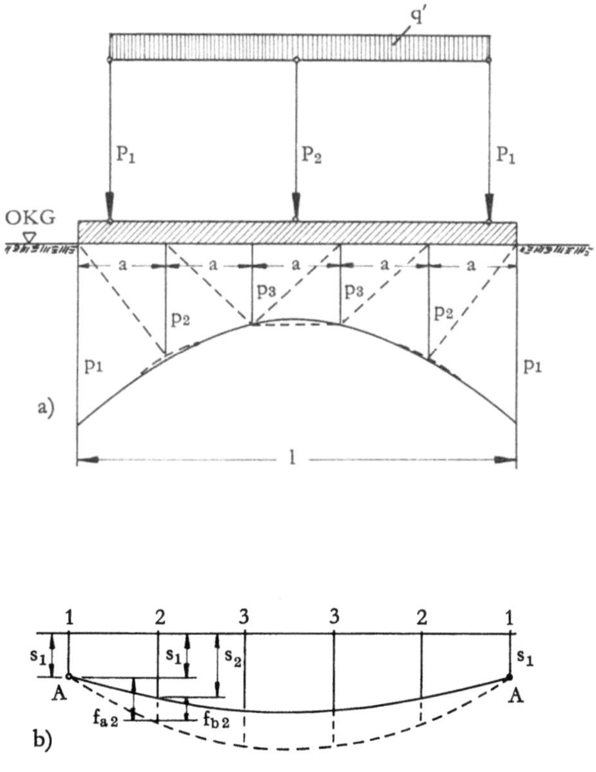

Abb. 3.4,15 Verformter Gründungsbalken

Die Ermittlung dieser drei unbekannten Sohldrücke p_1 bis p_3 erfolgt nach dem Verfahren von GRASSHOFF mit Hilfe von drei Bestimmungsgleichungen, deren Beiwerte den Tabellen GRASSHOFF (s. Abschnitt 2.56) entnommen werden.
Die genannten drei Bestimmungsgleichungen werden aus drei Bedingungsgleichungen erhalten, und zwar aus einer Gleichgewichtsbedingung und zwei Formänderungsbedingungen.

1. Gleichgewichtsbedingung

Eine Bedingung des senkrechten Gleichgewichtes

$$\sum V = 0$$

ergibt:

Wie Absatz 1, Abschnitt 3.41:
Bestimmungsgleichung 1:

$$0{,}2 \cdot p_1 + 0{,}4 \cdot p_2 + 0{,}4 \cdot p_3 = 1$$

2. Formänderungsbedingungen

Zwei Bedingungen für die Setzungen s_i des Gründungsbalkens: nach GRASSHOFF, Gl. (2.5,3) in zwei Punkten der Balkenlängsachse, und zwar für die Punkte 2 und 3 (Abb. 3.4,15).

Bedingungsgleichungen:
Wegen der Symmetrie von Tragwerk und Belastung ist wiederum die Einsenkung des zunächst starr angenommenen Gründungsbalkens überall gleich groß, und zwar $s_1 = \text{const}$ (Abb. 3.4,15). Somit lautet die

Bedingungsgleichung:

$$s_i = s_1 + f_{ai} - f_{bi}$$

Daraus folgen wiederum wie in Abschnitt 3.41:
Bestimmungsgleichungen allgemein:

$$\sum_{v=1}^{3} (\vartheta'_{i,v} N + \eta'_{i,v}) \cdot p_v = \alpha'_i E_s \qquad \text{GRASSHOFF, Gl. (2.5,10)}$$

Hierin bedeuten wiederum:

N = Steifigkeitsbeiwert nach Abschnitt 1

$\vartheta'_{i,v}$ = Durchbiegungsbeiwert
für Punkt i infolge Sohldruckdreieck mit Ordinate p_v

$\eta'_{i,v}$ = Setzungseinflußbeiwert
für Punkt i infolge Sohldruckdreieck mit Ordinate p_v

$\alpha'_i = \frac{f_{ai}}{l}$ Durchbiegungsbeiwert
für Durchbiegung f_{ai} im Punkt i infolge der Auflasten P_i

Bestimmungsgleichungen für die Punkte 2 und 3:

Wiederum wie in Abschnitt 3.41 fertig zum Einsetzen der Beiwerte aus den Tab. 2.5,4 und 2.5,17:

$$(\vartheta'_{2,1}N + \eta'_{2,1}) \cdot p_1 + (\vartheta'_{2,2}N + \eta'_{2,2}) \cdot p_2 + (\vartheta'_{2,3}N + \eta'_{2,3}) \cdot p_3 = \alpha'_2 E_s$$

$$(\vartheta'_{3,1}N + \eta'_{3,1}) \cdot p_1 + (\vartheta'_{3,2}N + \eta'_{3,2}) \cdot p_2 + (\vartheta'_{3,3}N + \eta'_{3,3}) \cdot p_3 = \alpha'_3 E_s$$

2.1 Bestimmung der Durchbiegungen f_{ai}

Die freien Durchbiegungen f_{ai} der Punkte i des elastischen Gründungsbalkens auf nachgiebig gedachten Endauflagern infolge der gegebenen Auflasten P_i werden wiederum Formelsammlungen entnommen.
Für den vorliegenden symmetrischen Fall ergeben sich für die zwei symmetrischen Einzellasten $P_1 = 25$ t und die mittige Einzellast $P_2 = 50$ t folgende

Durchbiegungen f_{ai} (Abb. 3.4,16)

$$\begin{aligned} f_{a2} &= 0{,}014.475.5 \cdot P_1^l + 0{,}009.725.8 \cdot P_1^r + 0{,}054.198.5 \cdot P_2 \\ &= 0{,}014.475.5 \cdot 25 + 0{,}009.725.8 \cdot 25 + 0{,}054.198.5 \cdot 50 \\ &= 0{,}361.888.5 + 0{,}243.143.9 + 2{,}709.923.7 \end{aligned}$$

$$f_{a2} = 3{,}314.956.1$$

$$\begin{aligned} f_{a3} &= 0{,}019.406.3 \cdot P_1^l + 0{,}017.008.8 \cdot P_1^r + 0{,}090.076.3 \cdot P_2 \\ &= 0{,}019.406.3 \cdot 25 + 0{,}017.008.8 \cdot 25 + 0{,}090.076.3 \cdot 50 \\ &= 0{,}485.156.9 + 0{,}425.219.1 + 4{,}503.816.8 \end{aligned}$$

$$f_{a3} = 5{,}414.192.8$$

Damit folgen die

Beiwerte α'_i:

$$\alpha'_2 = \frac{f_{a2}}{1} = \frac{3{,}314.956.1}{1000} = 3{,}314.956.1 \cdot 10^{-3}$$

$$\alpha'_3 = \frac{f_{a3}}{1} = \frac{5{,}414.192.8}{1000} = 5{,}414.192.8 \cdot 10^{-3}$$

bzw. folgen damit die rechten Seiten der Gleichungen, also:

Belastungsglieder $\alpha'_i E_s$

mit $E_s = 262{,}5$ kg/cm² zu

$$\alpha'_2 E_s = 3{,}314.956.1 \cdot 10^{-3} \cdot 262{,}5 = 0{,}868.819$$

$$\alpha'_3 E_s = 5{,}414.192.8 \cdot 10^{-3} \cdot 262{,}5 = 1{,}418.525$$

2.2 Bestimmung der Durchbiegungen f_{bi}

Die freien Durchbiegungen f_{bi} der Punkte i des elastischen Gründungsbalkens auf zwei nachgiebig gedachten Endauflagern infolge des gesamten, unbekannten

Sohldruckdiagrammes p_i bzw. die entsprechenden, für die endgültigen Bestimmungsgleichungen anzusetzenden Durchbiegungsbeiwerte $\vartheta'_{i,v}$ ergeben sich zu den gleichen Werten wie in Absatz 2.2, Abschnitt 3.41 (Abb. 3.4,16):

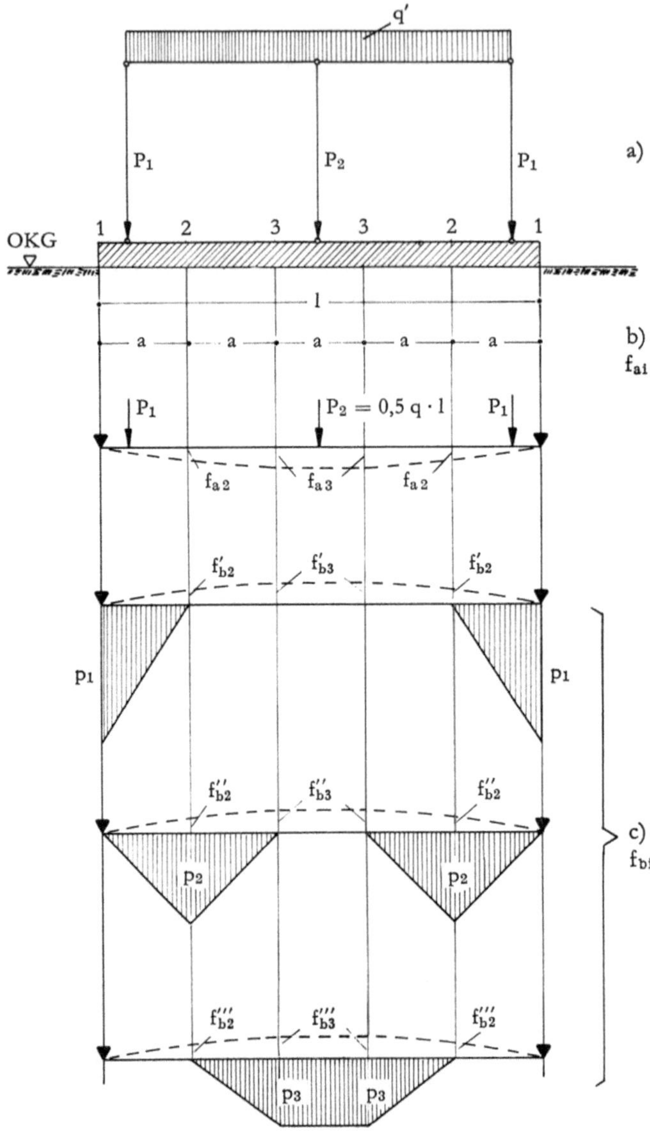

Abb. 3.4,16 Formänderungen f_{ai}, f_{bi}

Durchbiegungsbeiwerte $\vartheta'_{i,v}$:

$$\vartheta'_{2,1} = 0{,}006.240$$
$$\vartheta'_{2,2} = 0{,}033.760$$
$$\vartheta'_{2,3} = 0{,}052.800$$
$$\vartheta'_{3,1} = 0{,}009.440$$
$$\vartheta'_{3,2} = 0{,}052.800$$
$$\vartheta'_{3,3} = 0{,}086.560$$

2.3 Bestimmung der Setzungen s_i

Die Setzungen s_i der Punkte i des elastischen Gründungsbalkens infolge der Belastung des elastischen Baugrundes in der Gründungssohle durch das gesamte, unbekannte Sohldruckdiagramm p_i bzw. die entsprechenden, für die endgültigen Bestimmungsgleichungen anzusetzenden Setzungseinflußbeiwerte $\eta'_{i,v}$ ergeben sich zu den gleichen Werten wie in Absatz 2.3, Abschnitt 3.41:

Setzungseinflußbeiwerte $\eta'_{i,v}$:

$$\eta'_{2,1} = -\,0{,}045.859$$
$$\eta'_{2,2} = 0{,}104.481$$
$$\eta'_{2,3} = 0{,}022.963$$
$$\eta'_{3,1} = -\,0{,}056.208$$
$$\eta'_{3,2} = 0{,}008.152$$
$$\eta'_{3,3} = 0{,}142.255$$

2.4 Bestimmungsgleichungen

Für die Bestimmungsgleichungen

$$(\vartheta'_{2,1}N + \eta'_{2,1}) \cdot p_1 + (\vartheta'_{2,2}N + \eta'_{2,2}) \cdot p_2 + (\vartheta'_{2,3}N + \eta'_{2,3}) \cdot p_3 = \alpha'_2 E_s$$
$$(\vartheta'_{3,1}N + \eta'_{3,1}) \cdot p_1 + (\vartheta'_{3,2}N + \eta'_{3,2}) \cdot p_2 + (\vartheta'_{3,3}N + \eta'_{3,3}) \cdot p_3 = \alpha'_3 E_s$$

ergeben sich unter Einsetzen der obigen Zahlenwerte für $\vartheta'_{i,v}$, N, $\eta'_{i,v}$ und $\alpha'_i E_s$ und unter Beachtung der Tatsache, daß die linken Seiten der Gleichungen unverändert bleiben und lediglich die rechten Seiten andere Werte erhalten, die endgültigen Bestimmungsgleichungen wie folgt:

Bestimmungsgleichung 2:

$$0{,}016.541 \cdot p_1 + 0{,}442.081 \cdot p_2 + 0{,}550.963 \cdot p_3 = 0{,}868.519$$

Bestimmungsgleichung 3:

$$0{,}038.192 \cdot p_1 + 0{,}536.152 \cdot p_2 + 1{,}007.855 \cdot p_3 = 1{,}418.525$$

3. Gleichungssystem

Das Gleichungssystem der drei Bestimmungsgleichungen (ein Belastungsglied = eine rechte Seite) zur Bestimmung der drei unbekannten Sohldrücke p_1, p_2 und p_3 lautet demnach wie folgt:

Tab. 3.4,5 Gleichungssystem

	p_1	p_2	p_3	
1	0,200.000	0,400.000	0,400.000	1
2	0,016.541	0,442.081	0,550.936	0,868.519
3	0,038.192	0,536.152	1,007.855	1,418.525

4. Sohldrücke p_i

Die Auflösung des Gleichungssystems der drei Gleichungen mit drei Unbekannten (Tab. 3.4,5) ergibt die gesuchten

Sohldrücke p_i:

$$p_1 = 1{,}68 \text{ kg/cm}^2$$

$$p_2 = 0{,}67 \text{ kg/cm}^2$$

$$p_3 = 0{,}98 \text{ kg/cm}^2$$

Darstellung in Abb. 3.4,17a

4) Bestimmung der Biegemomente M_i

Aus den nunmehr bekannten Sohldrücken p_i bzw. den Auflasten P_i werden nach den bekannten Regeln der Statik die Biegemomente M_i' bzw. M_i'' bestimmt, aus denen durch Superposition die endgültigen Biegemomente M_i bezogen auf die Punkte i folgen.

1. Biegemomente M_i'

Die Biegemomente M_i' infolge der Sohldrücke p_i ergeben sich aus den Belastungsdreiecken mit den Sohldruckordinaten p_i nach Abb. 3.4,14 unter Einsetzen der Zahlenwerte für p_i und $bl^2 = 1{,}0 \cdot 10{,}0^2 = 100$ in die Ansatzgleichungen von Absatz 4, Abschnitt 3.41. Auswertung in Tab. 3.4,6.

2. Biegemomente M_i''

Die Biegemomente M_i'' infolge der Auflasten P_i werden nach den bekannten Regeln der Statik bestimmt. Auswertung in Tab. 3.4,6.

3. Biegemomente M_i

Die endgültigen Biegemomente M_i bezogen auf die Punkte i werden durch Superposition der obigen Anteile M_i' und M_i'' bestimmt. Auswertung in Tab. 3.4,6.

5) Bestimmung der Setzungen s_i

Aus den obigen Sohldrücken p_i lassen sich die Setzungen s_i des elastischen Gründungsbalkens bezogen auf die Punkte i mit Hilfe der Setzungseinflußbeiwerte $\zeta_{i,v}'$ bestimmen.

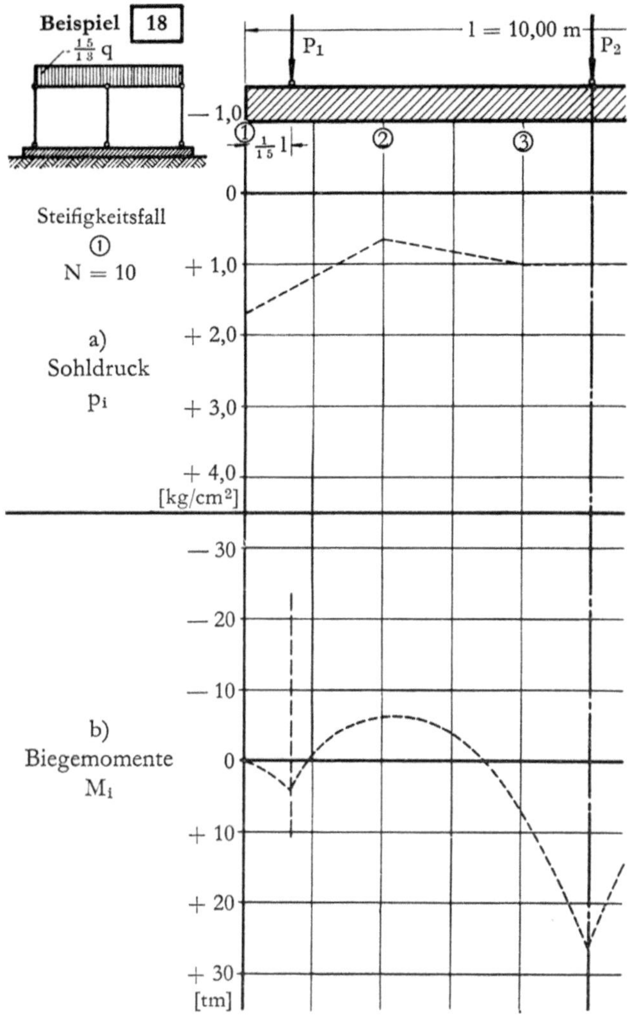

Abb. 3.4,17

1. Setzungseinflußbeiwerte $\zeta'_{i,v}$

Wie in Absatz 5, Abschnitt 3.41 sind wiederum gültig die folgenden Setzungseinflußbeiwerte $\zeta'_{i,v}$:

$\zeta'_{1,1} = 0{,}071.064$

$\zeta'_{1,2} = 0{,}041.626$

$\zeta'_{1,3} = 0{,}026.815$

$\zeta'_{2,1} = 0{,}025.205$

$\zeta'_{2,2} = 0{,}146.107$

$\zeta'_{2,3} = 0{,}049.778$

$\zeta'_{3,1} = 0{,}014.856$

$\zeta'_{3,2} = 0{,}049.778$

$\zeta'_{3,3} = 0{,}169.070$

Tab. 3.4,6 Biegemomente M_i

Punkt i		1,25	1,5	1,75	2	2,25	2,5	2,75	3	3,25	3,5
$p_1 = 16,82$	t/m²	1,93	7,01	14,19	22,43	30,84	39,25	47,66	56,07	64,48	72,89
$p_2 = 6,73$	t/m²	0,07	0,56	1,89	4,49	8,62	14,02	20,26	26,92	33,65	40,38
$p_3 = 9,85$	t/m²	–	–	–	–	0,10	0,82	2,77	6,57	12,72	21,34
M_i'	tm	2,00	7,57	16,08	26,92	39,56	54,09	70,69	89,56	110,85	134,61

Punkt i		1,25	1,5	1,75	2	2,25	2,5	2,75	3	3,25	3,5
M_i'	tm	2,00	7,57	16,08	26,92	39,56	54,09	70,69	89,56	110,85	134,61
M_i''	tm	0	—8,25	—20,75	—33,25	—45,75	—58,25	—70,75	—83,25	—95,75	—108,25
M_i	tm	2,00	—0,68	— 4,67	— 6,33	— 6,19	— 4,16	— 0,06	6,31	15,10	26,36

2. Setzungen s_i

Setzungen s_i allgemeine Gleichung:

$$s_i = \frac{1}{E_s} \cdot \sum_{v=1}^{3} \zeta'_{i,v} p_v \qquad \text{Grasshoff, Gl. (2.5,9)}$$

bzw. für die einzelnen Punkte i = 1, 2 und 3:

Setzungen s_i:

$$s_1 = \frac{1}{E_s} (\zeta'_{1,1} p_1 + \zeta'_{1,2} p_2 + \zeta'_{1,3} p_3)$$

$$s_2 = \frac{1}{E_s} (\zeta'_{2,1} p_1 + \zeta'_{2,2} p_2 + \zeta'_{2,3} p_3)$$

$$s_3 = \frac{1}{E_s} (\zeta'_{3,1} p_1 + \zeta'_{3,2} p_2 + \zeta'_{3,3} p_3)$$

Unter Einsetzen der obigen Zahlenwerte für l und E_s, $\zeta'_{i,v}$ und p_i folgen die Setzungen s_i:

$$s_1 = \frac{1000}{262{,}5} (0{,}071.064 \cdot 1{,}682 + 0{,}041.626 \cdot 0{,}674 + 0{,}026.815 \cdot 0{,}985)$$

$$s_2 = \frac{1000}{262{,}5} (0{,}025.205 \cdot 1{,}682 + 0{,}146.507 \cdot 0{,}674 + 0{,}049.778 \cdot 0{,}985)$$

$$s_3 = \frac{1000}{262{,}5} (0{,}014.856 \cdot 1{,}682 + 0{,}049.778 \cdot 0{,}674 + 0{,}169.170 \cdot 0{,}985)$$

bzw. nach Ausrechnung die endgültigen

Setzungen s_i:

$$s_1 = 0{,}66 \text{ cm}$$

$$s_2 = 0{,}72 \text{ cm}$$

$$s_3 = 0{,}86 \text{ cm}$$

3.44 Beispiel 30

1) System und Belastungen

Statisches System, Abmessungen, Steifigkeitsverhältnisse, Belastungen s. Abb. 3.4,18.

1. Überbau

1.1 Statisches System und Abmessungen

Das Bauwerk entspricht dem Bauwerk in Beispiel 14 (Abschnitt 3.42). Es sind lediglich die Außenstützen des Überbaues um das Maß $c = \frac{1}{15} \cdot l = \frac{1}{15} \cdot 10{,}0$

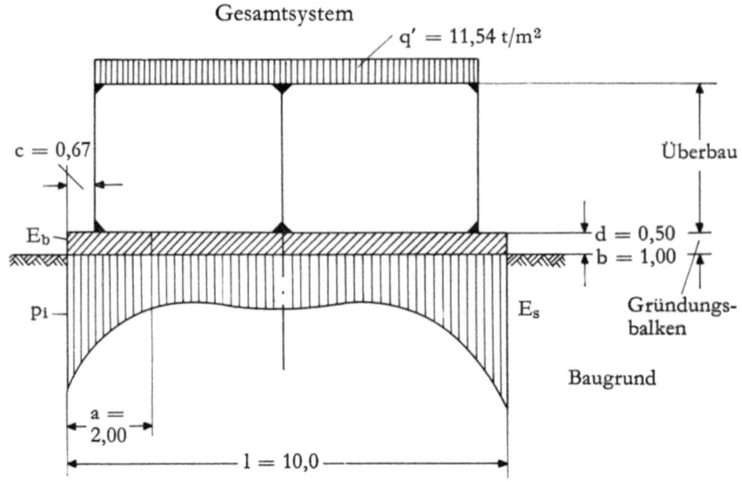

Abb. 3.4,18 Beispiel 30

= 0,67 m nach innen gerückt, so daß der Gründungsbalken beiderseits eine Auskragung erhält (Abb. 3.4,18).

1.2 Steifigkeitsverhältnisse

Wie Abschnitt 3.42.

1.3 Belastungen

Gleichförmige Belastung des Riegels:

$$q' = \frac{15}{13} \cdot 10 = 11{,}54 \text{ t/m}^2$$

2. Gründungsbalken

Wie Abschnitt 3.42 (Abb. 3.4,19).

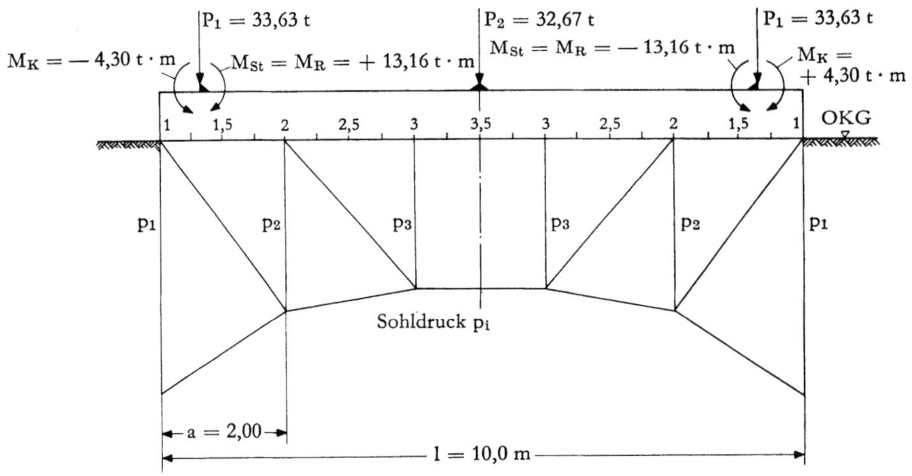

Abb. 3.4,19 Gründungsbalken

3. Baugrund

Wie Abschnitt 3.41.

2) Bestimmung der Auflasten P_i[9]

Die Auflasten P_i sind unbekannt, weil das gegebene Gesamtsystem statisch unbestimmt ist, und zwar im allgemeinen Fall n = 6fach statisch unbestimmt. Für den vorliegenden Fall der Symmetrie von Tragwerk und Belastung ist das System wiederum nur noch n = 2fach statisch unbestimmt.
Bei der Ermittlung der einzelnen statischen Größen für den statisch unbestimmten Fall werden bekannte Formeln der klassischen Mechanik benutzt, und zwar durch Ansatz von zwei Bedingungen gemäß Absatz 2.1 dieses Abschnittes.

1. Auflasten P_i

Die Auflasten P_i ergeben sich bei den obengenannten Ableitungen als Funktion der dort ermittelten Durchbiegungsbeiwerte $\vartheta'_{3,5;v}$ wie folgt:

Auflasten P_i, allgemeine Gleichung:

$$P_i = 294{,}95 \cdot bl \cdot \sum_{v=1}^{3} \vartheta'_{3,5;v}\, p_v$$

Für das vorliegende statische System, für den Fall der Symmetrie und für das Seitenverhältnis $\delta = \frac{b}{l} = 0{,}1$ werden die

Durchbiegungsbeiwerte $\vartheta'_{3,5;v}$:

$$\vartheta'_{3,5;1} = 0{,}000.012.510$$
$$\vartheta'_{3,5;2} = 0{,}000.360.782$$
$$\vartheta'_{3,5;3} = 0{,}001.095.896$$

Mit diesen Durchbiegungsbeiwerten $\vartheta'_{3,5;v}$, den Absatz 4 dieses Abschnittes entnommenen Sohldrücken p_v und den Zahlenwerten

$$b = 100 \text{ cm}$$
$$l = 1000 \text{ cm}$$

ergeben sich somit die endgültigen

Auflasten P_i:

$$P_2 = 294{,}95 \cdot 100 \cdot 1000 \cdot (0{,}000.012.510 \cdot 2{,}089 + 0{,}000.360.782 \cdot 0{,}696 + 0{,}001.095.896 \cdot 0{,}760) = 0{,}326.7 \cdot 10^5 \text{ kg}$$

$$P_2 = 32{,}67 \text{ t}$$

[9] Vgl. Fußnote zu Absatz 2, Abschnitt 3.42.

und aus der zur vereinfachten Berechnung zusätzlich herangezogenen Bedingung $\sum V = 0$:

$$P_1 = (100 - P_2) \cdot \tfrac{1}{2} = (100 - 32{,}67) \cdot \tfrac{1}{2} = 67{,}26 \cdot \tfrac{1}{2} = 33{,}63 \text{ t}$$

2. Stützmomente M_{St}

Die Stützmomente M_{St} für volle Einspannung der Rahmenstiele ergeben sich bei den obengenannten Ableitungen als Funktion von dort ermittelten Momentbeiwerten $\vartheta'_{M,v}$ wie folgt:

Einspannmoment M_{St}, allgemeine Gleichung:

$$M_{St} = bl^2 \left(\sum_{v=1}^{3} \vartheta'_{M,v} p_v - 0{,}108.333 \cdot P_2 \right)$$

Für das vorliegende statische System, für den Fall der Symmetrie und für das Seitenverhältnis $\delta = \frac{b}{l} = 0{,}1$ werden die

Momentenbeiwerte $\vartheta'_{M,v}$:

$$\vartheta'_{M,1} = 0{,}001.823$$
$$\vartheta'_{M,2} = 0{,}021.282$$
$$\vartheta'_{M,3} = 0{,}039.487$$

Mit diesen Momentenbeiwerten $\vartheta'_{M,v}$, den Absatz 4 dieses Abschnittes entnommenen Sohldrücken p_v, dem Wert P_2 und den Zahlenwerten

$$b = 100 \text{ cm}$$
$$l = 1000 \text{ cm}$$

ergibt sich somit das endgültige

Stützmoment M_{St}:

$$M_{St} = 100 \cdot 1000^2 \cdot (0{,}001.823 \cdot 2{,}089 + 0{,}021.282 \cdot 0{,}696 + 0{,}039.487 \cdot 0{,}760 - 0{,}108.333 \cdot 0{,}336.3) = 0{,}013.16 \cdot 10^8 \text{ kg/cm}$$

$$M_{St} = 13{,}16 \text{ tm} = M_R$$

Kragmoment M_K:

$$M_K = 100 \cdot 1000^2 \cdot (0{,}001.975 \cdot 2{,}089 + 0{,}000.247 \cdot 0{,}696) = 0{,}004.30 \cdot 10^8 \text{ kg} \cdot \text{cm} = 4{,}30 \text{ t} \cdot \text{m}$$

5) Bestimmung der Sohldrücke p_i

Das gegebene Gesamtsystem ist im allgemeinen Fall n = 6fach statisch unbestimmt. Für den vorliegenden Fall der Symmetrie von Tragwerk und Belastung ist das System wiederum nur noch n = 2fach statisch unbestimmt.

Für eine Unterteilung des Gründungsbalkens in n = 5 Abschnitte treten wie in Abschnitt 3.41 die drei unbekannten Sohldrücke p_1, p_2 und p_3 auf (Abb. 3.4,19 und 3.4,20).

Die Bestimmung dieser drei unbekannten Sohldrücke p_1 bis p_3 erfolgt nach dem Verfahren von GRASSHOFF auch hier wieder mit Hilfe von drei Bestimmungsgleichungen, deren unter Beachtung der für den n = 2fach statisch unbestimmten Fall zusätzlich einzuhaltenden zwei Bedingungen abgeleiteten Beiwerte den Tabellen GRASSHOFF (siehe Abschnitt 2.56) entnommen werden.

Die genannten Bestimmungsgleichungen werden aus drei Bedingungsgleichungen erhalten, und zwar aus einer Gleichgewichtsbedingung und zwei Formänderungsbedingungen.

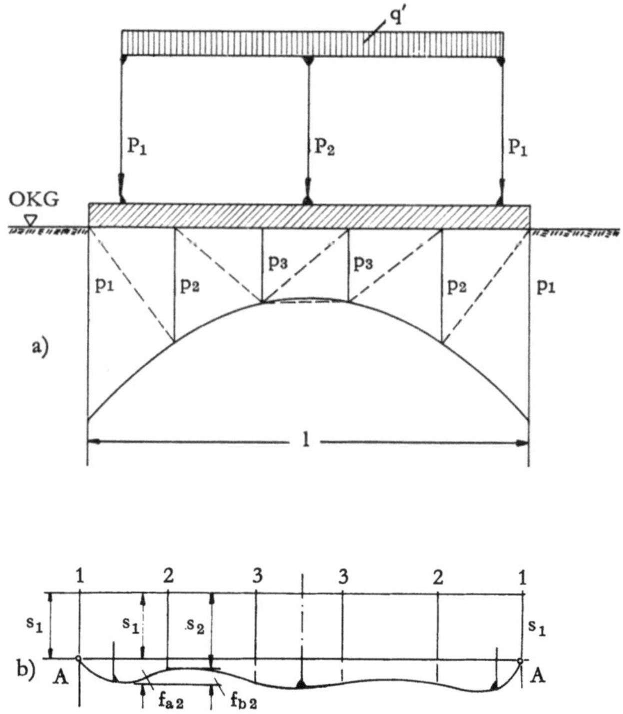

Abb. 3.4,20 Verformter Gründungsbalken

1. Gleichgewichtsbedingung

Eine Bedingung des senkrechten Gleichgewichtes

$$\sum V = 0$$

ergibt:

Wie Abschnitt 3.41

Bestimmungsgleichung 1:

$$0{,}2 \cdot p_1 + 0{,}4 \cdot p_2 + 0{,}4 \cdot p_3 = 1$$

2. Formänderungsbedingungen

Zwei Bedingungen für die Setzungen s_i des Gründungsbalkens nach GRASSHOFF, Gl. (2.5,3), in zwei Punkten der Balkenlängsachse, und zwar für die Punkte 2 und 3 (Abb. 3.4,20).

Bedingungsgleichungen:

Wegen der Symmetrie von Tragwerk und Belastung ist wiederum die Einsenkung des zunächst starr angenommenen Gründungsbalkens überall gleich groß, und zwar $s_1 = \text{const}$ (Abb. 3.4,20b). Somit lautet die

Bedingungsgleichung:

$$s_i = s_1 + f_{ai} - f_{bi}$$

Daraus folgen wiederum wie in Abschnitt 3.41:
Bestimmungsgleichungen allgemein:

$$\sum_{v=1}^{3} (\vartheta'_{i,v} N + \eta'_{i,v}) \cdot p_v = \alpha'_i E_s \qquad \text{GRASSHOFF, Gl. (2.5,10)}$$

Hierin bedeuten wiederum:

N = Steifigkeitsbeiwert nach Abschnitt 1

$\vartheta'_{i,v}$ = Durchbiegungsbeiwert
für Punkt i infolge Sohldruckdreieck mit Ordinate p_v

$\eta'_{i,v}$ = Setzungseinflußbeiwert
für Punkt i infolge Sohldruckdreieck mit Ordinate p_v

$\alpha'_i = \dfrac{f_{ai}}{l}$ = Durchbiegungsbeiwert
für Durchbiegung f_{ai} im Punkt i infolge der Auflasten P_i

Bestimmungsgleichungen für die Punkte 2 und 3:
Wiederum wie in Abschnitt 3.41
fertig zum Einsetzen der Beiwerte aus dem Absatz 2.2 dieses Abschnittes und der Tab. 2.5,17:

$$(\vartheta'_{2,1} N + \eta'_{2,1}) \cdot p_1 + (\vartheta'_{2,2} N + \eta'_{2,2}) \cdot p_2 + (\vartheta'_{2,3} N + \eta'_{2,3}) \cdot p_3 = \alpha'_2 E_s$$

$$(\vartheta'_{3,1} N + \eta'_{3,1}) \cdot p_1 + (\vartheta'_{3,2} N + \eta'_{3,2}) \cdot p_2 + (\vartheta'_{3,3} N + \eta'_{3,3}) \cdot p_3 = \alpha'_3 E_s$$

2.1 Bestimmung der Durchbiegungen f_{ai}

Die bei der Ermittlung der freien Durchbiegungen f_{ai} der Punkte i des elastischen Gründungsbalkens auf zwei nachgiebig gedachten Endauflagern infolge der Auflasten P_i zusätzlich zu erfüllenden zwei Bedingungen werden für das vorliegende statische System mit dem starren Überbau ($J = \infty$) wie folgt angesetzt:

1. Die Biegelinie des Gründungsbalkens besitzt an den Rahmeneinspannpunkten eine waagerechte Tangente; das bedeutet also: Tangentenverdrehung α_{St} gleich Null.

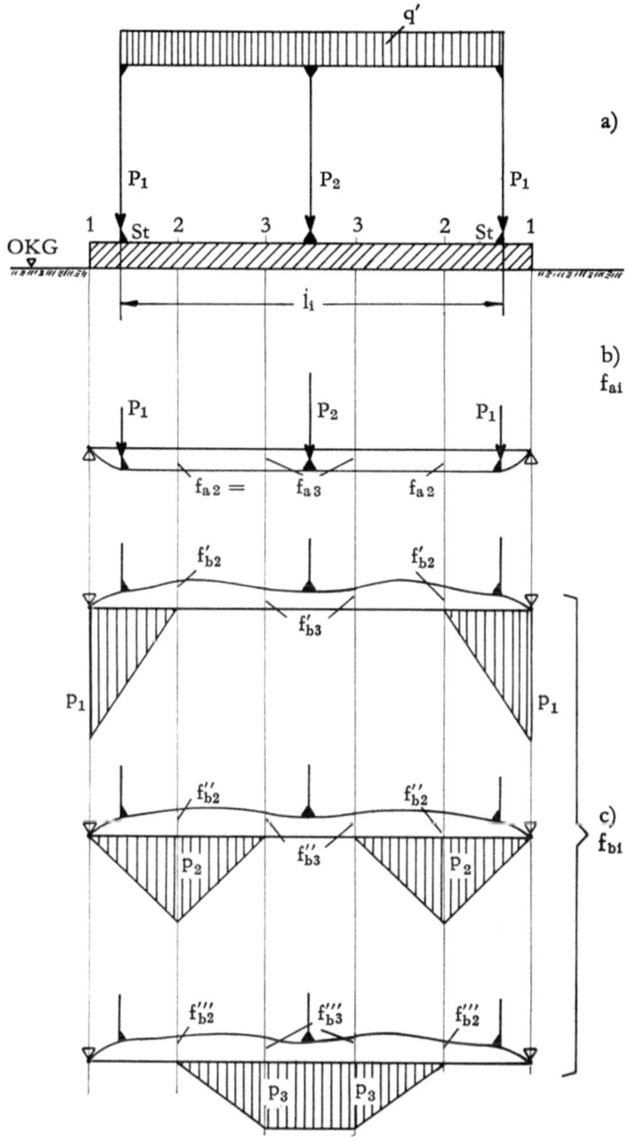

Abb. 3.4,21 Formänderungen f_{ai}, f_{bi}

2. Die drei Punkte des Gründungsbalkens, nämlich der Balkenmittelpunkt 3,5 und die beiden Rahmeneinspannpunkte St liegen gleich hoch; das bedeutet also: Relativdurchbiegung $\delta_{3,5}$ für Balkenmitte gleich Null. – Es lauten somit die

zwei zusätzlichen Bedingungen:

$\alpha_{St} = 0$ Tangentenverdrehung

$\delta_{3,5} = 0$ Relativdurchbiegung

Die Einhaltung dieser zwei Bedingungen wird erreicht durch die Superposition der folgenden zwei Berechnungsfälle:

1. Beiderseits an den Rahmeneinspannpunkten St eingespannter Balken der Stützweite $l_i = \frac{13}{15} \cdot l$ (Abb. 3.4,22a). Entspricht der Bedingung $\alpha_{St} = 0$.

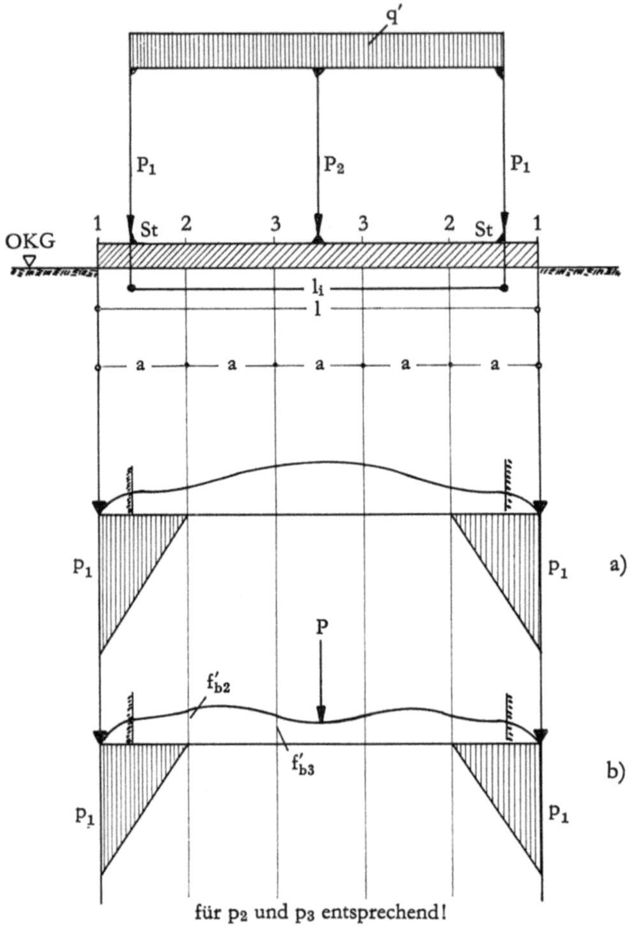

Abb. 3.4,22 Ableitung der Formänderungen f_{bi}

2. Rückbiegung des beiderseits eingespannten Balkens durch Kraft P so, daß die Relativdurchbiegung in der Mitte Null wird (Abb. 3.4,22b). Entspricht der Bedingung $\delta_{3,5} = 0$.

Die unter Ansatz der obigen zwei zusätzlichen Bedingungen mit Hilfe bekannter Formeln der klassischen Mechanik sich ergebenden freien Durchbiegungen f_{ai} werden Formelsammlungen entnommen.
Für den vorliegenden symmetrischen Fall ergeben sich für die gleichförmige Riegelbelastung $q' = \frac{15}{13} \cdot 10 \text{ t/m}^2$ und $l_i = \frac{13}{15} \cdot l$:

Durchbiegungen f_{ai}:

$$f_{a2} = 0{,}000.226.180.4 \cdot q' \cdot l_i$$

$$= 0{,}000.226.180.4 \cdot \tfrac{15}{13} \cdot 10 \cdot \tfrac{13}{15} \cdot 10$$

$$f_{a2} = 0{,}000.226.180.4 \cdot 10^2$$

wegen Symmetrie:

$$f_{a3} = f_{a2} = 0{,}000.226.180.4 \cdot 10^2$$

Damit folgen die

Beiwerte α_i':

$$\alpha_2' = \frac{f_{a2}}{l} = \frac{0{,}000.226.180.4 \cdot 10^2}{1000} = 0{,}000.226.180.4 \cdot 10^{-1}$$

$$\alpha_3' = \frac{f_{a3}}{l} = \alpha_2' = 0{,}000.226.180.4 \cdot 10^{-1}$$

bzw. folgen damit die rechten Seiten der Gleichungen, also:
Belastungsglieder $\alpha_i' E_s$

mit $E_s = 262{,}5\ \mathrm{kg/cm^2}$ zu:

$$\alpha_2' E_s = 0{,}000.226.180.4 \cdot 10^{-1} \cdot 262{,}5 = 0{,}005.925.926$$

$$\alpha_3' E_s = 0{,}000.226.180.4 \cdot 10^{-1} \cdot 262{,}5 = 0{,}005.925.926$$

2.2 Bestimmung der Durchbiegungen f_{bi}

Die freien Durchbiegungen f_{bi} der Punkte i des elastischen Gründungsbalkens auf zwei nachgiebig gedachten Endauflagern infolge des gesamten, unbekannten Sohldruckdiagrammes p_i ergeben sich wiederum jeweils durch Überlagerung der Teildurchbiegungen f_{bi}' bis f_{bi}''' infolge der $2 \cdot 3$ symmetrisch liegenden Belastungsdreiecke mit den jeweiligen drei unbekannten Sohldruckordinaten p_1 bis p_3 nach Abb. 3.4,21 z. B. für den Punkt 2 wie folgt:

Gesamtdurchbiegung f_{b2}:

$$f_{b2} = f_{b2}' + f_{b2}'' + f_{b2}'''$$

Die bei der Ermittlung dieser Durchbiegungen wegen des $n = 2$fach statisch unbestimmten Systems zusätzlich zu erfüllenden zwei Bedingungen werden in der gleichen Weise wie in Absatz 2.1 dieses Abschnittes in die Rechnung eingeführt. Unter Ansatz der obigen zwei zusätzlichen Bedingungen ergeben sich mit Hilfe bekannter Formeln der klassischen Mechanik folgende

Durchbiegungen f'_{b2} bis f'''_{b2}:

$$\left.\begin{aligned} f'_{b2} &= \frac{1}{E_b} \cdot \left(\frac{1}{d}\right)^3 \cdot \vartheta'_{2,1} \cdot p_1 \\ f''_{b2} &= \frac{1}{E_b} \cdot \left(\frac{1}{d}\right)^3 \cdot \vartheta'_{2,2} \cdot p_2 \\ f'''_{b2} &= \frac{1}{E_b} \cdot \left(\frac{1}{d}\right)^3 \cdot \vartheta'_{2,3} \cdot p_3 \end{aligned}\right\}$$

und somit:

Gesamtdurchbiegung f_{b2}:

$$f_{b2} = \frac{1}{E_b} \cdot \left(\frac{1}{d}\right)^3 \cdot (\vartheta'_{2,1} \cdot p_1 + \vartheta'_{2,2} \cdot p_2 + \vartheta'_{2,3} \cdot p_3)$$

bzw.

Gesamtdurchbiegung f_{bi}, allgemeine Gleichung:

$$f_{bi} = \frac{1}{E_b} \cdot \left(\frac{1}{d}\right)^3 \cdot \sum_{v=1}^{3} \vartheta'_{i,v} p_v$$

Hierin bedeuten ϑ' die Durchbiegungsbeiwerte für den symmetrischen Fall, die ein für allemal mit Hilfe der klassischen Mechanik berechnet und tabelliert werden, wobei $\vartheta'_{i,v}$ = Durchbiegungsbeiwert für den Punkt i infolge des Belastungsdreieckes mit der Sohldruckordinate p_v:
Zur Aufstellung der endgültigen Bestimmungsgleichungen (2.5,10) werden aber lediglich noch die Durchbiegungsbeiwerte $\vartheta'_{i,v}$ benötigt.

Für den vorliegenden Fall der Symmetrie und für das Seitenverhältnis $\delta = \frac{b}{l} = 0{,}1$ werden die

Durchbiegungsbeiwerte $\vartheta'_{i,v}$:

$$\begin{aligned} \vartheta'_{2,1} &= 0{,}000.125.7 \\ \vartheta'_{2,2} &= 0{,}000.705.3 \\ \vartheta'_{2,3} &= 0{,}000.531.9 \\ \\ \vartheta'_{3,1} &= 0{,}000.102.7 \\ \vartheta'_{3,2} &= 0{,}000.481.8 \\ \vartheta'_{3,3} &= 0{,}000.534.0 \end{aligned}$$

2.3 Bestimmung der Setzungen s_i

Die Setzungen s_i der Punkte i des elastischen Gründungsbalkens infolge der Belastung des elastischen Baugrundes in der Gründungssohle durch das gesamte, unbekannte Sohldruckdiagramm p_i erhält man durch eine Setzungsberechnung nach dem Steifezahlverfahren für den elastisch-isotropen Halbraum und für den »kennzeichnenden Querschnitt« in der gleichen Weise wie in Abschnitt 3.41 (Abb. 3.4,5). Die zur Aufstellung der endgültigen Bestimmungsgleichungen benötigten Setzungseinflußbeiwerte η' ergeben sich wie in Absatz 2.3, Abschnitt 3.41, ebenfalls wieder zu:

Setzungseinflußbeiwerte $\eta'_{i,v}$:

$$\eta'_{2,1} = -0{,}045.859$$
$$\eta'_{2,2} = 0{,}104.481$$
$$\eta'_{2,3} = 0{,}022.963$$

$$\eta'_{3,1} = -0{,}056.208$$
$$\eta'_{3,2} = 0{,}008.152$$
$$\eta'_{3,3} = 0{,}142.255$$

2.4 Bestimmungsgleichungen

Für die Bestimmungsgleichungen

$$(\vartheta'_{2,1}N + \eta'_{2,1}) \cdot p_1 + (\vartheta'_{2,2}N + \eta'_{2,2}) \cdot p_2 + (\vartheta'_{2,3}N + \eta'_{2,3}) \cdot p_3 = \alpha'_2 E_s$$
$$(\vartheta'_{3,1}N + \eta'_{3,1}) \cdot p_1 + (\vartheta'_{3,2}N + \eta'_{3,2}) \cdot p_2 + (\vartheta'_{3,3}N + \eta'_{3,3}) \cdot p_3 = \alpha'_3 E_s$$

folgen unter Einsetzen der obigen Zahlenwerte für $\vartheta'_{i,v}$, N, $\eta'_{i,v}$ und $\alpha'_i E_s$ die Gleichungen

$$(0{,}000.125.7 \cdot 10 - 0{,}045.859) \cdot p_1$$
$$+ (0{,}000.705.3 \cdot 10 + 0{,}104.481) \cdot p_2$$
$$+ (0{,}000.531.9 \cdot 10 + 0{,}022.963) \cdot p_3 = 0{,}005.925.926$$
$$(0{,}000.102.7 \cdot 10 - 0{,}056.208) \cdot p_1$$
$$+ (0{,}000.481.8 \cdot 10 + 0{,}008.182) \cdot p_2$$
$$+ (0{,}000.534.0 \cdot 10 + 0{,}142.255) \cdot p_3 = 0{,}005.925.926$$

Die endgültigen Bestimmungsgleichungen ergeben sich daraus wie folgt:

Bestimmungsgleichung 2:

$$-0{,}044.602 \cdot p_1 + 0{,}111.534 \cdot p_2 + 0{,}028.282 \cdot p_3 = 0{,}005.926$$

Bestimmungsgleichung 3:

$$-0{,}055.181 \cdot p_1 + 0{,}012.970 \cdot p_2 + 0{,}147.595 \cdot p_3 = 0{,}005.926$$

3. Gleichungssystem

Das Gleichungssystem der drei Bestimmungsgleichungen (ein Belastungsglied = eine rechte Seite) zur Bestimmung der drei unbekannten Sohldrücke p_1, p_2 und p_3 lautet demnach wie folgt:

Tab. 3.4,7 Gleichungssystem

	p_1	p_2	p_3	
1	0,200.000	0,400.000	0,400.000	1
2	— 0,044.602	0,111.534	0,028.282	0,005.926
3	— 0,055.181	0,012.970	0,147.595	0,005.926

4. Sohldrücke p_i

Die Auflösung des Gleichungssystems der drei Gleichungen mit drei Unbekannten (Tab. 3.4,7) ergibt die gesuchten

Sohldrücke p_i:

$$p_1 = 2{,}09 \text{ kg/cm}^2$$

$$p_2 = 0{,}70 \text{ kg/cm}^2$$

$$p_3 = 0{,}76 \text{ kg/cm}^2$$

Darstellung in Abb. 3.4,23a.

4) Bestimmung der Biegemomente M'_i

Aus den nunmehr bekannten Sohldrücken p_i bzw. den Auflasten P_i und Stützmomenten M_{St} werden nach den bekannten Regeln der Statik die Biegemomente M'_i bzw. M''_i bestimmt, aus denen durch Superposition die endgültigen Biegemomente M_i bezogen auf die Punkte i folgen.

1. Biegemomente M_i

Die Biegemomente M'_i infolge der Sohldrücke p_i ergeben sich aus den Belastungsdreiecken mit den Sohldruckordinaten p_i nach Abb. 3.4,19 unter Einsetzen der Zahlenwerte für p_i und $bl^2 = 1{,}0 \cdot 10{,}0^2 = 100$ in die Ansatzgleichungen von Absatz 4, Abschnitt 3.41. Auswertung in Tab. 3.4,8.

2. Biegemomente M''_i

Die Biegemomente M''_i infolge der Auflasten P_i und der Stützmomente M_{St} werden nach den bekannten Regeln der Statik bestimmt. Auswertung in Tab. 3.4,8.

3. Biegemomente M_i

Die endgültigen Biegemomente M_i bezogen auf die Punkte i werden durch Superposition der obigen Anteile M'_i und M''_i bestimmt. Auswertung in Tab. 3.4,8.

5) Bestimmung der Setzungen s_i

Aus den obigen Sohldrücken p_i lassen sich die Setzungen s_i des elastischen Gründungsbalkens bezogen auf die Punkte i mit Hilfe der Setzungseinflußbeiwerte $\zeta'_{i,v}$ bestimmen.

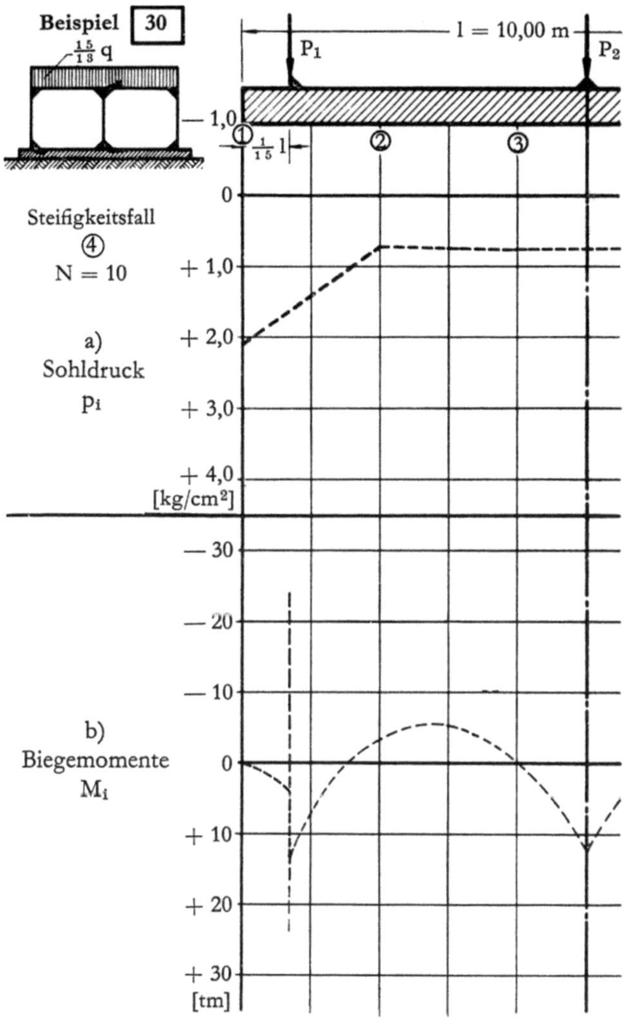

Beispiel 30
$\frac{15}{13}$ q
l = 10,00 m
P_1
P_2
— 1,0
①
$\frac{1}{15}$ l
②
③
0
Steifigkeitsfall
④
N = 10
+ 1,0
a)
Sohldruck
p_i
+ 2,0
+ 3,0
+ 4,0
[kg/cm²]
— 30
— 20
— 10
b)
Biegemomente
M_i
0
+ 10
+ 20
+ 30
[tm]

Abb. 3.4,23

Tab. 3.4,8 *Biegemomente* M_i

Punkt i		1,25	1,5	1,75	2	2,25	2,5	2,75	3	3,25	3,5
$p_1 = 20{,}89$	t/m²	2,40	8,74	17,70	27,97	38,46	48,95	59,44	69,93	80,42	90,91
$p_2 = 6{,}96$	t/m²	0,07	0,58	1,96	4,64	8,92	14,50	20,95	27,84	34,80	41,76
$p_3 = 7{,}60$	t/m²	–	–	–	–	0,08	0,63	2,19	5,07	9,82	16,47
M_i'	tm	2,47	9,32	19,66	32,61	47,46	64,08	82,58	102,84	125,04	149,14

Punkt i		1,25	1,5	1,75	2	2,25	2,5	2,75	3	3,25	3,5
M_i'	tm	2,47	9,32	19,66	32,61	47,46	64,08	82,58	102,84	125,04	149,14
$M_{i,}'' p_i$	tm	0	—11,10	—27,91	—44,73	—61,54	—78,36	—95,17	—111,99	—128,80	—145,62
$M_{St} - M_k$	tm	–	8,86	8,86	8,86	8,86	8,86	8,86	8,86	8,86	8,86
M_i	tm	+2,47	+ 7,08	+ 0,61	— 3,26	— 5,22	— 5,42	— 3,73	— 0,29	+ 5,10	+ 12,38

1. Setzungseinflußbeiwerte $\zeta'_{i,v}$

Wie in Absatz 5, Abschnitt 3.41, sind wiederum gültig die folgenden Setzungseinflußbeiwerte $\zeta'_{i,v}$:

$$\zeta'_{1,1} = 0{,}071.064$$
$$\zeta'_{1,2} = 0{,}041.626$$
$$\zeta'_{1,3} = 0{,}026.815$$

$$\zeta'_{2,1} = 0{,}025.205$$
$$\zeta'_{2,2} = 0{,}146.107$$
$$\zeta'_{2,3} = 0{,}049.778$$

$$\zeta'_{3,1} = 0{,}014.856$$
$$\zeta'_{3,2} = 0{,}049.778$$
$$\zeta'_{3,3} = 0{,}169.070$$

2. Setzungen s_i

Setzungen s_i, allgemeine Gleichung:

$$s_i = \frac{1}{E_s} \cdot \sum_{v=1}^{3} \zeta'_{i,v} \cdot p_v \qquad \text{Grasshoff, Gl. (2.5,9)}$$

bzw. für die einzelnen Punkte $i = 1, 2$ und 3:

Setzungen s_i:

$$s_1 = \frac{1}{E_s} (\zeta'_{1,1} p_1 + \zeta'_{1,2} p_2 + \zeta'_{1,3} p_3)$$

$$s_2 = \frac{1}{E_s} (\zeta'_{2,1} p_1 + \zeta'_{2,2} p_2 + \zeta'_{2,3} p_3)$$

$$s_3 = \frac{1}{E_s} (\zeta'_{3,1} p_1 + \zeta'_{3,2} p_2 + \zeta'_{3,3} p_3)$$

Unter Einsetzen der obigen Zahlenwerte für l und E_s, $\zeta'_{i,v}$ und p_i folgen die Setzungen s_i:

$$s_1 = \frac{1000}{262{,}5} (0{,}071.064 \cdot 2{,}089 + 0{,}041.626 \cdot 0{,}696 + 0{,}026.815 \cdot 0{,}760)$$

$$s_2 = \frac{1000}{262{,}5} (0{,}025.205 \cdot 2{,}089 + 0{,}146.507 \cdot 0{,}696 + 0{,}049.778 \cdot 0{,}760)$$

$$s_3 = \frac{1000}{262{,}5} (0{,}014.856 \cdot 2{,}089 + 0{,}049.778 \cdot 0{,}696 + 0{,}169.170 \cdot 0{,}760)$$

bzw. nach Ausrechnung die endgültigen

Setzungen s_i:

$$s_1 = 0{,}75 \text{ cm}$$

$$s_2 = 0{,}73 \text{ cm}$$

$$s_3 = 0{,}74 \text{ cm}$$

4. Zusammenstellung und Vergleich der Ergebnisse aus dem Steifezahlverfahren

Die Sohldruck- und Momentenverteilung der 32 Beispiele ist in den Diagrammen der Abb. 4.1–4.32 dargestellt worden. Die Kurven der einzelnen Berechnungsverfahren wurden zum Zwecke der Vergleichsmöglichkeit überlagert.
Jedes Diagramm zeigt die Sohldruckverteilungslinien in kg/cm² und die Biegemomentenlinien in t · m.

Die einzelnen Kurven tragen folgende Bezeichnungen:

L = Lineare Sohldruckverteilung
B = Verfahren de Beer-Lousberg
K = Verfahren Kany (abgetreppt)
K' = Verfahren Kany (ausgeglichen)
G_5 = Verfahren Grasshoff (5fache Unterteilung)
G_{10} = Verfahren Grasshoff (10fache Unterteilung)
D = Verfahren Dimitrov

4.1 Sohldrucklinien

Betrachtet man zunächst die Sohldruckverteilungslinien, so ist ganz allgemein festzustellen, daß sie sich bei allen Verfahren in ihrem kennzeichnenden Verlauf ähneln. Örtlich weichen die Verteilungsgesetze jedoch beträchtlich voneinander ab. Diese Abweichungen haben ihre Ursache in den näherungsweisen Annahmen, die jeweils für jedes Verfahren gemacht werden mußten:

1. In dem Verfahren de Beer-Lousberg wird die Sohldruckverteilung willkürlich einer Parabel 2 n-ten Grades gleichgesetzt. Hierdurch zeigt die berechnete Sohldruckverteilungslinie ausgeprägte Wellen, die in der wirklichen Sohldruckverteilung nicht auftreten können. Die mehr oder weniger große Amplitude dieser Wellen ist in erster Linie von der Wahl der Ausgleichspunkte abhängig.
2. Bei dem Verfahren Kany wird eine stufenförmige Sohldruckverteilungslinie erhalten. Die durch die Mittelpunkte dieser Stufen gezogene Ausgleichslinie (K') ist nur eine Annäherung, die – vor allen Dingen an den Rändern des Balkens – den richtigen Wert des Sohldruckes nicht wiedergeben kann.
3. Bei dem Verfahren Grasshoff wird ein geknickter Linienzug als Sohldruckverteilungslinie erhalten. Auch diese Linie ist nur eine Annäherung an die wirkliche Sohldruckverteilung. Der Grad der Annäherung ist abhängig von

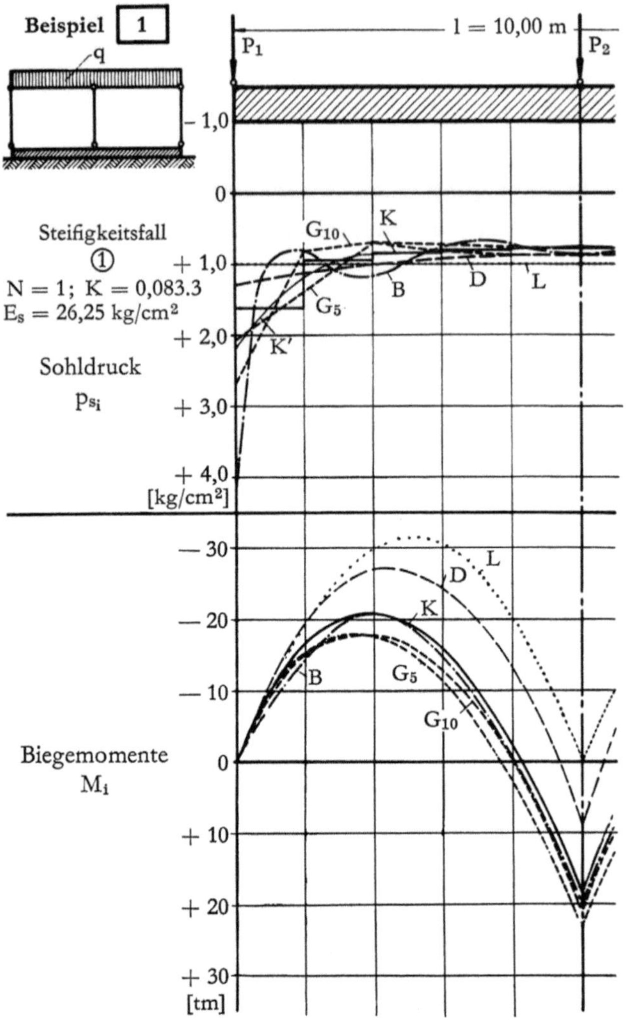
Beispiel 1
q
l = 10,00 m
P_1
P_2
- 1,0
0
Steifigkeitsfall
①
N = 1; K = 0,083.3
E_s = 26,25 kg/cm²
+ 1,0
+ 2,0
+ 3,0
+ 4,0
[kg/cm²]
Sohldruck
p_{s_i}
G_{10}
K
B
D
L
G_5
K'
— 30
— 20
— 10
0
+ 10
+ 20
+ 30
[tm]
Biegemomente
M_i
L
D
K
B
G_5
G_{10}

Abb. 4,1

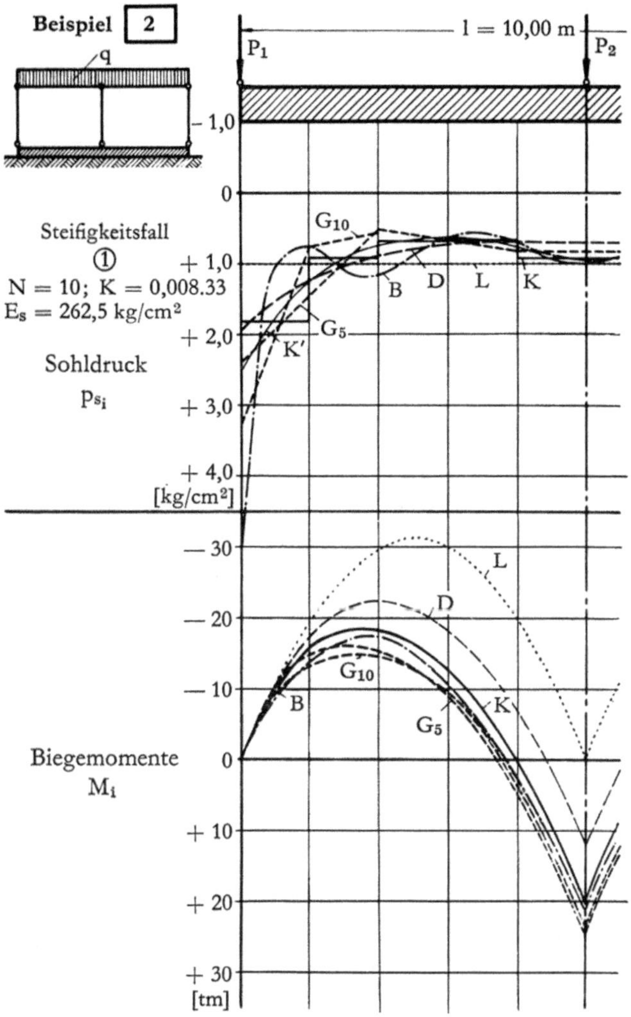
Beispiel 2
q
l = 10,00 m
P_1
P_2
1,0
0
Steifigkeitsfall
①
N = 10; K = 0,008.33
E_s = 262,5 kg/cm²
Sohldruck
p_{s_i}
+ 1,0
+ 2,0
+ 3,0
+ 4,0
[kg/cm²]
G_{10}
B
D
L
K
G_5
K'
— 30
— 20
— 10
0
+ 10
+ 20
+ 30
[tm]
Biegemomente
M_i

Abb. 4,2

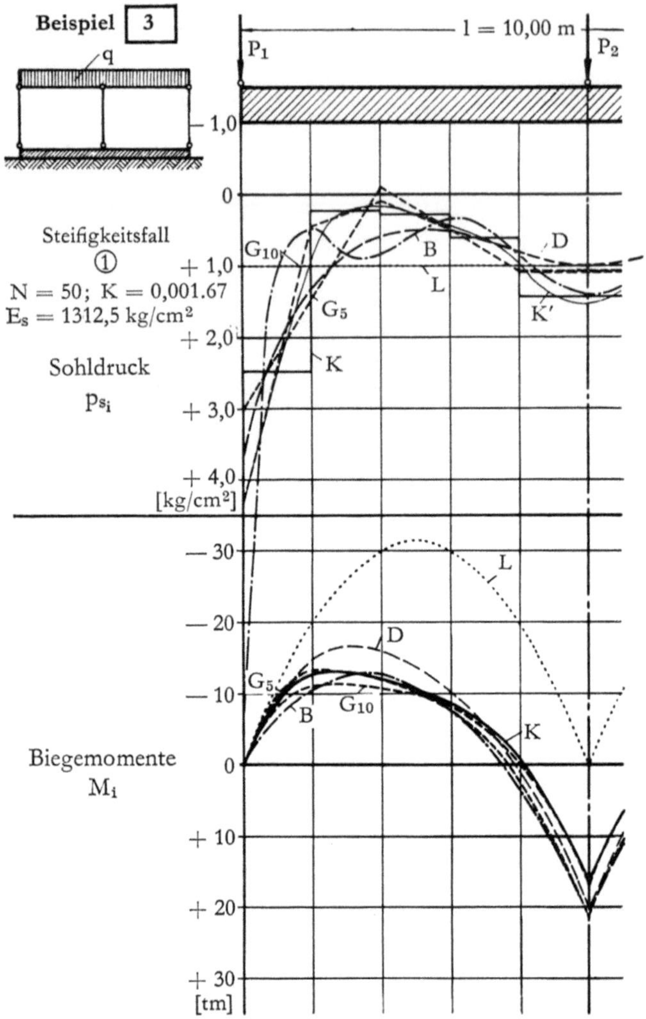

Beispiel 3
q
l = 10,00 m
P₁
P₂
1,0
0
Steifigkeitsfall
①
N = 50; K = 0,001.67
Es = 1312,5 kg/cm²
+ 1,0
+ 2,0
+ 3,0
+ 4,0
[kg/cm²]
Sohldruck
psi
G10
G5
K
B
L
D
K'
— 30
— 20
— 10
0
+ 10
+ 20
+ 30
[tm]
Biegemomente
Mi

Abb. 4,3

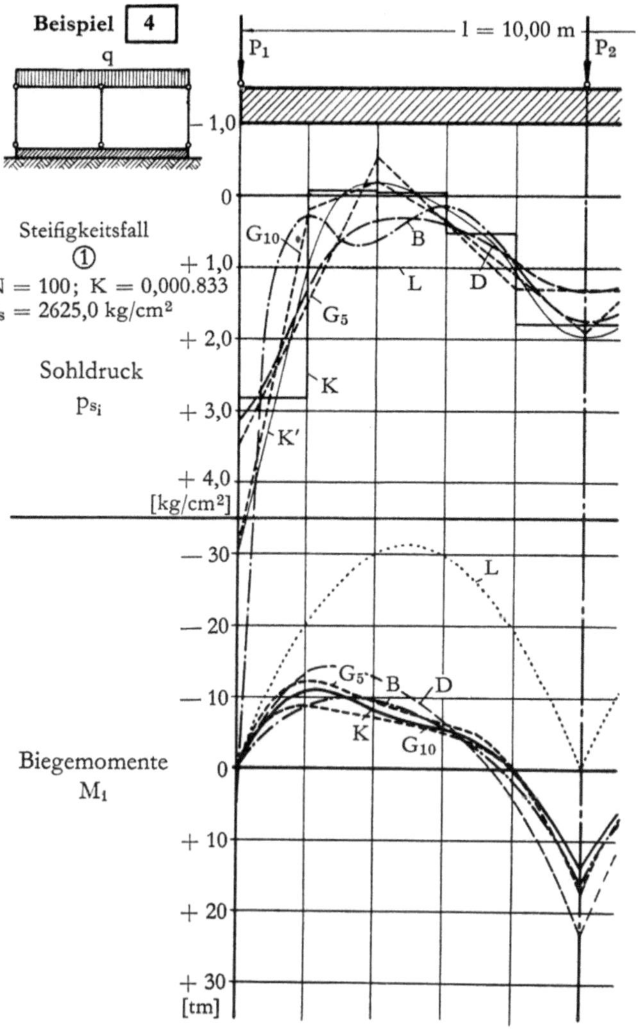

Beispiel 4
q
l = 10,00 m
P1
P2
1,0
0
Steifigkeitsfall
①
N = 100; K = 0,000.833
Es = 2625,0 kg/cm²
+ 1,0
+ 2,0
+ 3,0
+ 4,0
[kg/cm²]
Sohldruck
psi
G10
B
L
D
G5
K
K'
— 30
— 20
— 10
0
+ 10
+ 20
+ 30
[tm]
Biegemomente
M1

Abb. 4,4

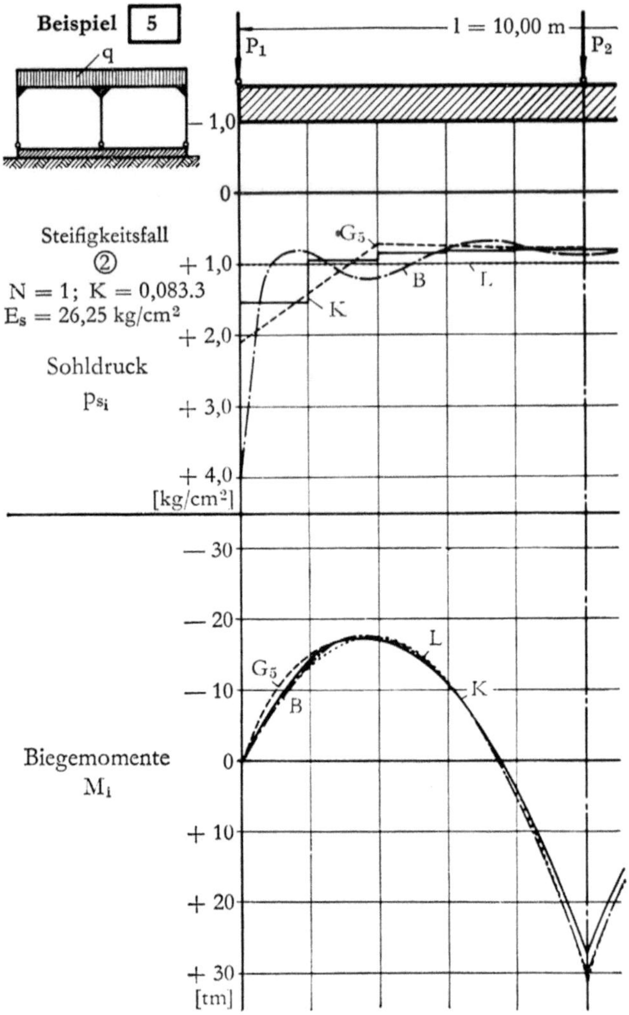

Beispiel 5
q
l = 10,00 m
P1
P2
Steifigkeitsfall
②
N = 1; K = 0,083.3
Es = 26,25 kg/cm²
Sohldruck
psi
— 1,0
0
+ 1,0
+ 2,0
+ 3,0
+ 4,0
[kg/cm²]
G5
B
L
K
— 30
— 20
— 10
0
+ 10
+ 20
+ 30
[tm]
Biegemomente
Mi

Abb. 4,5

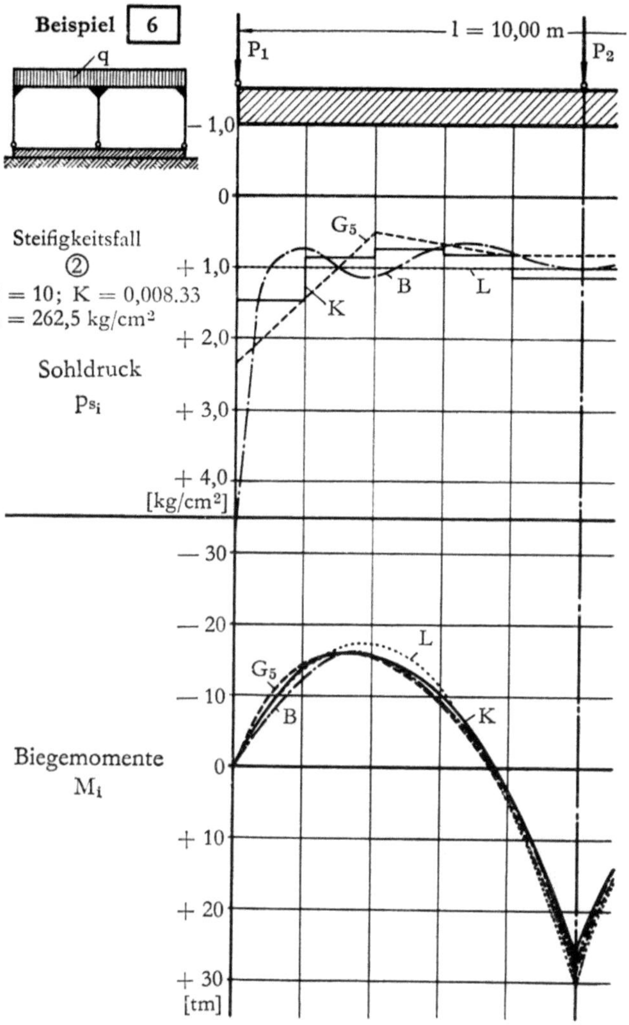

Beispiel 6
q
l = 10,00 m
P_1
P_2
– 1,0
0
Steifigkeitsfall
②
N = 10; K = 0,008.33
E_s = 262,5 kg/cm²
Sohldruck
p_{s_i}
+ 1,0
+ 2,0
+ 3,0
+ 4,0
[kg/cm²]
G_5
K
B
L
– 30
– 20
– 10
0
+ 10
+ 20
+ 30
[tm]
Biegemomente
M_i

Abb. 4,6

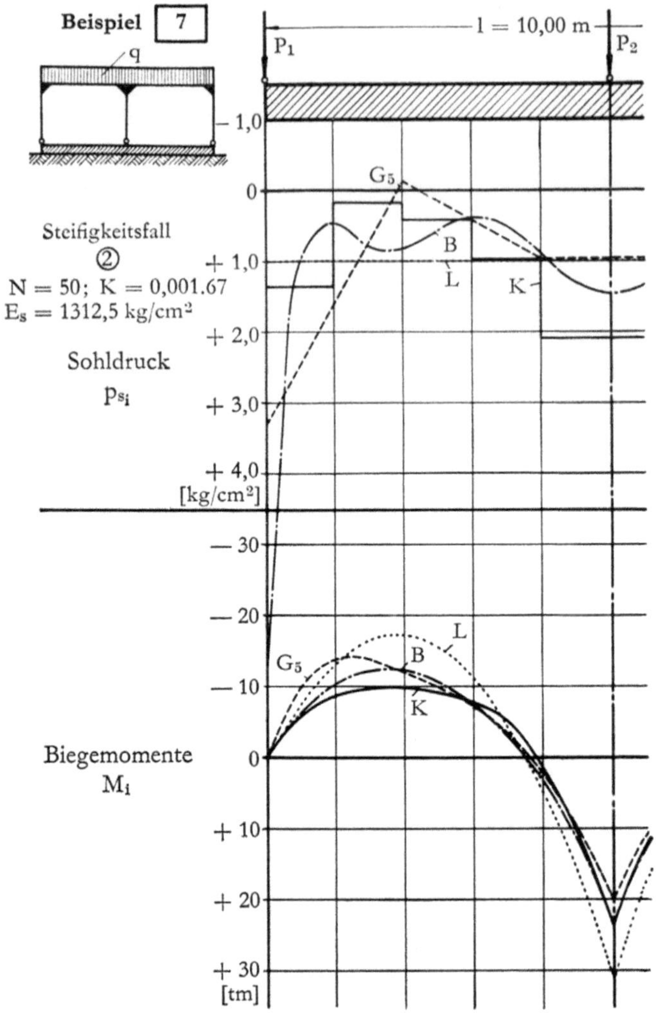

Beispiel 7
q
l = 10,00 m
P_1
P_2
− 1,0
0
+ 1,0
+ 2,0
+ 3,0
+ 4,0
[kg/cm²]
G_5
B
L
K
Steifigkeitsfall ②
N = 50; K = 0,001.67
E_s = 1312,5 kg/cm²
Sohldruck
p_{s_i}
— 30
— 20
— 10
0
+ 10
+ 20
+ 30
[tm]
Biegemomente
M_i

Abb. 4,7

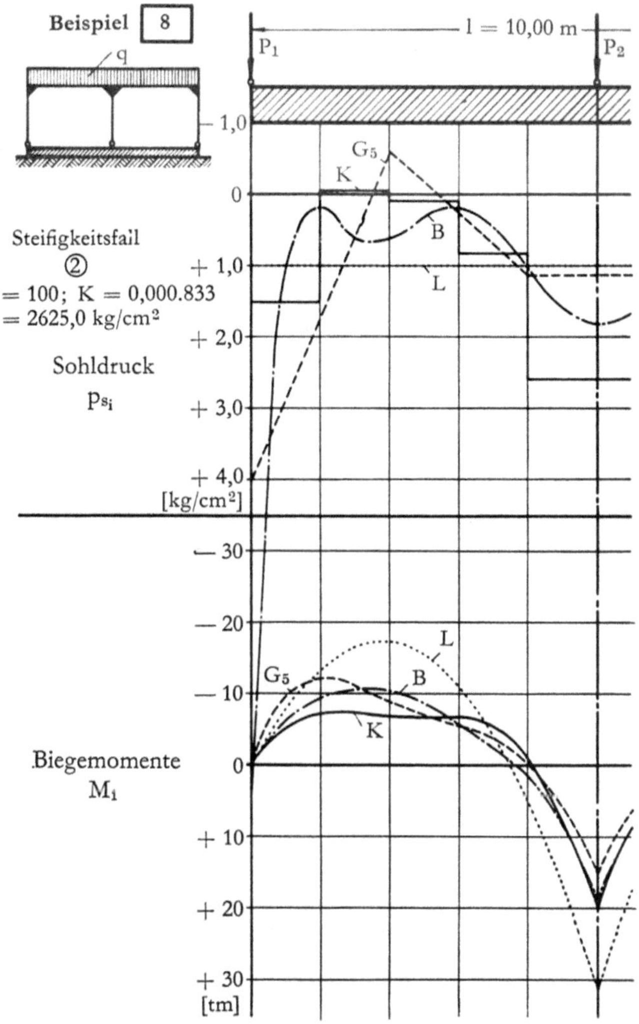
Beispiel 8
q
l = 10,00 m
P1
P2
1,0
0
+ 1,0
+ 2,0
+ 3,0
+ 4,0
[kg/cm²]
G5
K
B
L
Steifigkeitsfall
②
N = 100; K = 0,000.833
Es = 2625,0 kg/cm²
Sohldruck
psi
— 30
— 20
— 10
0
+ 10
+ 20
+ 30
[tm]
Biegemomente
Mi

Abb. 4,8

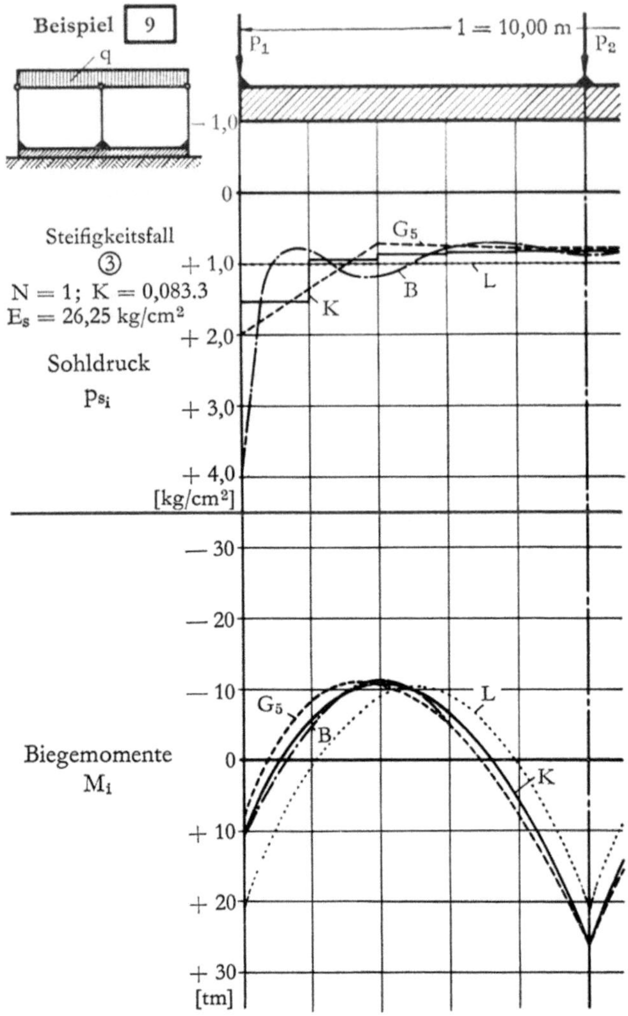

Beispiel 9
q
1,0
l = 10,00 m
P1
P2
0
Steifigkeitsfall
③
N = 1; K = 0,083.3
Es = 26,25 kg/cm²
+ 1,0
G5
B
L
K
+ 2,0
Sohldruck
psi
+ 3,0
+ 4,0
[kg/cm²]
— 30
— 20
— 10
G5
B
L
K
Biegemomente
Mi
0
+ 10
+ 20
+ 30
[tm]

Abb. 4,9

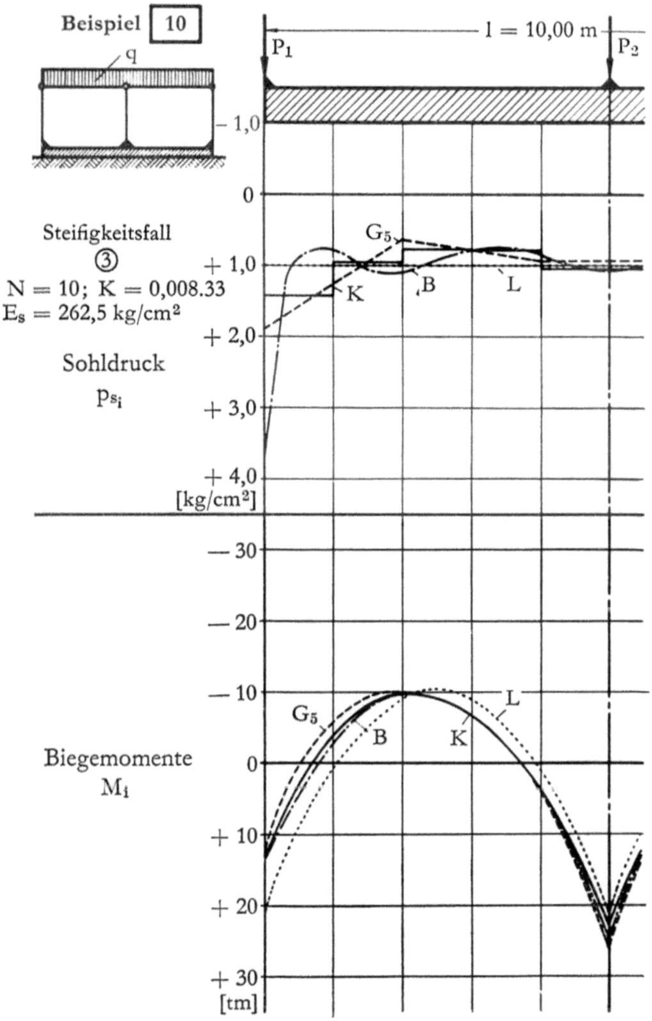

Beispiel 10
q
l = 10,00 m
P1
P2
– 1,0
0
Steifigkeitsfall
③
N = 10; K = 0,008.33
Es = 262,5 kg/cm²
+ 1,0
+ 2,0
+ 3,0
+ 4,0
[kg/cm²]
Sohldruck
psi
G5
K
B
L
— 30
— 20
— 10
0
+ 10
+ 20
+ 30
[tm]
Biegemomente
Mi

Abb. 4,10

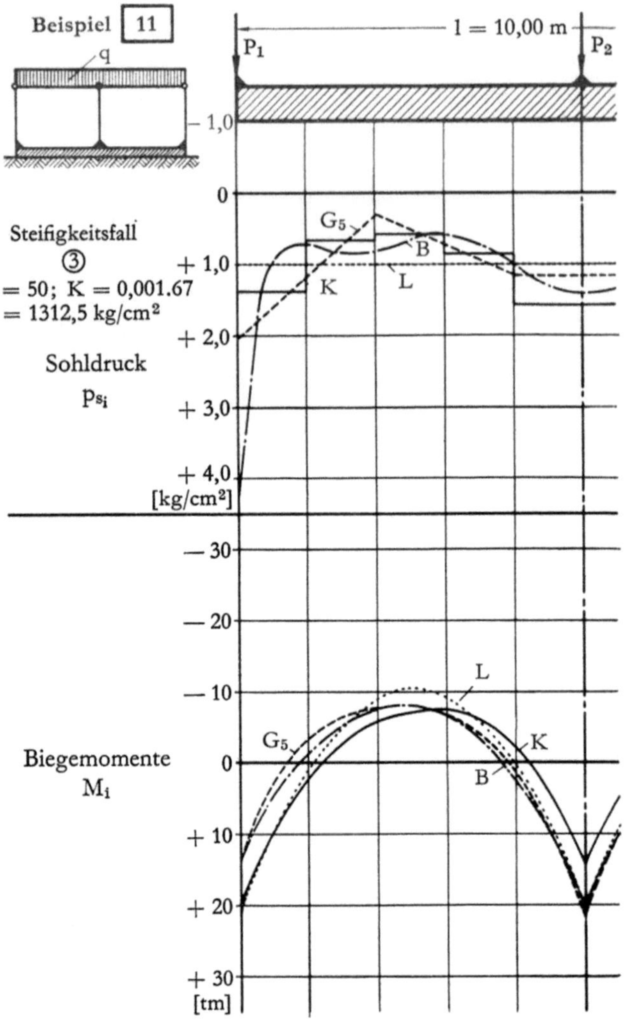
Beispiel 11
q
l = 10,00 m
P_1
P_2
1,0
Steifigkeitsfall
③
N = 50; K = 0,001.67
E_s = 1312,5 kg/cm²
Sohldruck
p_{s_i}
0
+ 1,0
+ 2,0
+ 3,0
+ 4,0
[kg/cm²]
G_5
B
K
L
— 30
— 20
— 10
0
+ 10
+ 20
+ 30
[tm]
Biegemomente
M_i

Abb. 4,11

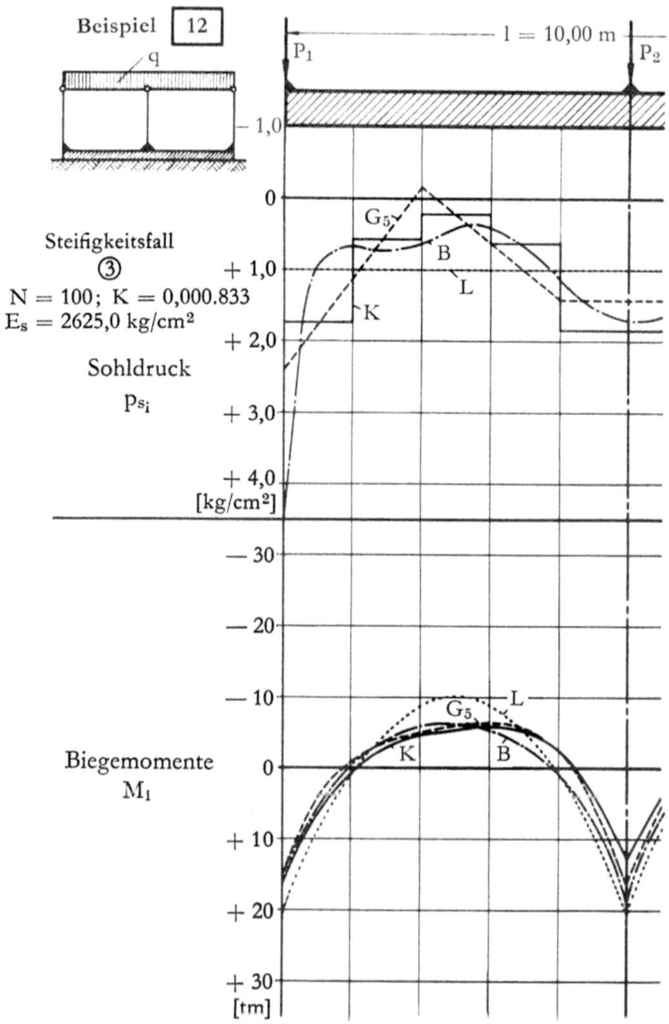

Beispiel 12
q
l = 10,00 m
P1
P2
1,0
Steifigkeitsfall
③
N = 100; K = 0,000.833
Es = 2625,0 kg/cm²
Sohldruck
psi
0
+ 1,0
+ 2,0
+ 3,0
+ 4,0
[kg/cm²]
G5
B
L
K
— 30
— 20
— 10
0
+ 10
+ 20
+ 30
[tm]
Biegemomente
Ml

Abb. 4,12

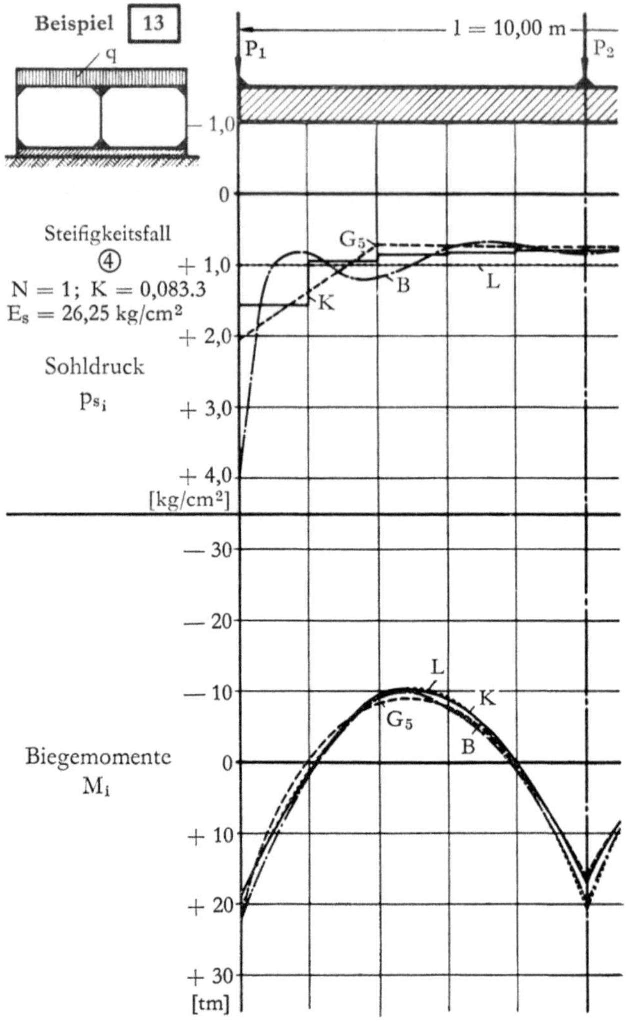
Beispiel 13
q
l = 10,00 m
P_1
P_2
1,0
0
Steifigkeitsfall
④
N = 1; K = 0,083.3
E_s = 26,25 kg/cm²
+ 1,0
+ 2,0
+ 3,0
+ 4,0
[kg/cm²]
Sohldruck
p_{s_i}
G_5
K
B
L
— 30
— 20
— 10
0
+ 10
+ 20
+ 30
[tm]
Biegemomente
M_i

Abb. 4,13

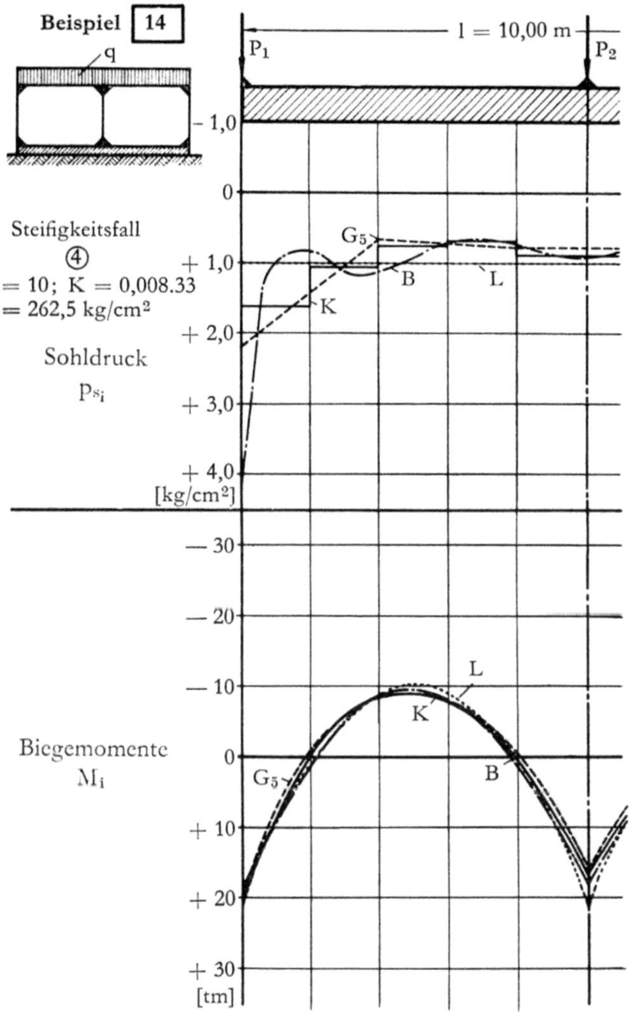
Beispiel 14
q
l = 10,00 m
P_1
P_2
- 1,0
0
+ 1,0
+ 2,0
+ 3,0
+ 4,0
[kg/cm²]
Steifigkeitsfall
④
N = 10; K = 0,008.33
E_s = 262,5 kg/cm²
Sohldruck
p_{s_i}
G_5
B
L
K
— 30
— 20
— 10
0
+ 10
+ 20
+ 30
[tm]
Biegemomente
M_i
L
K
G_5
B

Abb. 4,14

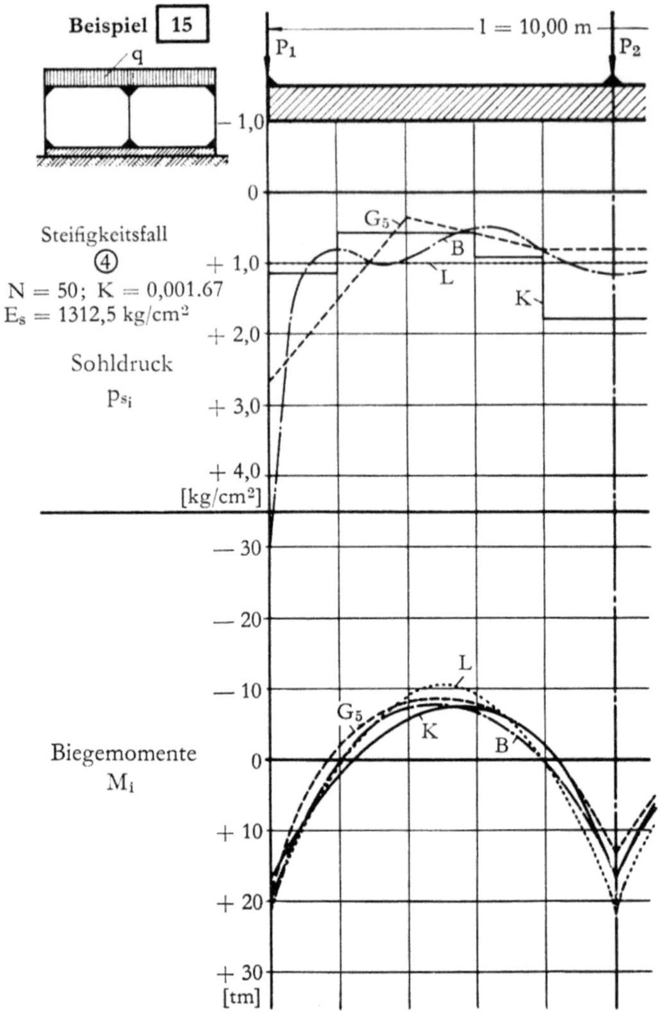
Beispiel 15
q
l = 10,00 m
P_1
P_2
1,0
0
Steifigkeitsfall
④
N = 50; K = 0,001.67
E_s = 1312,5 kg/cm²
Sohldruck
p_{s_i}
+ 1,0
+ 2,0
+ 3,0
+ 4,0
[kg/cm²]
G_5
B
L
K
— 30
— 20
— 10
0
+ 10
+ 20
+ 30
[tm]
Biegemomente
M_i

Abb. 4,15

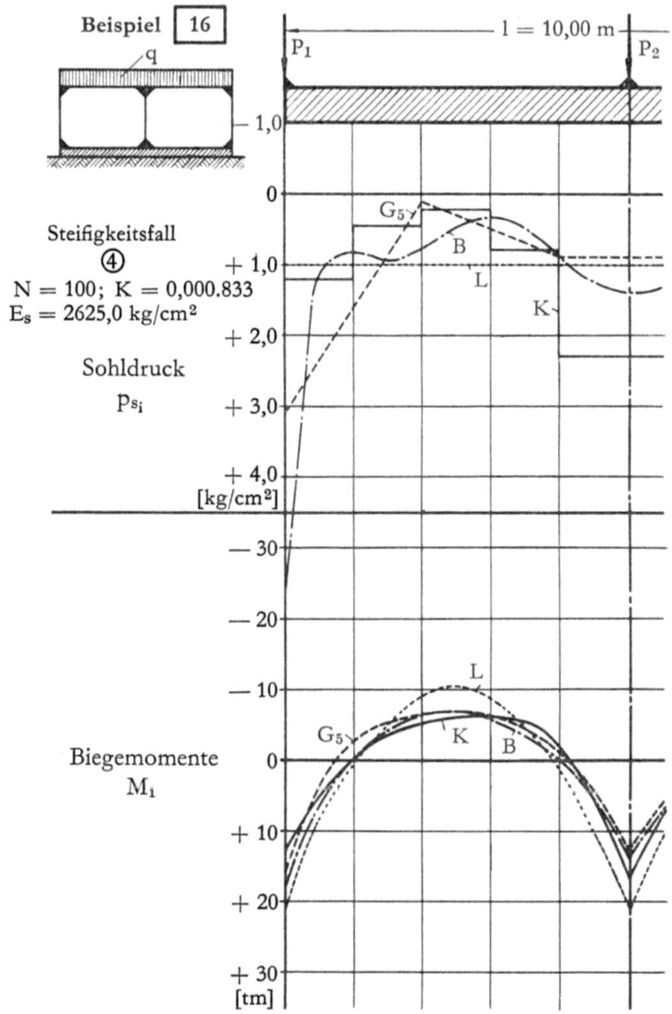
Beispiel 16
q
l = 10,00 m
P1
P2
1,0
0
Steifigkeitsfall
④
N = 100; K = 0,000.833
Es = 2625,0 kg/cm²
+ 1,0
+ 2,0
+ 3,0
+ 4,0
[kg/cm²]
Sohldruck
psi
G5
B
L
K
— 30
— 20
— 10
0
+ 10
+ 20
+ 30
[tm]
Biegemomente
Mi

Abb. 4,16

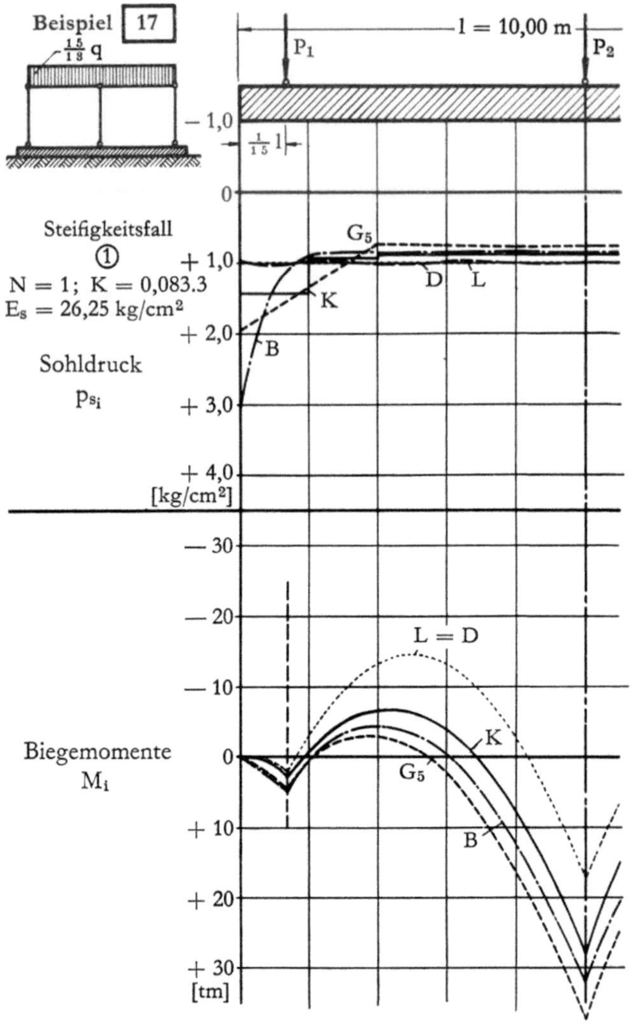

Beispiel 17
$\frac{15}{13}$ q
l = 10,00 m
P_1
P_2
− 1,0
$\frac{1}{15}$ l
0
Steifigkeitsfall
①
N = 1; K = 0,083.3
E_s = 26,25 kg/cm²
+ 1,0
+ 2,0
+ 3,0
+ 4,0
[kg/cm²]
Sohldruck
p_{s_i}
G_5
D
L
K
B
— 30
— 20
— 10
0
+ 10
+ 20
+ 30
[tm]
Biegemomente
M_i
L = D
K
G_5
B

Abb. 4,17

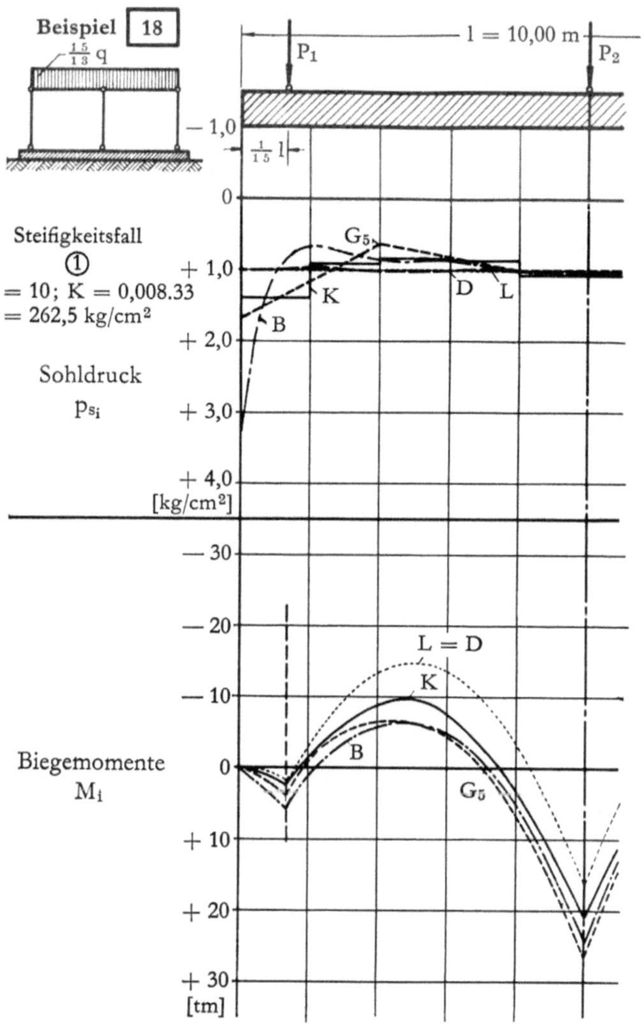
Beispiel 18
$\frac{15}{13}$ q
l = 10,00 m
P_1
P_2
— 1,0
$\frac{1}{15}$ l
0
Steifigkeitsfall ①
N = 10; K = 0,008.33
E_s = 262,5 kg/cm²
+ 1,0
+ 2,0
+ 3,0
+ 4,0
[kg/cm²]
Sohldruck
p_{s_i}
G_5
K
B
D
L
— 30
— 20
— 10
0
+ 10
+ 20
+ 30
[tm]
L = D
K
B
G_5
Biegemomente
M_i

Abb. 4,18

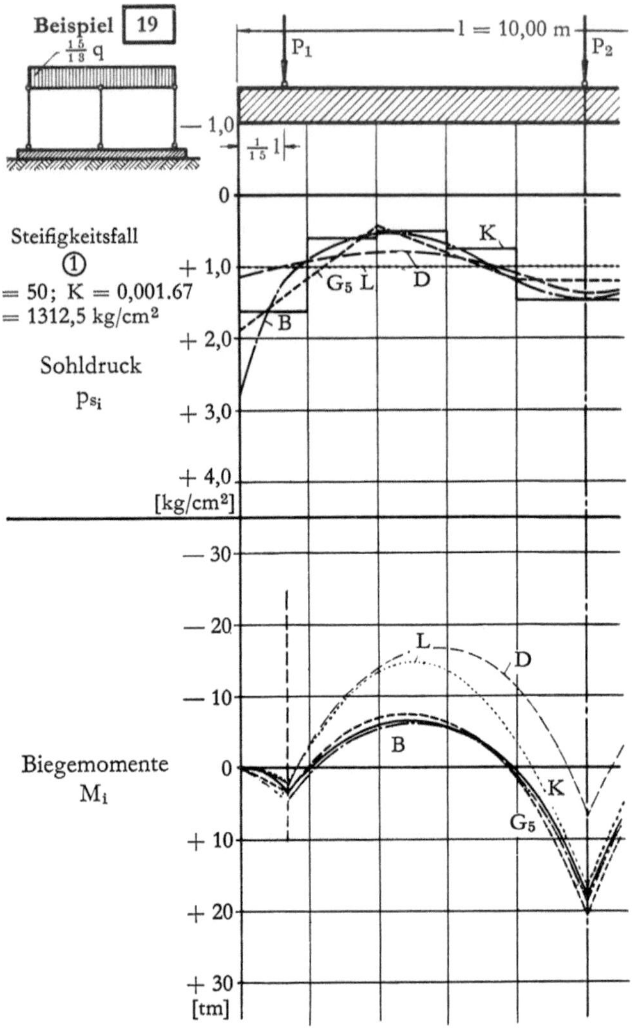

Beispiel 19
l = 10,00 m
P1
P2
Steifigkeitsfall ①
N = 50; K = 0,001.67
Es = 1312,5 kg/cm²
Sohldruck
psi
[kg/cm²]
Biegemomente
Mi
[tm]
B
G5
L
D
K

Abb. 4,19

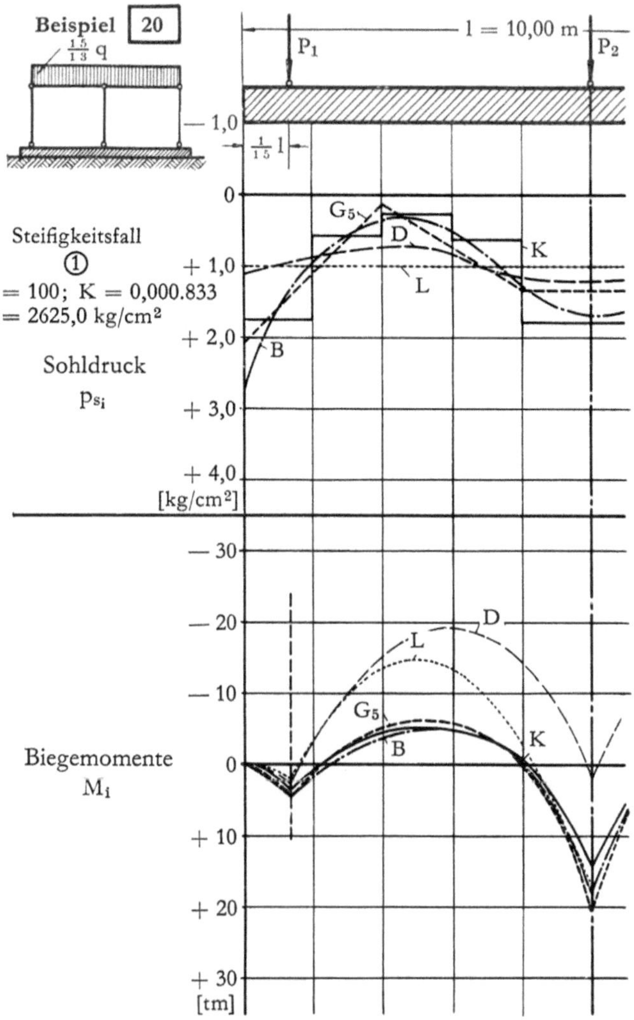

Beispiel 20
$\frac{15}{13}$ q
— 1,0
$\frac{1}{15}$ l
l = 10,00 m
P_1
P_2
Steifigkeitsfall
①
N = 100; K = 0,000.833
E_s = 2625,0 kg/cm²
Sohldruck
p_{s_i}
0
+ 1,0
+ 2,0
+ 3,0
+ 4,0
[kg/cm²]
G_5
D
K
L
B
Biegemomente
M_i
— 30
— 20
— 10
0
+ 10
+ 20
+ 30
[tm]

Abb. 4,20

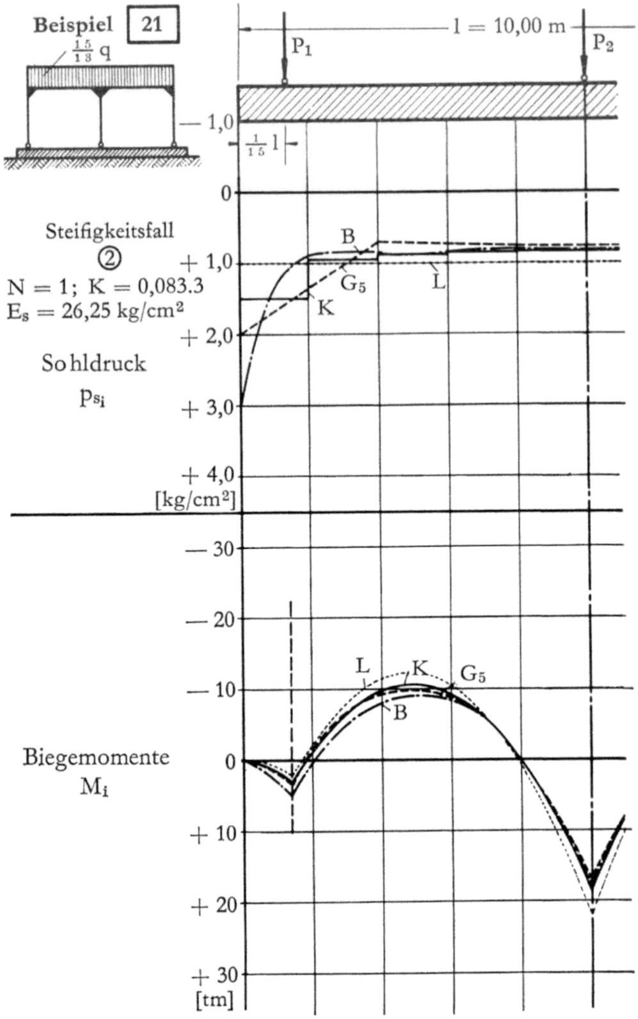
Beispiel 21
$\frac{15}{13}$ q
l = 10,00 m
P1
P2
1,0
$\frac{1}{15}$ l
Steifigkeitsfall ②
N = 1; K = 0,083.3
Es = 26,25 kg/cm²
Sohldruck
psi
0
+ 1,0
+ 2,0
+ 3,0
+ 4,0
[kg/cm²]
B
G5
K
L
— 30
— 20
— 10
0
+ 10
+ 20
+ 30
[tm]
Biegemomente
Mi

Abb. 4,21

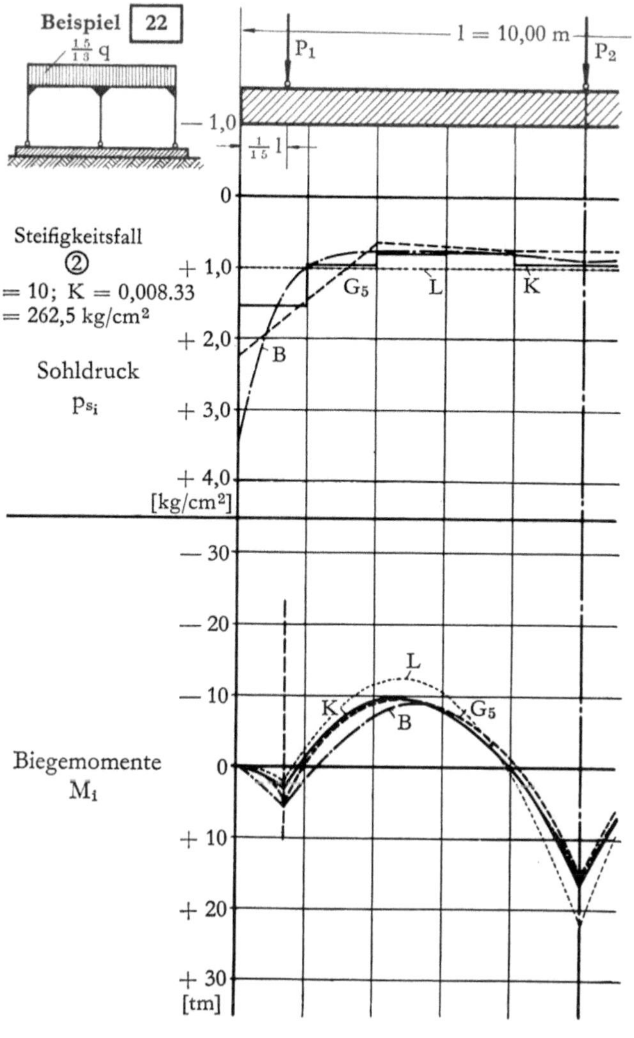
Beispiel 22
$\frac{15}{13}$ q
l = 10,00 m
P_1
P_2
— 1,0
$\frac{1}{15}$ l
Steifigkeitsfall
②
N = 10; K = 0,008.33
E_s = 262,5 kg/cm²
Sohldruck
p_{s_i}
0
+ 1,0
+ 2,0
+ 3,0
+ 4,0
[kg/cm²]
G_5
L
K
B
— 30
— 20
— 10
0
+ 10
+ 20
+ 30
[tm]
Biegemomente
M_l

Abb. 4,22

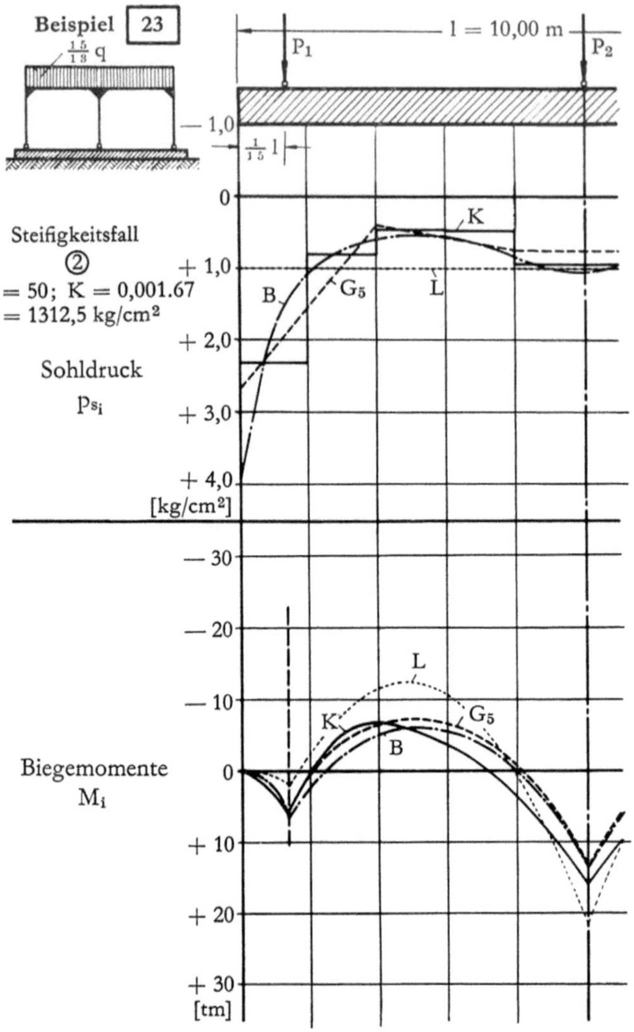

Beispiel 23
15/13 q
l = 10,00 m
P1
P2
1,0
1/15 l
Steifigkeitsfall
②
N = 50; K = 0,001.67
Es = 1312,5 kg/cm²
Sohldruck
psi
0
+ 1,0
+ 2,0
+ 3,0
+ 4,0
[kg/cm²]
K
B
G5
L
— 30
— 20
— 10
0
+ 10
+ 20
+ 30
[tm]
Biegemomente
Mi

Abb. 4,23

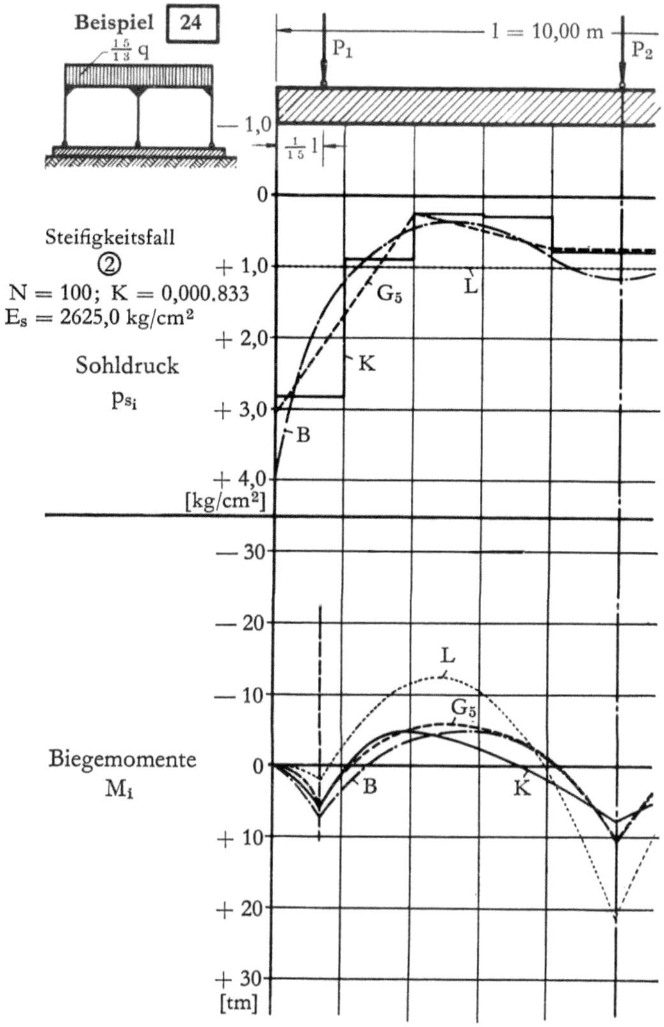

Beispiel 24
$\frac{15}{13}$ q
l = 10,00 m
P_1
P_2
— 1,0
$\frac{1}{15}$ l
Steifigkeitsfall ②
N = 100; K = 0,000.833
E_s = 2625,0 kg/cm²
Sohldruck
p_{s_i}
0
+ 1,0
+ 2,0
+ 3,0
+ 4,0
[kg/cm²]
G_5
L
K
B
— 30
— 20
— 10
0
+ 10
+ 20
+ 30
[tm]
Biegemomente
M_i
L
G_5
B
K

Abb. 4,24

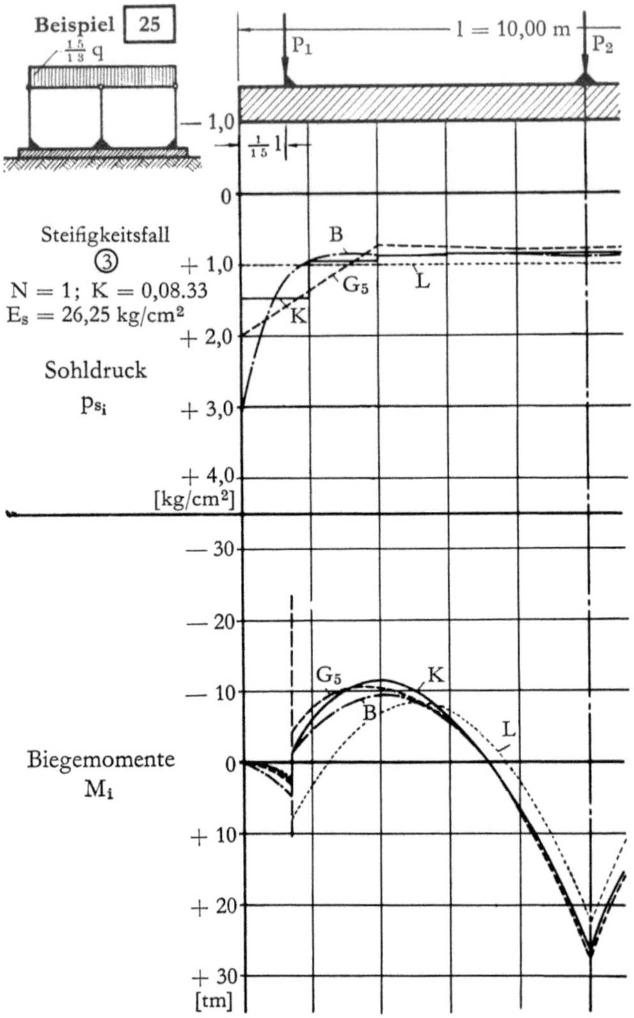

Beispiel 25
l = 10,00 m
P1
P2
Steifigkeitsfall ③
N = 1; K = 0,08.33
Es = 26,25 kg/cm²
Sohldruck
psi
[kg/cm²]
Biegemomente
Mi
[tm]
B
G5
K
L

Abb. 4,25

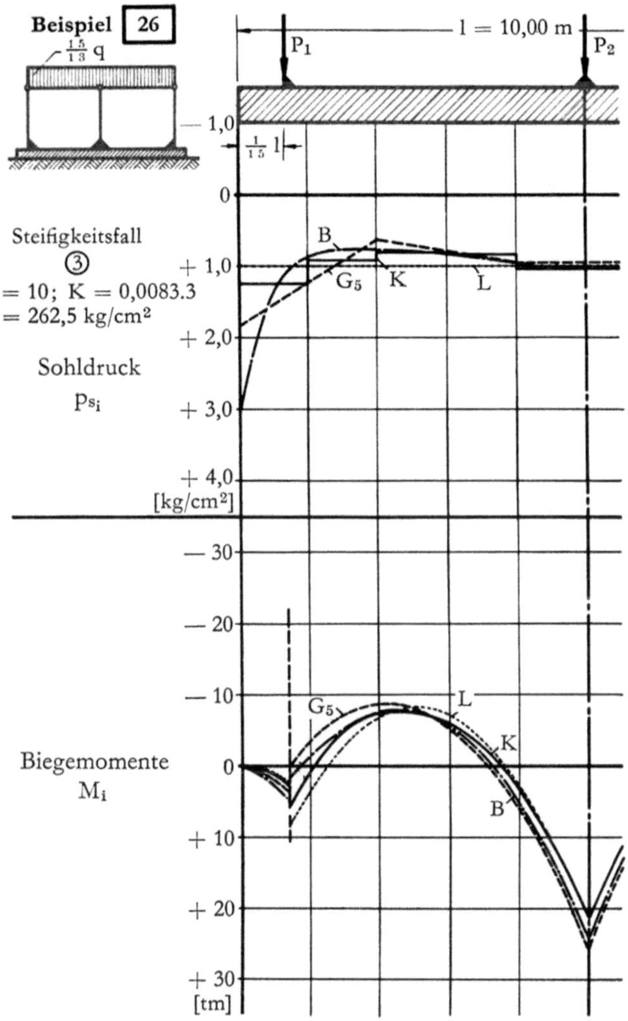

Beispiel 26
$\frac{15}{13}$ q
l = 10,00 m
P_1
P_2
$\frac{1}{15}$ l
Steifigkeitsfall
③
N = 10; K = 0,0083.3
E_s = 262,5 kg/cm²
Sohldruck
p_{s_i}
[kg/cm²]
Biegemomente
M_i
[tm]
B
G_5
K
L

Abb. 4,26

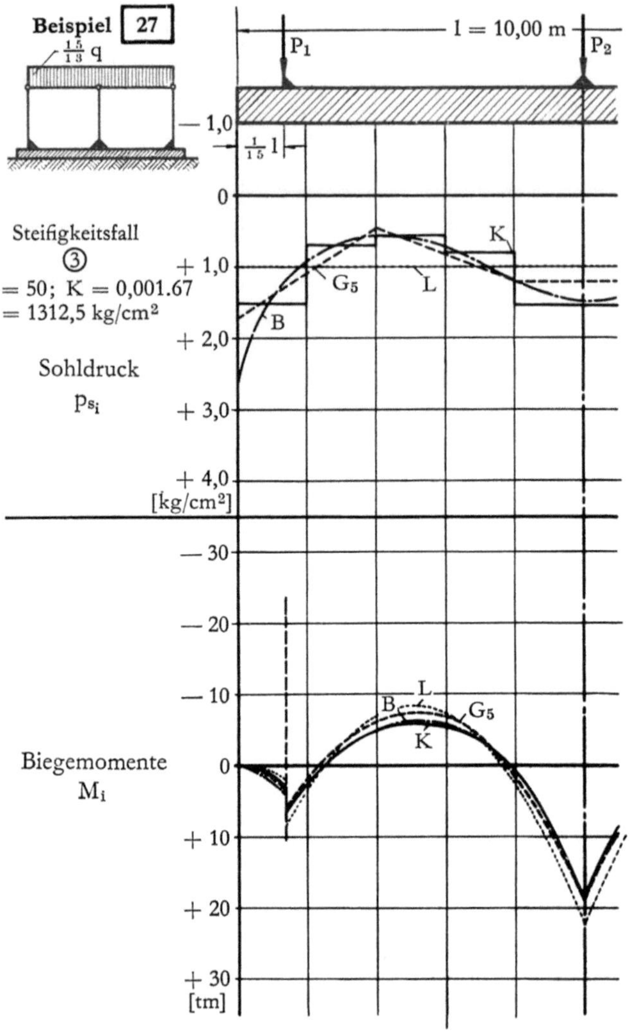

Beispiel 27
$\frac{15}{13}$ q
l = 10,00 m
P_1
P_2
— 1,0
$\frac{1}{15}$ l
0
Steifigkeitsfall
③
N = 50; K = 0,001.67
E_s = 1312,5 kg/cm²
+ 1,0
+ 2,0
+ 3,0
+ 4,0
[kg/cm²]
Sohldruck
p_{s_i}
K
G_5
L
B
— 30
— 20
— 10
0
+ 10
+ 20
+ 30
[tm]
L
B
G_5
K
Biegemomente
M_i

Abb. 4,27

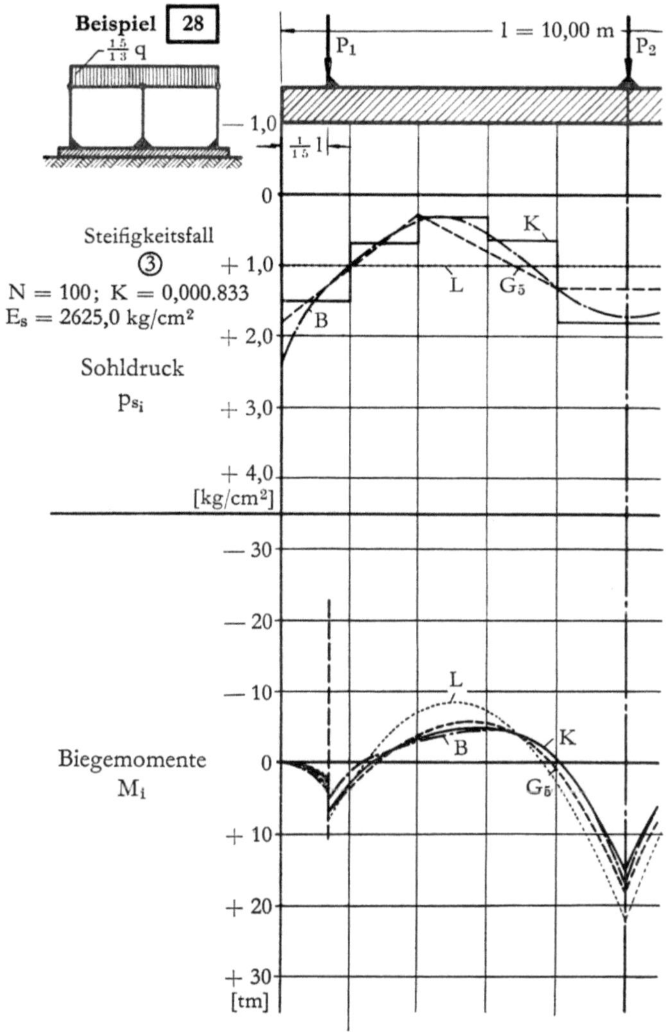
Beispiel 28
$\frac{15}{13}$ q
1,0
$\frac{1}{15}$ l
l = 10,00 m
P_1
P_2
Steifigkeitsfall
③
N = 100; K = 0,000.833
E_s = 2625,0 kg/cm²
Sohldruck
p_{s_i}
0
+ 1,0
+ 2,0
+ 3,0
+ 4,0
[kg/cm²]
K
L
G_5
B
— 30
— 20
— 10
0
+ 10
+ 20
+ 30
[tm]
Biegemomente
M_i

Abb. 4,28

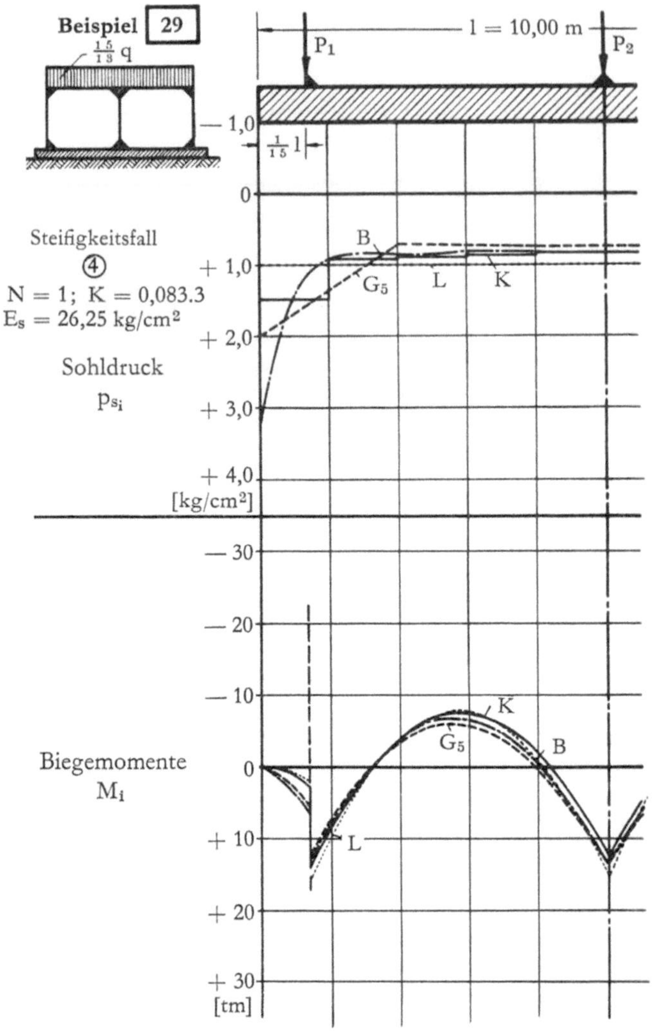
Beispiel 29
15/13 q
l = 10,00 m
P1
P2
1/15 l
Steifigkeitsfall
④
N = 1; K = 0,083.3
Es = 26,25 kg/cm²
Sohldruck
psi
— 1,0
0
+ 1,0
+ 2,0
+ 3,0
+ 4,0
[kg/cm²]
B
G5
L
K
Biegemomente
Mi
— 30
— 20
— 10
0
+ 10
+ 20
+ 30
[tm]

Abb. 4,29

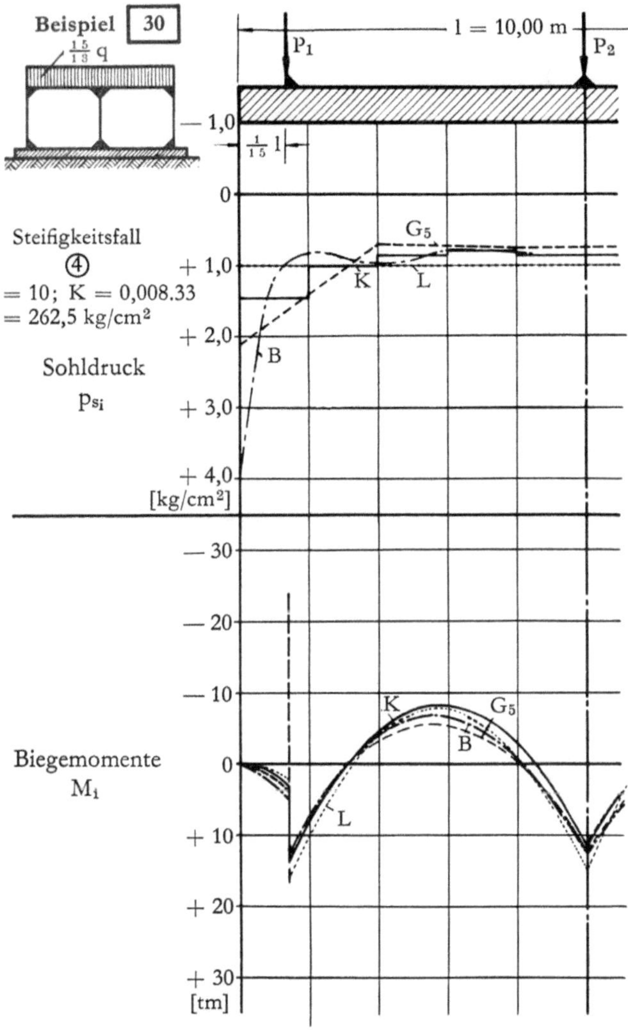

Beispiel 30
$\frac{15}{13}$ q
l = 10,00 m
P_1
P_2
— 1,0
$\frac{1}{15}$ l
0
Steifigkeitsfall
④
N = 10; K = 0,008.33
E_s = 262,5 kg/cm²
Sohldruck
p_{s_i}
+ 1,0
+ 2,0
+ 3,0
+ 4,0
[kg/cm²]
G_5
K
L
B
— 30
— 20
— 10
0
+ 10
+ 20
+ 30
[tm]
Biegemomente
M_i

Abb. 4,30

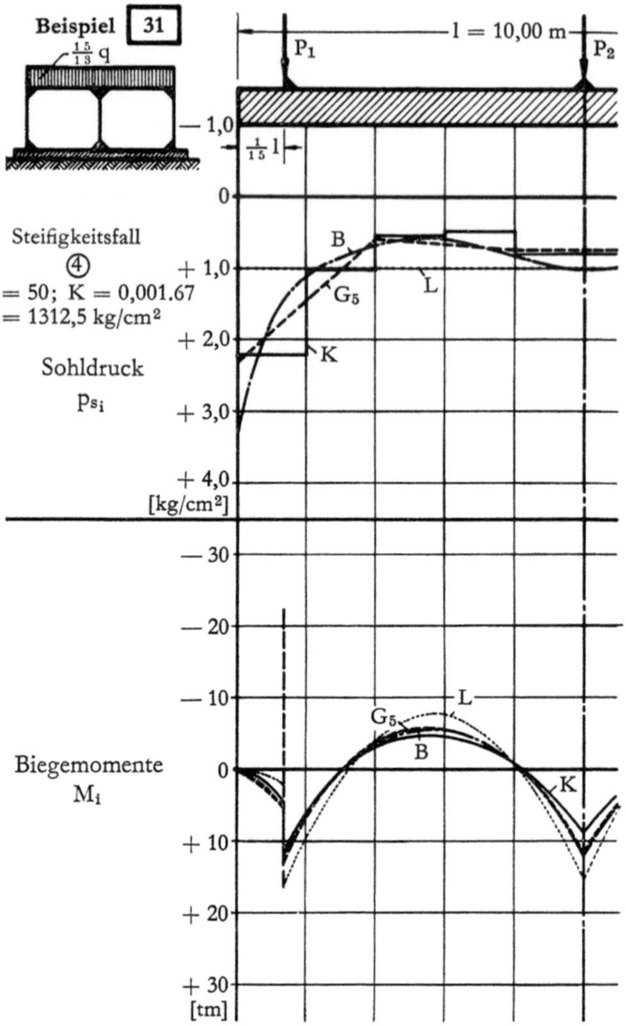
Beispiel 31
15/13 q
l = 10,00 m
P1
P2
1/15 l
− 1,0
0
+ 1,0
+ 2,0
+ 3,0
+ 4,0
[kg/cm²]
Steifigkeitsfall
④
N = 50; K = 0,001.67
Es = 1312,5 kg/cm²
Sohldruck
ps_i
B
G5
L
K
− 30
− 20
− 10
0
+ 10
+ 20
+ 30
[tm]
Biegemomente
M_i

Abb. 4,31

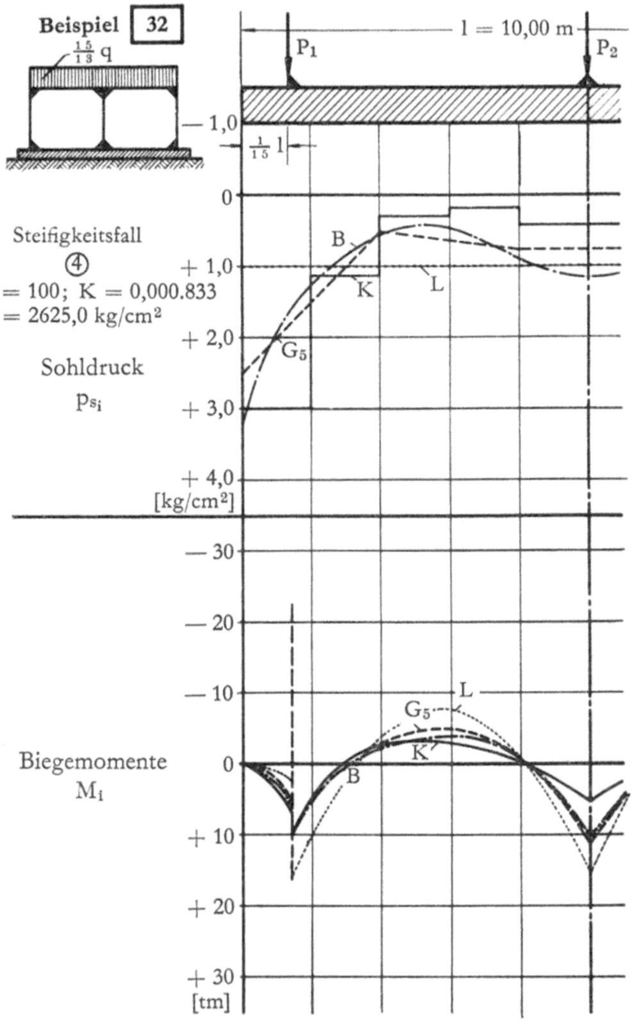

Beispiel 32
$\frac{15}{13}$ q
— 1,0
$\frac{1}{15}$ l
l = 10,00 m
P1
P2
Steifigkeitsfall
④
N = 100; K = 0,000.833
Es = 2625,0 kg/cm²
Sohldruck
psi
0
+ 1,0
+ 2,0
+ 3,0
+ 4,0
[kg/cm²]
B
K
L
G5
— 30
— 20
— 10
0
+ 10
+ 20
+ 30
[tm]
Biegemomente
Mi

Abb. 4,32

der Zahl der gewählten Berechnungsabschnitte. Ein Vergleich der Ergebnisse nach der Methode GRASSHOFF zwischen einer 5fachen und einer 10fachen Unterteilung des Balkens (Abb. 4.1–4.4) zeigt, daß die Sohldruckverteilung sehr stark von der Anzahl der Unterteilungsabschnitte beeinflußt wird. Diese starke Beeinflussung macht sich besonders unter den Balkenrändern dadurch bemerkbar, daß mit einer Vermehrung der Berechnungsabschnitte die Spannungsspitze unter den Balkenrändern anwächst.

Manche Sohldruckdiagramme zeigen an einigen Stellen negative Werte, die in Wirklichkeit nicht auftreten können (z. B. Kurven G, Beispiel 3, 4, 7 und 8 und Kurven K, Beispiel 4 und 8). Diese Erscheinung ist auf die verhältnismäßig grobe Unterteilung des Balkens in Berechnungsabschnitte bei den genannten Verfahren und auf die zwangsläufig notwendige und theoretische Annahme, daß in der Sohlfuge Zugspannungen übertragen werden können, zurückzuführen. Statt der errechneten Zugspannungen, die in Wirklichkeit nicht auftreten können, wird in diesen Sohlenbereichen eine »klaffende Fuge« in Erscheinung treten, die eine mehr oder weniger große Umlagerung der Druckspannungen zur Folge hat. Im allgemeinen sind jedoch Gründungsbalken im Verhältnis zum Untergrund so steif, daß solche Abhebungserscheinungen meist nicht auftreten. Wird der Balken in kleinere Abschnitte unterteilt (Kurve G_{10} statt Kurve G_5), so verschwinden die negativen Werte (Beispiel 3) oder sie werden viel kleiner (Beispiel 4).
Bei den Überkragungsbeispielen 17–32 ist eine etwas bessere Übereinstimmung zwischen den nach den verschiedenen Verfahren erhaltenen Sohldruckverteilungskurven als bei den Beispielen 1–16 festzustellen. Infolge der Überkragung werden beim Parabelverfahren die Wellenlinien stärker geglättet und der Unterschied zwischen den Sohldruckwerten unter den Balkenrändern wird für die verschiedenen Verfahren geringer.
Zusammenfassend ist zu sagen, daß keines der drei benutzten Verfahren die exakte Sohldruckverteilungslinie liefert. Um sich dieser Linie mit einer genügenden Genauigkeit zu nähern – beispielsweise für die einzelnen Punkte der Sohle mit einer etwa 20%igen Genauigkeit – müßte man im Parabelverfahren einen viel höheren Grad als den 8. Grad für die Parabeln einführen. Bei den Verfahren KANY und GRASSHOFF müßte statt einer 10fachen Unterteilung eine viel größere Anzahl von Berechnungsabschnitten gewählt werden.
Die geglätteten Kurven der drei Verfahren geben jedoch den kennzeichnenden Verlauf der Sohldruckverteilung mit genügender Genauigkeit an.

4.2 Momentenlinien

Werden die Momentenlinien miteinander verglichen, so ist festzustellen, daß die drei Steifezahlverfahren B, G und K bei den Momenten eine viel bessere Übereinstimmung zeigen als beim Sohldruck. Diese Erscheinung wird aus der Tatsache verständlich, daß die Momentenlinien das zweite Integral der Auflast und der Sohldruckverteilung sind, so daß sich örtliche Abweichungen bei den Sohldruckverteilungslinien einander teilweise aufheben und ausgleichen.

Erwartungsgemäß weichen die Momentenlinien infolge der linearen Sohldruckverteilung und diejenigen nach dem Verfahren DIMITROV erheblich von denjenigen der Steifezahlverfahren ab. Obwohl in der Methode DIMITROV mit einer veränderlichen Bettungszahl gerechnet wird, läßt sich meistens jedoch nicht eine Momentenlinie gewinnen, die sich derjenigen eines Steifezahlverfahrens hinreichend nähert.

Um einen Überblick zu erhalten, mit welchem Genauigkeitsgrad die Biegemomente nach dem Steifezahlverfahren berechnet werden können, sind in den Tab. 4.1 und 4.2 die relativen Abweichungen der berechneten Momente nach den drei Steifezahlverfahren zusammengestellt worden. Diese Abweichungen wurden durch die nachstehenden Formeln unterschiedlich ausgedrückt:

$$e_B = \frac{M_B - M_{G_5}}{M_{G_5}} \qquad e_K = \frac{M_K - M_{G_5}}{M_{G_5}} \qquad e_{G_{10}} = \frac{M_{G_{10}} - M_{G_5}}{M_{G_5}}$$

An folgenden Punkten sind die Abweichungen berechnet worden:

1. Unter der Außenstütze,

2. an der Stelle des Maximalmomentes im Feld,

3. unter der Mittelstütze.

Aus den Tab. 4.1 und 4.2 geht hervor, daß die Absolutwerte der relativen Abweichungen fast alle erheblich kleiner als 1,0 (100%) sind. Nur in wenigen Ausnahmefällen (Beispiel 17 im Feld und Beispiel 25 unter der Außenstütze) kommen Abweichungen von über 100% vor. Diese herausspringenden Werte erklären sich aus der Tatsache, daß in den genannten Beispielen die Zahlenwerte der Momente an den betrachteten Stellen im Vergleich mit den anderen Beispielen sehr klein sind und daß sich deshalb schon kleine Momentenunterschiede im Verhältnis zu den Gesamtmomenten sehr stark ausprägen. Diese hohen Prozentwerte in den zwei Beispielen dürften – weil sie zweifellos Ausnahmefälle darstellen – keine erhebliche praktische Bedeutung besitzen. Im Beispiel 26 wurden die relativen Abweichungen unter den Außenstützen nicht berechnet, weil hier das Moment M_{G_5} zufällig zu Null wird, so daß die relativen Abweichungen singuläre Werte erhalten würden.

Der Größtwert der relativen Abweichungen beträgt $+ 1{,}352$ (Beispiel 25), während der Kleinstwert nur $- 0{,}530$ erreicht (Beispiel 32). Ein hinreichend allgemeines Bild liefern jedoch nur die Mittelwerte, die in den Tab. 4.1 und 4.2 in den letzten beiden Zeilen unter Ausschaltung der Werte über 1,0 berechnet worden sind. Die Extremwerte wurden unterstrichen. Da keine der drei Methoden als völlig exakt betrachtet werden darf, muß hieraus die Schlußfolgerung gezogen werden, daß man mit einem Steifezahlverfahren unter Umständen die Momente nur mit einer Genauigkeit bestimmen kann, die etwa in den Grenzen der Mittelwerte von $\pm$ 25% liegt. Diese Tatsache ist beispielsweise bei der Wahl des Sicherheitsgrades zu beachten.

Tab. 4.1

Steifigkeits-fall	Beispiel Nr.	Mittelstütze			Maximalwert im Feld			Außenstütze		
		e_B	e_K	$e_{G_{10}}$	e_B	e_K	$e_{G_{10}}$	e_B	e_K	$e_{G_{10}}$
1	1	— 0,129	— 0,210	— 0,086	+ 0,163	+ 0,163	0	0	0	0
	2	— 0,128	— 0,165	— 0,045	+ 0,101	+ 0,165	— 0,063	0	0	0
	3	0	— 0,236	+ 0,198	— 0,015	— 0,015	— 0,136	0	0	0
	4	— 0,118	— 0,188	0	— 0,174	— 0,091	— 0,273	0	0	0
2	5	+ 0,103	0	–	+ 0,029	0	–	0	0	–
	6	— 0,042	— 0,094	–	+ 0,013	0	–	0	0	–
	7	+ 0,185	+ 0,185	–	— 0,120	— 0,296	–	0	0	–
	8	+ 0,237	+ 0,316	–	— 0,115	— 0,386	–	0	0	–
3	9	0	0	–	+ 0,027	0	–	+ 0,330	+ 0,330	–
	10	— 0,047	— 0,123	–	— 0,030	— 0,030	–	+ 0,104	+ 0,104	–
	11	— 0,073	— 0,335	–	0	— 0,063	–	0	+ 0,401	–
	12	+ 0,164	— 0,212	–	0	— 0,079	–	0	+ 0,099	–
4	13	+ 0,250	+ 0,075	–	+ 0,100	+ 0,156	–	0	— 0,144	–
	14	+ 0,138	+ 0,050	–	+ 0,056	0	–	— 0,075	0	–
	15	+ 0,246	+ 0,246	–	— 0,083	— 0,118	–	+ 0,111	— 0,056	–
	16	+ 0,094	+ 0,305	–	0	— 0,100	–	+ 0,125	— 0,188	–
Mittelwerte		— 0,090	— 0,195	— 0,066	— 0,090	— 0,131	— 0,157	— 0,075	— 0,129	0
		+ 0,177	+ 0,196	+ 0,198	+ 0,070	+ 0,161	–	+ 0,168	+ 0,234	0

Tab. 4.2

Steifig-keits-fall	Beispiel Nr.	Mittelstütze		Maximalwert im Feld		Außenstütze	
		e_B	e_K	e_B	e_K	e_B	e_K
1	17	— 0,140	— 0,248	+ 0,434	(+ 1,200)	+ 0,156	— 0,333
	18	— 0,075	— 0,208	— 0,030	+ 0,470	+ 0,500	— 0,350
	19	— 0,112	— 0,111	— 0,176	— 0,012	+ 0,314	0
	20	— 0,126	— 0,310	— 0,206	— 0,175	+ 0,119	— 0,167
2	21	— 0,006	+ 0,108	— 0,091	+ 0,071	+ 0,429	— 0,143
	22	+ 0,040	+ 0,113	— 0,063	+ 0,021	+ 0,120	— 0,380
	23	+ 0,038	+ 0,212	— 0,151	— 0,055	+ 0,121	0
	24	+ 0,029	— 0,240	— 0,167	— 0,167	+ 0,238	0
3	25	— 0,044	— 0,044	— 0,095	+ 0,095	(+ 1,325)	(+ 1,352)
	26	— 0,063	— 0,164	— 0,102	— 0,125	–	–
	27	— 0,016	— 0,016	— 0,160	— 0,214	+ 0,083	+ 0,083
	28	— 0,071	— 0,169	— 0,193	— 0,158	— 0,258	–
4	29	0	— 0,088	+ 0,117	+ 0,250	+ 0,066	+ 0,164
	30	+ 0,161	+ 0,045	— 0,014	+ 0,157	+ 0,085	+ 0,180
	31	+ 0,045	— 0,230	— 0,052	— 0,190	— 0,111	— 0,170
	32	— 0,097	— 0,530	— 0,200	— 0,340	0	0
Mittelwerte		— 0,075	— 0,197	— 0,121	— 0,160	— 0,185	— 0,257
		+ 0,063	+ 0,120	+ 0,276	+ 0,177	+ 0,203	+ 0,142

Die Momentenabweichungen zwischen den drei Methoden B, K und G lassen sich auch nach einem anderen Gesichtspunkt darstellen, indem man die Abweichungen in demjenigen Bereich des Gründungsbalkens betrachtet, wo die Biegemomente ihr Vorzeichen wechseln (Abb. 4.33). In dem genannten Balkenabschnitt muß ein

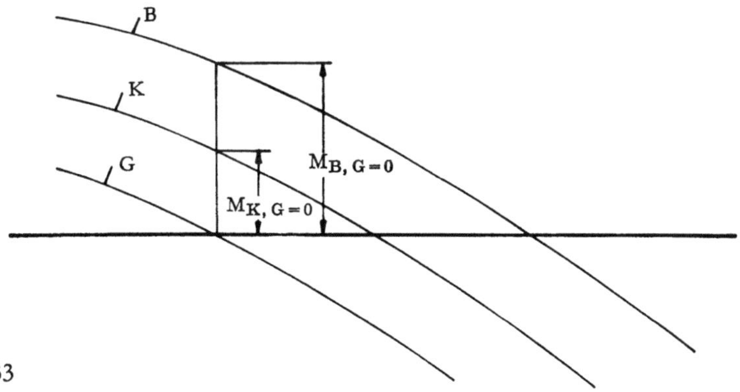

Abb. 4,33

Teil der Stahlbewehrung von der Balkenoberkante zur Balkenunterkante umgebogen werden. Zeigen die verschiedenen Methoden beträchtliche Unterschiede zwischen den Lagen der Nullpunkte, so entsteht dadurch eine Unsicherheit hinsichtlich der richtigen Aufbiegung der Bewehrungen. Um die Größenordnung dieser Unsicherheit zahlenmäßig auszudrücken, wurden die Unterschiede zwischen dem Nullpunkt der Momentenkurve G_5 und den übrigen Methoden mit dem Maximalmoment im Feld der jeweiligen Methode ins Verhältnis gesetzt. Nach diesen Gesichtspunkten ergeben sich folgende Formeln:

$$e_{B,0} = \frac{M_{B,G=0}}{M_{B_{max}}} \qquad e_{K,0} = \frac{M_{K,G=0}}{M_{K_{max}}} \qquad e_{G_{10},0} = \frac{M_{G10,G_5=0}}{M_{G_{10\,max}}}$$

Die einzelnen nach den vorstehenden Formeln berechneten Werte sind in der Tab. 4.3 zusammengestellt worden.

Der Größtwert beträgt + 0,833 (Beispiel 17), während der Kleinstwert nur — 0,714 erreicht (Beispiel 12). Beide Zahlen springen aus den übrigen Werten stark heraus. Die in den letzten beiden Zeilen der Tab. 4.3 berechneten Mittelwerte mit einem Schwankungsbereich zwischen — 29% und + 24% dürften die zu erwartenden Abweichungen genauer wiedergeben. Auf Grund dieser Unbestimmtheit müssen demnach an der Ober- und Unterkante eines Gründungsbalkens mindestens 30% der Bewehrung an den am stärksten beanspruchten Stellen durchlaufend angeordnet werden. Diese Forderung ist jedoch nicht strenger als diejenige, die sich aus reinen konstruktiven Überlegungen fast immer ergibt.

4.3 Einfluß der Steifezahl E_s auf die Biegemomente

Um den Einfluß der Steifezahl E_s auf die Biegemomente beurteilen zu können, wurde für jeden Steifigkeitsfall in einem Diagramm die Abhängigkeit der charakteristischen Momente von der Steifezahl E_s des Untergrundes dargestellt (Abb. 4.34–4.37).

Die folgenden charakteristischen Momente wurden ausgewählt:

1. Maximalmoment M_1 unter der Außenstütze
2. Maximalmoment M_F im Feld
3. Maximalmoment M_2 unter der Mittelstütze

In die Diagramme wurden die Mittelwerte aus den drei Methoden B, K und G eingetragen. Zum Vergleich wurden auf der Ordinate neben den Steifezahlen E_s auch die dimensionslosen Steifigkeitswerte N und K (vgl. Abschnitt 1) abgetragen. Auf der Abszisse ist neben den Momenten der dimensionslose Momentbeiwert i_M abgetragen worden. Der Beiwert i_M errechnet sich mit den Bezeichnungen gemäß Abschnitt 1 nach folgender Formel:

$$i_M = \frac{M}{p_{s_m} \cdot 2\,b \cdot \left(\frac{l}{2}\right)^2}$$

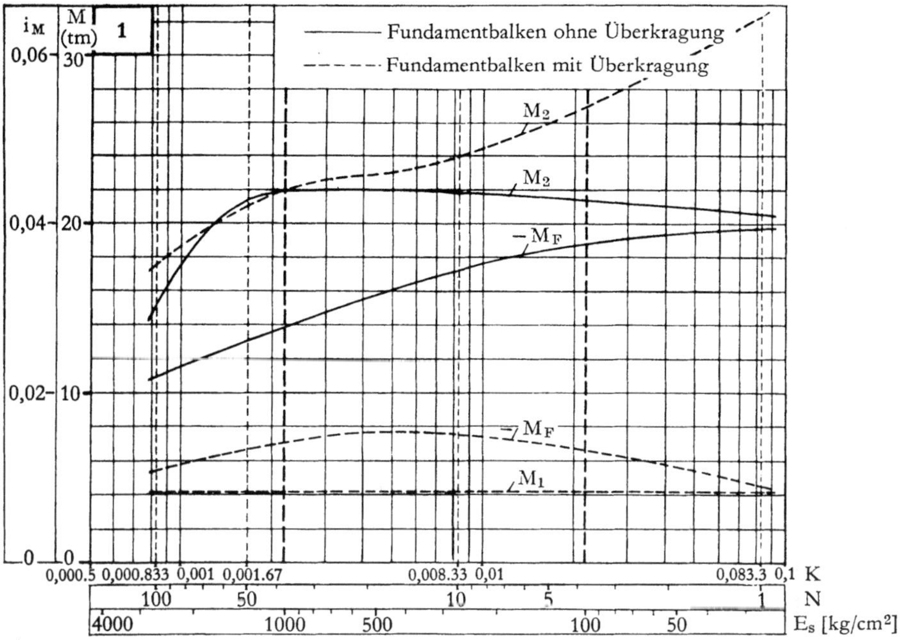

Abb. 4,34

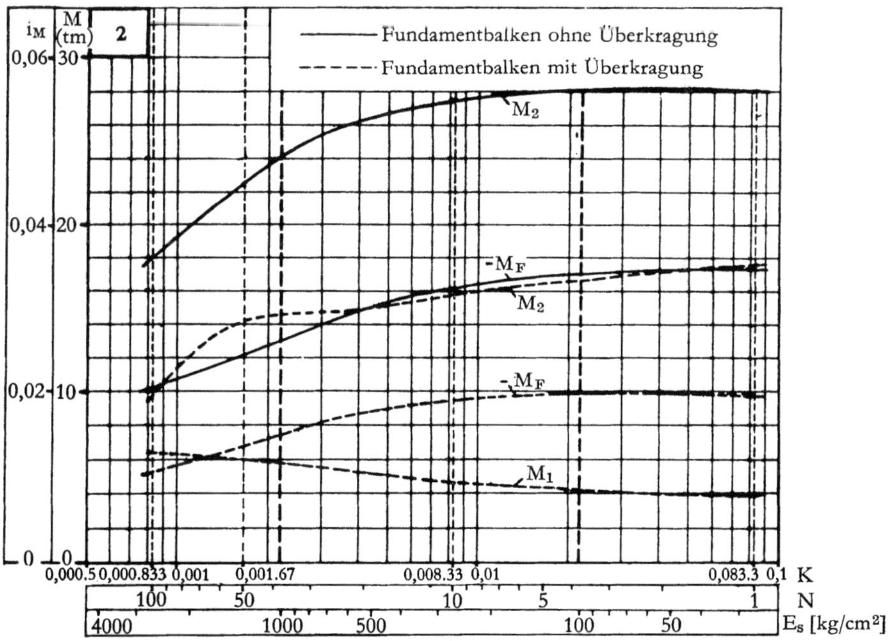

Abb. 4,35

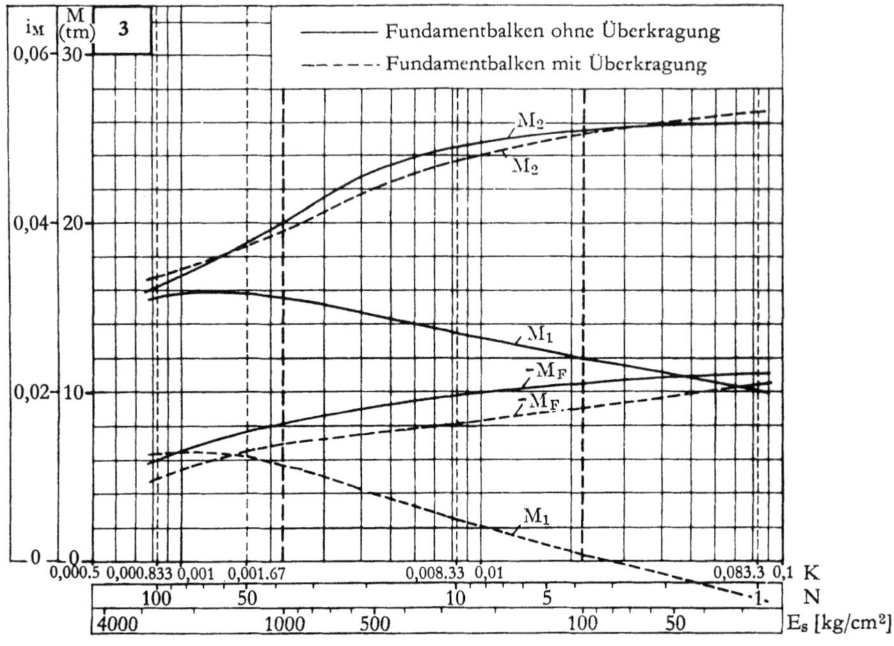

Abb. 4,36

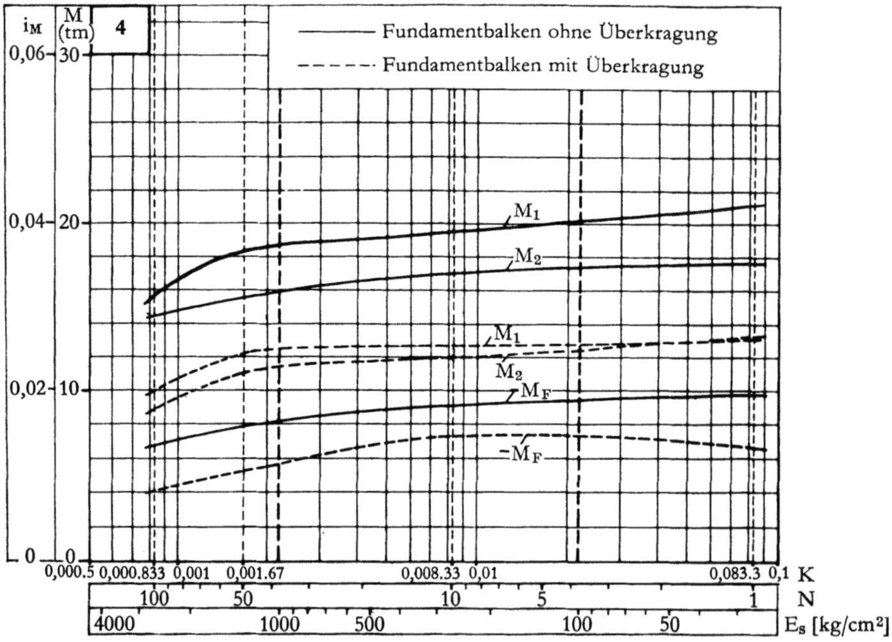

Abb. 4,37

Tab. 4.3

Steifigkeitsfall	Beispiel Nr.	$M_{B,\,G=0}$ t·m	$M_{B,\,max}$ t·m	$e_{B,0}$ $\frac{M_{B,\,G=0}}{M_{B,\,max}}$	$M_{K,\,G=0}$ t·m	$M_{K,\,max}$ t·m	$e_{K,0}$ $\frac{M_{K,\,G=0}}{M_{K,\,max}}$	$M_{G10,\,G5=0}$ t·m	$M_{G10,\,max}$ t·m	$e_{G10,0}$ $\frac{M_{G10,\,G5=0}}{M_{G10,\,max}}$
1	1	— 4,0	— 20,7	+ 0,193	— 5,5	— 20,7	+ 0,266	— 3,0	— 17,8	+ 0,169
	2	— 2,5	— 17,4	+ 0,144	— 4,5	— 18,4	+ 0,245	— 1,5	— 14,8	+ 0,101
	3	+ 1,5	— 13,0	— 0,115	— 3,0	— 13,0	+ 0,231	— 2,0	— 11,4	+ 0,175
	4	+ 2,5	— 10,0	— 0,250	0	— 11,0	0	0	— 8,8	0
2	5	+ 1,0	— 17,7	— 0,056	0	— 17,2	0			
	6	— 1,0	— 16,2	+ 0,062	— 1,5	— 16,0	+ 0,094			
	7	+ 1,0	— 12,5	— 0,080	— 1,5	— 10,0	+ 0,150			
	8	+ 1,5	— 10,8	— 0,139	— 0,5	— 7,5	+ 0,067			
3	9	— 2,0	— 11,3	+ 0,177	— 2,0	— 11,0	+ 0,182			
	10	0	— 9,7	0	0	— 9,7	0			
	11	+ 1,5	— 8,0	— 0,188	— 3,0	— 7,5	+ 0,400			
	12	+ 4,5	— 6,3	— 0,714	— 0,5	— 5,8	+ 0,086			
4	13	+ 0,5	— 9,9	— 0,051	— 1,0	— 10,4	+ 0,096			
	14	+ 2,5	— 9,5	— 0,263	+ 1,0	— 9,0	— 0,111			
	15	+ 2,5	— 7,8	— 0,321	0	— 7,5	0			
	16	+ 1,0	— 7,0	— 0,143	0	— 6,3	0			
1	17	— 2,5	— 4,3	+ 0,581	— 5,5	— 6,6	+ 0,833			
	18	— 1,0	— 6,4	+ 0,156	— 3,0	— 9,7	+ 0,309			
	19	— 1,5	— 6,1	+ 0,082	— 1,0	— 6,5	+ 0,154			
	20	0	— 5,0	0	— 1,0	— 5,2	+ 0,192			
2	21	0	— 9,0	0	0	— 10,6	0			
	22	+ 1,5	— 9,0	— 0,167	+ 1,5	— 9,8	— 0,153			
	23	+ 1,0	— 6,2	— 0,161	+ 4,5	— 6,9	+ 0,217			
	24	0	— 5,0	0	+ 3,0	— 5,0	— 0,600			
3	25	0	— 9,5	0	0	— 11,5	0			
	26	— 1,0	— 7,9	+ 0,127	— 2,0	— 7,7	+ 0,260			
	27	— 0,5	— 6,3	+ 0,079	— 1,0	— 5,9	+ 0,169			
	28	— 1,5	— 4,6	+ 0,362	— 1,5	— 4,8	+ 0,313			
4	29	— 1,0	— 6,7	+ 0,149	— 2,5	— 7,5	+ 0,333			
	30	+ 2,0	— 6,9	— 0,290	0	— 8,1	0			
	31	0	— 5,5	0	0	— 4,7	0			
	32	0	— 4,0	0	0	— 3,3	0			
Mittelwerte				— 0,210			— 0,288			-
				+ 0,189			+ 0,242			+ 0,148

In den Tab. 4.4–4.6 sind für die 32 Berechnungsbeispiele – getrennt nach den drei Steifezahlverfahren DE BEER–LOUSBERG (B), KANY (K) und GRASSHOFF (G) – die einzelnen i_M-Werte zusammengestellt worden. In den Diagrammen der Abb. 4.34 bis 4.37 besitzt die Ordinate einen linearen Maßstab für die Biegemomente bzw. die Momentenbeiwerte i_M, während aus Gründen der besseren Anschaulichkeit die Steifezahlen E_s bzw. die Steifigkeitsbeiwerte N und K auf der Abszisse in logarithmischem Maßstab abgetragen worden sind.
Ganz allgemein geht aus den Kurven der Abb. 4.34–4.37 und den Tab. 4.4–4.6 hervor, daß die absolut größten Biegemomente meistens unter der Mittelstütze auftreten. Eine Ausnahme bildet der Steifigkeitsfall 4.
Die absoluten Maximalmomente wachsen, wenn der Steifigkeitsbeiwert K zunimmt. Die Werte N und E_s nehmen hierbei gleichzeitig ab. Der Gründungsbalken erleidet deshalb eine um so größere Biegebeanspruchung, je nachgiebiger der Boden ist. Eine Ausnahme bildet jedoch der Steifigkeitsfall 1 ohne Überkragung (vollausgezogene Kurve M_2 in Abb. 4.34). Auch die größten Feldmomente (M_F) wachsen durchweg mit zunehmendem Steifigkeitsbeiwert K. Eine Ausnahme bildet das Überkragungsbeispiel im Steifigkeitsfall 1.

Tab. 4.4 Momentenbeiwerte i_M *; Verfahren* : DE BEER–LOUSBERG

Steifigkeitsbeiwert beiwert Steifezahl	Steifig- keits- fall	Beispiel Nr.	ohne Überkragung			Beispiel Nr.	mit Überkragung		
			Mittelstütze	Maximal- wert im Feld	Außenstütze		Mittelstütze	Maximal- wert im Feld	Außenstütze
			i_{M2}	i_{MF}	i_{M1}		i_{M2}	i_{MF}	i_{M1}
$N = 1$ $E_s = 26{,}25\ kg/cm^2$	1	1	+ 0,040.4	— 0,041.4	0	17	+ 0,064.0	— 0,008.6	+ 0,010.4
	2	5	+ 0,060.0	— 0,035.4	0	21	+ 0,035.2	— 0,018.0	+ 0,010.0
	3	9	+ 0,052.0	— 0,022.6	+ 0,021.8	25	+ 0,052.6	— 0,019.0	— 0,002.6
	4	13	+ 0,040.0	— 0,019.8	+ 0,044.4	29	+ 0,027.4	— 0,013.4	+ 0,026.0
$N = 10$ $E_s = 262{,}5\ kg/cm^2$	1	2	+ 0,042.4	— 0,034.8	0	18	+ 0,049.0	— 0,012.8	+ 0,012.0
	2	6	+ 0,055.0	— 0,032.4	0	22	+ 0,031.2	— 0,018.0	+ 0,011.2
	3	10	+ 0,049.6	— 0,019.4	+ 0,027.6	26	+ 0,048.0	— 0,015.8	+ 0,003.2
	4	14	+ 0,036.4	— 0,019.0	+ 0,037.0	30	+ 0,026.0	— 0,013.8	+ 0,025.4
$N = 50$ $E_s = 1312{,}5\ kg/cm^2$	1	3	+ 0,042.4	— 0,026.0	0	19	+ 0,037.0	— 0,012.2	+ 0,009.2
	2	7	+ 0,047.4	— 0,025.0	0	23	+ 0,027.4	— 0,012.4	+ 0,013.0
	3	11	+ 0,040.4	— 0,016.0	+ 0,028.0	27	+ 0,037.0	— 0,012.6	+ 0,013.0
	4	15	+ 0,033.4	— 0,015.6	+ 0,040.0	31	+ 0,024.4	— 0,011.0	+ 0,024.0
$N = 100$ $E_s = 2625\ kg/cm^2$	1	4	+ 0,030.0	— 0,020.0	0	20	+ 0,036.0	— 0,010.0	+ 0,009.4
	2	8	+ 0,037.6	— 0,021.6	0	24	+ 0,021.4	— 0,010.0	+ 0,014.6
	3	12	+ 0,038.4	— 0,012.6	+ 0,030.4	28	+ 0,034.0	— 0,009.2	+ 0,010.4
	4	16	+ 0,028.0	— 0,014.0	+ 0,036.0	32	+ 0,020.4	— 0,008.0	+ 0,020.0

Tab. 4.5 Momentenbeiwerte i_M; *Verfahren:* KANY

Steifigkeitsbeiwert Steifezahl	Steifig-keits-fall	Beispiel Nr.	ohne Überkragung			Beispiel Nr.	mit Überkragung		
			Mittelstütze	Maximal-wert im Feld	Außenstütze		Mittelstütze	Maximal-wert im Feld	Außenstütze
			i_{M2}	i_{MF}	i_{M1}		i_{M2}	i_{MF}	i_{M1}
$N = 1$ $E_s = 26{,}25$ kg/cm²	1	1	+ 0,036.8	— 0,041.4	0	17	+ 0,056.0	— 0,013.2	+ 0,006.0
	2	5	+ 0,054.4	— 0,034.4	0	21	+ 0,037.0	— 0,021.2	+ 0,006.0
	3	9	+ 0,052.0	— 0,022.0	+ 0,021.8	25	+ 0,052.6	— 0,023.0	— 0,002.6
	4	13	+ 0,034.4	— 0,020.8	+ 0,038.0	29	+ 0,025.0	— 0,015.0	+ 0,028.4
$N = 10$ $E_s = 262{,}5$ kg/cm²	1	2	+ 0,040.6	— 0,036.8	0	18	+ 0,042.0	— 0,019.4	+ 0,005.2
	2	6	+ 0,052.0	— 0,032.0	0	22	+ 0,033.4	— 0,019.6	+ 0,006.2
	3	10	+ 0,045.6	— 0,019.4	+ 0,027.6	26	+ 0,042.8	— 0,015.4	+ 0,012.0
	4	14	+ 0,033.6	— 0,018.0	+ 0,040.0	30	+ 0,023.4	— 0,016.2	+ 0,027.6
$N = 50$ $E_s = 1312{,}5$ kg/cm²	1	3	+ 0,032.4	— 0,026.0	0	19	+ 0,036.0	— 0,013.0	+ 0,007.0
	2	7	+ 0,047.4	— 0,020.0	0	23	+ 0,032.0	— 0,013.8	+ 0,011.6
	3	11	+ 0,029.0	— 0,015.0	+ 0,039.4	27	+ 0,037.0	— 0,011.8	+ 0,013.0
	4	15	+ 0,033.4	— 0,015.0	+ 0,034.0	31	+ 0,018.0	— 0,009.4	+ 0,022.4
$N = 100$ $E_s = 2625$ kg/cm²	1	4	+ 0,027.6	— 0,022.0	0	20	+ 0,028.4	— 0,010.4	+ 0,007.0
	2	8	+ 0,040.0	— 0,015.0	0	24	+ 0,015.8	— 0,010.0	+ 0,011.8
	3	12	+ 0,026.0	— 0,011.6	+ 0,033.4	28	+ 0,030.4	— 0,009.6	+ 0,014.0
	4	16	+ 0,033.4	— 0,012.6	+ 0,026.0	32	+ 0,010.6	— 0,006.6	+ 0,020.0

Tab. 4.6 Momentenbeiwerte i_M; *Verfahren*: GRASSHOFF

Steifigkeitsbeiwert Steifezahl	Steifig-keits-fall	Beispiel Nr.	ohne Überkragung			Beispiel Nr.	mit Überkragung		
			Mittelstütze	Maximal-wert im Feld	Außenstütze		Mittelstütze	Maximal-wert im Feld	Außenstütze
			i_{M2}	i_{MF}	i_{M1}		i_{M2}	i_{MF}	i_{M1}
	1	1	+ 0,046.6	— 0,035.6	0	17	+ 0,074.4	— 0,006.0	+ 0,009.0
N = 1	2	5	+ 0,054.4	— 0,034.4	0	21	+ 0,033.4	— 0,019.8	+ 0,007.0
E_s = 26,25 kg/cm²	3	9	+ 0,052.0	— 0,022.0	+ 0,016.4	25	+ 0,055.0	— 0,021.0	— 0,008.0
	4	13	+ 0,032.0	— 0,018.0	+ 0,044.4	29	+ 0,027.4	— 0,012.0	+ 0,024.4
	1	2	+ 0,048.6	— 0,031.6	0	18	+ 0,053.0	— 0,013.2	+ 0,008.0
N = 10	2	6	+ 0,057.4	— 0,032.0	0	22	+ 0,030.0	— 0,019.2	+ 0,010.0
E_s = 262,5 kg/cm²	3	10	+ 0,052.0	— 0,020.0	+ 0,025.0	26	+ 0,051.2	— 0,017.6	0
	4	14	+ 0,032.0	— 0,018.0	+ 0,040.0	30	+ 0,022.4	— 0,014.0	+ 0,023.4
	1	3	+ 0,042.4	— 0,026.4	0	19	+ 0,041.6	— 0,014.8	+ 0,007.0
N = 50	2	7	+ 0,040.0	— 0,028.4	0	23	+ 0,026.4	— 0,014.6	+ 0,011.6
E_s = 1312,5 kg/cm²	3	11	+ 0,043.6	— 0,016.0	+ 0,028.0	27	+ 0,037.6	— 0,015.0	+ 0,012.0
	4	15	+ 0,026,8	— 0,017.0	+ 0,036.0	31	+ 0,023.4	— 0,011.6	+ 0,027.0
	1	4	+ 0,034.0	— 0,024.2	0	20	+ 0,041.2	— 0,012.6	+ 0,008.4
N = 100	2	8	+ 0,030.4	— 0,024.4	0	24	+ 0,020.8	— 0,012.0	+ 0,011.8
E_s = 2625 kg/cm²	3	12	+ 0,033.0	— 0,012.6	+ 0,030.4	28	+ 0,036.6	— 0,011.4	+ 0,014.0
	4	16	+ 0,025.6	— 0,014.0	+ 0,032.0	32	+ 0,022.6	— 0,010.0	+ 0,020.0

4.4 Einfluß der Bauwerkssteifigkeit (bzw. des Steifigkeitsfalles) auf die Biegemomente

Für eine gegebene Bodensteifigkeit E_s kann der Einfluß der Bauwerkssteifigkeit (bzw. des Steifigkeitsfalles) auf die Biegemomente aus den Zahlen der Tab. 4.7 abgelesen werden. In dieser Tabelle sind die i_M-Werte aus den drei Verfahren B, K und G (vgl. Tab. 4.4–4.6) gemittelt worden. Die jeweiligen Größtwerte der einzelnen Beispiele sind unterstrichen worden. In fast allen Beispielen tritt das absolut größte Moment unter der Mittelstütze auf. Für eine gegebene Bodensteifigkeit E_s sind die Größtwerte am kleinsten bei der größten Bauwerkssteifigkeit, also im Steifigkeitsfall 4. Der durch die Momentenabminderung erzielte Gewinn gegenüber den schlafferen Systemen ist bei einem Gründungsbalken mit Überkragung am größten.

Auf einem sehr weichen Boden (z. B. $N = 1$) und bei einem Balken mit Überkragung kann beispielsweise durch Ausbildung einer hohen Bauwerkssteifigkeit (Steifigkeitsfall 4) das Maximalmoment gegenüber einer sehr geringen Bauwerkssteifigkeit (Steifigkeitsfall 1) im Verhältnis $0{,}027/0{,}065 = 1/2{,}4 = 0{,}42$ reduziert werden (Beispiele 29 und 17). Bei Gründungsbalken ohne Überkragung bewirkt dagegen eine erhöhte Bauwerkssteifigkeit nur verhältnismäßig kleine Abminderungen der maximalen Balkenmomente. Unter den Außenstützen tritt sogar vereinzelt bei den Steifigkeitsfällen 3 und 4 eine geringe Erhöhung auf.

Die Ausbildung einer Überkragung bewirkt bei gleichbleibendem Boden und gleichbleibender Bauwerkssteifigkeit durchweg eine Abminderung der Momente, die meistens sehr beträchtlich ist, aber auch in manchen Fällen nur gering sein kann. Ein unterschiedliches Verhalten zeigen die Feldmomente unter der Mittelstütze. Hier kehren sich die zuvor geschilderten Verhältnisse bei $N = 1$ und $N = 100$ für die Steifigkeitsfälle 1 und 3 um. Für $N = 10$ zeigt sich die Umkehrung nur beim Steifigkeitsfall 1.

Die gesonderte Betrachtung der Steifigkeitsfälle 1–4 liefert folgende Ergebnisse:
Steifigkeitsfall 1 (Tab. 4.7 und Abb. 4.34):

Das Moment unter der Mittelstütze M_2 ist größer als das Feldmoment M_F. Bei einer Überkragung ist der Unterschied wesentlich größer als wenn die Stützen unmittelbar am Balkenende stehen. Besonders hervorzuheben ist die Tatsache, daß das Moment unter der Mittelstütze M_2 im Bereich größerer, relativer Bodensteifigkeiten (zunehmende Steifezahl E_s) durch eine Überkragung praktisch nicht beeinflußt wird, während es für kleine relative Bodensteifigkeiten (abnehmende Steifezahl E_s) im Falle einer Überkragung jedoch merklich größer ist als ohne Überkragung.

Die Feldmomente dagegen werden im Falle einer Überkragung bis etwa auf die Hälfte und teilweise weniger abgemindert.

Das Kragmoment M_1 ändert sich mit wachsenden Werten von N nur unmerklich. Bei dem Steifigkeitsfall 1 hat die Balkenüberkragung nur durch die Abminderung des Feldmomentes eine merkliche materialeinsparende Wirkung.

Steifigkeitsfall 2 (Tab. 4.7 und Abb. 4.35):

Tab. 4.7 *Momentenbeiwerte* i_M (Mittelwerte aus den Verfahren B, K und G)

Steifigkeitsfall	Steifigkeitsbeiwert N	Steifezahl E_s (kg/cm^2)	Beispiel Nr.	ohne Überkragung: Mittelstütze	ohne Überkragung: Maximalwert im Feld	ohne Überkragung: Außenstütze	Beispiel Nr.	mit Überkragung: Mittelstütze	mit Überkragung: Maximalwert im Feld	mit Überkragung: Außenstütze
				i_{M2}	i_{MF}	i_{M1}		i_{M2}	i_{MF}	i_{M1}
1	1	26,25	1	+ 0,041.3	— 0,039.5	0	17	+ 0,064.8	— 0,009.3	+ 0,008.5
	10	262,5	2	+ 0,043.9	— 0,034.4	0	18	+ 0,048.0	— 0,015.1	+ 0,008.4
	50	1312,5	3	+ 0,039.1	— 0,026.1	0	19	+ 0,038.2	— 0,013.3	+ 0,007.7
	100	2625,0	4	+ 0,030.5	— 0,022.1	0	20	+ 0,035.2	— 0,011.0	+ 0,008.3
2	1	26,25	5	+ 0,056.3	— 0,034.7	0	21	+ 0,035.2	— 0,019.7	+ 0,007.7
	10	262,5	6	+ 0,054.8	— 0,032.1	0	22	+ 0,031.5	— 0,018.9	+ 0,009.1
	50	1312,5	7	+ 0,044.9	— 0,024.5	0	23	+ 0,028.6	— 0,013.6	+ 0,012.1
	100	2625,0	8	+ 0,036.0	— 0,020.3	0	24	+ 0,019.3	— 0,010.7	+ 0,012.7
3	1	26,25	9	+ 0,052.0	— 0,022.2	+ 0,020.0	25	+ 0,053.4	— 0,021.0	— 0,004.4
	10	262,5	10	+ 0,049.1	— 0,019.6	+ 0,026.7	26	+ 0,047.3	— 0,016.3	+ 0,005.1
	50	1312,5	11	+ 0,037.7	— 0,015.7	+ 0,031.8	27	+ 0,037.2	— 0,013.1	+ 0,012.7
	100	2625,0	12	+ 0,032.5	— 0,012.3	+ 0,031.4	28	+ 0,033.7	— 0,010.1	+ 0,012.8
4	1	26,25	13	+ 0,035.5	— 0,019.5	+ 0,042.3	29	+ 0,026.6	— 0,013.5	+ 0,026.3
	10	262,5	14	+ 0,034.0	— 0,018.3	+ 0,039.0	30	+ 0,023.9	— 0,014.7	+ 0,025.5
	50	1312,5	15	+ 0,031.2	— 0,015.9	+ 0,036.7	31	+ 0,021.9	— 0,010.7	+ 0,024.5
	100	2625,0	16	+ 0,029.0	— 0,013.5	+ 0,031.3	32	+ 0,017.9	— 0,008.2	+ 0,020.0

Das Moment unter der Mittelstütze M_2 ist in beiden Fällen (Balken ohne und mit Überkragung) etwa 1,50–1,75mal so groß wie das Feldmoment M_F. Im Gegensatz zum Steifigkeitsfall 1 tritt hier eine erhebliche Abminderung des Momentes unter der Mittelstütze M_2 infolge der Überkragung auf. Die materialsparende Wirkung dieser Maßnahme tritt hier besonders deutlich hervor. Das Kragmoment M_1 ist gegenüber dem Steifigkeitsfall 1 etwas größer. Es steigt außerdem langsam mit zunehmender relativer Bodensteifigkeit an (wachsende Werte von N).
Steifigkeitsfall 3 (Tab. 4.7 und Abb. 4.36):
Die Momente unter der Mittelstütze M_2 sind etwa 2,5mal so groß wie das Feldmoment M_F. Die Überkragung hat kaum einen Einfluß auf diese Momente. Lediglich die Feldmomente M_F sind bei einer Überkragung ein wenig geringer.
Bei fehlender Überkragung ist das maximale Einspannmoment unter der Außenstütze M_1 immer größer als das Feldmoment.
Eine Ausnahme bildet der Fall $N = 1$ (weicher Boden). Der Unterschied wächst mit steigender Bodensteifigkeit E_s. Für einen sehr steifen Boden ($N = 100$) ist das Einspannmoment unter der Außenstütze M_1 mehr als doppelt so groß wie das Feldmoment M_F. Bemerkenswert ist die Tatsache, daß durch die Überkragung das Einspannmoment unter der Außenstütze M_1 gegenüber dem Fall fehlender Überkragung mit abnehmender Bodensteifigkeit E_s stark reduziert wird.
Im Falle einer Überkragung nehmen die Feldmomente mit zunehmender Bodensteifigkeit E_s ab, während die Einspannmomente unter der Außenstütze zunehmen. Bei sehr weichem Boden sind die Feldmomente größer als die Einspannmomente unter der Außenstütze. Bei steifem bis festem Boden tritt das Gegenteil ein.

Steifigkeitsfall 4 (Tab. 4.7 und Abb. 4.37):

Bei diesem Steifigkeitsfall verlaufen die Kurven am gleichmäßigsten und fast parallel. Bemerkenswert ist die Tatsache, daß bei diesem besonders steifen Überbau und einer biegungssteifen Verbindung der Stützen mit dem Gründungsbalken die absolut größten Momente nicht unter der Mittelstütze, sondern unter den Außenstützen auftreten. Die Einspannmomente unter der Außenstütze sind etwa doppelt so groß wie die Feldmomente.
Eine Überkragung drückt alle Momente beträchtlich herunter, und die Momente M_1 und M_2 werden etwa gleich groß.
Bei dem Steifigkeitsfall 4 hat die Überkragung eine bemerkenswerte materialeinsparende Wirkung.

4.5 Allgemeiner Vergleich der drei benutzten Steifezahlverfahren

1. Trotz ihrer verschiedenartigen Ansätze und Lösungsmethoden liefern die drei benutzten Steifezahlverfahren de Beer–Lousberg (B), Kany (K) und Grasshoff (G) hinsichtlich der Hauptdimensionierung des Balkens (Momente und Querkräfte) etwa dieselben Ergebnisse.

2. Obwohl bei den Verfahren K und G die Berechnung des Sohldruckes im kennzeichnenden Querschnitt und beim Verfahren B in der Mittellängsachse des Balkens erfolgt, werden doch etwa dieselben Momente und Querkräfte erhalten. Diese Erscheinung ist ein neuer Beweis dafür, daß die Sohldruckverteilung in der Querrichtung des Balkens kaum einen Einfluß auf die Sohldruckverteilung in der Längsrichtung hat. Zur Bestimmung der Sohldruckverteilung in der Längsrichtung kann deshalb ohne weiteres die einfache Annahme einer in Querrichtung gleichmäßigen Sohldruckverteilung getroffen werden.
   Wenn es demnach zur Bestimmung der Momente und Querkräfte nicht nötig ist, die Berechnung im kennzeichnenden Querschnitt durchzuführen, so ist es jedoch zur Ermittlung der Setzungen eines in Querrichtung biegungssteifen Balkens erforderlich, den kennzeichnenden Querschnitt zu betrachten. Aus diesem Grunde liefert das Verfahren B zu große Setzungen, da diese hier für einen in Querrichtung schlaffen und gleichmäßig beanspruchten Balken berechnet werden. Aus diesem Grunde sind die Setzungen beim Verfahren B nicht bestimmt worden.

3. Die Anwendbarkeit der drei Verfahren läßt sich objektiv schwer vergleichen, weil die Bevorzugung und leichtere Handhabung eines Verfahrens im wesentlichen von der persönlichen Einstellung des Bearbeiters zu dem jeweiligen Lösungsgang abhängt. Ein genauer Vergleich des Lösungsganges der drei benutzten Steifezahlverfahren ist im Abschnitt 3 in sorgfältiger Weise möglich, weil die Darstellung nach einem einheitlichen Schema erfolgte.

Beim Steifezahlverfahren K ist die Lösung eines Systems von nur zwei Gleichungen erforderlich; beim Verfahren G (5 Abschnitte) muß schon ein System von drei Gleichungen gelöst werden; das Verfahren B (Parabel 8. Grades) erfordert die Auflösung eines Systems von fünf Gleichungen. Wird eine Berechnung ohne Zuhilfenahme von Rechenautomaten durchgeführt, so erfordert demnach das Steifezahlverfahren K den geringsten Rechenaufwand, der jedoch in bestimmten Fällen wegen der Benutzung von Eingangswerten, die aus Kurventafeln abzugreifen sind, mit einer Genauigkeitseinbuße erkauft werden muß.
Im Falle statisch unbestimmter Kräfteübertragungen zwischen Überbau und Balken wird der Arbeitsaufwand bei den Methoden K und G etwa derselbe.
Bei systematischer Untersuchung der Einflüsse der Bodensteifigkeit E_s und der Bauwerkssteifigkeit in Vergleichsbeispielen, wie sie im vorliegenden Bericht vorgenommen wurden, kann das analytische Verfahren B Vorteile bieten, obwohl die Lösung eines allgemeinen, praktischen Falles mehr Arbeitsaufwand erfordert.
Die vergleichende Beurteilung des Arbeitsumfanges verliert an Bedeutung, wenn elektronische Rechenautomaten zur Berechnung herangezogen werden, da für die drei Verfahren eine Programmierungsmöglichkeit besteht, und auch bereits fertige Programme vorliegen.

5. Kurze Beschreibung anderer Verfahren und Vergleich ihrer Ergebnisse mit denjenigen aus dem Steifezahlverfahren

5.1 Zweck des Vergleiches

Da das Bettungszahlverfahren und die lineare Sohldruckverteilung (»einfache Annahme«) auf Voraussetzungen aufgebaut sind, die mehr von den wirklichen Formänderungseigenschaften des Baugrundes abweichen, als diejenigen des Steifezahlverfahrens, erscheint es zweckmäßig, die in den vorherigen Abschnitten mit Hilfe des Steifezahlverfahrens untersuchten Beispiele nach anderen Verfahren zu Vergleichszwecken zu berechnen. Die Gegenüberstellung der Ergebnisse wird nicht nur einen vertieften Einblick in die Zusammenhänge zwischen Biegebeanspruchung des Gründungsbalkens, Sohldruckverteilung und Nachgiebigkeit des Baugrundes ermöglichen, sondern vor allen Dingen anschaulich erkennen lassen, nach welcher Richtung hin sich das Beanspruchungsbild des Grundbauwerkes in Abhängigkeit vom gewählten Verfahren verschiebt.

Im Hinblick auf die Hochbaukonstruktion wurde in den nachstehenden Vergleichsrechnungen nur der Steifigkeitsfall 1 betrachtet (vgl. Abschnitt 1), da beim Bettungszahlverfahren gewöhnlich nur mit einem schlaffen Überbau und einer gelenkigen Verbindung der Stützen mit dem Grundbauwerk gerechnet wird. Die folgenden drei Methoden sind bei den vergleichenden Untersuchungen benutzt worden:

Lineare Sohldruckverteilung (»Einfache Annahme«),
Bettungszahlverfahren mit konstanter Bettungszahl,
Bettungszahlverfahren mit veränderlicher Bettungszahl.

5.2 Beschreibung der Bettungszahlverfahren

Für die Berechnung nach dem Bettungszahlverfahren wurden die Methoden Levinton/Grasshoff [21, 24] und Dimitrov [25] herangezogen, weil beide die Benutzung einer veränderlichen Bettungszahl gestatten.

5.21 Verfahren Levinton/Grasshoff

Es gelten die Bezeichnungen des Abschnittes 2.5. Das Näherungsverfahren Levinton/Grasshoff baut sich auf den gleichen Formänderungsbedingungen und Näherungsbetrachtungen auf, wie das Steifezahlverfahren Grasshoff (Abschnitt 2.5). Statt der Setzungsgleichung (2.5,9) für den elastisch-isotropen Halbraum wird jetzt die nachfolgende einfache Funktion des Bettungszahlverfahrens für die Setzung s_i an einem beliebigen Punkt i der Gründungssohle angenommen:

$$s_i = \frac{p_i}{C_{b,i}} = c_i \cdot p_i \tag{5.2,1}$$

Hierin bedeuten $C_{b,i}$ (kg/cm³) die Bettungszahl am Punkte i und c_i (cm³/kg) ihren Reziprokwert. Setzt man die Gln. (2.5,6) und (5.2,1) in die Gl. (2.5,5) ein, so ergeben sich für eine 10fache Balkenunterteilung neun Bestimmungsgleichungen. Für eine n-fache Unterteilung lautet die allgemeine Bestimmungsgleichung am Punkte i:

$$\left[\vartheta_{i,1} - \left(\frac{n+1-i}{n}\right) \cdot c_1 \cdot R\right] \cdot p_1 + [\vartheta_{i,2} + c_2 \cdot R] \cdot p_2$$
$$+ \vartheta_{i,3} \cdot p_3 + \cdots + \vartheta_{i,n-1} \cdot p_{n-1} + \vartheta_{i,n} \cdot p_n$$
$$+ \left[\vartheta_{i,n+1} \quad \left(\frac{i-1}{n}\right) \cdot c_{n+1} \cdot R\right] \cdot p_{n+1} = f_{ai} \cdot R \tag{5.2,2}$$

Die zwei Bestimmungsgleichungen aus den Gleichgewichtsbedingungen (2.5,1 und 2.5,2) bleiben die gleichen wie beim Steifezahlverfahren. In die Formänderungsgleichungen (5.2,2) sind lediglich die folgenden Eingangswerte einzuführen:

$$R = \frac{E_b}{l} \cdot \left(\frac{d}{l}\right)^3$$

Balkenlänge l,
die Reziprokwerte der Bettungszahl c_1 bis c_{n+1},
die Durchbiegungen f_{a2} bis f_{an} infolge der Auflast P_i.

Die untersuchten Vergleichsbeispiele sind mit einer 5fachen Unterteilung berechnet worden.

Die Balkensetzungen an den Berechnungspunkten lassen sich leicht mit Hilfe der Gl. (5.2,1) bestimmen.

Die Berechnung der Biegemomente M_i erfolgt gemäß Abschnitt 2.55.

5.22 Verfahren Dimitrov

Die Beispiele mit veränderlicher Bettungszahl wurden parallel zum Verfahren Levinton/Grasshoff zusätzlich nach dem Verfahren Dimitrov berechnet.

Ausgangspunkt des Berechnungsverfahrens Dimitrov ist die allgemeine Differentialgleichung der Balkenbiegung. Im Gegensatz zu anderen Berechnungsverfahren umgeht Dimitrov die Auflösung dieser Differentialgleichung nicht, sondern er leitet eine näherungsweise Lösung des Problemes ab, indem er in der maßgebenden, nichtlinearen Differentialgleichung den unbekannten Sohldruck $p(x)$ eliminiert. Dies geschieht durch Einführung einer konstanten, »mittleren« Bettungszahl C_{bm}. Hierbei wird ein Parameter $\lambda_m = f(C_{bm})$ eingeführt, der mit Hilfe der Grundgleichungen von Boussinesq für den elastisch-isotropen Halbraum abgeleitet wird und der eine ähnliche Form besitzt wie die »elastische Länge« L, jedoch zusätzlich noch einen Formfaktor ω_m der Grundrißfläche enthält.

Aus den unter diesen Voraussetzungen ermittelten Lösungen der nichtlinearen Differentialgleichung werden die Einflußlinien der Sohldrücke q und der Balkenquerschnittskräfte M und Q abgeleitet und in Tafeln aufgetragen.

Dimitrov weist nun nach, daß die nachträgliche Berücksichtigung einer veränderlichen Bettungszahl $C_{b(x)}$ zulässig ist. Dies geschieht durch die Einführung des Parameters $\lambda_x = f(C_{b(x)}) = \mu \cdot \lambda_m$, wobei $\mu = f(x)$ wiederum mit Hilfe der Grundgleichungen von Boussinesq für den elastisch-isotropen Halbraum abgeleitet wird. Somit stellt das Berechnungsverfahren Dimitrov ein Verfahren mit nachträglicher Berücksichtigung der Veränderlichkeit der Bettungszahl dar.

Der Faktor $\mu = f(x)$ ist vom Seitenverhältnis des Grundrisses unabhängig. Er kann im mittleren Bereich des Gründungskörpers $\mu = 1$ gesetzt werden. Nur in der Nähe des Randes steigt er auf etwa $\mu = 1{,}2$ an. Für die praktische Berechnung genügen demnach meist zwei bis drei verschiedene Werte von λ.

Die Einflußlinien für den Sohldruck q, das Biegemoment M und die Querkraft Q sind in den oben erwähnten Tafeln für die verschiedenen Stellungen von P und für unterschiedliche Werte von λ aufgetragen. Der von Ort zu Ort veränderliche Wert λ_x wird in der Weise berücksichtigt, daß man an den entsprechenden Punkten des Balkens zwischen den Einflußlinien interpoliert.

Das Berechnungsverfahren Dimitrov kann näherungsweise auch auf die Berechnung von Gründungsplatten erweitert werden, und zwar durch Zurückführung auf die orthotrope Stahlbetonplatte im Stadium II bzw. das Trägerkreuzverfahren. Hierbei löst Dimitrov die Gründungsplatte in Plattenstreifen auf und gibt die Formeln der Lastanteile an.

5.3 Berechnung der Beispiele

5.31 Bestimmung der Bettungszahlen und ihrer Reziprokwerte

Die konstante Bettungszahl ergab sich in der Weise, daß für den als starr angenommenen Balken mit den unterschiedlichen Steifezahlen jeweils eine Setzungsberechnung für den »kennzeichnenden Punkt« nach den Erläuterungen zu DIN 4019, Blatt 1, Abb. 8, durchgeführt wurde. Die mittlere Sohlpressung $p_{sm} = 1{,}00$ kg/cm² wurde jeweils durch die berechneten Setzungswerte dividiert.

Hiernach ergaben sich folgende Bettungszahlen C_b und deren Reziprokwerte c[10]:

E_s [kg/cm²]		
26,25	$C_{b_1} = 0{,}125$ kg/cm³	$c_1 = 8{,}0$ cm³/kg
262,5	$C_{b_2} = 1{,}25$ kg/cm³	$c_2 = 0{,}8$ cm³/kg
1312,5	$C_{b_3} = 6{,}25$ kg/cm³	$c_3 = 0{,}16$ cm³/kg
2625	$C_{b_4} = 12{,}5$ kg/cm³	$c_4 = 0{,}08$ cm³/kg

Eine Annäherung an die Verteilung der veränderlichen Bettungszahl kann aus einer Berechnung der Setzungsmulde unter einem als schlaffer Auflast angenommenen, mittleren Sohldruck $p_{sm} = 1{,}00$ kg/cm² von der Größe und Form der Fundamentfläche gewonnen werden. Die unterschiedlichen Bettungszahlen an den Berechnungspunkten 1–3 (Abb. 5.1–5.14) errechnen sich aus der Division des jeweiligen Setzungswertes durch die mittlere Sohlpressung. Auf diese Weise ergeben sich folgende Bettungszahlen C_b und deren Reziprokwerte c:

E_s [kg/cm²]	Pkt. 1	
26,25	$C_{b_{1,1}} = 0{,}188$ kg/cm³	$c_{1,1} = 5{,}31$ cm³/kg
262,5	$C_{b_{2,1}} = 1{,}88$ kg/cm³	$c_{2,1} = 0{,}531$ cm³/kg
1312,5	$C_{b_{3,1}} = 9{,}41$ kg/cm³	$c_{3,1} = 0{,}106$ cm³/kg
2625	$C_{b_{4,1}} - 18{,}8$ kg/cm³	$c_{4,1} - 0{,}053$ cm³/kg

E_s [kg/cm²]	Pkt. 2	
26,25	$C_{b_{1,2}} = 0{,}119$ kg/cm³	$c_{1,2} = 8{,}42$ cm³/kg
262,5	$C_{b_{2,2}} = 1{,}19$ kg/cm³	$c_{2,2} = 0{,}842$ cm³/kg
1312,5	$C_{b_{3,2}} = 5{,}94$ kg/cm³	$c_{3,2} = 0{,}168$ cm³/kg
2625	$C_{b_{4,2}} = 11{,}9$ kg/cm³	$c_{4,2} = 0{,}084$ cm³/kg

[10] Wird vergleichsweise die Starrheit eines Rechteckfundamentes durch die folgende von Vogt [26] abgeleitete Beziehung zwischen Bettungszahl C_b und Steifezahl E_s des Untergrundes definiert:

$$C_b = \frac{1{,}33 \cdot E_s}{\sqrt[3]{b^2 \cdot l}}$$

so findet man für die Grundrißabmessungen des untersuchten Gründungsbalkens die nachstehende Gleichung:

$$C_b = 0{,}006.2 \cdot E_s$$

Der Umrechnungsfaktor 0,006.2 ist etwas größer als bei den berechneten Beispielen.

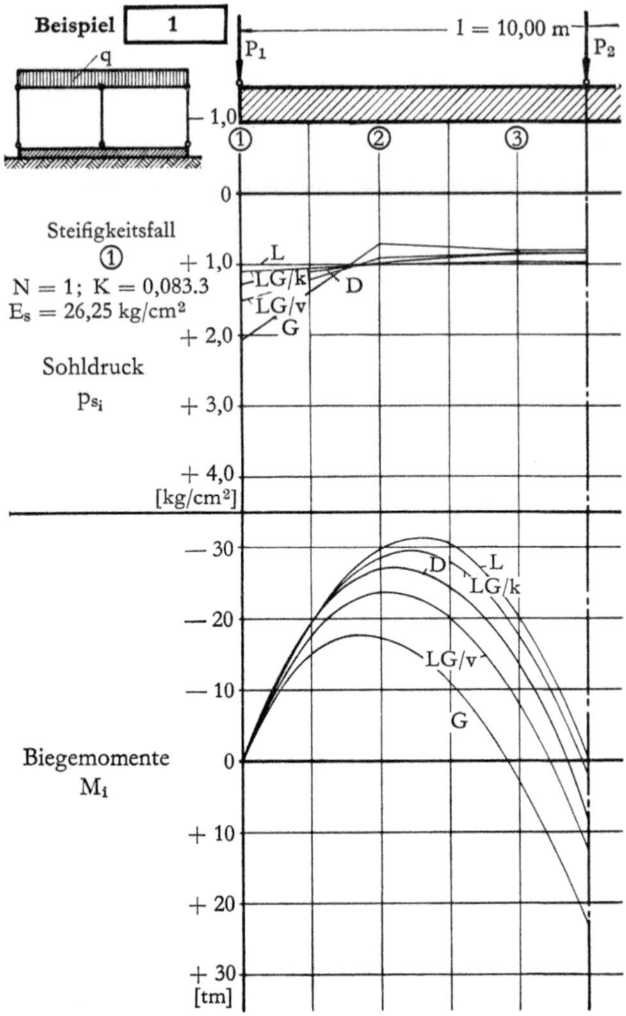
Beispiel 1
q
1,0
l = 10,00 m
P1
P2
①
②
③
0
Steifigkeitsfall
①
N = 1; K = 0,083.3
Es = 26,25 kg/cm²
+ 1,0
+ 2,0
+ 3,0
+ 4,0
[kg/cm²]
L
LG/k
LG/v
G
D
Sohldruck
psi
— 30
— 20
— 10
0
+ 10
+ 20
+ 30
[tm]
Biegemomente
Mi

Abb. 5,1

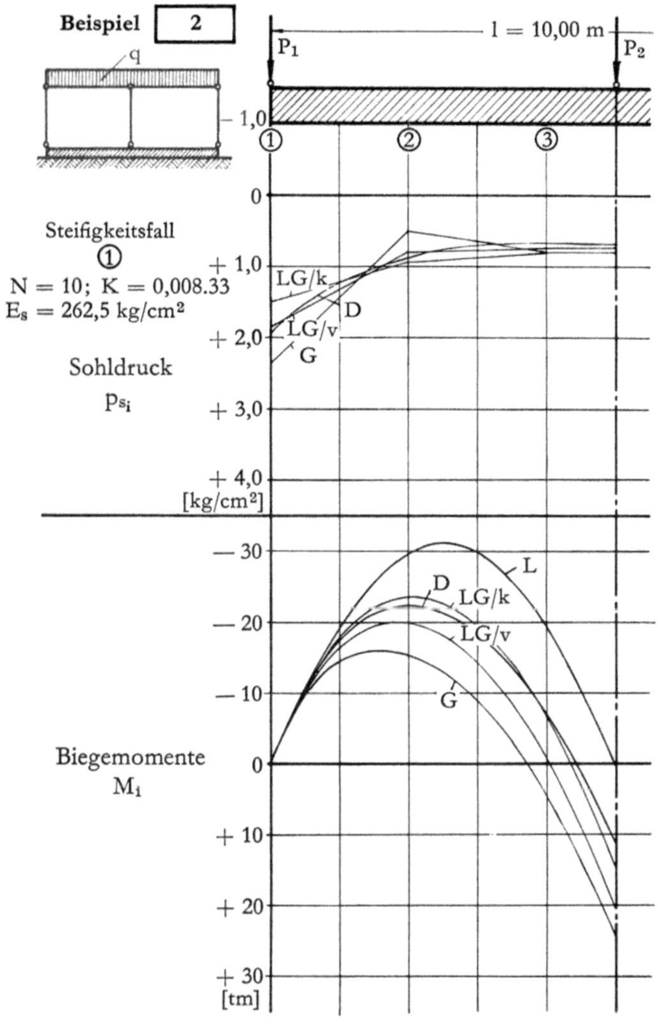
Beispiel 2
q
l = 10,00 m
P₁
P₂
1,0
① ② ③
Steifigkeitsfall ①
N = 10; K = 0,008.33
Eₛ = 262,5 kg/cm²
Sohldruck
pₛᵢ
0
+ 1,0
+ 2,0
+ 3,0
+ 4,0
[kg/cm²]
LG/k
D
LG/v
G
— 30
— 20
— 10
0
+ 10
+ 20
+ 30
[tm]
L
Biegemomente
Mᵢ

Abb. 5,2

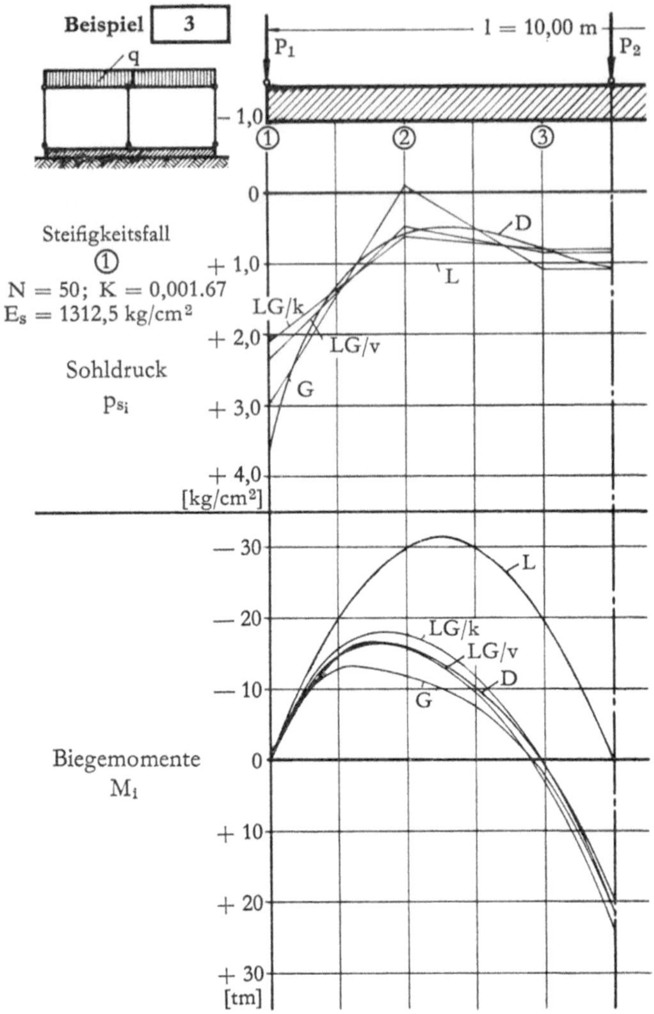

Beispiel 3
q
1,0
l = 10,00 m
P1
P2
①
②
③
Steifigkeitsfall ①
N = 50; K = 0,001.67
Es = 1312,5 kg/cm²
Sohldruck
psi
0
+ 1,0
+ 2,0
+ 3,0
+ 4,0
[kg/cm²]
D
L
LG/k
LG/v
G
Biegemomente
Mi
— 30
— 20
— 10
0
+ 10
+ 20
+ 30
[tm]
L
LG/k
LG/v
D
G

Abb. 5,3

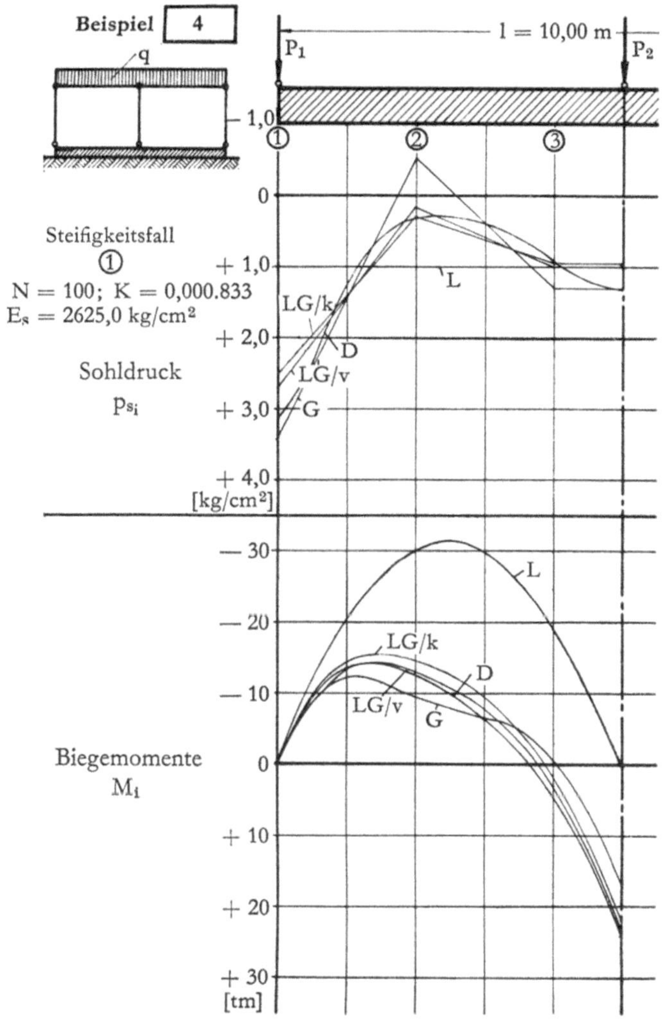

Beispiel 4
q
1,0
l = 10,00 m
P_1
P_2
①
②
③
Steifigkeitsfall
①
N = 100; K = 0,000.833
E_s = 2625,0 kg/cm²
Sohldruck
p_{s_i}
0
+ 1,0
+ 2,0
+ 3,0
+ 4,0
[kg/cm²]
L
LG/k
D
LG/v
G
Biegemomente
M_i
— 30
— 20
— 10
0
+ 10
+ 20
+ 30
[tm]
L
LG/k
D
LG/v
G

Abb. 5,4

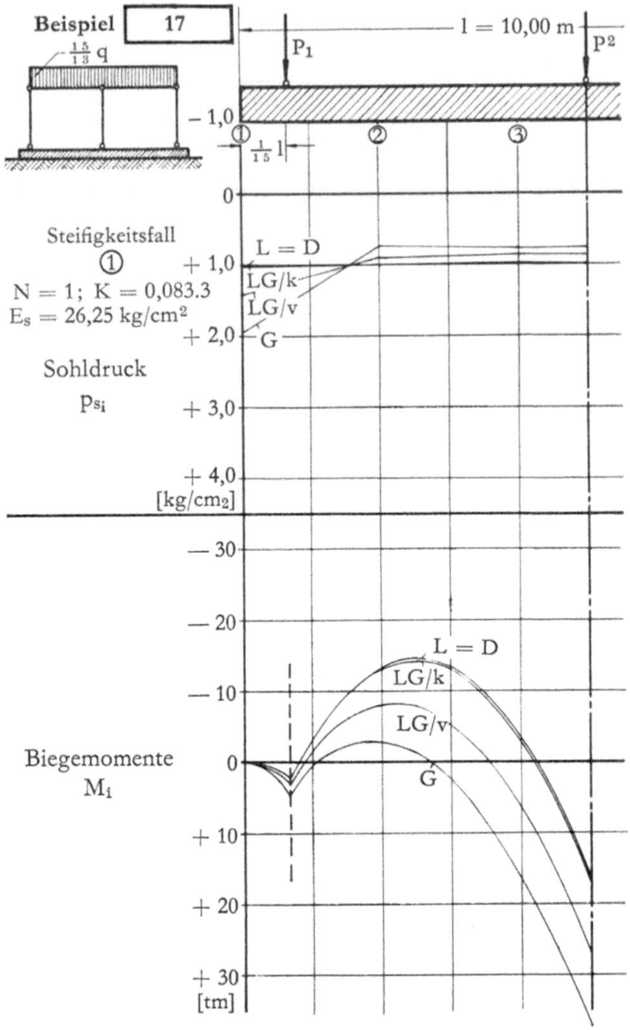
Beispiel 17
l = 10,00 m
P1
P2
Steifigkeitsfall ①
N = 1; K = 0,083.3
Es = 26,25 kg/cm²
Sohldruck
psi
[kg/cm2]
L = D
LG/k
LG/v
G
Biegemomente
Mi
[tm]

Abb. 5,5

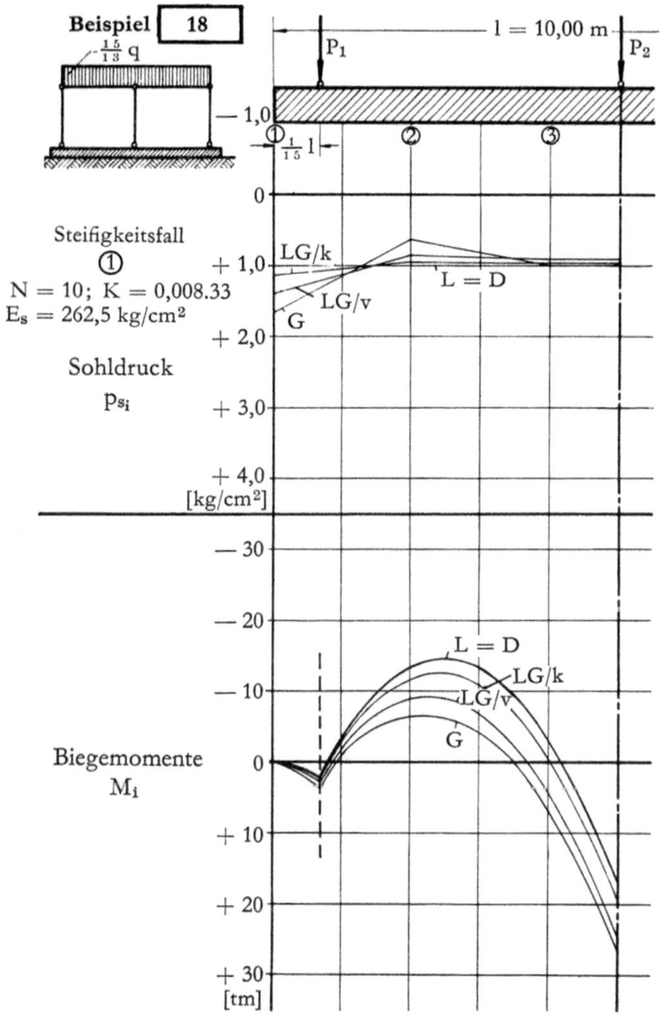

Beispiel 18
$\frac{15}{13}$ q
l = 10,00 m
P_1
P_2
— 1,0
① ② ③
$\frac{1}{15}$ l
Steifigkeitsfall ①
N = 10; K = 0,008.33
E_s = 262,5 kg/cm²
Sohldruck
p_{s_i}
0
+ 1,0
+ 2,0
+ 3,0
+ 4,0
[kg/cm²]
LG/k
L = D
LG/v
G
— 30
— 20
— 10
0
+ 10
+ 20
+ 30
[tm]
Biegemomente
M_i
L = D
LG/k
LG/v
G

Abb. 5,6

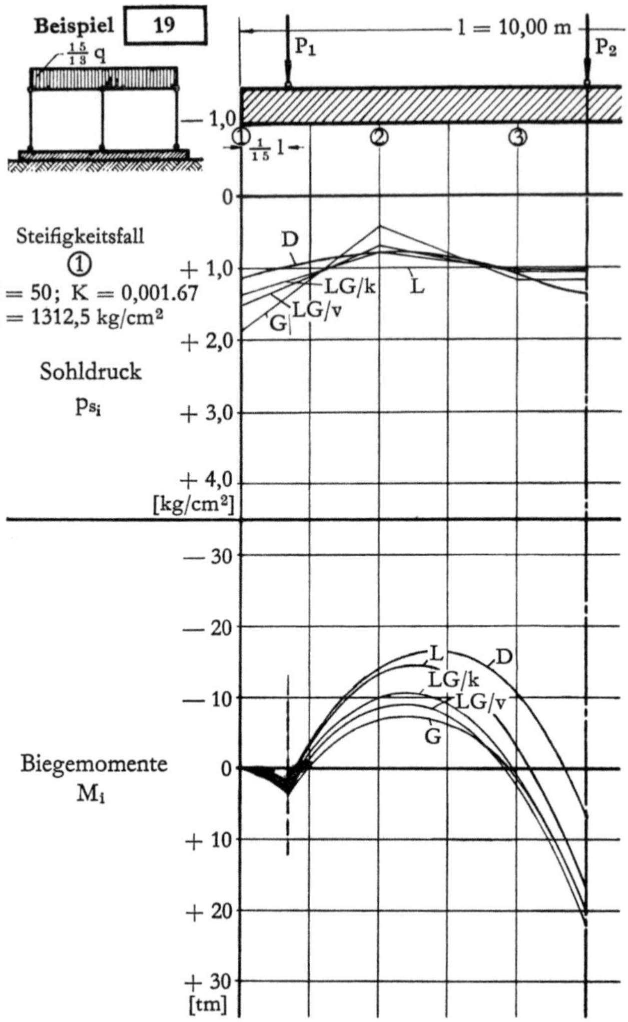

Beispiel 19
15/13 q
l = 10,00 m
P1
P2
1,0
1/15 l
Steifigkeitsfall ①
N = 50; K = 0,001.67
Es = 1312,5 kg/cm²
Sohldruck
psi
D
LG/k
L
LG/v
G
0
+ 1,0
+ 2,0
+ 3,0
+ 4,0
[kg/cm²]
Biegemomente
Mi
— 30
— 20
— 10
0
+ 10
+ 20
+ 30
[tm]

Abb. 5,7

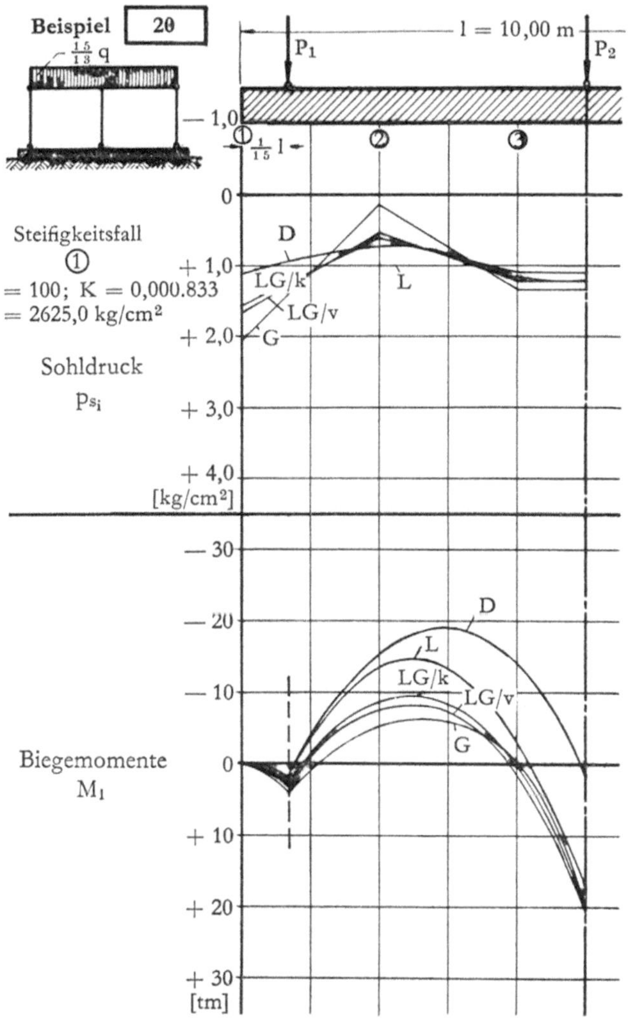
Beispiel 20
$\frac{15}{13}$ q
l = 10,00 m
P_1
P_2
— 1,0
① $\frac{1}{15}$ l
②
③
0
Steifigkeitsfall
①
N = 100; K = 0,000.833
E_s = 2625,0 kg/cm²
Sohldruck
p_{s_i}
+ 1,0
+ 2,0
+ 3,0
+ 4,0
[kg/cm²]
D
L
LG/k
LG/v
G
— 30
— 20
— 10
0
+ 10
+ 20
+ 30
[tm]
Biegemomente
M_l
D
L
LG/k
LG/v
G

Abb. 5,8

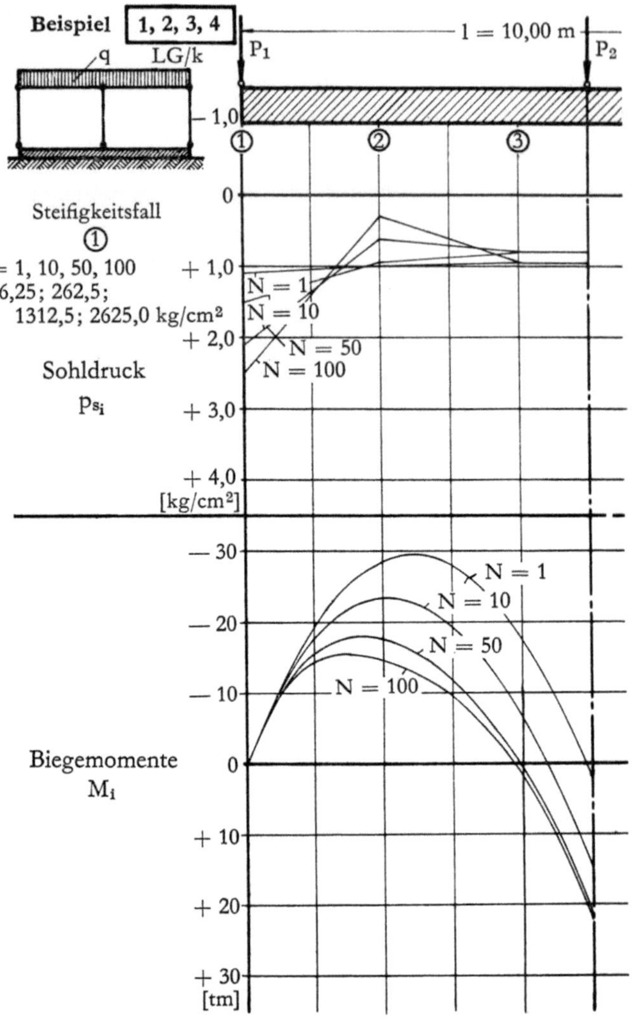
Beispiel 1, 2, 3, 4
q
LG/k
l = 10,00 m
P1
P2
1,0
Steifigkeitsfall ①
N = 1, 10, 50, 100
Es = 26,25; 262,5; 1312,5; 2625,0 kg/cm²
Sohldruck
psi
[kg/cm²]
N = 1
N = 10
N = 50
N = 100
Biegemomente
Mi
[tm]

Abb. 5,9

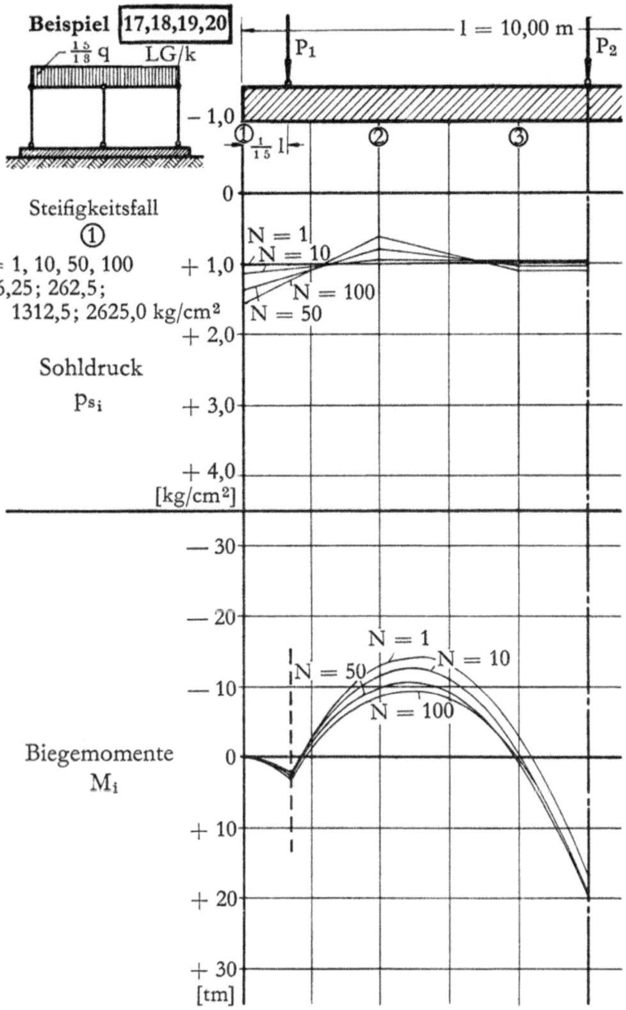

Beispiel 17,18,19,20
$\frac{15}{18}$ q
LG/k
l = 10,00 m
P_1
P_2
– 1,0
① $\frac{1}{15}$ l
②
③
0
Steifigkeitsfall
①
N = 1, 10, 50, 100
E_s = 26,25; 262,5; 1312,5; 2625,0 kg/cm²
+ 1,0
+ 2,0
Sohldruck
p_{s_i}
+ 3,0
+ 4,0
[kg/cm²]
N = 1
N = 10
N = 100
N = 50
— 30
— 20
— 10
0
+ 10
+ 20
+ 30
[tm]
Biegemomente
M_i

Abb. 5,10

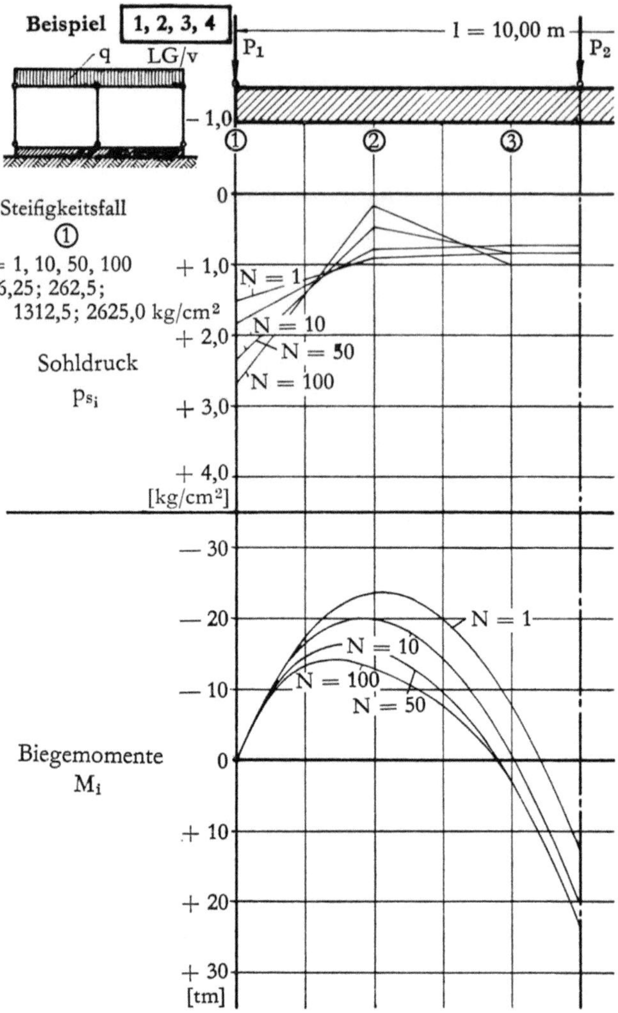
Beispiel 1, 2, 3, 4
q
LG/v
l = 10,00 m
P1
P2
1,0
Steifigkeitsfall ①
N = 1, 10, 50, 100
Es = 26,25; 262,5; 1312,5; 2625,0 kg/cm²
Sohldruck
psi
N = 1
N = 10
N = 50
N = 100
[kg/cm²]
Biegemomente
Mi
[tm]

Abb. 5,11

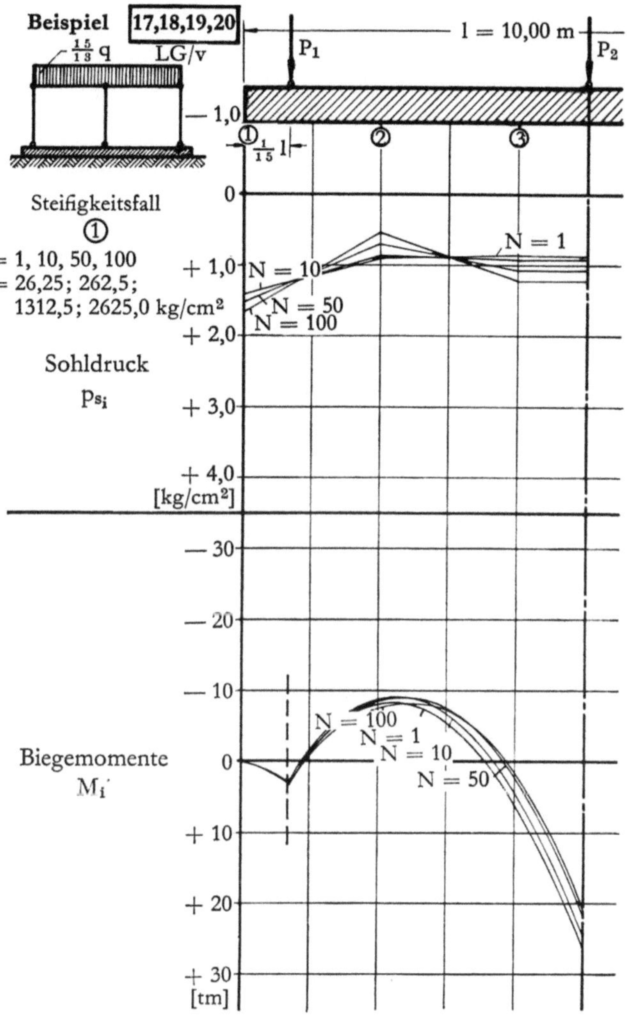
Beispiel
17,18,19,20
LG/v
l = 10,00 m
P1
P2
— 1,0
Steifigkeitsfall
①
N = 1, 10, 50, 100
Es = 26,25; 262,5;
1312,5; 2625,0 kg/cm²
Sohldruck
psi
0
+ 1,0
+ 2,0
+ 3,0
+ 4,0
[kg/cm²]
N = 1
N = 10
N = 50
N = 100
— 30
— 20
— 10
0
+ 10
+ 20
+ 30
[tm]
Biegemomente
Mi
N = 100
N = 1
N = 10
N = 50

Abb. 5,12

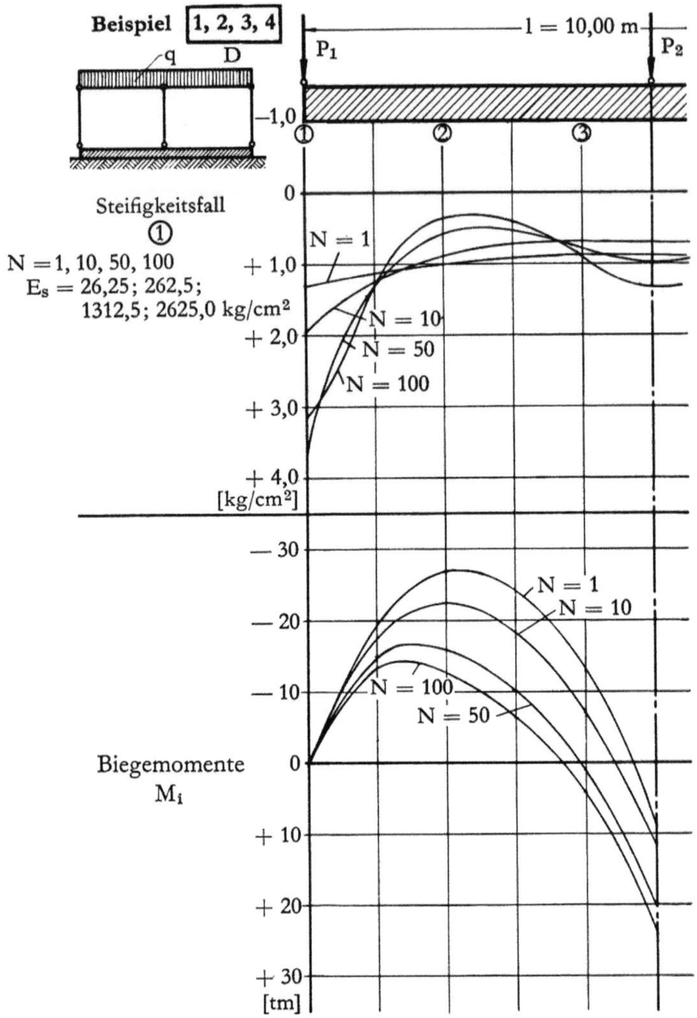
Beispiel 1, 2, 3, 4
q
D
l = 10,00 m
P_1
P_2
–1,0
①
②
③
0
Steifigkeitsfall
①
N = 1, 10, 50, 100
E_s = 26,25; 262,5;
1312,5; 2625,0 kg/cm²
+ 1,0
+ 2,0
+ 3,0
+ 4,0
[kg/cm²]
N = 1
N = 10
N = 50
N = 100
— 30
— 20
— 10
0
+ 10
+ 20
+ 30
[tm]
Biegemomente
M_i
N = 1
N = 10
N = 100
N = 50

Abb. 5,13

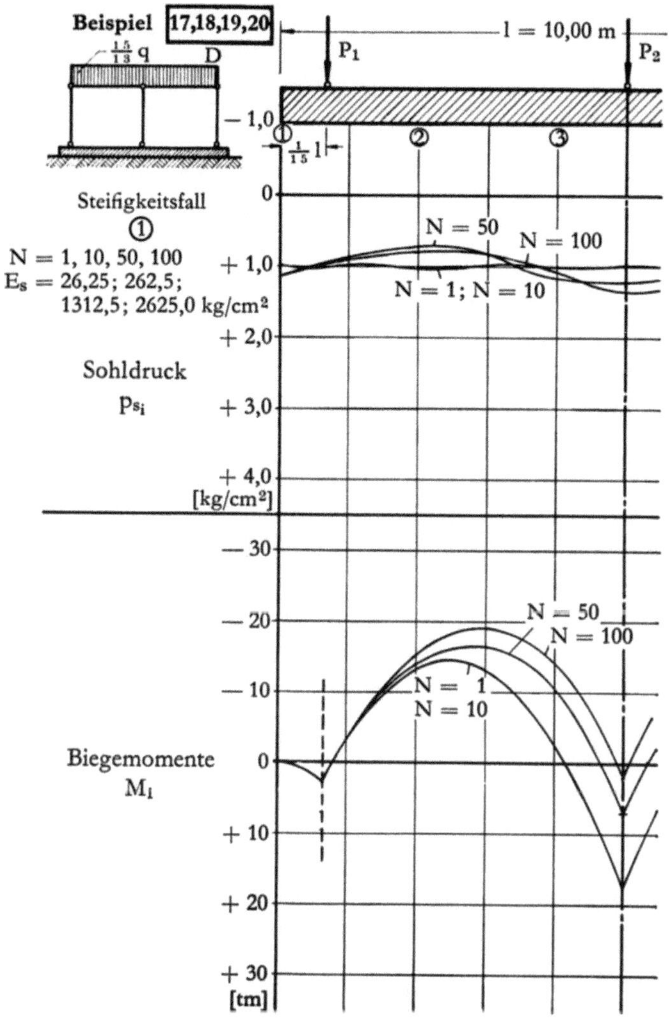

Beispiel 17,18,19,20
l = 10,00 m
P1
P2
D
Steifigkeitsfall
①
N = 1, 10, 50, 100
Es = 26,25; 262,5;
1312,5; 2625,0 kg/cm²
Sohldruck
Psi
[kg/cm²]
N = 50
N = 100
N = 1; N = 10
Biegemomente
Mi
N = 1
N = 10
[tm]

Abb. 5,14

E_s [kg/cm²]	Pkt. 3	
26,25	$C_{b1,3} = 0{,}112$ kg/cm³	$c_{1,3} = 8{,}90$ cm³/kg
262,5	$C_{b2,3} = 1{,}12$ kg/cm³	$c_{2,3} = 0{,}890$ cm³/kg
1312,5	$C_{b3,3} = 5{,}62$ kg/cm³	$c_{3,3} = 0{,}178$ cm³/kg
2625	$C_{b4\,3} = 11{,}2$ kg/cm³	$c_{4,3} = 0{,}089$ cm³/kg

5.32 Ergebnisse der Berechnung

Da die Vergleichsbeispiele – wie weiter oben begründet – nur dem Steifigkeitsfall 1 angehören, besitzen sie entsprechend der Einteilung nach Abb. 1.1 und 1.2 die Nummern 1–4 (Balken ohne Überkragung) und 17–20 (Balken mit Überkragung). Die benutzten Verfahren sind an den Sohldruck- und Momentenkurven durch die nachstehenden Abkürzungen gekennzeichnet worden:

L = Lineare Sohldruckverteilung (»Einfache Annahme«)

LG/k = Bettungszahlverfahren mit konstanter Bettungszahl, Verfahren LEVINTON/GRASSHOFF

LG/v = Bettungszahlverfahren mit veränderlicher Bettungszahl, Verfahren LEVINTON/GRASSHOFF

D = Bettungszahlverfahren mit veränderlicher Bettungszahl, Verfahren DIMITROV

G = Steifezahlverfahren, Verfahren GRASSHOFF

In den Abb. 5.1–5.14 sind die Vergleichsbeispiele gruppenweise nach jeweils verschiedenen Gesichtspunkten überlagert worden. Die Kurven L der linearen Sohldruckverteilung und D nach dem Verfahren DIMITROV sind auch in den Abb. 4.1 bis 4.32 enthalten.

5.4 Diskussion der Sohldruck- und Momentenkurven

5.41 Lineare Sohldruckverteilung (»Einfache Annahme«)

Da die betrachteten Beispiele symmetrisch belastet und ausgebildet sind, ergibt sich zwangsläufig ein gleichmäßig verteilter Sohldruck $p_{sm} = q = 1{,}00$ kg/cm². Die Ergebnisse auf Grund der linearen Sohldruckverteilung (L) sind für den Steifigkeitsfall 1 in den Abb. 5.1–5.8 mit den Kurven der übrigen Verfahren vergleichend überlagert worden[11].

[11] Für die übrigen Steifigkeitsfälle 2–4 sind die Momentenkurven infolge einer linearen Sohldruckverteilung (L) in den Abb. 4.5–4.16 und 4.21–4.32 dargestellt worden. Somit ist dort ein Vergleich mit den Ergebnissen des Steifezahlverfahrens möglich.

Aus den Abb. 4.1–4.32 geht hervor, daß beim Steifigkeitsfall 1 (Beispiele 1–4 und 17–20) die lineare Sohldruckverteilung wesentlich größere Feldmomente liefert, als die Sohldruckverteilung, die mit Hilfe eines Steifezahlverfahrens berechnet wurde. In einigen Beispielen, bei denen das Feldmoment verhältnismäßig klein ist, ist der Unterschied sogar größer als das Feldmoment. Bei den übrigen Steifigkeitsfällen zeigen sich nur auf einem verhältnismäßig harten Boden ($N = 50$ und $N = 100$) noch merkliche Unterschiede in den Feldmomenten (Beispiele 7, 8, 11, 12, 15, 16, 23, 24, 27, 28, 31 und 32). In den übrigen Beispielen (Nr. 5, 6, 9, 10, 13, 14, 21, 22, 26, 29 und 30) ist das Feldmoment infolge der linearen Sohldruckverteilung etwa so groß, wie das mit Hilfe des Steifezahlverfahrens berechnete Feldmoment. Die Unterschiede liegen jedenfalls noch im Schwankungsbereich der drei untersuchten Steifezahlverfahren. Eine einzige Ausnahme bildet das Beispiel 25. Hier ist das Feldmoment infolge einer linearen Sohldruckverteilung gegenüber demjenigen des Steifezahlverfahrens kleiner.

Die Biegemomente unter der Mittelstütze infolge der linearen Sohldruckverteilung sind für einige Beispiele größer (Nr. 7, 8, 14, 15, 16, 21, 22, 23, 24, 27, 28, 29, 30, 31 und 32), für andere Beispiele nahezu gleich (Nr. 5, 6, 11, 12, 13, 19, 20 und 26) und für eine andere Beispielgruppe kleiner (Nr. 1, 2, 3, 4, 9, 10, 17, 18 und 25) als die Werte aus dem Steifezahlverfahren.

Bei den Beispielen 17–24 sind die maximalen Biegemomente unter der Außenstütze infolge einer linearen Sohldruckverteilung wesentlich kleiner als diejenigen des Steifezahlverfahrens; bei den Beispielen 11, 13, 14, 15, 16 sind sie nahezu gleich und bei den Beispielen 9, 10, 12, 25–31 sind sie größer als diejenigen des Steifezahlverfahrens.

Aus dem Vergleich aller Momente geht deshalb hervor, daß es bestimmte Steifigkeitsfälle gibt (Beispiele 5, 6, 13, 14, 15, 21, 27, 29 und 30), bei denen die einfache Annahme einer linearen Sohldruckverteilung zu einer hinreichend richtigen Dimensionierung des Balkens führt. Andererseits gibt es aber auch Steifigkeitsfälle (Beispiele 1, 2, 3, 4, 7, 8, 9, 17, 18, 19, 20, 24 und 25), bei denen die Annahme einer linearen Sohldruckverteilung zu einer ganz falschen Dimensionierung führen würde. Zu diesen Fällen zählt vor allen Dingen der Steifigkeitsfall 1. Für diesen Steifigkeitsfall liefert die Annahme einer linearen Sohldruckverteilung gegenüber anderen Verfahren sowohl für die Beispiele mit und ohne Überkragung größere Feldmomente und kleinere Momente unter der Mittelstütze. Für den Steifigkeitsfall 1 würde also eine Bemessung des Gründungsbalkens auf Grund einer angenommenen linearen Sohldruckverteilung im Bereich der Felder unwirtschaftlich und unter der Mittelstütze unzureichend ausfallen. Die Unsicherheit in der Bewehrung unter der Mittelstütze mildert sich jedoch dadurch etwas ab, daß die ausgeprägte Momentenspitze infolge der ausgleichenden Wirkung der Säulenbreite abgebaut wird. Außerdem ist es meistens üblich, unten in die Gründungsplatte eine konstruktive Bewehrung zur Aufnahme etwa auftretender positiver Biegemomente zu legen. Würde also bei ungenügender Bewehrung unter der Mittelstütze der Balken an dieser Stelle Risse erhalten, so könnte dagegen die Bewehrung im Feld das Feldmoment immer noch aufnehmen. Es folgt hieraus, daß beim Steifigkeitsfall 1 eine Bewehrung nach der linearen Sohldruckverteilung praktisch zu einer Überdimensionierung der Bewehrung des Gründungsbalkens führt.

5.42 Bettungszahlverfahren mit konstanter Bettungszahl

Das Bettungszahlverfahren ist nur auf den Steifigkeitsfall 1 angewandt worden. Die Schlußfolgerungen sind deshalb auch nur für diesen Fall gültig. Die Ergebnisse sind in den Abb. 5.9 und 5.10 für die verschieden großen, unter der Gründungssohle konstanten Bettungszahlen – entsprechend der Nachgiebigkeit des jeweiligen Bodens – vergleichend überlagert worden. Die Sohldruckkurven lassen erkennen, daß sich bei einer Bauwerkskonstruktion, die dem Steifigkeitsfall 1 entspricht, der Sohldruck bei fehlender Überkragung unter den Außenstützen gegenüber der »einfachen Annahme« erhöht und ein Abbau im Feld und unter der Mittelstütze erfolgt; ein Ergebnis, das sich den wirklichen Verhältnissen schon etwas nähert. Die geschilderte Erscheinung ist um so ausgeprägter, je härter der Boden im Verhältnis zur Gründungsplatte ist (d.h. bei steigenden Werten von N). Hiermit verbunden ist ein entsprechender Abbau der Feldmomente und ein Anstieg der Momente unter der Mittelstütze. Die Überkragung wirkt sich nicht nur auf den Sohldruck, sondern auch auf die Biegemomente ausgleichend aus. Für die Steifigkeitsbeiwerte N = 50 und N = 100 bewirkt die Überkragung sogar eine geringe Erhöhung des Sohldruckes unter der Mittelstütze über p_{s_m} hinaus. Bemerkenswert ist die Tatsache, daß trotzdem das Moment unter der Mittelstütze von den unterschiedlichen Festigkeiten der Bodenarten kaum beeinflußt wird.
Für den Steifigkeitsfall 1 liefert das Bettungszahlverfahren mit konstanter Bettungszahl Biegemomente, die zwischen denjenigen infolge einer linearen Sohldruckverteilung und des Steifezahlverfahrens liegen (Abb. 5.1–5.8). Für eine Bauwerkssteifigkeit, die dem Steifigkeitsfall 1 entspricht, führt das Bettungszahlverfahren mit konstanter Bettungszahl zu einer korrekteren Dimensionierung des Fundamentes als die einfache Annahme einer linearen Sohldruckverteilung. Der Unterschied zwischen den Biegemomenten des Bettungszahlverfahrens mit konstanter Bettungszahl und des Steifezahlverfahrens bleibt jedoch noch verhältnismäßig groß.
Außerdem dürfte die vorstehende Schlußfolgerung nur für eine Bauwerkssteifigkeit gelten, die etwa dem Steifigkeitsfall 1 entspricht. Für andere Steifigkeitsfälle oder auch für ganz andere Belastungssysteme mit mehr als drei Stützen kann die Annahme einer linearen Sohldruckverteilung unter Umständen richtigere Werte liefern als das Bettungszahlverfahren mit konstanter Bettungszahl [3].

5.43 Bettungszahlverfahren mit veränderlicher Bettungszahl

Auch das Bettungszahlverfahren mit veränderlicher Bettungszahl (Methoden Levinton/Grasshoff und Dimitrov) wurde nur auf den Steifigkeitsfall 1 angewandt. Somit sind die Schlußfolgerungen auch nur für diesen Steifigkeitsfall gültig.

Die Ergebnisse dieser beiden Methoden sind nach denselben Gesichtspunkten wie im vorhergehenden Abschnitt in den Abb. 5.11–5.14 überlagert worden. Die Erhöhung des Sohldruckes unter den Stützen und sein Abbau im Feld ist bei veränderlich angenommener Bettungszahl ausgeprägter als bei einer konstanten Bettungszahl.

Die Momentenkurven des Bettungszahlverfahrens mit veränderlicher Bettungszahl nähern sich denjenigen des Steifezahlverfahrens stärker als die Momentenkurven des Bettungszahlverfahrens mit konstanter Bettungszahl. Aber auch bei einer veränderlichen Bettungszahl bleiben die Unterschiede für bestimmte Beispiele (Nr. 1, 4, 17 und 18) noch ziemlich groß. Für andere Beispiele (Nr. 2, 3, 19 und 20) gibt es dagegen eine genügende Übereinstimmung. Die Ergebnisse nach den Verfahren DIMITROV und LEVINTON/GRASSHOFF ähneln sich.

Für den Steifigkeitsfall 1 ist allgemein festzustellen, daß sich die Ergebnisse eines Bettungszahlverfahrens mit veränderlicher Bettungszahl den Ergebnissen eines Steifezahlverfahrens besser angleichen als diejenigen eines Bettungszahlverfahrens mit konstanter Bettungszahl und diese wiederum passen sich besser an als diejenigen infolge einer linearen Sohldruckverteilung.

Das Bettungszahlverfahren mit veränderlicher Bettungszahl hat jedoch gegenüber dem Bettungszahlverfahren mit konstanter Bettungszahl den Nachteil, daß die Veränderlichkeit der Bettungszahl vorher bestimmt werden muß. Hier ist man, ohne eine aufwendige Iteration durchzuführen, immer auf mehr oder weniger grobe Schätzungen angewiesen. Diese Schwierigkeit enthälltf beim Steifezahlverfahren, da bei diesem die Bodeneigenschaften lediglich über die konstante Steifezahl E_s in die Gleichungen eingehen.

Auch bei veränderlicher Bettungszahl ist ein Ausgleich des Sohldruckes und der Biegemomente infolge einer Plattenüberkragung erkennbar (Abb. 5.11–5.14).

In den Abb. 5.1–5.8 sind für die einzelnen Bodenarten die Ergebnisse der linearen Sohldruckverteilung (»einfache Annahme«), des Bettungszahlverfahrens mit konstanter und veränderlicher Bettungszahl und des Steifezahlverfahrens überlagert worden. Bei dieser Art des Vergleiches kommt besonders deutlich die Tatsache zum Ausdruck, daß die »einfache Annahme« für die angenommene schlaffe Hochbaukonstruktion und die gelenkige Verbindung der Stützenfüße mit dem Gründungsbalken (Steifigkeitsfall 1) Ergebnisse liefert, die weit von denjenigen des Steifezahlverfahrens abweichen. Erst mit dem Bettungszahlverfahren mit veränderlicher Bettungszahl nähert man sich einigermaßen den Ergebnissen eines Steifezahlverfahrens. Diese Schlußfolgerungen gelten nur für den Steifigkeitsfall 1, d. h. schlaffe Hochbaukonstruktion und gelenkige Verbindung der Stützen mit dem Gründungsbalken. Der Steifigkeitsfall 1 ist ein Ausnahmefall, weil bei einer angenommenen linearen Sohldruckverteilung das Moment unter der Mittelstütze meist den Wert Null annimmt (wenn $P_2 = 2 \cdot P_1$) und deshalb auch immer niedriger als das wirklich auftretende Moment berechnet wird.

Im Diagramm der Abb. 5.15 ist für die berechneten Vergleichsbeispiele die Abhängigkeit zwischen dem Momentenwert i_{M_2} unter der Mittelstütze (vgl. Abschnitt 4) und den Steifigkeitsfaktoren N und K (vgl. Abschnitt 1) dargestellt wor-

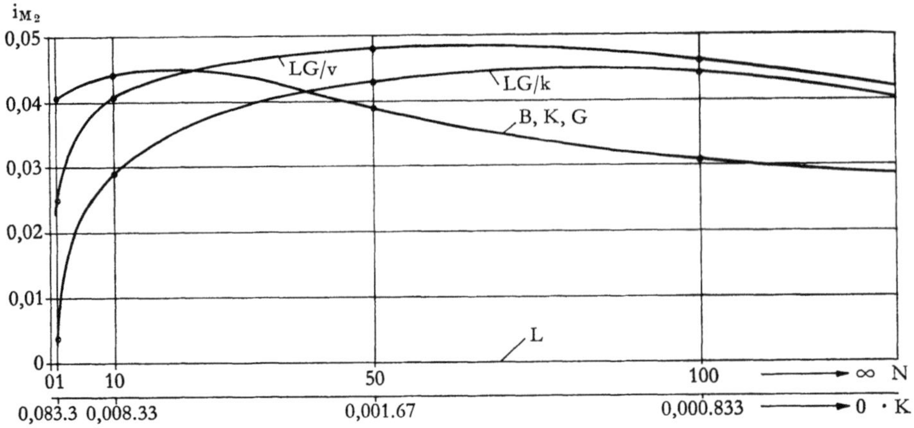

Abb. 5,15

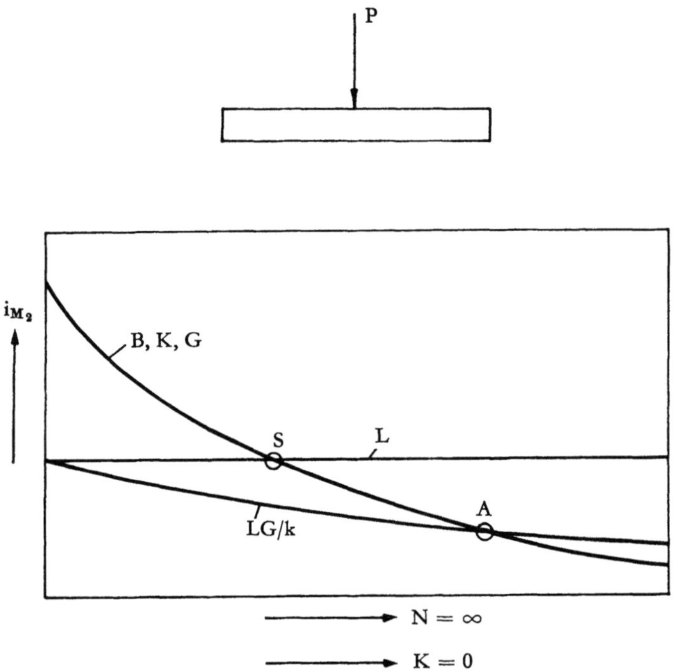

Abb. 5,16

den. Die Kurven aller Verfahren ergeben nur für den Grenzwert des Steifigkeitsfaktors N = ∞ bzw. K = 0 denselben Momentenwert.

Betrachtet man z. B. den einfachen Belastungsfall eines Balkens mit einer Einzellast in der Mitte (Abb. 5.16), so schneiden sich die Abhängigkeitskurven für Werte N ≠ ∞ bzw. K ≠ 0. Für N-Werte bzw. K-Werte in der Gegend der Schnittpunkte kommen diejenigen Berechnungsverfahren, deren Kurven sich mit

derjenigen des Steifezahlverfahrens schneiden, den Ergebnissen des Steifezahlverfahrens am nächsten. Zum Beispiel wird in der Gegend des Punktes S (Abb. 5.16) die Annahme eines gleichmäßig verteilten Sohldruckes genauere Ergebnisse liefern als das Bettungszahlverfahren. Im Bereich des Schnittpunktes A liefert dagegen das Bettungszahlverfahren genauere Ergebnisse.
Für ein gegebenes Bauwerkssystem kann deshalb für bestimmte Bodensteifigkeiten die einfache Annahme einer linearen Sohldruckverteilung genauere Werte als das aufwendigere Bettungszahlverfahren liefern.
Wird bei einer Berechnung nur das Bettungszahlverfahren benutzt, so kann vorher nicht gesagt werden, welcher Genauigkeitsgrad erzielt wird und wie groß möglicherweise der Fehler ist. Diese Unsicherheit ändert sich mit den verschieden angenommenen Bauwerkssystemen. Nur durch eine Gegenüberstellung mit den Berechnungsergebnissen eines Steifezahlverfahrens kann für ein gegebenes Bauwerkssystem festgestellt werden, in welchem Bereich der N-Werte bzw. K-Werte das Bettungszahlverfahren auf der sicheren Seite liegt und nicht allzu sehr abweichende Ergebnisse liefert.
Aus den vorstehenden Überlegungen ist klar erkennbar, warum die Schlußfolgerungen für den Steifigkeitsfall 1 nicht uneingeschränkt verallgemeinert werden dürfen. Eine steife Hochbaukonstruktion und biegungssteife Verbindung der Stützenfüße mit dem Gründungsbalken sowie eine andere Stützenverteilung können ganz abweichende Ergebnisse liefern.

6. Folgerungen für die Grundbaupraxis und zweckmäßige Wahl des Verfahrens

6.1 Allgemeine Gesichtspunkte

Die wichtigsten Erfahrungen über die Berechnung von Flächengründungen und Empfehlungen für eine zweckmäßige Wahl des Berechnungsverfahrens sind in DIN 4018, Flächengründungen, Abschnitt 6, und in den dazugehörigen Erläuterungen mit Anwendungsbeispielen [12] zusammengestellt worden. Weitere Empfehlungen werden von SCHULTZE [27–29] gegeben. Die Auswahl eines Verfahrens sollte so erfolgen, daß Programmierungs- bzw. Rechenaufwand und erreichbare Annäherung an das tatsächliche Kräftebild in einem erträglichen Verhältnis zueinander stehen. Diese Forderung setzt beim Bearbeiter eine Kenntnis der Anwendungsgrenzen der einzelnen Verfahren und die richtige Abschätzung der verschiedenen empirischen Vereinfachungen auf den Genauigkeitsgrad der Ergebnisse voraus. Die unbedachte Anwendung eines beliebigen Verfahrens ohne Kenntnis der übrigen Methoden kann nicht nur zu einer Überdimensionierung der Gründung, sondern auch zu falschen Sicherheiten führen. Im Gegensatz zu den größtenteils gefestigten Methoden der Hochbaustatik ist die Berechnung einer elastischen Flächengründung eine vielfach verflochtene Aufgabe, die von Fall zu Fall neu durchdacht und den verschiedenartigen Steifigkeitsverhältnissen der Hochbaukonstruktion und den Formänderungsbedingungen des meist nicht homogenen und möglicherweise oft geschichteten Untergrundes angepaßt werden muß.

Bei kleinen und untergeordneten Bauwerken, an die nicht ein besonders strenger, wirtschaftlicher Maßstab gelegt zu werden braucht, genügt es im allgemeinen, mit der einfachen Annahme eines eben begrenzten Sohldruckes zu rechnen. Hierbei entfallen alle Überlegungen über die Formänderungsbedingungen des Untergrundes. Darum wird man meist notgedrungen dieses Verfahren anwenden, wenn die Untergrundverhältnisse nur unvollkommen bekannt sind. Es ist aber auf jeden Fall ratsam, bei der Ermittlung der Biegemomente den Einspannungsgrad der Stützen in das Fundament näherungsweise zu berücksichtigen. Ist ein Einzelfundament bzw. ein ganzes Bauwerk praktisch starr ausgebildet, kann statt eines eben begrenzten Sohldruckes mit besserer Annäherung an die Wirklichkeit die Sohldruckverteilung nach den einfachen Formeln für starre Fundamente von BOUSSINESQ gewählt werden (Erläuterungen zu DIN 4018, Abschnitt 6.2). Auch bei dieser Annahme entfallen alle Überlegungen über die Formänderungsbedingungen des Untergrundes, weil die genannten Formeln nur die Abmessungen der Grundrißfläche des Fundamentes und keine Bodenkennwerte enthalten.

Das Bettungszahlverfahren ist ursprünglich für die Berechnung der Biegebeanspruchungen einer langen und wenig biegungssteifen Eisenbahnschiene und auch für Schwellen infolge beweglicher und konzentrierter Einzellasten entwickelt worden. Eine besondere Schwierigkeit bei der Anwendung des Bettungszahlverfahrens liegt in der Tatsache, daß die Bettungszahl kein reiner Bodenkennwert ist. Sie ist auch noch vom Belastungsbild des Fundamentes und von der Größe und Form der Fundamentfläche abhängig. Die Bettungszahl, die in einem bestimmten Belastungsversuch ermittelt wurde, dürfte strenggenommen nur für Lastflächen, die beim Versuch benutzt wurden, angewendet werden. Für eine beliebige Fundamentberechnung kann deshalb die Größe der Bettungszahl vorher niemals genau angegeben werden. Ihr Wert ist von Fall zu Fall nicht nur den jeweiligen Gegebenheiten des Untergrundes, sondern auch denjenigen des Bauwerkes anzupassen. Die Wahl einer möglichst zutreffenden Bettungszahl bereitet wegen ihrer vielseitigen Bedingtheit gewisse Schwierigkeiten. Vorschläge zur Auswahl machen Terzaghi [30] und de Beer [31]. Jedoch bleibt die Treffsicherheit bei der Abschätzung der Bettungszahl begrenzt. Zweckmäßig wird deshalb mit zwei möglichen Grenzwerten gerechnet. Der Nachteil, daß die Bettungszahl kein Bodenkennwert ist und sie deshalb nicht genau angegeben werden kann, wird einigermaßen durch die Tatsache gemildert, daß der Einfluß einer Änderung der Bettungszahl auf die Beanspruchung des Gründungsbalkens verhältnismäßig klein bleibt, weil sie nur von einem Rechnungswert beeinflußt wird, der die Bettungszahl unter der 4. Wurzel stehen hat.

Das Bettungszahlverfahren hat gegenüber anderen Verfahren, die gleichfalls für den Untergrund Formänderungsgesetze annehmen, den Vorteil einer großen Einfachheit. Im Falle beweglicher Lasten können die Einflußlinientafeln von Magnel [32] vorteilhaft benutzt werden.

Handelt es sich um Lastflächen gleicher Größe und um gleiche Laststellungen, so kann für jede Bodenart durch Belastungsversuche eine charakteristische Bettungszahl bestimmt werden, mit deren Hilfe die Sohldruckverteilung zu berechnen wäre. Dieser Fall trifft z. B. für Eisenbahnschienen zu, bei denen immer dieselbe Lastgröße und Laststellung vorhanden ist. Das gleiche gilt in bestimmten Grenzen auch für Stahlbetonplatten von Autobahnen und Flugplätzen [33, 34]. Wenn aber Fundamente mit verschiedenen Lastflächen und Lastbildern berechnet werden müssen, werden die mit dem Bettungszahlverfahren erhaltenen Ergebnisse mehr und mehr zweifelhaft, da man von vornherein nicht genau sagen kann, ob die berechneten Werte kleiner oder größer als die wirkliche Beanspruchung sind.

Durch Vergleichsrechnungen ist nachgewiesen worden [2, 35], daß in Fällen, bei denen eine Einzellast zentrisch angreift, mit einer gemittelten, konstanten Bettungszahl [2] das Bettungszahlverfahren im Falle geringer Steifigkeit des Balkens Ergebnisse liefert, die auf der sicheren Seite liegen. Für große Steifigkeiten und im Falle einer zentrisch angreifenden Einzellast liefert das Bettungszahlverfahren jedoch zu niedrige Balkenmomente. Stehen außer einer zentrischen Last noch Randlasten auf einem langen Gründungsbalken, so können die Ergebnisse des Bettungszahlverfahrens denjenigen eines Steifezahlverfahrens durch Multiplikation der Momente aus den Randlasten mit einem bestimmten, empirisch gewonnenen Abminderungsfaktor angepaßt werden [35]. Weiterhin ist nachgewiesen worden [3], daß auch in Fällen gleich großer und mit gleichen Abständen angreifender Lasten das Bettungszahlverfahren im Falle kleiner Steifigkeiten des Balkens Werte liefert, die auf der sicheren Seite liegen.

Andererseits kann im Falle eines unregelmäßigen Lastbildes, das aus mehreren Kräften besteht, das Bettungszahlverfahren Werte liefern, welche beträchtlich kleiner als die wirkliche Beanspruchung sind [3], und zwar unabhängig von der Steifigkeit des Balkens. Danach eignet sich das Bettungszahlverfahren am besten für den Fall großer Steifigkeitszahlen N (kleine Balkensteifigkeiten) und Beanspruchungen durch eine Einzellast in Balkenmitte oder eine größere Anzahl gleicher Lasten mit konstanten Abständen, wobei diese verhältnismäßig groß sein müssen. Sie entsprechen etwa der Balkenlänge 1 für den vorher genannten Fall einer Einzellast in Balkenmitte.

Um die Ungenauigkeiten der Bettungszahlmethode einigermaßen zu umgehen, hat man verfeinerte Verfahren entwickelt [24, 25, 36], welche die Benutzung einer von Punkt zu Punkt beliebig veränderlichen Bettungszahl ermöglichen und bei denen es jetzt möglich wird, den Einfluß plastischer Baugrundverformungen auf die Sohldruckverteilung an den Rändern des Balkens näherungsweise zu berücksichtigen. Für die Methode der von Punkt zu Punkt wählbaren Bettungszahl, wird weiterhin als Vorteil die Möglichkeit genannt, sich einem unregelmäßig aufgebauten Untergrund durch die Wahl verschieden großer Bettungszahlen empirisch anzupassen. Dieser Vorteil ist aber nur bedingt vorhanden, da man nicht streng nachprüfen kann, ob sich die gewählten, veränderlichen Werte der Bettungszahl tatsächlich mit den unterschiedlichen Verformungseigenschaften des Bodens decken.

Zur Überwindung der Ungenauigkeiten des Bettungszahlverfahrens ist das Steifezahlverfahren entwickelt worden. Hierbei werden die Bodenschichten einem elastisch-isotropen Medium gleichgesetzt. Auch diese Annahme erfaßt noch nicht völlig die Verformungseigenschaften eines Bodens. Man wird darum auch die Ergebnisse aus den verschiedenen Steifezahlverfahren kritisch betrachten müssen, bevor sie einer Fundamentberechnung endgültig zugrunde gelegt werden.

Da eine Bodenschicht meistens nicht eindeutig mit einer konstanten Steifezahl gekennzeichnet werden kann und in Fällen verschiedener Bodenschichten dies erst recht nicht möglich ist, wird man immer gezwungen sein, mehr oder weniger willkürlich gewählte Grenzwerte der Steifezahl anzunehmen. Die Wahl einer verschieden großen Steifezahl kann aber zwischen engeren Grenzen erfolgen als bei der Bettungszahl. Dies ist auch schon deshalb notwendig, weil – im Gegensatz zum Bettungszahlverfahren – bei den Verformungsbedingungen die Steifezahl E_s nur in der 1. Potenz vorkommt, und aus diesem Grunde die Ergebnisse empfindlich von E_s beeinflußt werden. Der Einfluß der Steifezahl E_s auf die Biegemomente des untersuchten Balkens ist aus den Abb. 4.35–4.38 zu entnehmen. Es zeigt sich, daß in manchen Balkenbereichen der Einfluß gering und in anderen größer ist. Es ist deshalb notwendig, für jedes System mit Grenzwerten der Steifezahl E_s zu rechnen, um die Größe des Einflusses zu erkennen.

Bei der Benutzung des Steifezahlverfahrens ist zu beachten, daß die strengen Sohlspannungskurven an den Fundamenträndern für den elastisch-isotropen Halbraum singuläre, unendlich große Spannungsspitzen zeigen, die wegen plastischer Verformung im Untergrund nicht auftreten können. Die Spitzen bauen sich immer ab, wobei eine Druckumlagerung mehr zur Balkenmitte hin erfolgt. Die Spannungsspitzen sind besonders ausgeprägt, wenn die Gründung im Vergleich mit dem Boden verhältnismäßig steif ist, oder wenn an den Fundamenträndern konzentrierte Stützen- oder Wandlasten stehen. In solchen Fällen wird es nötig, die Spannungsspitzen abzuschneiden und sie den plastischen Gleichgewichtsbedingungen im Boden anzupassen. Hierfür sind von SCHULTZE [28] Vorschläge gemacht worden. Diese Korrekturen werden um so weniger notwendig, je tiefer der Balken gegründet ist. Nach den hier beschriebenen Verfahren von KANY [10] und GRASSHOFF [9] kann mit einer unterschiedlichen Schichtmächtigkeit gerechnet werden, indem man die im Verfahren benutzen Setzungseinflußfaktoren der Schichtdicke entsprechend verändert. Gleichfalls ist es möglich, die Querisotropie des Bodens [19] in den Setzungseinflußfaktoren zu berücksichtigen.

Auch eine homogene Bodenschicht besitzt keine konstante Steifezahl. Sie nimmt mit der Tiefe zu. Bei Sandböden wird sie außerdem sehr von dem Mittel aus den drei Hauptspannungen beeinflußt. Von DE BEER [2] wurde eine Methode entwickelt, die eine linear mit der Tiefe wachsende Steifezahl berücksichtigt. Diese Möglichkeit ist auch bei dem Verfahren KANY gegeben, indem der Untergrund in eine größere Anzahl von Schichten mit stetig wachsender Steifezahl unterteilt wird. Bei Annahme einer solchen Veränderung der Steifezahl sind die Spannungsspitzen am Rande weniger ausgeprägt als bei einer konstanten Steifezahl. Die Ergebnisse liegen dann etwa zwischen denjenigen des Steifezahlverfahrens mit konstanter Steifezahl und denjenigen des Bettungszahlverfahrens mit veränderlicher Bettungszahl.

Eine andere Unvollkommenheit des Steifezahlverfahrens mit konstanter Steifezahl ist die Tatsache, daß die bei Entlastung entstehenden Schwellungen des Bodens mit derselben Steifezahl wie für die Zusammendrückung bestimmt werden. Diese Berechnungsmethode setzt voraus, daß die Sohldruckverteilung von der Tiefenlage des Balkens nicht beeinflußt wird, eine Annahme, die mit der Wirklichkeit nicht übereinstimmt, da ja die Schwellungen des Bodens viel kleiner als die entsprechenden Zusammendrückungen sind. Bei Vernachlässigung der Schwellungen würde man der Wirklichkeit viel näherkommen. Die Methode DE BEER–LOUSBERG [5] gestattet es, diese Verfeinerung, welche für tiefliegende Gründungsbalken unbedingt nötig erscheint, einzuführen. Die Verfeinerung ist auch beim Verfahren KANY [37] möglich, wenn die Schwellung des Bodens gleich Null gesetzt wird. Man kann aber andererseits auch eine jeweils verschiedene Setzung aus Erst- und Wiederbelastung berücksichtigen, wodurch nur der Rechenaufwand zur Bestimmung von c_0 und k_1 vergrößert wird.

An dieser Stelle sei auf eine sehr gründliche Arbeit von SCHEUCH [38] hingewiesen, in der die Entwicklung der verschiedenen Berechnungsmethoden elastischer Flächengründungen bis zum genaueren Steifezahlverfahren in übersichtlicher und folgerichtiger Art dargestellt worden ist. Ergänzt werden die Ausführungen durch Berechnungsbeispiele und die Mitteilung von Ergebnissen zahlreicher Versuchsreihen.

Der verhältnismäßig große Rechenaufwand und die manchmal schwere mathematische Zugänglichkeit der Steifezahlverfahren haben eine allgemeine Einführung dieser durchaus genaueren Berechnungsmethode in die grundbauliche Berechnungspraxis gehemmt. Die neueren, hier betrachteten Berechnungsverfahren und die hierzu veröffentlichten Diagramme und Tabellen haben den Rechenaufwand schon in beträchtlichem Maße verringert. In Zukunft wird sich durch Programmierung auf elektronischen Rechenmaschinen der Rechenaufwand noch weiter vermindern lassen. Im Zuge dieser Entwicklung darf erwartet werden, daß bei der Berechnung elastischer Flächengründungen künftighin die Steifezahlverfahren bevorzugt werden.
Es ist jedoch zu beachten, daß die Benutzung verfeinerter Berechnungsmethoden nur dann sinnvoll ist, wenn die Bodenkennwerte, die in das Verfahren eingehen, mit einer genügenden Genauigkeit und in ausreichender Anzahl ermittelt worden sind.

6.2 Der ebene und der räumliche Fall

Fast alle Berechnungsverfahren gelten aus naheliegenden Gründen für den ebenen Fall, weil dieser mathematisch leichter zu bewältigen ist. Hierbei wird vorausgesetzt, daß sich der Sohldruck des in Querrichtung sehr steifen Balkens gleichmäßig verteilt. Obwohl diese Annahme mit der Wirklichkeit nicht übereinstimmt, hat sich doch gezeigt, daß diese Vereinfachung keinen entscheidenden Einfluß auf die Verteilung des Sohldruckes in der Längsrichtung hat [39].
Die mittlere Sohldruckverteilung in jeder der beiden Achsrichtungen eines nicht allzu großen Rechteckfundamentes kann somit durch ein ebenes Berechnungsverfahren im allgemeinen genügend genau bestimmt werden.
Solange es sich außerdem um lange, verhältnismäßig schmale Balken handelt, z. B. langgestreckte Gründungsstreifen unter Wänden und Stützmauern, genügt die Kenntnis der mittleren Sohldruckverteilung zur Dimensionierung und Bewehrung des Balkens.
Liegt aber der Fall einer ausgedehnten Gründungsplatte oder eines Steifenrostes vor, so sind die vorstehenden Vereinfachungen nicht mehr genau genug und man muß sich deshalb Gedanken über die räumliche Verteilung des Sohldruckes machen.
Die Ableitung eines entsprechenden, allgemeingültigen Berechnungsverfahrens gestaltet sich recht schwierig, weil der mathematische Aufwand wegen der zusätzlichen Formänderungsbedingungen ungewöhnlich anwächst. Es bestehen jedoch keine grundsätzlichen Hindernisse, die bekannten Steifezahlverfahren auf den räumlichen Fall auszudehnen. Über ein neu entwickeltes, räumliches Berechnungsverfahren berichtet DENINGER [40]. Erfahrungen mit der neuen Methode liegen jedoch noch nicht vor. Nach dieser Richtung eröffnet sich noch ein lohnendes Gebiet, die Berechnungsmethoden für elastische Flächengründungen weiter zu entwickeln. Wegen des gesteigerten Rechenaufwandes wird man hier jedoch die Möglichkeiten elektronischer Rechenautomaten nutzen müssen.

Ersatzweise für räumliche Berechnungsmethoden können ausgedehnte Gründungsplatten in rechtwinklig zueinander liegende, gedachte Streifen zerschnitten werden, die man näherungsweise als ebene Aufgabe löst. Hierbei wären geschätzte, seitliche Verdrillungsmomente als zusätzliche Belastung am Balken einzuführen. Generelle Hinweise in dieser Richtung gibt OHDE [1]. Der räumliche Fall kann jedoch auch mit mehr oder weniger groben Lastansätzen für bestimmte Grenzfälle bewältigt werden. Hierzu macht SCHULTZE [27] Vorschläge. Für den Fall steifer Platten haben auch DE BEER [31] und LOUSBERG [41] eine Näherungslösung entwickelt.
Auch für einige räumliche Sonderfälle liegen schon Berechnungsverfahren vor. So ist das allgemeine Steifezahlverfahren von GRASSHOFF in sinngemäß gleicher Weise für zentralsymmetrisch belastete Kreisplatten abgeleitet worden [42, 43]. Näherungsweise gilt diese Berechnungsmethode auch für quadratische und zentrisch belastete Gründungsplatten. In den Ecken ist jedoch eine zusätzliche Verdrillungsbewehrung anzubringen. Die Sohldruckverteilung unter starren Kreisplatten errechnet sich nach den einfachen, geschlossenen Formeln von BOUSSINESQ [17]. Für starre rechteckige Gründungsplatten hat KANY eine Lösung angegeben und für elektronische Rechenautomaten programmiert [37].
Einachsig ausgesteifte Gründungsplatten können entsprechend DIN 4018, Abschnitt 6.4, wie eine ebene Aufgabe mit Hilfe eines Bettungszahl- oder eines Steifezahlverfahrens berechnet werden [7]. Bei der Anwendung dieser Methode ist jedoch darauf zu achten, daß die aussteifenden Stützenreihen nicht zu weit auseinander stehen, weil die Ergebnisse andernfalls infolge einer gewissen Ausbeulung der Platte in Aussteifungsrichtung verfälscht werden können. Ein geeignetes Berechnungsobjekt für das genannte Verfahren sind beispielsweise im Querschnitt U-förmige Schleusenkörper [44]. Die in DIN 4018, Abschnitt 6.5, empfohlene Berechnungsmethode für zweiachsig ausgesteifte Bauwerke sollte nur angewandt werden, wenn eine ausreichende Steifigkeit der Hochbaukonstruktion gewährleistet ist.
Für die unendlich ausgedehnte Platte, auf der Einzel- und Linienlasten stehen, liegen für die Sohldruckverteilung sowohl auf dem »Idealboden« als auch auf dem elastisch-isotropen Halbraum geschlossene Formeln vor [45, 46]. Diese Formeln können noch näherungsweise für Gründungsplatten, auf denen mehrere Säulen stehen, durch Überlagerung benutzt werden, solange Randsäulen dem Plattenrand nicht näherkommen, als der kreisförmige Einflußbereich einer Einzellast reicht (etwa 7fache Plattendicke) (vgl. Erläuterungen zu DIN 4018, Abschnitt 6.61).

6.3 Die Steifigkeit des Überbaues

Die Steifigkeit des Überbaues beeinflußt die Beanspruchung der elastischen Gründungsplatte. Alle bekannten Berechnungsverfahren vernachlässigen jedoch in ihrer ursprünglichen Form bei der Bestimmung der Sohldruckverteilung diesen Einfluß. Sie setzen einen schlaffen Überbau und eine gelenkartige Verbindung der Stützen mit dem Fundament voraus. Inwieweit diese Vernachlässigung gerechtfertigt ist, muß von Fall zu Fall entschieden werden. Meist beeinflußt die Steifigkeit des Überbaues mehr die Biegemomente des Gründungsbalkens als die Sohldruckverteilung. Die Steifigkeit der Hochbaukonstruktion läßt sich in der Weise erfassen, daß an denjenigen Stellen, an denen das aufgehende Bauwerk mit der Gründungsplatte verbunden ist, statisch unbestimmte Kräfte, Momente und Verformungen des Hochbaues angesetzt und diese nach den üblichen Verfahren der Baustatik mit den Verformungsbedingungen der Gründungsplatte in Einklang gebracht werden [10]. Da hierbei zwangsläufig eine sehr große Anzahl von Formänderungsbedingungen beachtet werden muß, weitet sich der Rechenaufwand ungewöhnlich aus, so daß der Einsatz eines Elektronenrechners nicht zu umgehen ist. Mit diesem Hilfsmittel lassen sich dann auch die unterschiedlichen Steifigkeitsgrade des Bauwerkes im Bauzustand erfassen. Sie sind durchweg als sehr weich vorauszusetzen. Vorschläge für eine näherungsweise Berücksichtigung der Hochbausteifigkeit bringen in Anlehnung an MEYERHOF die Erläuterungen zu DIN 4018, Abschnitt 5.

Von verschiedenen Verfassern sind für die Grenzfälle eines schlaffen und eines starren Überbaues Vergleichsrechnungen durchgeführt worden [9, 47, 51], die je nach der Form des Gebäudegrundrisses, der Stützenverteilung und der Verbindungsart der Stützen mit dem Fundament mehr oder weniger große Unterschiede zeigten. Für die Aufstellung allgemeingültiger Regeln sind diese rechnerischen Untersuchungen noch nicht ausreichend. Die inzwischen von SCHULTZE, MUHS und KANY [48, 49, 50, 37] vorgenommenen Auswertungen von Setzungsmessungen haben erwiesen, daß große Überbauten in Rahmenkonstruktionen schlaffer sind als man ursprünglich gedacht hatte. Es kann also vorausgesetzt werden, daß die üblichen Berechnungsverfahren unter Zugrundelegung eines schlaffen Überbaues für die Sohldruckverteilung hinreichend genaue Ergebnisse liefern.

Aus den Vergleichsbeispielen (s. Abschnitt 4) geht hervor, daß für einen Gründungsbalken mit gegebenen Abmessungen, einem Boden, dessen Kennwerte bekannt sind, und einer angenommenen Verbindung der Stützenfüße mit dem Gründungsbalken die maximalen Biegemomente unter der Mittelstütze in zwei Fällen für einen starren Überbau größer sind als für einen schlaffen (Beispiele 1 und 5, 2 und 6) und in zehn Fällen kleiner sind (Beispiele 17 und 21, 18 und 22, 19 und 23, 20 und 24, 9 und 13, 10 und 14, 25 und 29, 26 und 30, 27 und 31, 28 und 32). Schon auf Grund dieser Ergebnisse erscheint die Voraussage möglich, daß in den meisten Fällen die Berechnungen mit schlaffem Überbau auf der sicheren Seite liegen.

Außerdem geht aus den Beispielen hervor, daß für eine gegebene Systemsteifigkeit und für sehr große Balkensteifigkeiten das maximale Biegemoment nur in einem Fall mit zunehmender Balkensteifigkeit abnimmt (Beispiel 1 im Vergleich zum Beispiel 2). In allen anderen Fällen nimmt das maximale Biegemoment mit wachsender Balkensteifigkeit zu. Im allgemeinen darf man deshalb aus Sicherheitsgründen die Balkensteifigkeit nicht unterschätzen. Es ist zweckmäßig, in die Berechnungen entweder eine etwas zu hohe Balkensteifigkeit, oder eine etwas zu niedrige Steifezahl für den Untergrund einzuführen.

Trotzdem sollten die Bemühungen um eine rechnerische Erfassung der Steifigkeit des Hochbaues fortgesetzt werden, da die Ergebnisse zu einer sparsameren Dimensionierung führen können. Die zu erwartende ungewöhnliche Ausweitung des Rechenaufwandes dürfte mit den Möglichkeiten elektronischer Rechenautomaten ohne weiteres zu bewältigen sein.

Gedrungene, blockartige Bauwerke, wie z. B. Stützmauern, Türme, Schornsteine u. ä. sind meist als praktisch starr zu betrachten. Ein Kriterium für die Starrheit bringen die Erläuterungen zu DIN 4018, Abschnitt 5, Absatz 1.

Einen größeren Einfluß auf die Beanspruchungen der elastischen Flächengründung als die Hochbausteifigkeit hat die unterschiedlich wirksame, biegungssteife Verbindung der Stützen mit dem Fundament. Man sollte deshalb mit einem Sohldruck, der sich unter Zugrundelegung eines schlaffen Überbaues errechnete, die Biegemomente im Fundament bestimmen und hierbei zumindest den Einspannungsgrad der Stützen berücksichtigen.

Prof. Dr. ir. Dr.-Ing. E. h. Edward de Beer
Dr.-Ing. Heinz Grasshoff
Dr.-Ing. Manfred Kany

Literaturverzeichnis

Die Literaturhinweise sind nicht in alphabetischer Reihenfolge der Verfassernamen, sondern entsprechend der Nennung im Text aufgezählt.

[1] Ohde (1942), Die Berechnung der Sohldruckverteilung unter Gründungskörpern. Bauingenieur 23, H. 14 u. 16, S. 99 u. 122.

[2] de Beer (1948), Calcul de poutres reposant sur le sol. Le coefficient de raideur K du sol. Annales des Travaux Publics de Belgique 101, S. 393 u. 653.

[3] de Beer und Krsmanović (1951/52), Calcul de poutres reposant sur le sol. Cas des charges uniformément réparties, des charges équidistantes et des charges excentrées. Annales des Travaux Publics de Belgique, décembre et février.

[4] de Beer, Lousberg und van Beveren (1956), Le calcul de poutres et plaques sur le sol. Annales des Travaux Publics de Belgique 109, H. 2, S. 5 u. H. 3, S. 31, deutscher Auszug: Bauing. 35 (1960), H. 5, S. 183–189.

[5] de Beer und Lousberg (1964), Calcul de poutres reposant sur le sol par la méthode de la répartition parabolique, Annales des Travaux Publics de Belgique.

[6] Krsmanović (1961), Free foundation beams with two supports. Proceedings of the 5th International Conference on Soil Mechanics and Foundation Engineering Paris, Vol. I, 3 A/25, S. 705.
Krsmanović (1961), Die Auflagerung der Baukonstruktionen auf den Boden. Mitt. Inst. f. Verkehrswasserbau, Grundbau u. Bodenmechanik TH Aachen, H. 25, S. 319.

[7] Grasshoff (1955), Die Berechnung einachsig ausgesteifter Gründungsplatten. Bautechnik 32, S. 396.

[8] Grasshoff (1957), Influence of Flexural Rigidity of Superstructure on the Distribution of Contact Pressure and Bending Moments of an Elastic Combined Footing. Proceedings of the 4th International Conference on Soil Mechanics and Foundation Engineering, London, Vol. I, S. 300–306.

[9] Grasshoff (1966), Das steife Bauwerk auf nachgiebigem Untergrund. Ein Näherungsverfahren zur Berechnung von Flächengründungen. Verlag Wilh. Ernst & Sohn, Berlin.

[10] Kany (1959), Berechnung von Flächengründungen. Verlag Wilh. Ernst & Sohn, Berlin.

[11] Barden (1962), Distribution of contact pressure under foundations. Geotechnique 12, S. 181.

[12] Arbeitsausschuß »Berechnungsverfahren« (1959), Flächengründungen und Fundamentsetzungen. Erläuterungen und Berechnungsbeispiele für die Anwendung der Normen DIN 4018 und DIN 4019, Blatt 1. Beuth-Vertrieb und Verlag Wilh. Ernst & Sohn, Berlin.
Sieber/Schmidt (1964), Vergleichende Bemerkungen zur Berechnung des elastisch gebetteten Balkens nach dem Bettungs- und Steifezahlverfahren. Wissenschaftliche Zeitschrift der Hochschule für Architektur und Bauwesen, Weimar, Heft 4, 1964.

[13] Zimmermann (1930), Die Berechnung des Eisenbahnoberbaues, 2. Aufl., Verlag Wilh. Ernst & Sohn, Berlin.

[14] Hayashi (1921), Theorie des Trägers auf elastischer Unterlage. Springer-Verlag, Berlin.

[15] Pasternak (1926), Die baustatische Theorie biegefester Balken und Platten auf elastischer Bettung. Beton und Eisen 25, S. 163 u. 178.

[16] Boussinesq (1885), Application des potentiels á l'étude de l'équilibre et du mouvement des solides élastiques. Gauthier-Villars, Paris.

[17] Schleicher (1926), Zur Theorie des Baugrundes. Bauingenieur 7, H. 48, S. 931, u. H. 49, S. 949.

[18] Fröhlich (1934), Druckverteilung im Baugrund mit besonderer Berücksichtigung der plastischen Erscheinungen. Springer-Verlag, Wien.

[19] Jelinek (1948), Der Boden als querisotropes Medium. Die Kraftausbreitung im verallgemeinerten ebenen Spannungszustand für querisotrope Böden. Abhandlungen über Bodenmechanik und Grundbau, S. 19, 24 u. 28. Schmidt-Verlag, Berlin–Bielefeld–Detmold.

[20] Brinch Hansen und Lundgren (1960), Hauptprobleme der Bodenmechanik. Springer-Verlag, Berlin–Göttingen–Heidelberg.

[21] Levinton (1947), Elastic foundations analyzed by the method of redundant reactions. Proceedings ASCE, H. 12, S. 1529.

[22] Grasshoff (1955), Setzungsberechnungen starrer Fundamente mit Hilfe des »kennzeichnenden Punktes«. Bauingenieur 30, S. 53.

[23] Steinbrenner (1934), Tafeln zur Setzungsberechnung. Bodenmechanik und neuzeitlicher Straßenbau. Die Straße 1, S. 121–124.

[24] Grasshoff (1951), Ein einfaches Näherungsverfahren zur Berechnung elastisch gebetteter Balken. Bautechnik 28, S. 61 u. 189.

[25] Dimitrov (1954), Der Balken und die Platte als Gründungskörper. Habilitationsschrift, Technische Hochschule Karlsruhe.

[26] Vogt (1925), Über die Berechnung der Fundamentdeformation. Avhandl. Kgl. Norske Videnskaps-Akad. Oslo I. Mat.-Naturv. Klasse, No. 2.

[27] Schultze (1953), Die Berechnung von Gründungsplatten. (Arbeiten des Arbeitsausschusses »Berechnungsverfahren«.) Vorträge Baugrundtagung Hannover 1953.

[28] Schultze (1958), Die Verteilung der Sohlpressungen unter Fundamenten. Theorie und Wirklichkeit. Mitteilungen aus dem Institut für Verkehrswasserbau, Grundbau und Bodenmechanik der Technischen Hochschule Aachen, H. 18, S. 107.

[29] Schultze (1962), Sohldruckverteilung. VDI-Zeitschrift 104, S. 1554.
Schultze (1963), Der Einfluß des Baugrundes auf die Bemessung von Gründungsbalken und -platten. Berichte der Europäischen Baugrundtagung 1963 in Wiesbaden, Section VI, Vol. I, S. 435, Deutsche Gesellschaft für Erd- und Grundbau Essen.

[30] Terzaghi (1955), Evaluation of Coefficients of Subgrade Reaction. Geotechnique 5, S. 297; deutscher Auszug: Bauing. 32 (1957), S. 312.

[31] de Beer (1959), Grondmechanica, Deel II, Funderingen, S. 106, N. V. Standaard Boekhandel, Antwerpen.

[32] Magnel (1938), Le calcul des poutres sur terrain élastique. Techn. d. Trav., H. 6.

[33] Westergaard (1947), New Formulars for Stresses in Concrete Pavements of Airfields. Proceedings ASCE, Vol. 73, No. 5.

[34] Jelinek (1953), Berechnung der Stärke von Betondecken für Straßen und Flugplätze, Straße u. Autobahn 4, S. 1–7.

[35] VESIĆ (1961), Beams on elastic subgrade and the Winkler's hypothesis. Proceedings of the 5th International Conference on Soil Mechanics and Foundation Engineering, Paris, Vol. I, S. 845–850.

[36] POPOV (1950), Successive approximations for beams on an elastic foundation. Proceedings ASCE, Vol. 76, Heft Mai.

[37] KANY (1963), Sohldrücke und Setzungen starrer Sohlplatten auf waagerecht geschichtetem Baugrund. Berichte der Europäischen Baugrundtagung 1963 in Wiesbaden, Section VI, Vol. I, S. 411, Deutsche Gesellschaft für Erd- und Grundbau Essen.
SCHMIDT (1964), Statische Berechnung von Streifen- und Plattenfundamenten mit Steifezifferverfahren unter Benutzung des elektronischen Ziffernrechners ZRA 1. Wissenschaftliche Zeitschrift der Hochschule für Architektur und Bauwesen, Weimar, Heft 1, 1964.

[38] SCHEUCH (1961), Etude de la répartition des contraintes sous les dalles reposant sur le sol: Fondations, routes, pistes d'aérodrome. Publ. Scient. et Techn. Minist. de l'air, Paris.

[39] DE BEER (1957), The influence of the width of a foundation raft on the longitudinal distribution of the soil reactions. Proc. 4th Intern. Conf. on Soil Mechanics, London, Vol. I, S. 269.

[40] DENINGER (1963), Diskussionsbeitrag zum Aufsatz SCHULTZE: Der Einfluß des Baugrundes auf die Bemessung von Gründungsbalken und -platten. Berichte der Europäischen Baugrundtagung 1963 in Wiesbaden, Section VI, Vol. II, S. 118, Deutsche Gesellschaft für Erd- und Grundbau Essen.

[41] LOUSBERG (1957), Calculation of the distribution of soil reactions underneath eccentrically loaded footings. Proc. 4th Intern. Conf. on Soil Mechanics, London, Vol. I.

[42] GRASSHOFF (1953), Die Sohldruckverteilung unter zentralsymmetrisch belasteten, elastischen Kreisplattenfundamenten. Bautechn. 30, H. 12.

[43] GRASSHOFF (1954), Der Einfluß der Schichtstärke auf die Sohldruckverteilung und die Biegemomente einer kreisförmigen Gründungsplatte. Bautechnik 31, S. 330.

[44] WELT–PAGEL (1958), Die Berechnung der Sohlenplatte der Doppelschleuse Cannstatt als Balken auf elastischer Bettung. Bautechn. 35, S. 81.

[45] WOINOWSKI–KRIEGER (1949), Berechnung einer auf elastischem Halbraum aufliegenden unendlich erstreckten Platte. Ing.-Archiv 17, S. 142.

[46] MARGUERRE (1937), Über den Träger auf elastischer Unterlage. Z. f. angew. Math. und Mech. 17, S. 224.

[47] KRSMANOVIĆ (1955), Influence de la continuité et de la rigidité sur le calcul des constructions et des poutres continues de fondations. Annales des Travaux Publics de Belgique 108, S. 61; deutscher Auszug: Bauing. 33 (1958), H. 3, S. 111–114.

[48] SCHULTZE (1962), Probleme bei der Auswertung von Setzungsmessungen, Vorträge Baugrundtagung Essen 1962.

[49] MUHS (1961), Ergebnisse der Setzungsmessungen an den Hochhäusern im Hansaviertel und am Hochhaus »Heilsberger Dreieck« in Berlin. Mitteilungen der Degebo, H. 15, Berlin.

[50] MUHS und WEISS (1963), Die Berechnung der Bauwerkssteifigkeit von Hochhäusern aus den Ergebnissen von Setzungsbeobachtungen. Berichte der Europäischen Baugrundtagung 1963 in Wiesbaden, Section VI, Vol. I, S. 415, Deutsche Gesellschaft für Erd- und Grundbau Essen.
SEIFFERT (1958), Sohldruckverteilung unter Gründungsstreifen. Diplomarbeit an der T. H. Dresden, Manuskript.

SEIFFERT (1964), Beitrag zur Bestimmung der Sohldruckverteilung.
Mitteilungen der Forschungsanstalt für Schiffahrt, Wasser- und Grundbau, Berlin, H. 12, S. 41–100.

[51] SOMMER (1963), Diskussionsbeitrag zur Ermittlung der Bauwerkssteifigkeit von rahmenartigen Hochbauten. Berichte der Europäischen Baugrundtagung 1963 in Wiesbaden, Section VI, Vol. II, S. 123, Deutsche Gesellschaft für Erd- und Grundbau Essen.

FORSCHUNGSBERICHTE DES LANDES NORDRHEIN-WESTFALEN

Herausgegeben im Auftrage des Ministerpräsidenten Dr. Franz Meyers vom Landesamt für Forschung, Düsseldorf

BAU · STEINE · ERDEN

HEFT 36
Forschungsinstitut der Feuerfest-Industrie, Bonn
Untersuchungen über die Trocknung von Rohton. Untersuchungen über die chemische Reinigung von Silikat- und Schamotte-Rohstoffen mit chlorhaltigen Gasen
1953. 51 Seiten, 5 Abb., 5 Tabellen. DM 11,—

HEFT 37
Forschungsinstitut der Feuerfest-Industrie, Bonn
Untersuchungen über den Einfluß der Probenvorbereitung auf die Kaltdruckfestigkeit feuerfester Steine. Untersuchungen über die Abnutzung von Strangpressen-Messern bei der Verarbeitung plastischer Schamotte-Massen
1953. 33 Seiten, 2 Abb., 5 Tabellen. DM 7,80

HEFT 59
Forschungsinstitut der Feuerfest-Industrie, Bonn
Ein Schnellanalysenverfahren zur Bestimmung von Aluminiumoxid, Eisenoxid und Titanoxid in feuerfestem Material mittels organischer Farbreagenzien auf photometrischem Wege.
Untersuchungen des Alkali-Gehaltes feuerfester Stoffe mit dem Flammenphotometer nach Riehm-Lange
1954. 52 Seiten, 12 Abb., 3 Tabellen. Vergriffen

HEFT 76
Max-Planck-Institut für Arbeitsphysiologie, Dortmund
Arbeitstechnische und arbeitsphysiologische Rationalisierung von Mauersteinen
1954. 41 Seiten, 12 Abb., 3 Tabellen. DM 10,20

HEFT 81
Prüf- und Forschungsinstitut für Ziegeleierzeugnisse, Essen-Kray
Die Einführung des großformatigen Einheits-Gitterziegels im Lande Nordrhein-Westfalen
1954. 54 Seiten, 2 Abb., 2 Tabellen, 7 Seiten Anhang. DM 10,—

HEFT 90
Forschungsinstitut der Feuerfest-Industrie, Bonn
Das Verhalten von Silikatsteinen im Siemens-Martin-Ofengewölbe
1954. 49 Seiten, 15 Abb., 11 Tabellen. DM 11,90

HEFT 91
Forschungsinstitut der Feuerfest-Industrie, Bonn
Untersuchungen des Zusammenhangs zwischen Leistung und Kohlenverbrauch von Kammer-Öfen zum Brennen von feuerfesten Materialien
1954. 29 Seiten, 6 Abb. DM 8,30

HEFT 106
Oberregierungsrat Dr.-Ing. W. Küch, Dortmund
Untersuchungen über die Einwirkung von feuchtigkeitsgesättigter Luft auf die Festigkeit von Leimverbindungen
1954. 64 Seiten, 10 Abb., 6 Tabellen. DM 11,40

HEFT 111
Fachverband Steinzeugindustrie, Köln
Die Entwicklung eines Gerätes zur Beschickung seitlicher Feuer von Steinzeug-Einzelkammeröfen mit festen Brennstoffen
1955. 31 Seiten, 16 Abb. DM 9,40

HEFT 127
Güteschutz Betonstein e. V., Arbeitskreis Nordrhein-Westfalen, Dortmund
Die Betonwaren-Gütesicherung im Lande Nordrhein-Westfalen
1954. 44 Seiten, 15 Abb., 3 Tabellen. DM 11,50

HEFT 142
Dipl.-Ing. G. M. F. Wiebel, Hannover, A. Konermann und A. Ottenheym, Sennelager
Entwicklung eines Kalksandleichtsteines
1955. 21 Seiten, 4 Abb. DM 8,—

HEFT 149
Dr.-Ing. Kamillo Konopicky und
Dipl.-Chem. P. Kampa, Bonn
I. Beitrag zur flammenphotometrischen Bestimmung des Calciums
Dr.-Ing. Kamillo Konopicky, Bonn
II. Die Wanderung von Schlackenbestandteilen in feuerfesten Baustoffen
1955. 37 Seiten, 10 Abb., 5 Tabellen. DM 11,—

HEFT 180
Dr.-Ing. Werner Piepenburg,
Dipl.-Ing. Bodo Bühling und Bau-Ing. Johannes Behnke, Köln
Putzarbeiten im Hochbau und Versuche mit aktiviertem Mörtel und mechanischem Mörtelauftrag
1955. 103 Seiten, 31 Abb., 68 Tabellen. DM 23,—

HEFT 213
Dipl.-Ing. K. F. Rittinghaus, Institut für elektrische Nachrichtentechnik der Rhein.-Westf. Technischen Hochschule Aachen
Zusammenstellung eines Meßwagens für Bau- und Raumakustik
1957. 87 Seiten, 17 Abb., 7 Tabellen. DM 19,80

HEFT 223
Dr.-Ing. Kurt Alberti und
Dr. phil. habil. Franz Schwarz, Forschungslaboratorium des Bundesverbandes der Deutschen Kalkindustrie e. V., Köln
Über das Problem Hartbrand-Weichbrand
1956. 43 Seiten, 25 Abb., 14 Tabellen. DM 12,10

HEFT 231
Oberregierungsrat Dr.-Ing. W. Küch, Deutsche Gesellschaft für Holzforschung e. V., Stuttgart
Über die Wechselwirkung zwischen Holzschutzbehandlung und Verleimung
1956. 38 Seiten, 10 Abb., 8 Tabellen. DM 10,40

HEFT 250
Dozent Dr. phil. habil. Franz Schwarz und
Dr.-Ing. Kurt Alberti, Forschungslaboratorium des Bundesverbandes der Deutschen Kalkindustrie e. V., Köln
Entwicklung von Untersuchungsverfahren zur Gütebeurteilung von Industriekalken
1956. 23 Seiten, 9 Abb., 4 Tabellen. DM 16,50

HEFT 266
Fliesen-Beratungsstelle Bad Godesberg-Mehlem
Güteeigenschaften keramischer Wand- und Bodenfliesen und deren Prüfmethoden
1956. 21 Seiten. DM 7,10

HEFT 319
Prof. Dr. phil. Carl Kröger, Institut für Brennstoffchemie der Rhein.-Westf. Technischen Hochschule Aachen
Gemengereaktionen und Glasschmelze
1956. 109 Seiten, 53 Abb., 16 Tabellen. DM 26,—

HEFT 370
Dozent Dr. phil. habil. Franz Schwarz, Köln
Physikochemische Grundlagen der Bildsamkeit von Kalken unter Einbeziehung des Begriffes der aktiven Oberfläche
1958. 90 Seiten, 14 Abb., 16 Tabellen, 36 Titrationen. DM 25,10

HEFT 398
Prof. Dr. phil. nat. habil. Hans-Ernst Schwiete und
Dipl.-Ing. Günter Geisdorf, Aachen
Einlagerungsversuche an synthetischem Mullit Teil I
Prof. Dr. phil. nat. habil. Hans-Ernst Schwiete,
Master of Science Arun Kumar Bose und
Dr. phil. Hermann Müller-Hesse, Aachen
Die Zusammensetzung der Schmelzphase in Schamottesteinen Teil I
1957. 45 Seiten, 17 Abb., 17 Tabellen. DM 14,50

HEFT 399
Prof. Dr. phil. nat. habil. Hans-Ernst Schwiete und
Dr.-Ing. Reinhard Vinkeloe, Aachen
Möglichkeiten der quantitativen Mineralanalyse mit dem Zählrohrgerät unter besonderer Berücksichtigung der Mineralgehaltsbestimmung von Tonen
1958. 88 Seiten, 34 Abb., 1 Tabelle. DM 26,70

HEFT 402
Prof. Dr. Werner Linke, Aachen
Die Wärmeübertragung durch Thermopane-Fenster
1958. 29 Seiten, 17 Abb., 2 Tabellen. DM 10,80

HEFT 430
Prof. Dr. Georg Garbotz und Dr.-Ing. Gerhard Dress, Institut für Baumaschinen und Bauarbeiten der Rhein.-Westf. Technischen Hochschule Aachen
Untersuchungen über das Kräftespiel an Flachbagger-Schneidwerkzeugen in Mittelsand und schwach bindigem, sandigem Schluff unter besonderer Berücksichtigung der Planierschilde und ebenen Schürfkübelschneiden
1958. 142 Seiten, 81 Abb. DM 37,50

HEFT 453
Forschungsinstitut der Feuerfest-Industrie, Bonn
Die Arbeiten der technisch-wissenschaftlichen Kommission der PRE (Vereinigung der europäischen Feuerfest-Industrie)
1957. 50 Seiten, 2 Abb., 18 Tabellen. DM 14,75

HEFT 454
Dr.-Ing. Werner Piepenburg, Dipl.-Ing. Bodo Bühling und Bau-Ing. Johannes Behnke, Forschungslaboratorium des Bundesverbandes der Deutschen Kalkindustrie e. V., Köln
Haftfestigkeit der Putzmörtel
1958. 115 Seiten, 6 Abb., 63 Tabellen. DM 28,30

HEFT 482
Dipl.-Ing. Rudolf Pels-Leusden und
Dr. Karl Bergmann, Prüf-Forschungsinstitut für Ziegelerzeugnisse e. V., Essen-Kray
Die Frostbeständigkeit von Ziegeln; Einflüsse der Materialzusammensetzung und des Brandes
1958. 70 Seiten, 31 Abb., 5 Tabellen. DM 20,45

HEFT 484
Prof. Dr. phil. nat. habil. Hans-Ernst Schwiete und
Dr. Gisela Franzen, Institut für Gesteinshüttenkunde der Rhein.-Westf. Technischen Hochschule Aachen
Beitrag zur Struktur des Montmorillonit
1958. 74 Seiten, 23 Abb. DM 22,—

HEFT 488
Prof. Dr. phil. nat. habil. Hans-Ernst Schwiete und
Dipl.-Chem. Heribert Westmark, Institut für Gesteinshüttenkunde der Rhein.-Westf. Technischen Hochschule Aachen
Beitrag zur Kennzeichnung der Texturen von Schamottesteinen
1958. 48 Seiten, 32 Abb., 7 Tabellen. DM 16,80

HEFT 528
Dipl.-Chem. Dr. Paul Ney, Forschungslaboratorium des Bundesverbandes der Deutschen Kalkindustrie e. V., Köln
Physikochemische Grundlagen der Bildsamkeit von Kalken unter Einbeziehung des Begriffs der aktiven Oberfläche
1958. 80 Seiten, 30 Abb., 6 Tabellen. DM 26,75

HEFT 543
Prof. Dr. phil. nat. habil. Hans-Ernst Schwiete,
Dr. phil. Hermann Müller-Hesse und
Dipl.-Ing. Günter Gelsdorf, Institut für Gesteinshüttenkunde der Rhein.-Westf. Technischen Hochschule Aachen
Einlagerungsversuche an synthetischem Mullit Teil II
1958. 28 Seiten, 5 Abb., 10 Tabellen. DM 10,—

HEFT 544
Prof. Dr. phil. nat. habil. Hans-Ernst Schwiete,
Dr.-Ing. Arun Kumar Bose und
Dr. phil. Hermann Müller-Hesse, Institut für Gesteinshüttenkunde der Rhein.-Westf. Technischen Hochschule Aachen
Die Schmelzphase in Schamottesteinen. Teil II
1958. 30 Seiten, 9 Abb., 12 Tabellen. DM 11,—

HEFT 545
Prof. Dr. phil. nat. habil. Hans-Ernst Schwiete,
Dr. rer. nat. Günther Ziegler und
Dipl.-Ing. Christoph Kliesch, Institut für Gesteinshüttenkunde der Rhein.-Westf. Technischen Hochschule Aachen
Thermochemische Untersuchungen über die Dehydration des Montmorillonits
1958. 48 Seiten, 16 Abb., 4 Tabellen. DM 15,40

HEFT 553
Prof. Dr. Georg Garbotz und
Dipl.-Ing. Josef Theiner, Institut für Gesteinshüttenkunde der Rhein.-Westf. Technischen Hochschule Aachen
Untersuchungen der statischen Walzverdichtungsvorgänge mit Glattwalzen und Vergleiche mit Ergebnissen aus Versuchen mit dynamischen Verdichtungsgeräten
1959. 286 Seiten, 208 Abb. DM 58,—

HEFT 559
Prof. Dr. phil. nat. habil. Hans-Ernst Schwiete und
Dipl.-Chem. Rainer Gauglitz, Institut für Gesteinshüttenkunde der Rhein.-Westf. Technischen Hochschule Aachen
Die Verflüssigung von Montmorillonitschlämmen
1958. 65 Seiten, 15 Abb., 5 Tabellen. DM 19,30

HEFT 634
Prüf- und Forschungsinstitut für Ziegeleierzeugnisse e. V., Essen-Kray
Verminderung der Streuungen der Masse, der Festigkeit und der Sprödigkeit von Ziegeln
1958. 93 Seiten, 36 Abb., 18 Tabellen. DM 24,30

HEFT 643
Max-Planck-Institut für Silikatforschung, Würzburg
Anisotropiemessungen an Schleifkörpern
1958. 38 Seiten, 22 Abb. DM 11,70

HEFT 651
Dr.-Ing. Albrecht Eisenberg, Staatliches Materialprüfungsamt Nordrhein-Westfalen Dortmund
Versuche zur Körperschalldämmung in Gebäuden
1958. 26 Seiten, 20 Abb. DM 8,10

HEFT 688
Prof. Dr. phil. nat. habil. Hans-Ernst Schwiete und
Dipl.-Ing. Arnulf Schüffler, Institut für Gesteinshüttenkunde der Rhein.-Westf. Technischen Hochschule Aachen
Entwicklung einer elektrisch beheizten Apparatur zur Messung von Wärmeleitfähigkeiten feuerfester Materialien bei hohen Temperaturen
1959. 41 Seiten, 16 Abb. DM 11,60

HEFT 689
Prof. Dr. phil. nat. habil. Hans-Ernst Schwiete und
Dipl.-Chem. Heribert Westmark, Institut für Gesteinshüttenkunde der Rhein.-Westf. Technischen Hochschule Aachen
Die Wärmeleitfähigkeit feuerfester Steine im Spiegel der Literatur
1949. 54 Seiten, 35 Abb. DM 16,30

HEFT 695
Dr.-Ing. Walter Herding, München
Die Fahrdynamik und das Arbeitsspiel gleisloser Erdbaugeräte als Kalkulationsgrundlage für die Bodenförderung und ihre Kosten
1960. 178 Seiten, 89 Abb., 18 Tabellen. DM 49,—

HEFT 711
Dr.-Ing. Kurt Alberti, Forschungslaboratorium des Bundesverbandes der Deutschen Kalkindustrie e. V., Köln
Einfluß der chemischen Zusammensetzung des Anmachewassers auf die Festigkeit von Kalkmörteln
1959. 50 Seiten, 4 Abb., 20 Tabellen. DM 13,10

HEFT 713
Dr.-Ing. Ernst Menzenbach, Institut für Verkehrswasserbau, Grundbau und Bodenmechanik der Rhein.-Westf. Technischen Hochschule Aachen
Die Anwendbarkeit von Sonden zur Prüfung der Festigkeitseigenschaften des Baugrundes
1959. 215 Seiten, 190 Abb., 24 Tabellen. Vergriffen

HEFT 734
Institut für Bauforschung e. V., Hannover
Arbeitstechnische und arbeitsphysiologische Untersuchungen zur Erleichterung der Maurerarbeit
1959. 55 Seiten, 15 Abb., 7 Anlagen, 20 Tabellen. DM 15,60

HEFT 843
Dipl.-Chem. Wolfgang Schmidt,
Dipl.-Chem. Emil Köhler und
Dipl.-Ing. Wilhelm Schmidt, Forschungsinstitut der Feuerfest-Industrie, Bonn
Flammenspektrometrische Alkalibestimmung im Korund
1960. 13 Seiten, 2 Abb., 1 Tabelle. DM 5,50

HEFT 844
Prof. Dr.-Ing. Otto Kienzle und
Dipl.-Ing. Klaus Greiner, Hannoversches Forschungsinstitut für Fertigungsfragen e. V., Technische Hochschule Hannover
Festigkeitsuntersuchungen an Klebverbindungen zwischen Schleif- und Tragkörpern
1960. 125 Seiten, 48 Abb., 10 Tabellen, 20 Anlagen. DM 35,—

HEFT 859
Prof. Dr. phil. nat. habil. Hans-Ernst Schwiete und
Dr.-Ing. Rolf Baur, Aachen
Hydrothermalsynthese und Strukturuntersuchung an synthetischem Montmorillonit
1960. 104 Seiten, 44 Abb., 29 Tabellen. DM 28,70

HEFT 903
Prof. Dr.-Ing. Bernhard Renfert †,
Baurat Dipl.-Ing. Karl Heisig und
Dipl.-Ing. Josef Thelen, Lehrstuhl für Straßenbau, Erd- und Tunnelbau der Rhein.-Westf. Technischen Hochschule Aachen
Untersuchungen über Bodenverfestigung des Untergrunds zur Feststellung der technischen und wirtschaftlichen Auswirkungen auf den Unterbau bzw. auf die Straßenbetonfahrbahnplatten sowie Untersuchungen flexibler Deckenkonstruktionen auf verschiedenen Unterbauarten
1960. 136 Seiten, 62 Abb., 15 Anlagen, 10 Tabellen. DM 39,10

HEFT 910
Prof. Dr.-Ing. habil. Kurt Walz, Forschungsinstitut der Zementindustrie, Düsseldorf
Der Einfluß einer Wärmebehandlung auf die Festigkeit von Beton aus verschiedenen Zementen
1960. 39 Seiten, 17 Abb., 5 Tabellen. DM 12,60

HEFT 921
Dr.-Ing. Kamillo Konopicky und
cand. phys. Karl Wohlleben, Forschungsinstitut der Feuerfest-Industrie, Bonn
Untersuchungen zum Gang des Torsionsmoduls mit der Temperatur an Wannensteinen
1960. 23 Seiten, 10 Abb., 4 Tabellen. DM 8,40

HEFT 948
Prof. Dr. phil. nat. habil. Hans-Ernst Schwiete und
Dipl.-Ing. Udo Ludwig, Institut für Gesteinshüttenkunde der Rhein.-Westf. Technischen Hochschule Aachen
Der Tuff, seine Entstehung und Konstitution und seine Verwendung im Baugewerbe im Spiegel der Literatur
1961. 68 Seiten, 8 Abb., 20 Tabellen. DM 18,80

HEFT 956
Prof. Dr. phil. nat. habil. Hans-Ernst Schwiete,
Dipl.-Ing. Udo Ludwig und
Dipl.-Ing. Karl-Heinz Wigger, Institut für Gesteinshüttenkunde der Rhein.-Westf. Technischen Hochschule Aachen
Die Konstitution einiger rheinischer und bayrischer Trasse
1961. 44 Seiten, 17 Abb., 14 Tabellen. DM 13,40

HEFT 977
Dr.-Ing. Gottfried Kronenberger, Institut für Baumaschinen und Baubetrieb der Rhein.-Westf. Technischen Hochschule Aachen
Untersuchungen über die Verdichtungswirkung und das Arbeitsverhalten eines Einmassenrüttlers auf Schotter und Kiessand zur Ermittlung der maßgeblichen Einflußgrößen bei der Rüttelverdichtung
1961. 96 Seiten, 36 Abb., 17 Tafeln, 7 Tabellen. DM 27,70

HEFT 978
Prof. Dr. phil. nat. habil. Hans-Ernst Schwiete und
Dipl.-Ing. Udo Ludwig, Institut für Gesteinshüttenkunde der Rhein.-Westf. Technischen Hochschule Aachen
Das Verhalten von rheinischem und bayrischem Trass in hydraulischen Bindemitteln
1961. 82 Seiten, 27 Abb., 25 Tabellen. DM 24,70

HEFT 979
Prof. Dr. phil. nat. habil. Hans-Ernst Schwiete und
Dipl.-Ing. Udo Ludwig, Institut für Gesteinshüttenkunde der Rhein.-Westf. Technischen Hochschule Aachen
Die Bindung des freien Kalkes und die bei den Trass-Kalk-Reaktionen entstehenden Neubildungen
1961. 59 Seiten, 18 Abb., 13 Tabellen. DM 18,—

HEFT 995
Prof. Dr.-Ing. Hermann Reiher und Dr. phil. Dietrich von Soden, Institut für technische Physik der Fraunhofer-Gesellschaft, Stuttgart
Einfluß von Erschütterungen auf Gebäude
1961. 45 Seiten, 11 Abb. Vergriffen

HEFT 998
Prof. Dr. phil. nat. habil. Hans-Ernst Schwiete, Dr. phil. Hermann Müller-Hesse und Dipl.-Chem. John Egon Planz, Institut für Gesteinshüttenkunde der Rhein.-Westf. Technischen Hochschule Aachen
Untersuchungen über Festkörperreaktionen im System BaO—Al_2O_3—SiO_2 mit Hilfe der Infrarot-Spektroskopie
1961. 169 Seiten, 82 Abb., 32 Tabellen. DM 49,—

HEFT 1005
Prof. Dr.-Ing. habil. Kurt Walz, Dr.-Ing. Justus Bonzel, Forschungsinstitut der Zementindustrie, Düsseldorf
Festigkeitsentwicklung verschiedener Zemente bei niederer Temperatur
1961. 42 Seiten, 25 Abb., 7 Tabellen. DM 15,10

HEFT 1012
Dr. rer. pol. Theo Beckermann, Dipl.-Kfm. Meinolf Wulff, Rheinisch-Westfälisches Institut für Wirtschaftsforschung, Essen
Entwicklung und Situation des Baumarktes
1961. 119 Seiten, 5 Abb., 10 Tabellen. Strukturtabellen 1–35. DM 34,10

HEFT 1026
Prof. Dr. phil. nat. habil. Hans-Ernst Schwiete und Dipl.-Chem. Hans Georg Ritt, Institut für Gesteinshüttenkunde der Rhein.-Westf. Technischen Hochschule Aachen
Beitrag zur Konstitution und Wirkungsweise plastifizierender und lufteinführender Betonzusatzmittel
1962. 58 Seiten, 23 Abb., 5 Tabellen. DM 19,90

HEFT 1047
Prof. Dr.-Ing. habil. Kurt Walz und Dr.-Ing. Gerd Wischers, Forschungsinstitut der Zementindustrie, Düsseldorf
Beton als Strahlenschutz für Kernreaktoren
1961. 51 Seiten, 17 Abb., 6 Tabellen. DM 18,70

HEFT 1048
Dr.-Ing. Kamillo Konopicky, Dr. Ingeborg Patzak und Dipl.-Phys. Karl Wohlleben, Forschungsinstitut der Feuerfest-Industrie, Bonn
Über den Glasanteil in Silikatsteinen
1961. 25 Seiten, 6 Abb., 7 Tabellen. DM 11,—

HEFT 1076
Prof. Dr. phil. nat. habil. Hans-Ernst Schwiete, Dr. Rainer Gauglitz, Dipl.-Ing. Christoph Ackermann, Institut für Gesteinshüttenkunde der Rhein.-Westf. Technischen Hochschule Aachen
Der Einfluß der Art, der Korngröße und der Kationenbelegung von Montmorillonit auf sein thermochemisches Verhalten
1962. 49 Seiten, 23 Abb., 5 Tabellen. DM 21,80

HEFT 1077
Prof. Dr. phil. nat. habil. Hans-Ernst Schwiete, Dr. phil. Hermann Müller-Hesse und Dipl.-Chem.-Ing. Oktay Tekin Orhun, Institut für Gesteinshüttenkunde der Rhein.-Westf. Technischen Hochschule Aachen
Über die Stabilität der Mineralien Kyanit, Andalusit und Sillimanit
1962. 67 Seiten, 24 Abb., 10 Tabellen. DM 31,60

HEFT 1090
Dr.-Ing. Kamillo Konopicky, Dipl.-Chem. Emil Karl Köhler und Dr.-Ing. Wilhelm Lohre, Forschungsinstitut der Feuerfest-Industrie, Bonn
Aufbau und Eigenschaften des Kanalisationssteinzeugrohres
Einfluß der Rohstoffe und Herstellungsbedingungen
1962. 85 Seiten, 53 Abb., 15 Tabellen. DM 46,—

HEFT 1096
Dr.-Ing. Kamillo Konopicky, Dipl.-Chem. Emil Karl Köhler, Forschungsinstitut der Feuerfest-Industrie, Bonn
Die Veränderung der keramisch-technologischen Eigenschaften und des Mineralaufbaues verschiedener Tone beim Brennen
1962. 46 Seiten, 23 Abb., 3 Tabellen. DM 27,50

HEFT 1186
Prof. Dr. phil. nat. habil. Hans-Ernst Schwiete und Dipl.-Ing. Friedrich-Carl Dölbor, Institut für Gesteinshüttenkunde der Rhein.-Westf. Technischen Hochschule Aachen
Einfluß der Abkühlungsbedingungen und der chemischen Zusammensetzung auf die hydraulischen Eigenschaften von Hämatitschlacken
1963. 119 Seiten, 52 Abb., davon 1 Abb. farbig, 18 und 38 Tabellen. DM 59,60

HEFT 1241
Dr.-Ing. Kamillo Konopicky, Forschungsinstitut der Feuerfest-Industrie, Bonn
Über die Zonenbildung bei der Reaktion von Glas mit feuerfesten Steinen, vorzugsweise Schamotte-Wannensteinen
1963. 43 Seiten, 23 Abb., 1 Tabelle. DM 22,50

HEFT 1288
Prof. Dr. phil. nat. habil. Hans-Ernst Schwiete und Dipl.-Chem. Emil Karl Köhler, Institut für Gesteinshüttenkunde der Rhein.-Westf. Technischen Hochschule Aachen
Über Aufbau, Eigenschaften und Prüfmethoden feuerfester Mörtel
1964. 136 Seiten, 73 Abb., 19 Tabellen. DM 67,—

HEFT 1299
Prof. Dr. phil. nat. habil. Hans-Ernst Schwiete und Dr.-Ing. Helmut Neises, Institut für Gesteinshüttenkunde der Rhein.-Westf. Technischen Hochschule Aachen
Untersuchungen über die Verschlackung von Schamotte-Pfannensteinen
1964. 125 Seiten, 52 Abb., 42 Tabellen. DM 62,50

HEFT 1321
Prof. Dr.-Ing. Wolfgang Triebel und Dipl.-Ing. Günter Meyerhoff, Institut für Bauforschung e. V., Hannover
Elemente und Maßstäbe der Produktivität
1964. 38 Seiten. DM 15,20

HEFT 1322
Prof. Dr.-Ing. Wolfgang Triebel und Dipl.-Ing. Erichbernd Brocher, Institut für Bauforschung e. V., Hannover
Wirtschaftlichkeit der Vorfertigung bestimmter Elemente im Hochbau
1964. 50 Seiten, 17 Abb., 4 Tabellen. DM 23,—

HEFT 1323
Obering. Gerhard Piltz, Institut für Ziegelforschung Essen e. V., Essen-Kray
Untersuchung der Möglichkeiten der Aufhellung der Brennfarben von Ziegelrohstoffen
1964. 44 Seiten, 9 Abb., 15 Tabellen. DM 18,80

HEFT 1336
Prof. Dr. phil. nat. habil. Hans-Ernst Schwiete und Dipl.-Ing. Claus Metzger, Institut für Gesteinshüttenkunde der Rhein.-Westf. Technischen Hochschule Aachen.
Methoden zur Untersuchung des Fließverhaltens von feuerfesten Baustoffen bei hohen Temperaturen
1964. 28 Seiten, 12 Abb. DM 15,30

HEFT 1337
Prof. Dr. phil. nat. habil. Hans-Ernst Schwiete und Karl-Heinz Karsch, Institut für Gesteinshüttenkunde der Rhein.-Westf. Technischen Hochschule Aachen
Einfluß der Vorbehandlung auf das chemische und mechanische Verhalten binärer Alkaliboratgläser
1964. 37 Seiten, 22 Abb., 3 Tabellen. DM 19,—

HEFT 1338
Dr.-Ing. Hans-Joachim Crasemann, Dr.-Ing. Manfred Meyer, Untersuchungen durchgeführt im Jahre 1960 am Institut für Werkzeugmaschinen und Umformtechnik Technische Hochschule Hannover (Leiter: Prof. Dr.-Ing. Dr.-Ing. E. h. O. Kienzle) im Auftrage der Forschungsgemeinschaft Schleifscheiben Beuel
Der Verschleiß an Preßformen bei der Herstellung von Schleifkörpern
1964. 42 Seiten, 19 Abb., 2 Tabellen. DM 24,80

HEFT 1339
Prof. Dr.-Ing. habil. Adolf Dietzel, Max-Planck-Institut für Silikatforschung Würzburg, im Auftrage der Deutschen Keramischen Gesellschaft e. V., Bad Honnef
Untersuchungen über die Spannungsverteilung im System Mörtel-Scherben-Glasur bei angelegten Wandfliesen
Teil I: Das System Mörtel-Scherben
1965. 56 Seiten, 32 Abb., 9 Tabellen. DM 31,80

HEFT 1341
Prof. Dr. phil. nat. habil. Hans-Ernst Schwiete, Dr. phil. Hermann Müller-Hesse und Dipl.-Ing. Ehrhardt Wilkendorf, Institut für Gesteinshüttenkunde der Rhein.-Westf. Technischen Hochschule Aachen
Untersuchungen an Al_2O_3 : SiO_2-Mineralien als Rohstoffe für feuerfeste Erzeugnisse
1964, 53 Seiten, 26 Abb., 13 Tabellen. DM 28,—

HEFT 1342
Dipl.-Chem. Dr. Paul Ney, Forschungslaboratorium des Bundesverbandes der Deutschen Kalkindustrie e. V., Köln-Raderthal
Einfluß der Zusammensetzung der flüssigen Phase beim Löschvorgang auf die Plastizitätseigenschaften des Kalkes nach Emley
1964, 57 Seiten, 7 Abb., 28 Tabellen. DM 25,40

HEFT 1343
Prof. Dr.-Ing. habil. Adolf Dietzel, Direktor des Max-Planck-Instituts für Silikatforschung, Würzburg
Untersuchungen über das Schnellkühlverfahren bei Steinzeug.
Gefügeaufbau des Scherbens von Isolatorenporzellan
1964. 16 Seiten, 3 Abb. DM 8,90

HEFT 1345
Dipl.-Ing. Herbert Menkhoff, Institut für Baumaschinen und Baubetrieb der Rhein.-Westf. Technischen Hochschule Aachen
Raumgewichtsbestimmung mit radioaktiven Isotopen
1964. 96 Seiten, 62 Abb., 14 Tabellen. DM 51,50

HEFT 1346
Dr.-Ing. Armin Horn, Institut für Verkehrswasserbau, Grundbau und Bodenmechanik der Rhein.-Westf. Technischen Hochschule Aachen
Die Scherfestigkeit von Schluff
1964. 293 Seiten, 150 Abb., 1 Tabelle. DM 112,—

HEFT 1351
Obering. Gerhard Piltz, Institut für Ziegelforschung Essen e.V., Essen-Kray
Vergleich der in der Grobkeramik angewandten Untersuchungsmethoden in bezug auf ihre Aussage über technologisches Verhalten der Rohstoffe und der Eigenschaften der daraus gefertigten Erzeugnisse
1964. 64 Seiten, 15 Abb., 19 Anlagen, 7 Tabellen. DM 31,—

HEFT 1378
Rheinisch-Westfälisches Institut für Wirtschaftsforschung, Essen
Öffentliche Hand und Baumarkt — Voraussetzungen und Möglichkeiten einer Koordinierung
1964. 56 Seiten, 3 Schaubilder, 1 Tabelle. DM 19,50

HEFT 1380
Dipl.-Phys. Karl Wohlleben, Forschungsinstitut der Feuerfest-Industrie Bonn
Studien zur Anwendbarkeit der Röntgen-fluoreszenzanalyse für die quantitative Analyse
Röntgenfluoreszenzanalyse von tonerdereichen Substanzen
1965. 69 Seiten, 33 Abb., 10 Tabellen. DM 38,50

HEFT 1382
Prof. Dr.-Ing. Dr. h. c. Herwart Opitz, Dozent Dr.-Ing. Janez Peklenik und Dipl.-Ing. Wilhelm Ernst, Laboratorium für Werkzeugmaschinen und Betriebslehre der Rhein.-Westf. Technischen Hochschule Aachen
Im Auftrag des Vereins Deutscher Schleifmittelwerke e. V. Forschungsgemeinschaft Schleifscheiben, Beuel a. Rh.
Untersuchung der Härte von Schleifkörpern
1964. 57 Seiten, 35 Abb., 2 Tabellen. DM 29,80

HEFT 1383
Dr.-Ing. Kamillo Konopicky, Dr.-Ing. Wilhelm Lohre und Gerald Routschka, Forschungsinstitut der Feuerfest-Industrie, Bonn
Zur Frage des synthetischen Mullits
1964. 69 Seiten, 19 Abb., 16 Tabellen. DM 35,40

HEFT 1386
Architekt Karl Richard Kräntzer unter Mitwirkung von Rolf Heitmann, Institut für Bauforschung e. V., Hannover
Leiter: Prof. Dr.-Ing. Wolfgang Triebel
Preisindex und Baukosten im Wohnungsbau. Einflüsse auf Aufwand und Baukosten und ihre Auswirkung auf die Anwendungsmöglichkeiten der Baupreisindices für Preis- und Kostenvergleiche
1964. 84 Seiten, 6 Abb., 15 Tabellen, 7 Anlagen. DM 43,—

HEFT 1392
Prof. Dr. phil. nat. habil. Hans-Ernst Schwiete und Dipl.-Chem. Egid M. M. G. Niel, Institut für Gesteinshüttenkunde der Rhein.-Westf. Technischen Hochschule Aachen
Untersuchungen über die Reaktionen im System Klinker-Sulfat-Wasser in den ersten Minuten nach der Wasserzugabe
1964. 152 Seiten, 128 Abb., 37 Tabellen. DM 93,80

HEFT 1412
Dipl.-Chem. E. Benkel, Institut für Fußbodenforschung und -materialprüfung der Fraunhofer-Gesellschaft zur Förderung der angewandten Forschung e. V., Bonn
Einbau organischer Körper in die Oberfläche von Steinholzbelägen zur Erhöhung der Güteeigenschaften
1965. 40 Seiten, 11 Abb., 12 Tabellen. DM 19,80

HEFT 1427
Prof. Dr. phil. nat. habil. Hans-Ernst Schwiete und Dipl.-Ing. Heinz Klein, Institut für Gesteinshüttenkunde der Rhein.-Westf. Technischen Hochschule Aachen
Über Verformungsmessungen an feuerfesten Materialien unter hohen statischen, dynamischen und thermischen Beanspruchungen
1965. 118 Seiten, 98 Abb., 2 Tabellen. DM 61,80

HEFT 1441
Prof. Dr. phil. nat. habil. Hans-Ernst Schwiete Dipl.-Ing. Petrus Kastanja und Dr.-Ing. Udo Ludwig, Institut für Gesteinshüttenkunde der Rhein.-Westf. Technischen Hochshule Aachen
Das mörteltechnische und chemische Verhalten verschiedener Trasse und Gesteinsmehle in Verbindung mit Kalk in wäßrigen Lösungen
1965. 46 Seiten, 17 Abb., 15 Tabellen. DM 25,50

HEFT 1449
Frau Prof. Dr. Eleanor Consten von Erdberg, Institut für Kunstgeschichte der Rhein.-Westf. Technischen Hochschule Aachen
Grundsätze des Wohnens im westlichen und östlichen Raum; Baustil und Bautechnik in Amerika und Japan
1964. 79 Seiten, 22 Abb. DM 33,—

HEFT 1451
Prof. Dr. phil. nat. habil. Hans-Ernst Schwiete und Dipl.-Ing. Friedrich Ellies, Institut für Gesteinshüttenkunde der Rhein.-Westf. Technischen Hochschule Aachen
Untersuchungen über die Abriebfestigkeit keramisch gebundener und schmelzgegossener, feuerfester Steine bei hohen Temperaturen
1965. 111 Seiten, 87 Abb., 23 Tabellen. DM 68,—

HEFT 1453
Günter Serwatzky, Forschungsinstitut der Feuerfest-Industrie e. V., Bonn
Die Bestimmung der Korngrößenverteilung von Tonmineralien
1965. 35 Seiten, 22 Abb., DM 22,80

HEFT 1464
Prof. Dr.-Ing. Wolfgang Triebel und Rat.-Ing. Dirk Gerdes, Institut für Bauforschung e. V., Hannover
Energieersparnis durch Verbesserung des baulichen Wärmeschutzes

HEFT 1467
Prof. Dr. Georg Garbotz und Dr.-Ing. Hermann Christoffel, Institut für Baumaschinen und Baubetrieb der Rhein.-Westf. Technischen Hochschule Aachen
Das Verhalten von Schotter in Gleisbettungen
1964. 98 Seiten, 54 Abb., 10 Tabellen. DM 55,80

HEFT 1469
Dipl.-Chem. Dr. Paul Ney, Bundesverband der Deutschen Kalkindustrie e. V., Köln
Einfluß der Mörtelbestandteile und der Mörtelherstellung auf die Eigenschaften von Frischmörteln
1965. 48 Seiten, 13 Abb., 9 Tabellen. DM 24,—

HEFT 1493

Dipl.-Chem. Dr. Paul Ney, Forschungslaboratorium des Bundesverbandes der Deutschen Kalkindustrie e. V., Köln-Raderthal

Erprobung einer Bestimmungsmethode für die Verbrennungsgeschwindigkeit fester Brennstoffe zur Herstellung von Branntkalk

1965. 33 Seiten, 9 Tabellen. DM 16,50

HEFT 1494

Ing. Helmut Erich Czabon, Batelle-Institut e. V., Frankfurt. Im Auftrage der Forschungsgemeinschaft Schleifscheiben im Verband Deutscher Schleifmittelwerke e. V., Bonn

Einwirkung von Kühlflüssigkeiten auf kunstharzgebundene Schleifkörper und Maßnahmen zur Erhaltung ihrer Ursprungshärte

1965. 24 Seiten, 7 Tabellen. DM 12,50

HEFT 1515

Prof. Dr. E. de Beer, Dr.-Ing. H. Graßhoff und Dr.-Ing. M. Kany, Institut für Verkehrswasserbau, Grundbau und Bodenmechanik der Rhein.-Westf. Technischen Hochschule Aachen

Leiter: Prof. Dr.-Ing. E. Schultze

Die Berechnung elastischer Gründungsbalken auf nachgiebigem Untergrund. Vergleichende Untersuchungen über den Einfluß der Steifigkeit der Hochbaukonstruktion, der Plattensteifigkeit und einer Überkragung auf die inneren Beanspruchungen der Grundplatte

HEFT 1537

Dr. Emil Karl Köhler und Gerald Routschka, Forschungsinstitut der Feuerfest-Industrie, Bonn

Brennverhalten von Tonen in verschiedenen Atmosphären

1965. 54 Seiten, 17 Abb., 12 Tabellen. DM 33,—

HEFT 1540

Dipl.-Chem. Dr. rer. nat. Joachim Ernst Quincke, Prüf- und Forschungsinstitut des Bundesverbandes Kalksandsteinindustrie e.V., Hannover

Im Auftrage des Fachverbandes Kalksandsteinindustrie Nordrhein-Westfalen e.V., Hannover

Untersuchung über den Mischvorgang zur Senkung des Kalkbedarfs und Steigerung der Steinqualität

I. Teil: Laboratoriumsversuche

II. Teil: Betriebsversuche

1965. 88 Seiten, 20 Abb., 9 Tabellen. DM 49,50

HEFT 1541

Prof. Dr.-Ing. Kamillo Konopicky, Forschungsinstitut der Feuerfest-Industrie, Bonn

Prof. Dr.-Ing. habil. Adolf Dietzel,

Prof. Dr. Horst Saalfeld und

Priv.-Doz. Dr. Heribert J. Oel, Max-Planck-Institut für Silikatforschung, Würzburg

Vorgänge in der Grenzschicht zwischen feuerfestem Material und Glas bzw. Schlacke

Teil I: Eigenschaften der verwendeten feuerfesten Steine

Teil II: Vorgänge beim Angriff der Schlacken auf die Steine

1965. 55 Seiten, 24 Abb., 10 Tabellen. DM 35,80

HEFT 1549

Prof. Dr. phil. nat. habil. Hans-Ernst Schwiete und Dipl.-Ing. Tohru Iwai, Institut für Gesteinshüttenkunde der Rhein.-Westf. Technischen Hochschule Aachen

Über die ferritische Phase im Zement und ihr Verhalten bei der Hydration

1965. 78 Seiten, 48 Abb., 14 Tabellen. DM 44,—

HEFT 1550

Prof. Dr. phil. nat. habil. Hans-Ernst Schwiete, Dr.-Ing. Udo Ludwig und Dipl.-Ing. Peter Otto, Institut für Gesteinshüttenkunde der Rhein.-Westf. Technischen Hochschule Aachen

Der Einfluß der Molererde auf die technologischen Eigenschaften von klinkerarmen Hochofenzementen. Teil I

1965. 41 Seiten, 13 Abb., 12 Tabellen. DM 24,50

HEFT 1551

Prof. Dr.-Ing. Kamillo Konopicky,

Dr. Ingeborg Patzak und Heinz Dohr, Forschungsinstitut der Feuerfest-Industrie, Bonn

Untersuchungen zum Zweistoffsystem Al_2O_3—SiO_2

1965. 26 Seiten, 8 Abb., 7 Tabellen. DM 15,80

HEFT 1597

Prof. Dr.-Ing. Kamillo Konopicky und Dr. rer. nat. Ingeborg Patzak, Forschungsinstitut der Feuerfest-Industrie, Bonn

Untersuchungen über den Aufbau und die Umwandlung der verschiedenen Minerale der Sillimanit-Gruppe

1966. 66 Seiten, 44 Abb., 21 Tabellen. DM 39,80

HEFT 1605

Prof. Dr. Karl Jasmund und Dr. Heinz Lange, Mineralogisch-Petrographisches Institut der Universität Köln

Adsorption und Selektivität an Na-,. K- und Ca-Kaoliniten und K-, Ca-Montmorilloniten mit radioaktiv merkiertem Rubidium, Eäsium und Kobalt

In Vorberei'ung

HEFT 1606

Prof. Dr.-Ing. Kamillo Konopicky, Dipl.-Phys. Karl Wohlleben und Gerd Mill, Forschungsinstitut der Feuerfest-Industrie, Bonn

Entstehung der mechanischen Festigkeit bei feuerfesten Erzeugnissen während des Trocknens

1966. 33 Seiten, 20 Abb., 5 Tabellen. DM 21,50

HEFT 1654

Prof. Dr.-Ing. Werner Leins, Aachen und Dr.-Ing. Siegfried Velske, Remscheid, Forschungsgesellschaft für das Straßenwesen e. V., Köln

Spannungen im bindemittelfreien Unterbau von Straßen unter Verkehrseinwirkung

1966. 102 Seiten, 50 Abb., 15 Tabellen, 7 Anlagen DM 59,40

HEFT 1656
Dr.-Ing. Herbert Müllejans,
Lehrstuhl für Wärmeübertragung und Klimatechnik an der Rhein.-Westf. Technischen Hochschule Aachen
Über die Ähnlichkeit der nicht-isothermen Strömung und den Wärmeübergang in Räumen mit Strahllüftung *In Vorbereitung*

HEFT 1659
Prof. Dr.-Ing. Wilhelm Patterson und Dr.-Ing. Dietmar Boenisch, Gießerei-Institut der Rhein.-Westf. Technischen Hochschule Aachen
Die Wasserbindung an Tonen und ihre Bedeutung für die Festigkeit des Gießereiformsandes
In Vorbereitung

HEFT 1673
Prof. Dr.-Ing. Wolfgang Triebel,
Dipl.-Ing. Lothar Schmechel,
Prof. Dr. K. H. Pfarr und Dipl.-Kfm. Bauing. H. Th. Schmidt, Institut für Bauforschung e. V., Hannover
Die wirtschaftlichen Grenzen der Geräteinvestitionen im Wohnungsbau *In Vorbereitung*

HEFT 1674
Prof. Dr. phil. nat. habil. Hans-Ernst Schwiete und Dipl.-Phys. Gerhard Rudolf Lang, Institut für Gesteinshüttenkunde der Rhein.-Westf. Technischen Hochschule Aachen
Untersuchung intensitätsbeeinflussender Parameter bei der Röntgenfluoreszenzanalyse unter Berücksichtigung der für die Zementanalyse wichtigen Wellenlängenbereiche *In Vorbereitung*

HEFT 1692
Obering. Gerhard Piltz, Institut für Ziegelforschung Essen e. V., Essen
Versuche zur Erhöhung der Feuerstandfestigkeit sowie zur Bestimmung der zulässigen Gewichtsbelastung der Ziegel beim Brand
In Vorbereitung

HEFT 1705
Prof. Dr.-Ing. Kamillo Konopicky, Forschungsinstitut der Feuerfest-Industrie, Bonn
Untersuchungen an Kohlenstoffsteinen

HEFT 1718
Prof. Dr. phil. Dr. techn. Ludvig Žagar und Dipl.-Ing. Gerhard Krause, Institut für Gesteinshüttenkunde der Rhein.-Westf. Technischen Hochschule Aachen
Direktor: Prof. Dr. phil. nat. habil. Hans-Ernst Schwiete
Beitrag zur Bestimmung der spezifischen Oberfläche von Gaspulvern und deren Beziehung zu den aus der Korngrößenanalyse ermittelten statistischen Parametern *In Vorbereitung*

HEFT 1719
Dipl.-Chem. Dr. Paul Ney, Bundesverband der Deutschen Kalkindustrie e. V., Köln
Dr. Gerhard Schimmel, Batelle-Institut e. V., Frankfurt
Der Einfluß der Erhärtungsbedingungen auf die Kristallisationsformen des Calciumcarbonates
In Vorbereitung

HEFT 1720
Prof. Dr. phil. nat. habil. Hans-Ernst Schwiete, Dr.-Ing. Udo Ludwig und Dipl.-Ing. Hans-Peter Lühr, Institut für Gesteinshüttenkunde der Rhein.-Westf. Technischen Hochschule Aachen
I. Resonanzfrequenzmessungen an in Wasser und aggressiven Lösungen gelagerten Mörtelprismen
II. Der Einfluß der Porosität auf die Aggressivbeständigkeit von Zementmörtelprismen
In Vorbereitung

HEFT 1721
Prof. Dr. phil. nat. habil. Hans-Ernst Schwiete und Dipl.-Ing. Wolfram Babinecz, Institut für Gesteinshüttenkunde der Rhein.-Westf. Technischen Hochschule Aachen
Über die Anwendung der Röntgenfluoreszenzanalyse in der Gesteinshüttenkunde unter Berücksichtigung der Nebenbestandteile und Spuren
In Vorbereitung

HEFT 1733
Prof. Dr. phil. Dr. techn. Ludvik Zagar und Dipl.-Ing. Winfrid Bernhardt, Institut für Gesteinshüttenkunde der Rhein.-Westf. Technischen Hochschule Aachen
Beitrag zur Frage der Bindfähigkeit verschiedener Metalle mit Nichtmetallen als Grundbedingung bei der Herstellung von Cermets
In Vorbereitung

HEFT 1758
Prof. Dr.-Ing. Kamillo Konopicky, Heinz Dohr, Gudrun Krüger und Gerald Routschka, Forschungsinstitut der Feuerfestindustrie, Bonn
Studium der Inhomogenität und des Verschlakkungsvorganges in feuerfesten Erzeugnissen
In Vorbereitung

HEFT 1759
Dr.-Ing. Walter Ohnemüller, Bundesverband der Deutschen Kalkindustrie e. V., Köln
Reaktionen zwischen Steinoberfläche und Mörtel
In Vorbereitung

WESTDEUTSCHER VERLAG · KÖLN UND OPLADEN
567 Opladen/Rhld., Ophovener Straße 1-3

MIX
Papier aus verantwortungsvollen Quellen
Paper from responsible sources
FSC® C105338

If you have any concerns about our products,
you can contact us on
ProductSafety@springernature.com

In case Publisher is established outside the EU,
the EU authorized representative is:
Springer Nature Customer Service Center GmbH
Europaplatz 3, 69115 Heidelberg, Germany

Printed by Libri Plureos GmbH
in Hamburg, Germany